陈 铁 等编著

Android 移动应用开发

（微课版）

清華大學出版社
北 京

内 容 简 介

Android 移动应用开发是移动应用开发领域的一个热点。本书介绍 Android 移动应用开发的核心技术，具体包括 Android 的开发环境、Kotlin 基础、Activity 组件、界面开发、并发处理、广播机制、Service 组件、网络应用、数据的持久化处理、ContentProvider 组件，以及 Android JetPack 的应用开发。

为了让读者理解和掌握 Android 移动开发技术，本书从简单到复杂，通过翔实、丰富的项目应用实例将相应的知识点串联起来，从基础应用到综合项目开发层层推进。为了符合 Android 移动开发的发展趋势，采用 Kotlin 贯穿全书。

本书可作为普通高校本科"移动应用开发"课程的教材，也可供移动应用开发人员学习和参考。

图书在版编目(CIP)数据

Android 移动应用开发：微课版/陈铁等编著. —北京：清华大学出版社，2022.8
ISBN 978-7-302-59734-6

Ⅰ. ①A… Ⅱ. ①陈… Ⅲ. ①移动终端－应用程序－程序设计 Ⅳ. ①TN929.53

中国版本图书馆 CIP 数据核字(2021)第 281317 号

责任编辑：汪汉友
封面设计：常雪影
责任校对：李建庄
责任印制：曹婉颖

出版发行：清华大学出版社
网　　址：http://www.tup.com.cn，http://www.wqbook.com
地　　址：北京清华大学学研大厦 A 座　　**邮　　编：**100084
社 总 机：010-83470000　　**邮　　购：**010-62786544
投稿与读者服务：010-62776969，c-service@tup.tsinghua.edu.cn
质量反馈：010-62772015，zhiliang@tup.tsinghua.edu.cn
课件下载：http://www.tup.com.cn，010-83470236
印 装 者：三河市金元印装有限公司
经　　销：全国新华书店
开　　本：185mm×260mm　　**印　　张：**29　　**字　　数：**707 千字
版　　次：2022 年 9 月第 1 版　　**印　　次：**2022 年 9 月第1 次印刷
定　　价：89.00 元

产品编号：091345-01

序

本书作者长期从事一线移动应用开发教学和科研的科技工作，勤奋、努力、严谨，投入了极大的热情到教学和科研工作中，将多年的教学和科研的宝贵经验、思考和领悟融入本书的编写中。

我认真研读了这本讲述 Android 技术应用的书籍。该书有非常鲜明的特色。

首先，这本书介绍的知识点新，引入了基于 Kotlin 开发移动应用和 Android JetPack 套件开发，并对 Android JetPack 的架构组件进行了深入介绍；此外，还对主流第三方库 RxJava 库、Retrofit 库等进行了详细、细致的介绍。

其次，作者根据移动应用的关联性，将 Android 的相关知识点整理融合，突破了传统的介绍方法。例如，将 RxJava 库实现异步处理与网络访问融合，并通过具体的应用实例融会贯通。

再次，本书在介绍知识点时，先对基础知识进行介绍，然后引入简单示例，让读者了解相关知识点，最后通过综合示例让读者了解知识点在移动应用开发中的作用。本书由浅入深，从简单到复杂，从基础知识到实际应用，很好地体现了所讲知识的层次性。

本书风格严谨，表达准确、简练，通过图表对一些核心概念进行表述，简单明了、易于理解。希望本书的读者能通过阅读本书理解和掌握 Android 移动开发技术，充分享受与本书相伴的时光。

徐少平

于南昌大学计算机系

前　言

近年来，移动互联网的发展非常迅猛，影响着人们生活的方方面面。作为两大主流移动操作系统平台之一的Android也在不断发展，新技术、新特色层出不穷，市场份额已在2014年超越iOS平台。Kotlin具有简洁、易学、安全、快捷、开源等特点，是Android移动应用开发的利器；此外，Android移动应用的架构设计为移动应用的开发奠定了基础，MVVM(Model View ViewModel)已为移动开发的主流架构。2018年，由谷歌(Google)公司推出的Android JetPack具有架构组件，能协助开发者快速搭建基于MVVM的Android移动应用。5G技术的不断发展，为基于Android平台的移动终端提供了更快的网络服务，Retrofit 2.0 HTTP网络请求框架等一系列产品让开发移动互联网应用更加方便简单，特别是RxJava 3.0框架在异步流的处理方面有着绝对的优势，可以更快捷地处理网络并发数据。

本书作者在Android移动应用开发的教学和科研实践过程中发现了一些更方便、更快捷，让开发流程更加清晰的方法，于是萌生了编写本书的想法。本书基于Android 10.0版本，采用了官方推荐的Android Studio开发工具，并采用Kotlin进行案例介绍。

本书分为10章，循序渐进地阐述了Android的相关知识点，并结合案例将相关知识点进行实践应用，在每章的习题中强化了对概念的理解和掌握。为了方便读者反复观看和学习相关的知识点，本书提供了配套的微课视频和课件。

本书涉及的知识点包括Android概述，Kotlin基础和面向对象编程，Android的四大组件(活动、消息接收器、服务、内容提供者)，Android的界面开发，Android的并发处理，Android的持久化处理和Android JetPack。上述知识点并没有按照传统的方式介绍，而是从实际应用出发，将知识点进行整合，采用多种方式介绍，突出重点知识和核心知识，避免大而全式的介绍方式。由于Kotlin的知识点非常丰富，不可能用很少的篇幅介绍完整，因此本书第2章在介绍Kotlin基础知识时，侧重Kotlin在移动应用开发中常用的知识点，例如Kotlin基本语法和Kotlin面向对象开展介绍，特别对移动应用开发大量使用的函数式编程进行深入介绍。本书根据功能关联性，将相关的知识点进行融合。例如在第3章介绍Activity时，不仅仅对Activity进行介绍。还对同为处理界面的Fragment进行介绍。在第8章介绍Android的网络处理时，不但介绍传统的网络处理的方式(WebView组件加载网页和HttpURLConnection()函数进行网络处理)，还引入Retrofit 2.0框架的实现网络处理。由于网络处理经常涉及JSON数据解析和网络访问的异步处理，因此GSON库和处理异步流的RxJava 3.0库的知识在该章介绍。根据功能类似性，本书将相关知识点进行了对比介绍。例如，在介绍Android的并发处理时，介绍线程、Handler机制、异步任务和Kotlin协程；在介绍Android的持久化处理时，介绍SharePrefer ences、文件处理和SQLite数据库，使读者充分了解3种进行持久化处理的技术特点。本书将所学知识点融入同一个应用实例中，采用层层推进的方式开展。例如，在介绍Android JetPack架构组件时，依次对它们在移动应用开发的架构开展说明；在同一个移动应用案例中，介绍ViewModel组件、Service的Lifecycle组件、视图绑定、数据绑定、Navigation组件及用于后台任务处理的WorkManager

组件和 Paging 组件，使读者对所学知识有更深入的理解。

本书提供了具有实践意义的移动应用案例，如掷骰子游戏、心理测试、歌词同步播放、歌曲专辑播放、智能聊天、调用相机和相册、播放媒体库视频、在线图片添加水印等，并结合微课视频，对这些案例进行讲解和说明。

本书课后练习配套答案、课件以及微课视频可以在清华大学出版社的官方网站或扫码下载和观看。

本书由南昌大学陈铁等编写。另外，南昌大学计算机科学与技术系的白似雪教授、武有新教授、江顺亮教授、邱桃荣教授在本书编写过程给予技术上的支持和帮助，在此表示深深感谢。感谢南昌大学徐少平教授在百忙之中进行审稿，并提出宝贵建议。南昌大学刘捷老师、刘萍老师、韩青老师和邹芳红老师对本书也有贡献。此外，还要衷心感谢清华大学出版社的编校人员，非常佩服他们的专业和敬业精神。由于时间和编者学识有限，书中不足之处在所难免，敬请大家批评指正。

陈铁

2022 年 8 月

学习资源

目　　录

第1章 Android 的开发环境

Android是美国的谷歌(Google)公司为手机等移动终端开发的一款基于Linux内核的操作系统和编程平台。目前,有超过八成的手机应用是基于Android平台的,这使得它成为移动终端中应用最广泛的平台。基于Android的移动应用与人们的生活密切相关。学习和掌握Android技术已经成为很多程序员的选择。下面一起学习基于Android平台移动应用开发的相关知识。

1.1 Android 移动开发概述

1.1.1 Android 的发展

Android平台主要服务于移动终端,是基于Linux内核的自由开源的操作系统和编程平台。2003年,Android操作系统由Andy Robin开发并发布,2005年被谷歌公司收购。它以Apache开源许可证的授权方式,发布了Android的源代码。在免费开源以及Android平台不断优化更新的驱动下,Android操作系统发展迅速。2007年,第一台基于Android操作系统的手机问世;2014年,Android手机市场份额首次超越iOS手机。自此,Android的市场份额不断扩展。国际数据公司(IDC)于2019年发布的研究数据表明,Android平台的手机已经占据87%的市场份额。这意味着有近九成的手机使用了Android系统。因此,基于Android平台的移动终端成为主导,在移动应用开发中,Android处于非常重要的地位。

Android之所以能获得成功,与其本身的不断发展有关。表1-1中列出了Android的各个阶段的版本。

表1-1 Android的历史版本

代码名称	版本	Linux内核版本	最初发布时间	Android SDK
	1.0	2.1	2008年9月	1
Petit Four	1.1	2.6	2009年2月	2
Cupcake	1.5	2.6.27	2009年4月	3
Donut	1.6	2.6.29	2009年9月	4
Eclair	2.0～2.1	2.6.29	2009年10月	5～7
Froyo	2.2～2.2.3	2.6.32	2010年5月	8
Gingerbread	2.3～2.3.7	2.6.35	2010年12月	9～10
Honeycomb	3.0～3.2.6	2.6.36	2011年2月	11～13
Ice Cream Sandwich	4.0～4.0.4	3.0.1	2011年10月	14～15
Jelly Bean	4.1～4.3.1	3.0.31～3.4.39	2012年6月	16～18

续表

代码名称	版　　本	Linux 内核版本	最初发布时间	Android SDK
KitKat	4.4～4.4.4	3.10	2013 年 10 月	19～20
Lollipop	5.0～5.1.1	3.16	2014 年 11 月	21～22
Marshmallow	6.0～6.0.1	3.18	2015 年 10 月	23
Nougat	7.0～7.1.2	4.4	2016 年 8 月	24～25
Oreo	8.0～8.1	4.10	2017 年 8 月	26～27
Pie	9.0	4.4.107、4.9.84 和 4.14.42	2018 年 8 月	28
Android 10(Android Q)	10.0		2019 年 9 月	29
Android 11(Android R)	11.0		2020 年 9 月	30

从表 1-1 可以发现，从 2008 年至今，Android 的版本推进时间非常短。往往是一年左右就推出一个新的版本，每次新版本的问世也意味着新功能和新特性的出现。例如，当前 Android R 即 Android 11 已经发布正式版本，可以对曲面屏幕有更好的支持，为 5G 网络的应用进行提供技术保障，支持分区存储等功能。在新版本中，一些新的特性也将出现，例如更强大的主题系统、变更 Android 应用的更新方式等。

1.1.2　Android 平台的架构

Android 平台架构定义软件层次分为应用层、应用框架层、Android 核心库和 Android 运行时、HAL 硬件抽象层、Linux 内核层。Android 软件架构可以由图 1-1 所示软件堆栈表示。

APPLICATIONS
ALARM · BROWSER · CALCULATOR · CALENDAR · CAMERA · CLOCK · CONTACTS · DIALER · EMAIL · HOME · IM · MEDIA PLAYER · PHOTO ALBUM · SMS/MMS · VOICE DIAL
ANDROID FRAMEWORK
CONTENT PROVIDERS · MANAGERS(ACTIVITY, LOCATION, PACKAGE, NOTIFICATON, RESOURCE, TELEPHONY, WINDOW) · VIEW SYSTEM
NATIVE LIBRARIES
AUDIO MANAGER · FREETYPE · LIBC · MEDIA FRAMEWORK · OPENGL/ES · SQLITE · SSL · SURFACE MANAGER · WEBKIP
ANDROID RUNTIME
CORE LIBRARIES · DALVIK VM
HAL
AUDIO · BLUETOOTH · CAMERA · DRM · EXTERNAL STORAGE · GRAPHICS · INPUT · MEDIA · SENSORS · TV
LINUX KERNEL
DRIVERS(AUDIO, BINDER (IPC),BLUETOOTH, CAMERA,DISPLAY, KEYPAD, SHARED MEMORY, USB, WIFI) · POWER MANAGEMENT

图 1-1　Android 软件堆栈

1. 应用层 Application

Android 中内置了很多移动应用，这些移动应用包括联系人、电话、电子邮件、计算器、照相机等，用户也可以自行安装。这些移动应用包含在应用层中。如果将一个 Android 移动应用的 APK 文件解压，可以发现一个移动应用的结构如图 1-2 所示，主要包括如下内容。

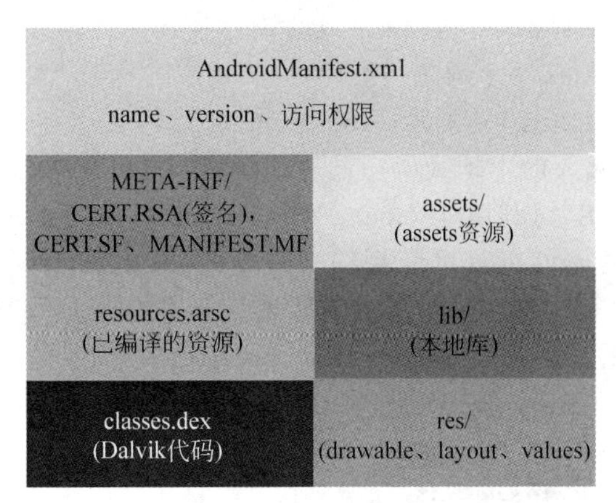

图 1-2　应用层的结构

（1）AndroidManifest.xml：移动应用的系统配置清单，设置了移动应用的名称、版本、访问权限等。

（2）assets 目录：包括了应用中没有编译的资源。

（3）res 目录：包括了应用中已经编译的资源，例如字符串、布局、尺寸大小等。

（4）META-INF 目录：包括了 CERT.RSA 和 CERT.SF，应用的签名文件，说明移动应用的数字签名。MANIFEST.MF 说明移动应用的包和扩展的信息。

（5）resources.arsc：为已经编译的资源 res 目录下的资源指定资源编号。

（6）classes.dex：在 Dalvik 虚拟机中运行的压缩的字节码代码。

（7）lib 目录：保存了运行移动应用的本地库。

注意：在 2018 年的 Google I/O 大会上，Android App Bundle（Android 动态化框架）被正式提出，该技术支持 Google Play 的动态交付（Dynamic Delivery）。这使得在用户下载移动应用时，动态框架会根据每个用户的设备信息，根据开发者上传的 App Bundle 生成与之对应且经过优化的 APK，并将其提供给设备进行安装。这使得下载的移动应用不再臃肿。

2. 应用框架层

应用框架层提供了大量的应用程序接口（API），供开发者开发 Android 应用。移动应用开发者通过调用这些 API，开发实现移动应用，如图 1-3 所示。应用框架包括 Android SDK API 和 Android SOFT API。Android SDK API 就是开发需要的库，其中包括 Java API 库。Android SOFT API 包括了权限配置、构建参数、意图配置等应用配置的相关内容。

图 1-3　Android 应用调用应用框架

3. Android 核心库和 Android 运行时

Android 的核心库是 C/C++ 函数库的集合，包括了 Surface Manager、Media Framework、SQLite、OpenGL ES、FreeType、Webkit、SGL 和 SSL。这些 C/C++ 库支持

Android 的应用框架，为开发基于 Android 平台的移动应用提供帮助。

Android 运行时(Android Runtime，ART)主要负责运行 Android 应用程序。ART 引入了预编译机制。从 Android 7.0 开始，结合使用 AOT(Ahead Of Time)、JIT(Just In Time)编译和配置文件引导编译，不需要重新编译 APK 安装包就可以直接加载和运行它。

ART 内置了 AOT 编译器，可结合配置文件对常使用的代码进行 AOT 编译。在 APK 运行之前，就对其包含的 dex 字节码进行翻译，生成对应的本地机器指令，这样，运行时就可直接执行这些机器指令。如图 1-4 所示，Android 的源代码编译生成 dex 文件，这些编译后的文件与资源以及一些必要的本地代码一起压缩生成 APK 文件。将 APK 文件安装到移动终端时，通过 AOT 技术，可利用 dex2oat(Dalvik Executable File to Optimized Art File)将 dex 文件编译优化生成可执行可链接的文件格式(Executable and Linkable Format，ELF)的机器码.oat 可执行文件。最后通过 AR 运行.oat 文件。经 AOT 编译器编译后，可使 ART 反复运行编译后的本地机器指令，从而提高运行效率。

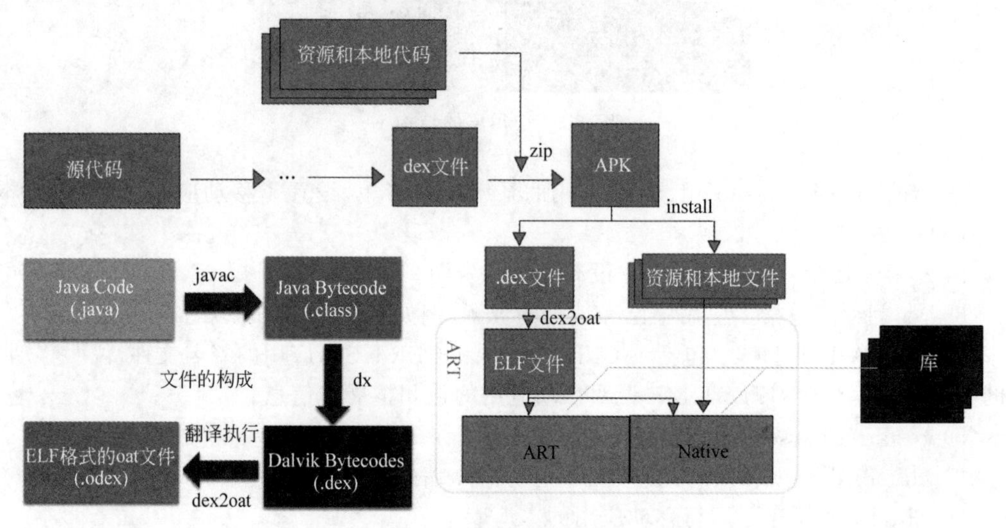

图 1-4　Android 运行时编译执行过程

ART 包含了具有代码分析功能的 JIT 编译器。JIT 编译器可对 AOT 编译进行补充。当用户启动应用时，ART 加载 dex 文件，如果有.oat 可执行文件，ART 会直接执行该文件。如果.oat 文件中不含经过编译的代码，ART 会通过 JIT 和解释器执行。JIT 会将经常执行的方法添加到配置文件，使得下一次重新启动通过配置文件引导执行代码。通过这种方式，JIT 可以节省存储空间，加快应用和系统更新速度。

4. 硬件抽象层

硬件抽象层(Hardware Abstract Level，HAL)用于为第三方硬件厂商提供标准的接口。通过这些标准接口，可使更高级别的 Java API 框架调用硬件。HAL 包含多个库模块，其中每个模块都为特定类型的硬件组件实现一个接口，例如相机或者蓝牙模块。当框架 API 要求访问硬件时，Android 系统将为该硬件加载库模块。HAL 采用硬件接口定义语言(Hardware Interface Definition Language，HIDL)描述了 HAL 和它的用户之间的接口。

5. Linux 内核

Android 平台是基于 Linux 内核。Linux 内核提供了底层的硬件驱动，包括 Audio Driver(音频驱动)、Display Driver(显示驱动)、KeyPad Driver(按键驱动)、Bluetooth API

(蓝牙 API)、Camera API(照相机 API)、Shared Memory Driver(共享存储驱动)、USB Driver(USB 驱动)、WiFi Driver(WiFi 驱动)、Power Management(电源管理)等。

1.2 开发环境和开发工具

下面介绍搭建 Android 开发环境的流程以及所用的开发工具。

开发 Android 应用需要进行以下准备。

(1) JDK。它是 Java 开发软件库,包括 Java 的运行环境、工具集合、基础库等支持。

(2) Android SDK。它是开发 Android 应用的 Android 软件开发工具包,包括软件包、软件框架、硬件平台、操作系统等建立应用软件的开发工具的集合。Android SDK 可直接下载,无须安装,在 Android Studio 中配置后即可使用,如图 1-5 所示。

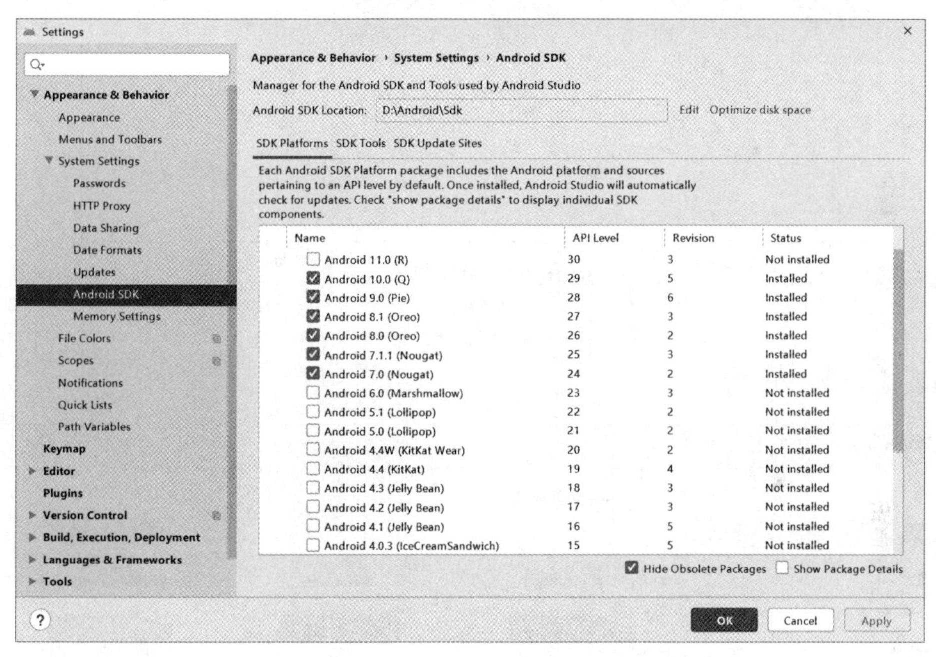

图 1-5 在 Android Studio 中配置 Android SDK

(3) Android Studio。它是官方推出的 Android 应用开发工具。本书采用的是 Android Studio Arctic Fox 2020.3.1 Patch。当然,最新版本的 Android Studio 也会不断地推出,其他开发工具如 IntelliJ IDEA 也可以用来开发 Android 应用。

Android Studio 可以从 Android 开发者网站 https://developer.android.google.cn/studio?hl=zh-cn 直接下载安装。

安装 Android Studio 非常容易,根据安装提示依次执行操作即可,本书将不再介绍。

1.3 创建第一个 Android 项目

本节通过一个简单的 Hello World 项目介绍 Android 项目的开发流程,并对项目的结构层次进行介绍和说明。

1.3.1 创建新的项目

首先,启动 Android Studio,在启动的界面中选中 New Project,新建一个项目,如图 1-6 所示。

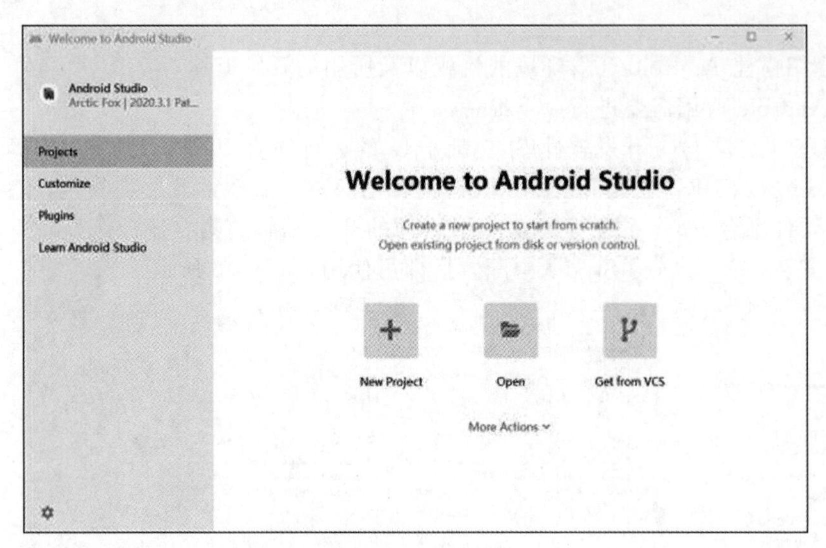

图 1-6 启动界面

选中 New Project,进入新项目的模板配置界面。选中 Phone and Tablet | Empty Activity 选项,如图 1-7 所示。

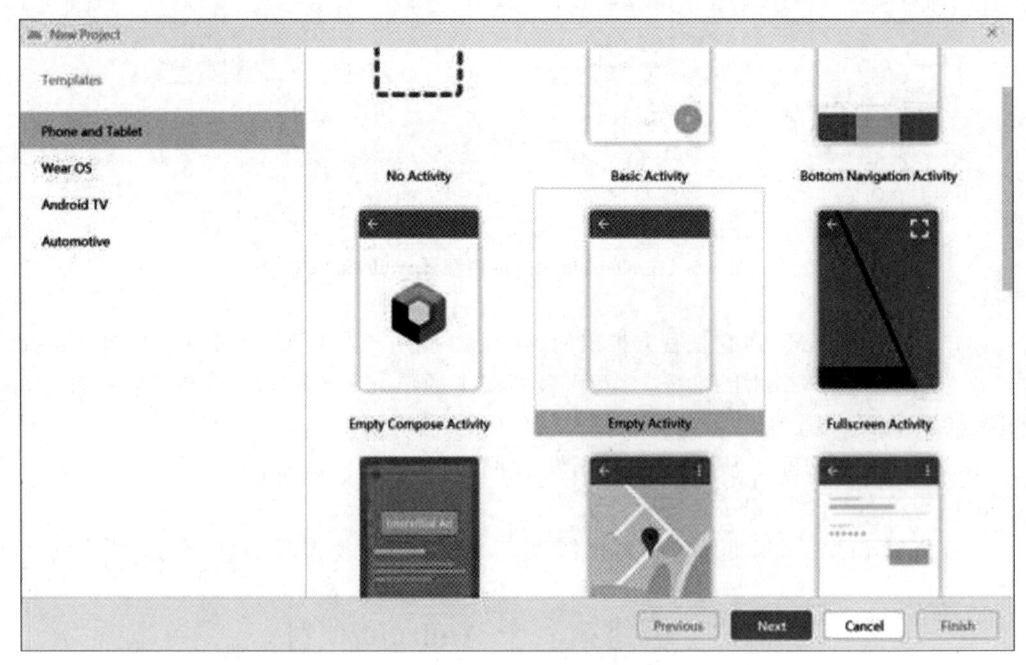

图 1-7 配置项目的模板

单击 Next 按钮,进入项目的配置界面,开始配置项目的 Name(名称)、Package Name

(包名)、Save Location(保存的位置)、Language(开发语言)和 Minium SDK(最小的 SDK),如图 1-8 所示。配置完毕,单击 Finish 按钮,结束项目的创建。

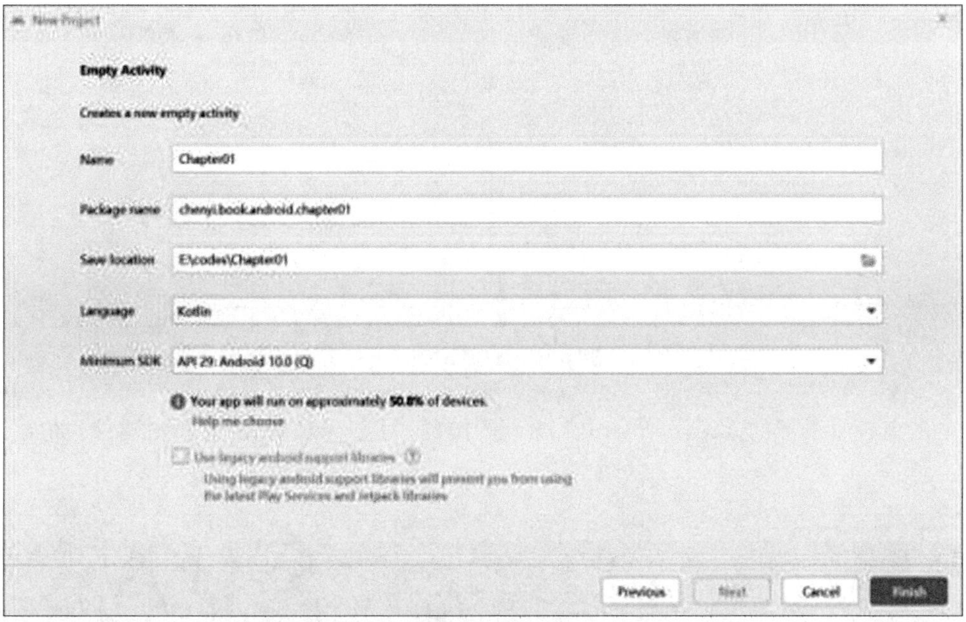

图 1-8　配置项目

项目配置完毕后,就进入 Android Studio 的编辑界面,如图 1-9 所示。

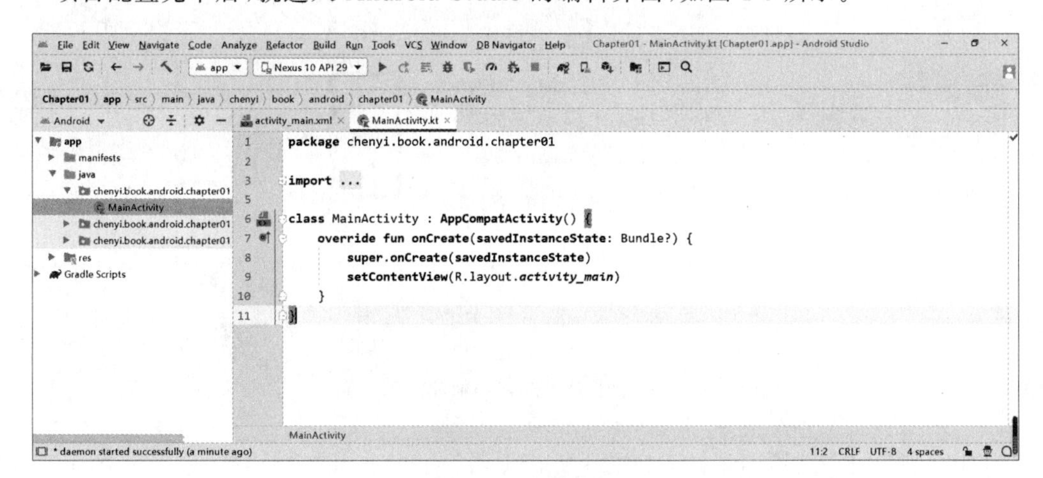

图 1-9　编辑界面

1.3.2　启动模拟器

运行 Android 移动应用需要在移动终端设备或模拟器上进行。Android Studio 的 Android 虚拟设备管理器(Android Virtual Device Manager,AVD Manager)就可以启动模拟器。单击 Android Studio 工具栏中的图标,可启动 AVD Manager,如图 1-10 所示。

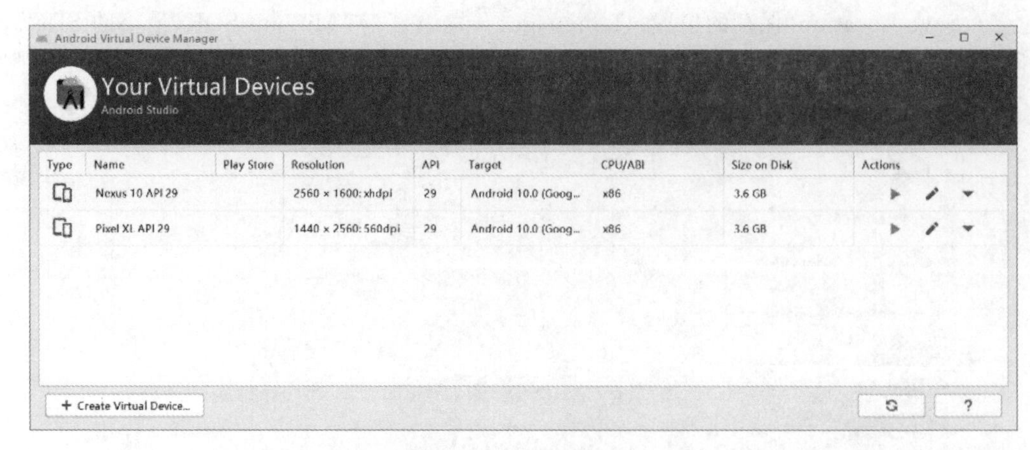

图 1-10　AVD Manager

单击窗口左下部的 Create Virtual Device 按钮，可创建模拟器并配置硬件，如图 1-11 所示。

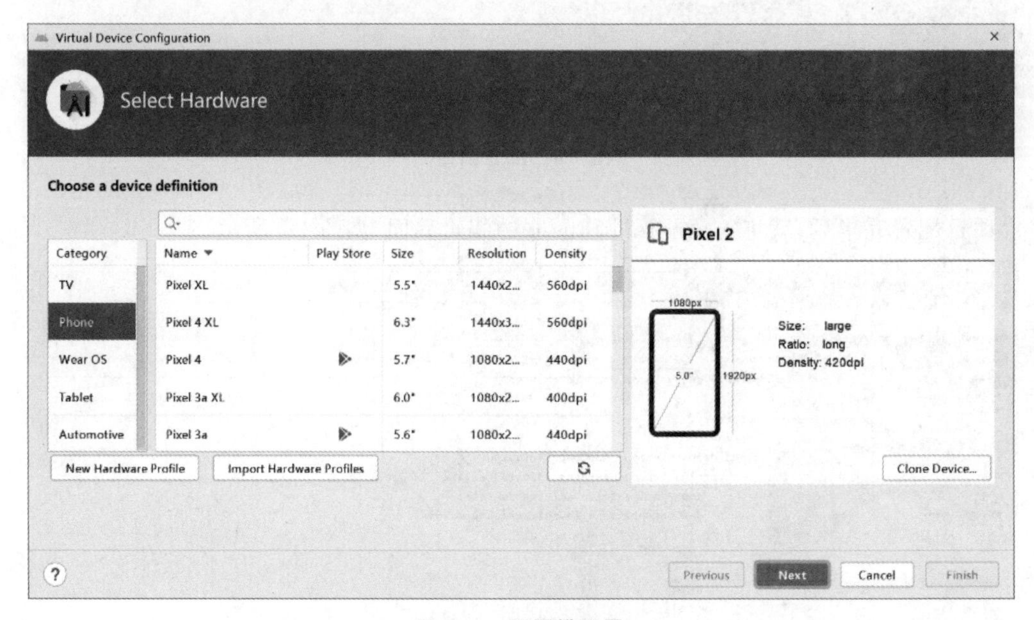

图 1-11　配置模拟器

在 Phone(手机)选项中选择对应的手机模拟器。根据 API 级别选择 System Image(系统映像)，如图 1-12 所示。

单击 Next 按钮，进入 Verify Configuration(验证配置)界面对相关配置进行设置，如图 1-13 所示。在验证配置界面中，AVD Name 文本框用于配置模拟器的名字；在 Startup orientation 栏中可指定屏幕的方向，其中，Portrait 表示纵向方向，Landscape 表示横向方向，也可以进行高级配置。此处不再介绍。

单击 Finish 按钮可创建一个新的模拟器。可以在图 1-14 所示的 AVD 模拟器列表中选择某个模拟器，单击▶按钮，启动所选的模拟器。也可以在运行时，在 Android Studio 工具栏中选中并打开对应的模拟器运行应用。

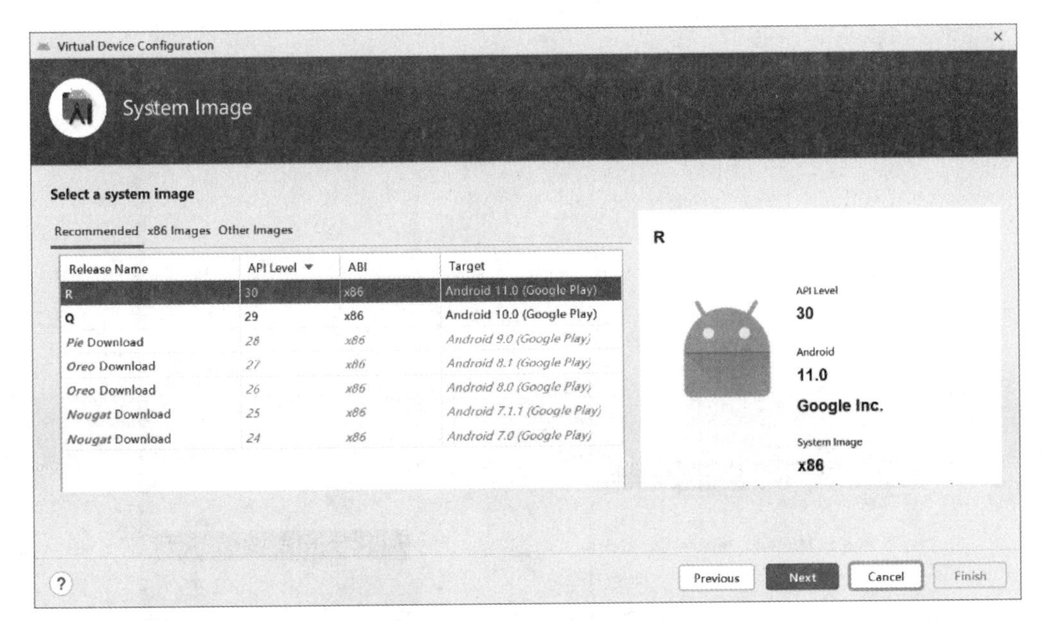

图 1-12　配置系统映像

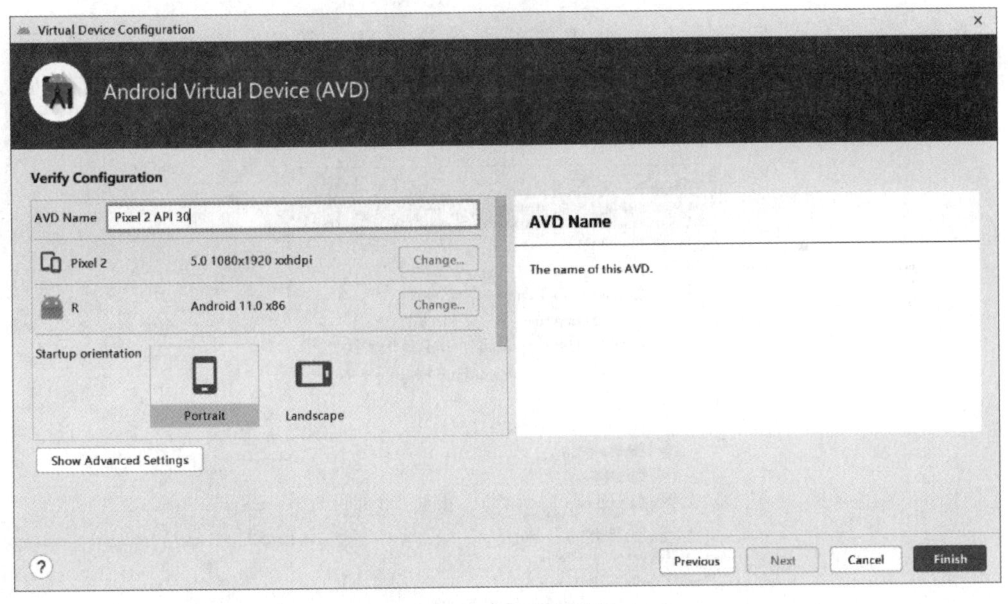

图 1-13　配置验证

1.3.3　运行第一个项目

项目创建成功后，选中 Android Studio 中合适的模拟器，然后单击工具栏中的▶按钮，运行已经创建的项目，运行结果如图 1-15 所示。

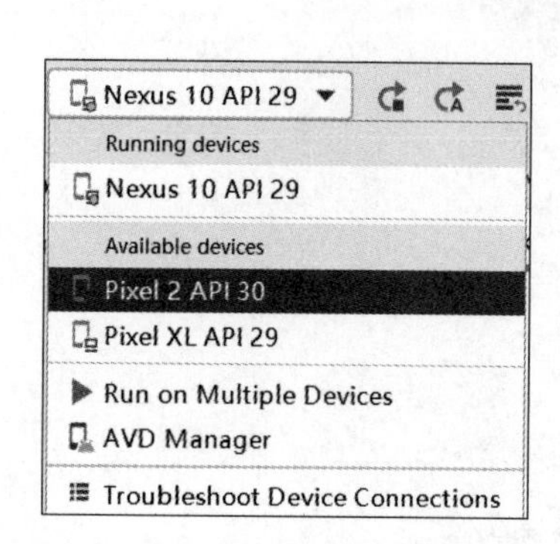

图 1-14　选择模拟器

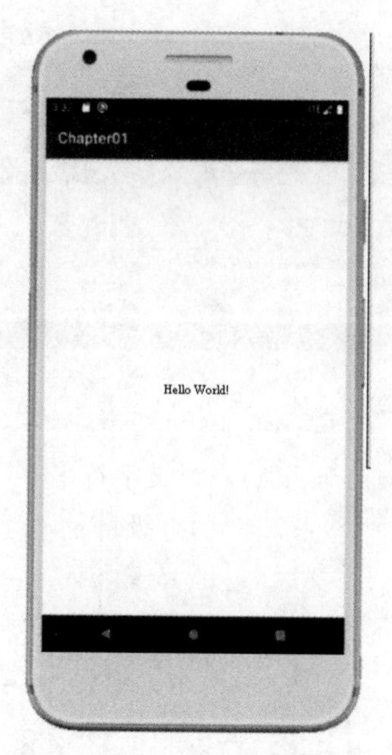

图 1-15　第一个项目的运行结果

在第一个项目成功运行后，一些重要的文件让项目正常运行发挥了关键作用。在Android模式下，项目的基本结构如图1-16所示，Android模式下项目的基本结构有利于方便、快速地开发移动应用。

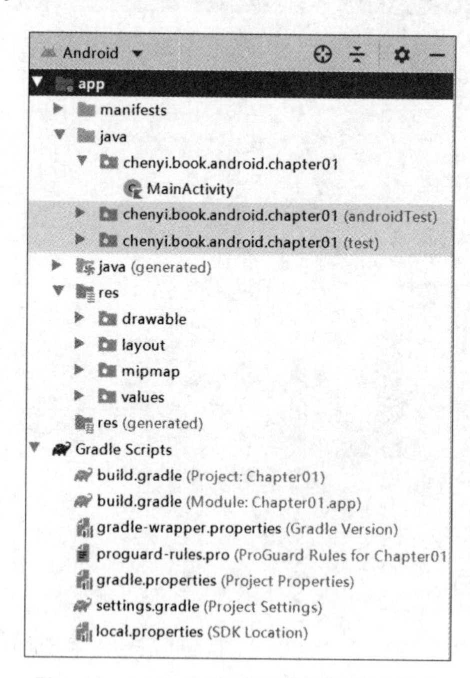

图 1-16　Android 模式下项目的基本结构

1. app 模块

项目中的 app 目录也称为 app 模块，它是在创建项目时自动生成的。当前项目的所有的源代码和资源都放置在这个模块中。

在 app|manifest 目录中定义的 AndroidManifest.xml 是项目的配置清单文件，对移动应用的应用、活动、权限等进行配置。

在 app|java 目录中可以放置 Kotlin 源代码，也可以放置 Java 源代码。为了维护管理，在 java 目录下的源代码文件被放置在对应的包中。本项目中自动生成了 MainActivity 源代码，它定义了图 1-15 所示效果的代码内容。

在 app|res 目录中保存了应用中需要的各种资源。它的下级目录 values 保存各种取值的资源，如 strings.xml 定义字符串、colors.xml 定义需要的各种颜色、dimens.xml 定义应用需要的各种尺寸数据等；下级目录 mipmap 中放置了图片资源，这些资源可以根据屏幕进行大小适配。下级目录 drawable 中也放置了图片资源，但是图片资源不可以按照大小适配；下级目录 layout 中保存了布局文件，这些布局文件与活动对应。本项目中 MainActivity 对应的布局文件是 activity_main.xml

2. 项目的 build.gradle 和模块的 build.gradle

在项目中有两个 build.gradle 文件，第一个是针对整个项目的顶层 build.gradle 构建配置脚本文件。具体如下：

```
buildscript {                                  //配置 Gradle 脚本自身执行需要的资源
    ext.kotlin_version="1.3.72"                //Kotlin 的版本
    repositories {                             //仓库
        google()
        jcenter()
    }
    dependencies {                             //定义依赖项

        classpath "com.android.tools.build:gradle:4.1.1"
                                               //构建工具 Gradle
        classpath "org.jetbrains.kotlin:kotlin-gradle-plugin:$kotlin_version"
                                               //服务 Kotlin 的 Gradle 插件
    }
}
allprojects {                                  //配置所有项目
    repositories {                             //仓库
        google()
        jcenter()
    }
}
task clean(type: Delete) {                     //项目的清除
    delete rootProject.buildDir
}
```

另一个是针对应用模块 build.gradle 构建脚本文件。它实现对模块，在这里是针对 app 模块提供依赖、插件、编译器等内容的配置。具体如下：

```
plugins {                                                    //引入 Gradle 插件库的插件
    id 'com.android.application'
    id 'kotlin-android'
}
android {
    compileSdkVersion 29                                     //编译 SDK 版本
    defaultConfig {                                          //默认配置
        applicationId "chenyi.book.android.chapter01"        //移动应用编号
        minSdkVersion 29                                     //最小的 SDK 版本
        targetSdkVersion 29                                  //目标 SDK 版本
        versionCode 1
        versionName "1.0"
        testInstrumentationRunner "androidx.test.runner.AndroidJUnitRunner"
    }
    buildTypes {                                             //构建类型
        release {minifyEnabled false                         //关闭混淆
            proguardFiles getDefaultProguardFile('proguard-android-optimize.
                txt'),'proguard-rules.pro'                   //指定混淆文件
        }
    }
    compileOptions {                                         //编译选项
        sourceCompatibility JavaVersion.VERSION_1_8          //源代码兼容
        targetCompatibility JavaVersion.VERSION_1_8          //目标兼容
    }
    kotlinOptions {
        jvmTarget ='1.8'
    }
}
dependencies {                                               //依赖库
    implementation "org.jetbrains.kotlin:kotlin-stdlib:$kotlin_version"
    implementation 'androidx.core:core-ktx:1.2.0'
    implementation 'androidx.appcompat:appcompat:1.1.0'
    implementation 'com.google.android.material:material:1.1.0'
    implementation 'androidx.constraintlayout:constraintlayout:1.1.3'
    testImplementation 'junit:junit:4.+'
    androidTestImplementation 'androidx.test.ext:junit:1.1.1'
    androidTestImplementation 'androidx.test.espresso:espresso-core:3.2.0'
}
```

在应用模块中引用插件时，可以像前面一样使用 plugins 来表示引入 Gradle 官方插件库中插件的种类。除此之外，还可通过 apply plugin 来引用插件。这种方式不但可以引入 Gradle 官方插件库中的插件，而且可以引入第三方插件。上述代码中引入插件的部分也可以修改成如下形式：

```
apply plugin: 'com.android.application'
apply plugin: 'kotlin-android'
```

3. gradle-wrapper.properties

gradle-wrapper.properties 文件是 Gradle 的安装和配置的文件。

4. proguard-rules.pro

proguard-rules.pro 定义了代码混淆规则。代码编写成功后，若不希望被破解，可对代

码进行混淆，增加破解难度。

5. gradle.properties

gradel.properties 文件是项目的 Gradle 全局配置文件。这个文件用于配置全局键值对的数据。例如：

```
org.gradle.jvmargs=-Xmx2048m -Dfile.encoding=UTF-8
```

表示 jvm 参数设置分配最大内存为 2048MB，文件的字符集为 UTF-8。

6. settings.gradle

settings.gradle 用于指定项目中引入的模块。在项目中，Android Studio 会默认创建一个 app 模块。例如：

```
include ':app'                                   //包含的 app 模块
rootProject.name="Chapter01"                     //项目名称
```

也可以通过在 Android Studio 中选中 New1|New Module 菜单项来新建模块，这些模块的名称会记录在 settings.gradle 中保存。如果要删除某个模块，需先在 settings.gradle 文件中把包含模块的内容删除，才能对模块进行删除。

7. local.properties

这个文件非常重要，它指定了 Android SDK 的路径。该路径通常是自动生成的。当 Android SDK 位置发生变化时，可以修改这个文件来实现重新配置。

项目中还有一些其他文件和目录，在 Android 开发中，了解上述项目结构中的文件有助于理解和掌握 Android 应用的开发和运行。

至此，学习 Android 移动开发已经迈开了第一步。希望在后续的学习中，读者能更好地了解和掌握所讲内容。

习　题　1

一、选择题

1. 在 Android 架构中，________通过 Webkit 库提供了浏览器内核支持。

   A. 应用层　　B. Linux 内核　　C. 应用框架层　　D. Android 核心库

2. ________提供了大量的 API 供 Android 应用开发者使用。

   A. 应用层　　B. 应用框架层　　C. 硬件抽象层　　D. Linux 内核

3. ________负责运行 Android 应用程序。

   A. Android 运行时　　B. 应用框架层　　C. 硬件抽象层　　D. Linux 内核

4. 提供了底层硬件驱动的是________。

   A. Android 运行时　　B. 应用框架层　　C. 硬件抽象层　　D. Linux 内核

5. HAL 硬件抽象层可以使用________来定义 HAL 与用户的接口。

   A. Kotlin　　B. Java　　C. HIDL　　D. OAT

6. 2003 年，Android 操作系统由________开发并发布。

   A. Andy Robin　　B. 谷歌　　C. JetBrain　　D. IDC

7. 在 Android Studio 中，使用________可创建模拟器。

A. SDK Manager　　B. AVD Manager

C. Resource Manager　　D. LayoutManager

8. 对移动应用的应用、活动、权限等进行配置的信息保存在________Android 移动项目的配置清单文件中。

A. AndroidManifest.xml　　B. classes.dex

C. resources.arsc　　D. CERT.RSA

二、填空题

1. Android 平台是自由开源的________和________。

2. 谷歌公司发布的 Android 源代码是以________方式授权的。

3. Android 平台的软件框架分为________、________、________、________和________。

4. Android 系统架构包括________、________、________、________和________组件。

5. 利用 dex2oat 可将________文件编译优化后生成机器能识别的________可执行文件。

三、上机实践

1. 搭建 Android 移动应用开发环境，并安装 Android Studio。

2. 开发一个 Android 移动应用，输出"Hello World!"，并在模拟器中运行。

3. 从网络下载一个 APK 文件，并分析其内部结构。

4. 从网络下载一个 APK 文件，并安装到手机模拟器中运行。

第2章　Kotlin基础

Kotlin是由 JetBrains 公司在 2010 年创建的一种基于 Java 虚拟机(Java Virtual Machine,JVM)的计算机语言,并于 2016 年发布了第一个版本。谷歌公司于 2017 年将其定为 Android 开发的官方语言。这使得 Kotlin 成功进入 Android 开发移动应用领域。由于 Kotlin 具有简洁、易学、安全性好、实用性强、Java 框架兼容性好等优点,所以用其开发 Android 移动应用已成为趋势。本章主要对 Kotlin 的基本语法进行介绍。

2.1　Kotlin 概述

Kotlin 是一种高级的静态强类型语言,可以在 JVM 上运行。虽然 Kotlin 受到 Java、Scala、Groovy 等语言的影响,但是仍具有自己鲜明的特色,与 Java 的语法存在明显区别。

(1) Kotlin 是一种简洁的编程语言,代码量少、易读易懂、运行更快、效率更高。下面,分别使用 Java 和 Kotlin 定义一个 Student 类,对两种语言加以比较。

用 Java 定义 Student 类,代码如下:

```
class Student {                                                //Java 定义的 Student 类
    private String name;
    private String gender;
    public String getName() {
        return name;
    }
    public void setName(String name) {
        this.name=name;
    }
    public String getGender() {
        return gender;
    }
    public void setGender(String gender) {
        this.gender=gender;
    }
    @Override
    public boolean equals(@Nullable Object obj) {
        return super.equals(obj);
    }
    @Override
    public String toString() {
        return super.toString();
    }
}
```

用 Kotlin 定义 Student 类,代码如下:

```
data class Student(val name:String,val gender:String)        //Kotlin 定义的 Student 类
```

对比后发现,同样定义一个实体类,Kotlin 只用一行代码即可实现。由此可见,Kotlin 的表达方式简单明了、代码量更少。Kotlin 只需通过 data class 说明 Student 类是数据类,Kotlin 编译器便会自动生成对应的 toString()、equals()等函数。

(2) Kotlin 是一种安全性好的编程语言。Kotlin 的很多特性都能避免运行时崩溃。例如,自动检测对象是否为 null,为 null 直接抛出 NullPointerException。在数据类型中,明确区分了可以为 null 的数据,例如:

```
var intValue:Int?
```

则表示变量 intValue 可以为 null;若定义形式如下:

```
var intValue:Int
```

则表示 intValue 变量不能取值为 null。在语法层面上避免了可能对 null 的误判。这与 Java 有明显不同。

Kotlin 是一种基于 JVM 的语言,它可以与 Java 代码交互。Kotlin 可以方便地利用 Java API 以及第三方基于 Java 开发的库。上述 Kotlin 例子也可以使用 Java 的 java.lang.String 来定义字符串对象。

Kotlin 可以开发任何基于 Java 生态的应用。无论是服务器端的应用,还是 Android 移动端的应用,都可以涉足其中。Kotlin 不但能开发基于 Java 的应用,还能开发跨平台的应用。例如,通过应用 Intel Multi-OS Engine,可以让 Kotlin 代码运行在 iOS 移动终端中。

与 Java 语言一样,Kotlin 是一种静态强类型的语言,所有表达式的类型在编译期已经确定。Kotlin 不需要在代码中显式地声明每个变量的类型,变量类型可以根据上下文进行自动判断。例如,通过代码

```
var intValue=2
```

可以直接推断出 intValue 的数据类型为 Int。Kotlin 的静态特性可使代码性能更好。因为不需要在运行时判断调用的具体方法,所以方法调用速度更快。Kotlin 是可靠的,在通过编译器验证程序的正确性后,运行时崩溃的概率更低。因为可以直接从代码中知道对象的类型,所以代码更容易维护。此外,静态类型使 IDE 能提供可靠的重构、精确的代码补全以及其他特性。

(3) Kotlin 支持函数式编程。Kotlin 支持函数类型,允许函数把其他函数作为参数或者返回其他函数。Kotlin 支持 Lambda 表达式,使用最少的样板代码就能方便地传递代码块。对于数据类,Kotlin 提供了创建不可变值对象的简明语法。可以方便地使用函数式编程风格操作对象和集合。例如,在下列代码中,通过 Lambda 表达式 lst.forEach{}实现了对列表中所有元素的依次遍历。

```
val lst =listOf("hello","welcome","this","is","kotlin","world")
                                                                    //定义列表
lst.forEach{                                                        //遍历列表中的所有元素
    print(it)
}
```

(4) Kotlin 的代码可以编译成 Java 的字节码或 JavaScript,以便在没有 Java 虚拟机的设备上运行。编译 Kotlin 的命令行的形式如下:

```
kotlinc <源代码或目录>-include-runtime -d <jar 名>
```

例如:已知有一个名为 hello.kt 的文件,它在命令行的编译命令可以写成如下形式:

```
kotlinc hello.kt -include-runtime -d hello.jar
```

编译 Kotlin 与 Java 代码的编译过程如图 2-1 所示。

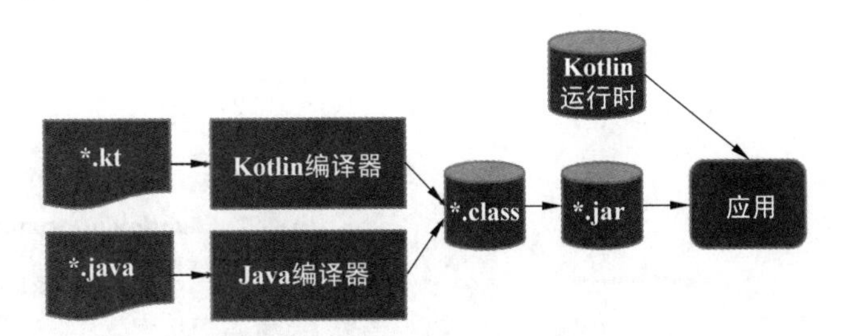

图 2-1　Kotlin 代码与 Java 代码的编译

Kotlin 代码会保存在扩展名为.kt 的文件中,通过 Kotlin 编译器进行编译会生成 class 字节码文件,打包后可生成.jar 文件。应用可以直接打开.jar 文件,使用 Kotlin 代码定义的功能。开发 Kotlin 应用可以使用 JetBrains 的 IntelliJ IDE 平台,也可以使用 Android Studio。

2.2　第一个 Kotlin 程序

下面先观察一下代码 Ch02_01.kt。通过这段代码对 Kotlin 编码做一个初步的了解。该代码的完整内容如下:

```
/**Kotlin 代码 Ch02_01.kt */
fun main(){
    val reader =Scanner(System.`in`)              //定义 Scanner 对象
    var name =reader.next()                        //输入
    print("你好: $name")                           //输出
}
```

运行结果如图 2-2 所示。

上述代码需要注意以下内容。

(1) 在 Kotlin 中,可以使用注释来标注信息和解释代码。上述代码中定义了 3 种不同

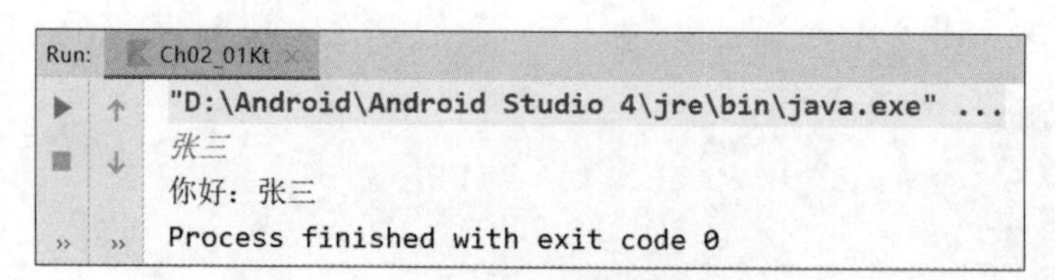

图 2-2　运行结果

的注释：

```
/* * 文档注释 * /
/* 多行注释 * /
//单行注释
```

这些注释的定义与 Java 表述的注释是一致的。其中，文档注释可以生成注释的文档 HTML 文件。在 Android Studio 的 Settings 对话框中设置 Plugins 项，增加 BugKotlinDocument 插件，可以自动生成注释。BugKotlinDocument 插件的安装如图 2-3 所示。

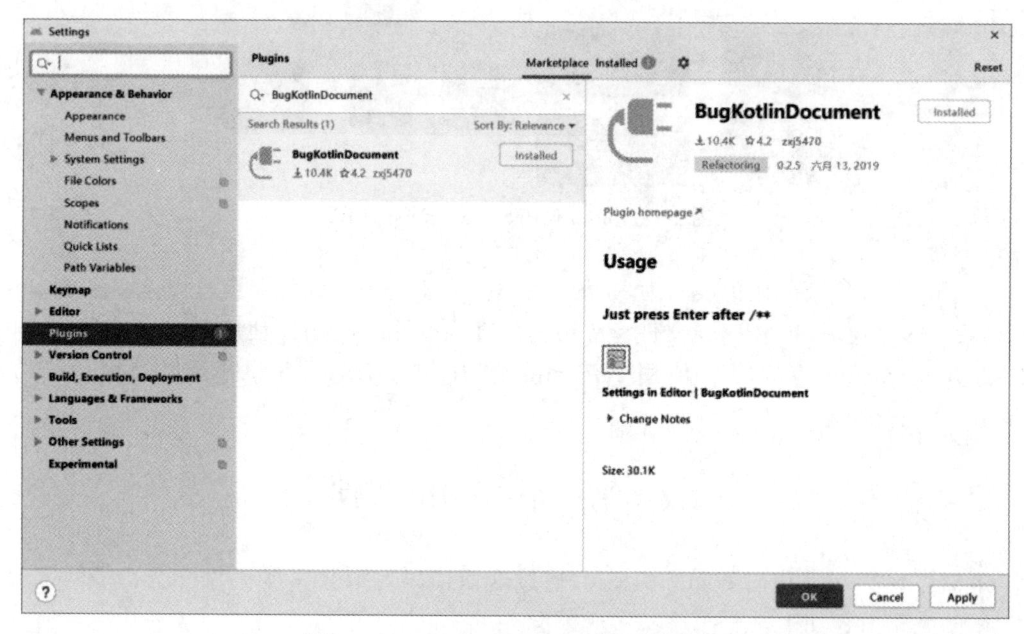

图 2-3　BugKotlinDocument 插件安装成功

安装成功后，在 Kotlin 文件中直接使用/ * * 并按回车键，就会生成对应的文档注释以及自动加入相应的参数配置内容。另外，可以通过 Dokka 插件（https://github.com/Kotlin/dokka）生成文档注释对应的 HTML 帮助文件。

（2）fun 表示定义函数，fun 后面跟函数的名称。其中，函数 main()表示主函数，也是程序的执行入口。Kotlin 定义的主函数不需要定义在类中，这与 Java 明显不同。

（3）主函数 main()中定义了两种不同类型变量，通过 val 定义了只读变量 reader，表示一旦定义之后，reader 就是固定对象，不能变化。var 定义了变量，可以多次赋值，修改变量的取值。

(4) 上述代码中调用 Scanner 对象 reader 的 next()函数,表示输入一个字符串,并赋值给可变量 name。

(5) 调用函数

```
print("你好: $name")
```

本质上就是调用 Java 标准库的标准输出对象的 print()函数,对应的 Java 的完整表示是 System.out.print()函数。由于 Kotlin 标准库重新包装了 Java 的标准库函数,提供了更简洁的包装,所以表达形式更简洁。

(6) 字符串 $ name 是字符串模板,用于对字符串格式化,在字符串中可使用"$"引用局部量和表达式,也可以直接嵌套在双引号内。

通过上例,可以发现编写 Kotlin 代码并不复杂。

2.3 函　　数

函数用于定义一段代码片段,实现特定的功能,表达形式如下:

```
fun 函数名([参数: 参数类型,参数: 参数类型…])[: 返回值类型]{
}
```

在上述形式定义中,"[]"中的内容表示可选项。说明函数可以无参数,也可以有一个或多个参数。一旦定义了参数,必须指定参数的类型。函数可以执行操作没有返回值,也可以根据实际需要返回一个取值。如果要返回取值,必须指定函数的返回数据类型。

"{}"包含的是函数体。如果函数体只有一个直接返回结果的语句,则可以将函数写成函数表达式的形式:

```
fun 函数名([参数: 参数类型,参数: 参数类型…])[: 返回值类型]=表达式
```

例 2-1　函数的应用实例,代码如下:

```
//例 2-1 Ch02_02.kt
/** 定义带参数的函数
 * 打印输出传递的参数
 * @param message String */
fun display(message: String){
    println(message)
}
/** 执行加法运算
   * 定义带参数,有返回值的函数
   * @param x Int
   * @param y Int
   * @return Int*/
```

```
fun add(x: Int,y: Int): Int{
    return x+y
}
/* * 执行比较数据的大小
    * 定义表达式函数 * /
fun compare(x: Int,y: Int): Boolean=x>=y
/* * 主函数
    * 无参函数 * /
fun main(){
    var xx=23
    var yy=12
    display("输出: $xx+$yy=${add(xx,yy)}")          //${}将表达式写入字符串格式符中
    display("输出: $xx >=$yy=${compare(xx,yy)}")
}
```

运行结果如图 2-4 所示。

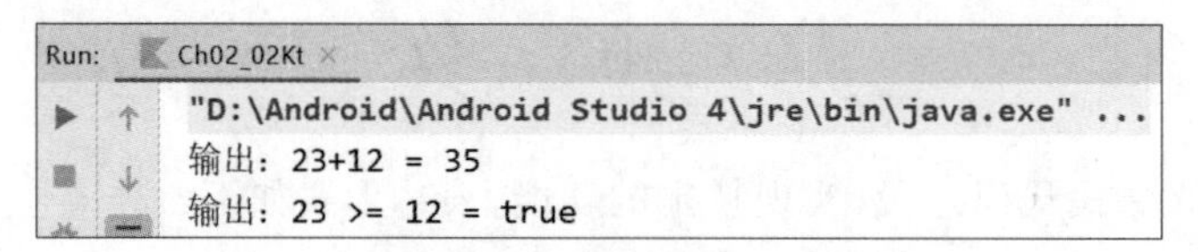
Run: Ch02_02Kt
"D:\Android\Android Studio 4\jre\bin\java.exe" ...
输出: 23+12 = 35
输出: 23 >= 12 = true

图 2-4　例 2-1 的运行结果

注意：在上述代码中，“${}”是字符串格式符，因为代码是调用函数的表达式，因此需要将函数调用的表达式写入“{}”中。

2.4　变量和数据类型

2.4.1　变量

Kotlin 分别使用 var(variable，变量)和 val(value，取值)来定义变量。但是二者有明显不同。var 定义的是可变量，可通过多次赋值修改 var 修饰的变量。val 定义的是只读变量，只进行一次初始化，一旦赋值，定义就不会再发生变化了。例如：

```
var a: Int=23
a=45                                    //成立
val b: Int=23
b=45                                    //编译错误;因为 b 已经初始化了。
```

无论是何种变量，都必须有固定的数据类型。在 Kotlin 中，数据类型有两种情况：非 null 值的数据类型和可以 null 值的数据类型。例如：

```
var a: Int?=null
```

这时，变量 a 的初始值为 null。

如果定义成如下形式：

```
var a: Int
a=null                                                    //编译错误
```

因为变量 a 定义的是 Int 整数类型，因此不能赋值于一个 null 值。

在变量的定义时，如果已经赋予初始值，则可以不写变量的数据类型，编译器根据对象的取值及上下文推断出数据对象的具体的类型。例如：

```
var a=2
```

根据初始值 2，编译器推断出 a 的数据类型为 Int，变量 a 就是一个 Int 类型的变量。例如：

```
var b=3.4
```

根据初始值 3.4，编译器推断出 b 的数据类型是 Double，变量 b 就是一个 Double 类型的变量。

2.4.2 数据类型的种类

Kotlin 中所有的数据都是对象。即使是一个整数 12，在 Kotlin 中表达的也是一个 Int 对象。这使得 Kotlin 的表示形式与其他语言有所不同。Kotlin 常见的数据类型如表 2-1 所示。

表 2-1 常见的数据类型

数据类型	说　　明	数据类型	说　　明
Short	短整数(16 位)	Short?	可取 null 的短整数(16 位)
Int	整数(32 位)	Int?	可取值 null 的整数(32 位)
Long	长整数(64 位)	Long?	可取 null 的长整数(64 位)
Double	双精度实数(64 位)	Double?	可取 null 的双精度实数(64 位)
Float	单精度实数(32 位)	Float?	可取 null 的单精度实数(32 位)
Byte	字节类型(8 位)	Byte?	可取 null 的字节类型(8 位)
Boolean	布尔类型，取值 true 或 false	Boolean?	可取 null 的布尔类型，取 true 或 false

和 Java 不一样，Kotlin 并不区分基本数据类型和包装类型。所有的非空类型都是 Any 类的子类，所有的可空(null)类型都是 Any? 类的子类。图 2-5 中展示了 Any 和 Any? 与其他数据类型如 String 字符串类的相互关系。

Any? 不但是所有可空类型的根类型，而且是 Kotlin 所有数据类型的根类型。它的取值包括了 null 及具体的对象。Any 是 Any? 的子类，二者之间构成了继承关系。而 Any 是所有非空类型的根类型。因此，通过这些关系的确定，带有“?”的数据类型的变量可以取值 null，而没有“?”的数据类型变量必须表示具体的

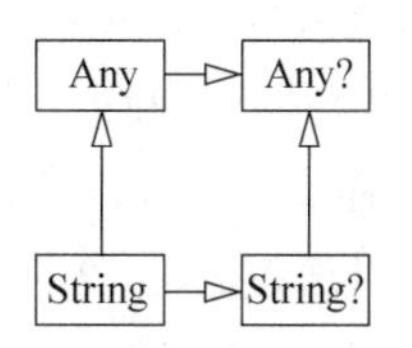

图 2-5 Kotlin 的 Any 和 Any? 类之间的关系

对象。

Kotlin 中还定义了两种特殊类型：Unit 和 Nothing。Unit 对应 Java 语言的 void，表示没有返回值。在大多数情况下，代码并不需要显式地返回 Unit，或者申明一个函数的返回类型为 Unit。编译器会通过上下文推断它。至于 Nothing 类型，则是永远不返回。

2.4.3 数据类型的转换

Kotlin 支持类型转换，即将不同类型的数据转换成其他类型的数据。Kotlin 不支持数字类型的隐式转换，只支持显示转换。在表 2-2 中展示了数字类型相互转换的函数。

表 2-2 数字类型转换函数

函　数	说　明	函　数	说　明
toByte()	转换成字节类型	toFloat()	转换成单精度实数
toShort()	转换成短整数	toDouble()	转换成双精度实数
toInt()	转换成整数	toChar()	转换成字符
toLong()	转换成长整数		

例如，将整数 23 转换成长整数的代码如下：

```
var a=23
var b : Long=a                                        //编译错误
```

要实现上述的转换，可以直接调用对象的转换函数，写成以下形式：

```
var b: Long =a.toLong()
```

在 Kotlin 中还提供了 as 运算符实现类型转换，例如：

```
var c=23
var d : Long=c as Long          //编译通过,但是运行抛出 ClassCastException 异常
```

采用 as 直接进行转换存在安全隐患。如果 c 的数据类型不是 Long，即使编译通过，也会抛出 java.lang.ClassCastException，这是因为 c 的数据类型为 Int 不是 Long。因此，可以写成如下形式：

```
var f: Long =23 as? Long
```

这种表达方式是安全转换，如果 23 是 Long 数据类型，则 23 可以赋值给 f，如果 23 不是 Long 数据类型，则返回 null 给 f。在此，f 的取值最后为 null，因为 23 是 Int。这种转换方式可以确保转换可以正常执行。

也可以通过 is 运算符来判断取值是否为特定的数据类型的实例。而!is 表示不是某个数据类型的实例，例如：

```
var a =23
a is Int                                    //表达式为 true
a !is Int                                   //表达式为 false
```

2.4.4 可空类型的处理

Kotlin 定义的可空类型对象存在两种情况：一种取值为 null，另一种取值为非空。在对可空类型的对象进行处理时，需要对 null 进行判断和处理。这种方式略显复杂，因此 Kotlin 针对这种可空类型的对象提出了几种处理方式。

1. 安全调用

Kotlin 定义了安全调用符“?.”。这种调用方式允许把一次 null 检查和一次方法调用合并成一个操作，例如：

```
var s: String?=null                         //定义可空类型，并初始化 s 为 null
…
s?.length                                   //安全调用求 s 的长度
```

此处的安全调用符表示先对可空类型对象 s 进行判断，如果 s!=null，则表达式的结果就是对象的长度 s.length；如果 s 判断为 null，则整个表达式的结果为 null。

2. Elvis 运算符

Elvis 运算符“?:”。Elvis 是双目运算符，如果第一个运算数不为 null，则运算结果就是第一个运算数，如果第一个运算数为 null，则运算结果解释第二个运算数。例如：

```
var tyre: String?=null
…
tyre?:"报废"
```

上述表达式首先对 tyre 对象进行判断，如果 tyre!=null，则表达式的结果就为 tyre 本身；如果 tyre==null，则表达式的结果为“报废”。

3. 非空断言运算符

非空断言运算符“!!”是在假设可空类型的对象是非空的情况下调用对象或对象的函数。非空断言可将任何值转换成非空类型，如果值本身为 null 时，做非空断言，则会提示 NullPointerException 异常。例如：

```
var instance: String?=null
…
instance!!
```

若不清楚 instance 是否为空 null，则可使用非空断言。如果 instance!=null，则为 instance 本身；如果 instance==null，则提示 KotlinNullPointerException 空指针异常。

2.4.5 数组和集合类型

程序中往往需要处理一组数据。这组数据可用数组或集合框架的列表、数学集等存储类型表示。

Kotlin 的数组可通过 ByteArray(字节数组)、IntArray(整数数组)、DoubleArray(双精度实数数组)等具体类型的数组定义,也可以通过 arrayOf()函数创建数组。如果创建的数组中包含 null 空值,可以使用 arrayOfNulls()创建包含 null 元素的数组。例如:

```
val array =arrayOf("Hello","Android")
```

array 是数组对象,其中包含了两个字符串"Hello"和"Android"。

```
var arrayNull: Array<String?>=arrayOfNulls<String?>(3)
```

arryNull 数组对象包含了 3 个 null 值元素的数组对象。实际上,通过数组来批量处理数据在 Kotlin 的开发中比较少见。对于一组数据存储,多利用集合类型来实现。Kotlin 支持集合类型。集合类型主要有 List(列表)、Set(集合)和 Map(映射)。Kotlin 将集合类型分成两种类型:一种为可变的类型,即存储结构包含的元素可以变化,可以增加元素,也可以删除元素;另一种为不可变的只读类型,一旦定义之后,存储结构包含的元素就是固定的,是不可变的,只能读取元素。表 2-3 罗列出了常见集合类型创建的方式。

表 2-3　列表 List、集合 Set 和映射 Map 创建

集合类型	创建只读集合类型函数	创建可变集合类型函数	说　明
List(列表)	listOf()	mutableListOf()	列表中的元素都有对应的顺序索引进行访问
		arrayListOf()	
Set(集合)	setOf()	mutableSetOf()	此处的集合表示数学集的概念,即 Set 对象中不能包含重复的元素
		hashSetOf()	
		linkedSetOf()	
		sortedSetOf()	
Map(映射)	mapOf()	mutableMapOf()	映射存储的是一组组键值对,通过关键字来获得对应的取值
		hashMapOf()	
		linkedMapOf()	
		sortedMapOf()	

例 2-2　集合类型的应用实例,代码如下:

```
//例 2-2 Ch02_03.kt
fun main(){
    val lst1: List<String>=listOf("Hello","Android")        //创建不可变的列表
    val lst2: MutableList<String>=mutableListOf("Hello","Android")
                                                            //创建可变的列表
    lst2.add("World")
    lst2.addAll(lst1)
    println("列表: $lst2")
```

```
    val set1 =setOf("Java","Scala")                      //创建不可变的集合
    val set2 =mutableSetOf("Kotlin","Java","Scala")      //创建可变的集合
    set2.removeAll(set1)                                 //从 set2 中删除 set1
    println("集合: $set2")
    val map1 =mapOf("Kotlin" to 1,"Java" to 2)           //创建不可变的映射
    val map2 =mutableMapOf("Scala" to 3,"Groovy" to 4)   //创建可变的映射
    map2.putAll(map1)                                    //将映射 map1 加入到 map2
    println("映射: $map2")
}
```

运行结果如图 2-6 所示。

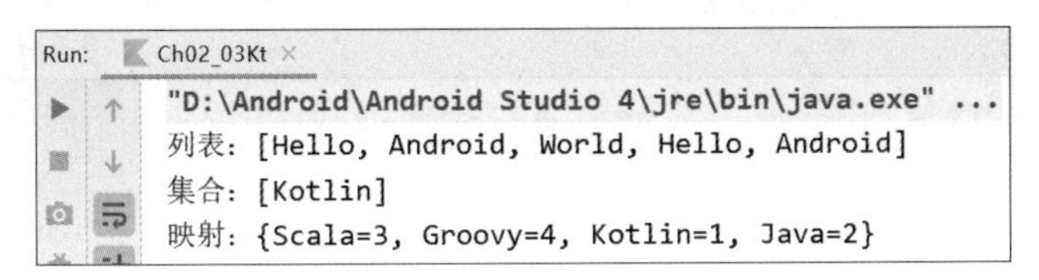

图 2-6　集合类型应用实例的运行结果

在上例的代码中，所有对象的类型并没有明确指定，这些只读变量的数据类型是由编译器通过上下文推断。lst1 被推断为 List<String>类型；set1 对象被推断为 Set<String>类型；map1 被推断为 Map<String,Int>类型，其中 String 表示关键字对应的类型，Int 是对应的取值的类型。这些对象均为不可变只读类型。一旦初始化完成，对于包含的元素对象永远不会发生变化，因此它们也没有对应地变化自身的函数。lst2 被推断为 MutableList<String>类型，set2 被推断为 MultableSet<String>类型，map2 被推断为 MultableMap<String,Int>类型。它们属于可变集合类型，可以增加或者删除包含的元素。此外，映射的键值对定义中采用"关键字 to 取值"的方式，形式简洁。代码如下：

```
val lst : List<String>=multableListOf("Hello","Android")
```

注意：lst 已经明确指定为 List<String>不可变的集合类型，而它只能识别不可变的只读集合类型，因此 lst 是无法增加或删除元素的。

2.5　操作符和表达式

操作符用于实现特定的运算。Kotlin 包括的运算有算术运算、条件运算、逻辑运算、范围运算和赋值运算。Kotlin 与 Java 的运算非常类似。

1. 算术运算

算术运算符是用于执行基本算术计算(加、减、乘、除、求余)的运算符。在 Kotlin 中，简单的 a+b 被解释为 a.plus(b)作为函数调用。表 2-4 列出算术运算了基本情况。

2. 关系运算

关系运算即比较运算，用于比较数据的大小关系。如果这种大小比较的关系成立，返回布尔真值 true，否则返回布尔假值 false。表 2-5 列出了关系运算的情况。

表 2-4 算术运算

运　算	解释对应的函数	说　明
a+b	a.plus(b)	加法运算,a 加上 b
a-b	a.minus(b)	减法运算,a 减去 b
a*b	a.times(b)	乘法运算,a 乘以 b
a/b	a.div(b)	除法运算,a 除以 b
a%b	a.rem(b)	求余运算,a 余 b
a++或++a	a.inc()	自增运算
a--或--a	a.dec()	自减运算

表 2-5 关系运算

运　算	解释对应的函数	说　明
a>b	a.compareTo(b)>0	大于
a>=b	a.comparetTo(b)>=0	大于或等于
a<b	a.compareTo(b)<0	小于
a<=b	a.compareTo(b)	小于或等于
a==b	a?.equals(b) ?: (b===null)	相等
a!=b	! (a?.equals(b) ?: (b===null))	不等于

3. 逻辑运算

逻辑运算又称布尔运算。Kotlin 支持 &&、|| 和! 这 3 种逻辑运算。表 2-6 列出了逻辑运算的情况。

表 2-6 逻辑运算

运 算 符	说　明
a&&b	逻辑与运算,若二者同时为 true,则表达式为 true,否则为 false
a||b	逻辑或运算,若二者同时为 false,则表达式为 false,否则为 true
!a	逻辑非运算,若 a 取值为 true,则!a 为 false;若 a 取值为 false,则!a 取值为 true

4. 范围运算和 in 运算

Kotlin 使用“..”表示区间,用于定义范围运算,用两个数字表示范围,一个数字是起始值,另一个是结束值。例如:

```
val oneToTen=1..10
```

与范围运算相关的 in 运算,表示某个数据是否包含在指定范围中,例如:

```
var a=1..10
var b=2
```

则 b in a 表示 b 变量是否在 a 变量指定的范围内中。当然，in 运算符也可以表示在数组和集合中是否包含特定元素的判断，例如：

```
var a=2
var lst=listOf(2,3,4,5)
```

则表达式 a in lst 表示判断 a 是否包含在 lst 列表中。如果是，则返回 true；否则返回 false。在此处，表达式返回 true。

5. 赋值运算

赋值运算将取值赋值给变量的操作。Kotlin 支持赋值运算，也支持赋值运算符“＝”与其他二元运算符组合构成的复合赋值运算符。表 2-7 列出了常见的复合赋值运算。

表 2-7　常见的复合赋值运算

运　算　符	说　　明	运　算　符	说　　明
a+=b	a=a+b	a/=b	a=a/b
a-=b	a=a-b	a%=b	a=a%b
a*=b	a=a*b		

例 2-3　运算符的应用实例，代码如下：

```
//例 2-3 Ch02_04.kt
fun main(){                                          // Kotlin 的运算符
    var a: Int
    var b: Int
    val sc =Scanner(System.`in`)
    a =sc.nextInt()
    b =sc.nextInt()
    var c =a+b>++a && (a-b)<--b
    println("a=$a,b=$b,c=$c")
}
```

运行结果如图 2-7 所示。

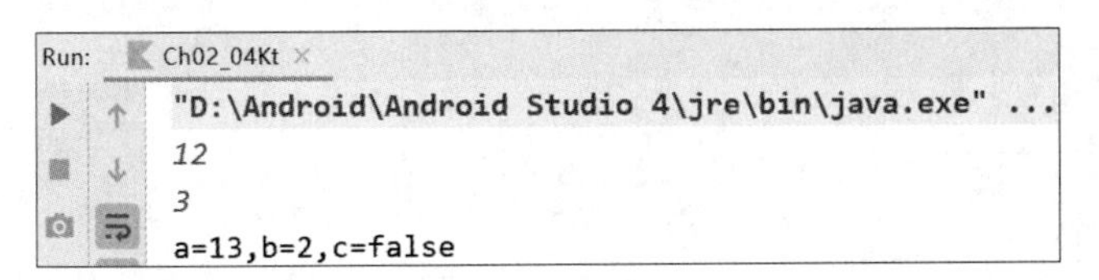

图 2-7　运行结果

在进行运算时，运算符有不同的优先级，算术运算优先级大于关系运算的优先级，关系运算优先级大于逻辑运算的优先级。在优先级相等的情况下，考虑运算符的结合方向，例如 a+b，“+”的结合方向为从左到右。在运算时，表达式 a+b>++a && (a-b)<--b 先执行++a 运算，再执行 a+b 运算。比较 a+b 是否比增 1 后的 a 大的结果为 false，因此 && 的运算结果为 false，后面(a-b)<--b 的运算继续，故 b 的取值减 1。

2.6 控制结构

Kotlin 支持 3 种控制结构：顺序结构、选择结构和循环结构。在顺序结构中，语句从前到后依次执行。本书在此之前的代码都是顺序结构的，本节不再赘述。

1. 选择结构

选择结构是对给定的条件进行判断，并根据判断结果决定程序执行指令的方向。Kotlin 提供了两种形式实现选择结构：if 语句和 when 语句。

if 语句的使用与 Java 语言相似，形式如下：

```
if(条件)
    语句块 1
[else
    语句块 2]
```

该语句表示，如果条件为真，则执行“语句块 1”。else 子句是可选项，如果没有 else 子句，条件判断不满足，则返回逻辑 false，直接退出 if 语句，执行后续的其他语句。如果有 else 子句，则当条件判断返回 false 时，会执行 else 子句的“语句块 2”，然后再退出 if 语句，执行后续的命令。

例 2-4 输入年份，判断是否是闰年。如果是，则输出是闰年的信息，否则输出“不是闰年”，代码如下：

```
//例 2-4 Ch02_05.kt
/**定义函数表达式*/
fun isLeapYear(year: Int)=if(year%4 ==0 && year%100==0 || year%400==0) "$year 闰
    年" else "$year 不是闰年"
fun main(){
    val sc =Scanner(System.`in`)
    println("输入年份: ")
    val year =sc.nextInt()                                //输入数据
    println(isLeapYear(year))                             //调用年份判断并输出结果
}
```

运行结果如图 2-8 所示。

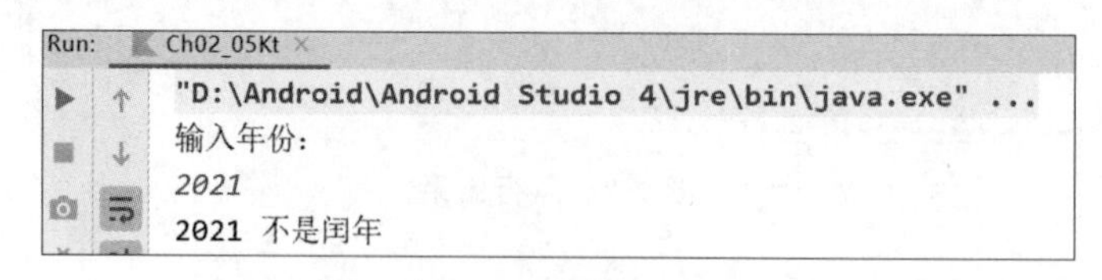

图 2-8 闰年判断的运行结果

在例 2-4 所示的 isLeapYear()函数中，由于语句只有一条，因此可将 isLeapYear()函数写成函数表达式的形式。它的表达形式与下列代码片段中采用传统的 if 条件判断的形式是一致的。

```
fun isLeapYear(year: Int): String{
    var result: String
    if(year%4==0 && year%100==0 || year%400==0)
        result ="$year 是闰年"
    else
        result ="$year 不是闰年"
return result
}
```

when 语句是 Kotlin 自己定义的多条件判断。虽然 if 语句可以实现多条件判断,但是通过多层次的嵌套 if 语句结构较为复杂。when 语句的使用可使程序的结构变得清晰,形式如下:

```
when(条件参数){
    条件表达式 1->语句块 1
    条件表达式 2->语句块 2
    …
    [ else->语句块 n ]
}
```

对条件参数取值进行判断,如果条件表达式 1 返回逻辑 true 值,则执行语句块 1,否则执行条件表达式 2;如果条件表达式 2 返回逻辑 true 值,则执行语句块 2,否则继续对后续的条件表达式进行判断;如果后续的条件表达式的结果均为 false,则当没有 else 子句时从 when 语句退出,否则执行 else 子句的语句块 *n*,然后再从 when 语句退出。

在带有参数的 when 语句中,参数在所有的条件表达式可用的情况下均有效。但是,并不是所有的参数都是必需的,这时可使用不带参数的 when 语句,形式如下:

```
when{
    条件表达式 1->语句
    …
    else->表达式 n
}
```

例 2-5 成绩等级的判断。输入一个学生的百分制成绩,判断成绩等级(优秀:90～100 分,良好:80～89 分,中等:70～79 分,通过:60～69 分,不及格:0～59 分),代码如下:

```
//例 2-5 Ch02_06.kt
fun judgeGrade(score: Int)=when(score/10){
    10,9->"$score 成绩优秀"
    8->"$score 成绩良好"
    7->"$score 成绩中等"
    6->"$score 成绩通过"
    else->"$score 不及格"
}
fun main(){
    val sc =Scanner(System.`in`)
```

```
    print("输入成绩: ")
    var score =sc.nextInt()
    print(judgeGrade(score))
}
```

运行结果如图 2-9 所示。

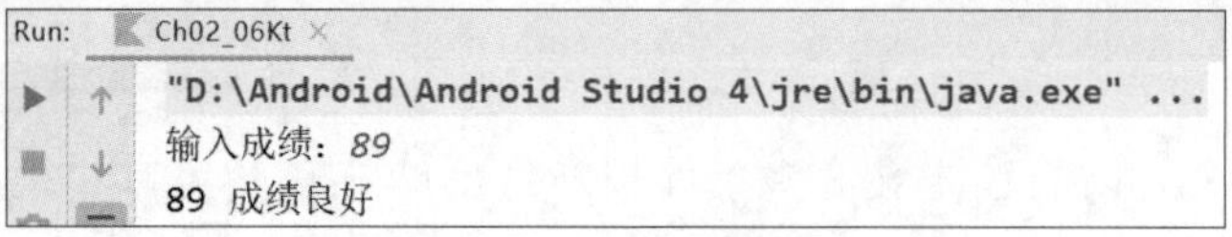

```
Run:    Ch02_06Kt ×
"D:\Android\Android Studio 4\jre\bin\java.exe" ...
输入成绩: 89
89 成绩良好
```

图 2-9　成绩等级判断的运行结果

在例 2-5 中,judgeGrade()函数用带参数的 when 语句实现多条件的判断。当然,也可以将 judgeGrade()函数修改成用不带参数的 when 语句判断,表达的含义完全一致,但是表示的结构会更加清晰,代码如下:

```
fun judgeGrade(score: Int)=when{
    score in 90..100 ->"$score 成绩优秀"
    score in 80..89 ->"$score 成绩良好"
    score in 70..79 ->"$score 成绩中等"
    score in 60..69 ->"$score 成绩通过"
    else->"$score 不及格"
}
```

上述代码还可以优化成如下形式:

```
fun judgeScore(score: Int): String=when (score) {
    in 90..100 ->"$score 成绩优秀"
    in 80..89 ->"$score 成绩良好"
    in 70..79 ->"$score 成绩中等"
    in 60..69 ->"$score 成绩通过"
    else->"$score 不及格"
}
```

2. 循环结构

循环结构用于执行反复相同操作。Kotlin 提供了 while 循环、do…while 循环和 for 循环。while 循环在执行时,先对条件进行判断,如果条件为逻辑 true(即满足循环条件),则执行语句块;否则,退出 while 语句,执行后续的语句,形式如下:

```
while(条件){
    语句块
}
```

do…while 循环与 while 语句的区别在于,先执行循环体中的语句块,然后再对循环条件进行判断。如果条件为逻辑 true,则继续执行循环;否则,退出循环,执行后续的语句。

```
do{
    语句块
}while(条件)
```

Kotlin 提供的 for 语句的表达形式与 Java 的 for 循环有所不同，形式如下：

```
for(循环变量 in 范围表达式){
    语句块
}
```

在 for 语句的范围表达式中包含了多种含义，既可以表示为数据的区间范围，又可以是迭代器，还可以是列表、数组、Stream 流等。例如：

```
for(i in 1..10)                                              //表示区间范围
    print("$i")
val lst =listOf("Python","Java","Kotlin")                   //表示列表
for(x in lst)
    print("$x")
```

例 2-6 对一个班 10 名学生 Kotlin 课程的考试成绩进行等级判断。代码如下：

```
//例 2-6 Ch02_07.kt
fun judge(score: Int)=when (score) {
    in 90..100 ->"$score 成绩优秀"
    in 80..89 ->"$score 成绩良好"
    in 70..79 ->"$score 成绩中等"
    in 60..69 ->"$score 成绩通过"
    else ->"$score 不及格"
}
fun main(){                        //模拟生成 10 名学生的成绩，成绩的范围是 50～100 分
  val rand =Random()               //创建随机对象
  val scores =rand.ints(10L,50,100)      //创建 IntStream 对象
  for(score in scores)
      println(judge(score))
}
```

运行结果如图 2-10 所示。

```
Run:  Ch02_07Kt
"D:\Android\Android Studio 4\jre\bin\java.exe" ...
79 成绩中等
73 成绩中等
64 成绩通过
80 成绩良好
98 成绩优秀
98 成绩优秀
88 成绩良好
80 成绩良好
97 成绩优秀
60 成绩通过
```

图 2-10　10 名学生考试成绩的等级

2.7 Lambda 表达式

2.7.1 Lambda 表达式的应用

Lambda 表达式本质是代码片段,可以传递给其他函数。Kotlin 大量使用了 Lambda 表达式,这样使得代码简洁、清晰。Kotlin 的 Lambda 表达式是闭包代码块,可以认为是函数的一个变体,因此所有的函数都可以转换为 Lambda 表达式,所有的 Lambda 表达式也都可以转换为函数。注意,Lambda 表达式不是匿名函数,形式如下:

```
{参数变量: 类型 [,参数变量: 类型,…,参数变量: 类型]->
    表达式
}
```

例如,实现加法运算的形式如下:

```
{x: Int,y: Int->x+y}
```

也可以将 Lambda 表达式赋值给变量,例如:

```
val sum ={ x: Int,y: Int ->x+y }
print(sum(3,4))
```

Lambda 表达式往往与集合类型结合得非常紧密。集合类型对象的批量化处理可以使用 Lambda 表达式实现,下列的代码片段展示了列表中所有元素的遍历:

```
val lst =listOf("Hello","Android","World")
lst.forEach{it: String->
    print(it)
}
```

有时,Lambda 表达式中的参数可以省略,编译器通过上下文推断出 Lambda 表达式的参数和参数类型,因此对列表遍历可以修改成如下形式:

```
val lst =listOf("Hello","Android","World")
lst.forEach{
    print(it)
}
```

Lambda 表达式形式灵活,可以作为参数传递给函数。例如,已知定义实体数据类 Student,具有两个属性 name 和 gender:

```
data class Student(val name: String,val gender: String)
val lst =listOf(Student("张三","男"),Student("李四","男"))      //定义列表
//将列表中 Student 对象的 name 属性相连接,分隔符为空格
val names: String =lst.joinToString(separator =" ",
transform ={it: Student->it.name })                          //Lambda 作为参数
```

2.7.2 常见的标准函数和 Lambda 表达式

Kotlin 中在 Standard.kt 中定义了标准函数，这些标准函数中往往可以使用 Lambda 表达式作为函数的参数。常见的标准函数有 let 函数、with()函数、run 函数和 apply 函数。

1. let 函数

let 函数与安全调用操作符“?.”结合，可实现对可空对象的判断。let 函数与安全调用运算符一起，允许对表达式求值，检查求值结果是否为 null，并把结果保存为一个变量。例如：

```
var message: String? =null
...
message?.let{
    message->println(message)
}
```

若 message!=null，则执行 Lambda 表达式；若 message==null ，则什么也不执行。

2. with()函数

with()函数用于对某一个对象连续多次调用其相关方法。with()函数的表达式形式如下：

```
with(对象){
}
```

with()函数实际接收两个参数：第一个参数是任意对象，第二个参数是 Lambda 表达式。第一个参数的任意对象作为第二个参数的上下文；第二个参数 Lambda 表达式的最后一行代码为返回值。例如：

```
var name ="张三"
var message: String =with(name){
    println(this.length)
    "你好!$this"
}
```

上述的 with()函数中，this 对象就是传递的第一个参数 name 对象，执行输出“张三”字符串长度后，返回一个字符串信息“你好！张三”，正是 Lambda 表达式调用的结果。

3. run 函数

run 函数用于对某个对象的多次不同调用，并返回结果。它接收一个 Lambda 表达式作为参数。并将当前对象作为 Lambda 表达式的上下文。在调用 run 函数时，返回值为 Lambda 函数块最后一行或者指定返回表达式。run 函数的表达式形式如下：

```
对象.run{
  ...
  返回值
}
```

下列代码片段是 run 函数调用的示例：

```
var name ="张三"
var message =name.run{
    "$this ,你好"
}
```

在上述 run 函数中，利用 name 对象生成了一个新的字符串“张三，你好”，并将这个字符串返回并赋值给变量 message。

4. apply 函数

apply 函数的主要作用是简化初始化对象，用其调用某个对象的形式如下：

```
对象.apply{
  …
}
```

apply 函数接收一个 Lambda 表达式，而这个 Lambda 表达式的上下文就是这个对象本身。apply 函数的返回值也是对象本身。例如：

```
var name =StringBuilder("张三")
name.apply{
    name.append(",你好")
}
```

在上述的 apply 函数中修改了对象中保存的值，并将当前对象 this 作为 apply 函数的返回值。执行上述语句后，name 动态字符串中包含的内容为“张三，你好”。

5. also 函数

also 函数适用于 let 函数的任何场景，一般可用于多个扩展函数链式调用。例如：

```
对象.also{
  …
}
```

also 函数与 let 函数有些相似，但又有自己的特点：一方面 also 函数也需要判断可空对象是否为空，并将当前对象作为 Lambda 表达式的上下文；另一方面，also 函数的返回值就是传入的当前对象。例如：

```
var name: StringBuilder? =StringBuilder("张三")
name.also{
    it?.append(",你好!")
}
```

在上述的代码片段中，name 是一个可空的动态字符串对象。在 also 函数中，传递的是 name 这个可空对象本身。因此，需要通过安全调用判断 name 是否为 null，如果非 null，才可以执行相关的操作，此处是调用 name 的 append()函数。执行 also 函数后，name 的字符串变为“张三，你好！”。

2.8 面向对象编程

Kotlin是一种面向对象的语言,可以实现面向对象开发应用。Kotlin的面向对象编程可以实现面向对象的四大特性:抽象性、封装性、继承性与多态性。与Java相比,Kotlin增加了许多新特点,在实现面向对象编程方面具有更大的灵活性和便利性。

2.8.1 包和目录

为了便于项目代码的组织和管理,往往会将功能类似的代码归于同一个包。在Kotlin中,不但可以将类和接口定义在包中,而且可以将函数和变量定义在包中。与Java定义包的概念相比,范围有所扩大。Kotlin定义包的形式如下:

```
package 包名
```

包的名称(简称包名)总是小写且不使用下画线,仍然按照从大到小的原则命名,包名之间通过“.”进行分隔,例如com.example.kotlin.code。Kotlin中包的层次结构与文件所在的目录结构无关。Kotlin中包的定义只是让类、接口、函数或属性之间不产生冲突,并不在意它们在磁盘的存储位置,形式如下:

```
import 包名
```

Kotlin中不允许类、接口、函数或属性重名,因此,一旦出现重名现象,必须使用as实现自定义的导入名称,例如:

```
import java.util.Date
import java.sql.Date
```

以上的类名均为Date,会产生歧义,从而导致编译错误,因此可以将其中的一个导入修改成自定义的导入名,修改为如下形式:

```
import java.util.Date
import java.sql.Date as SqlDate
```

2.8.2 类和对象

Kotlin仍使用class进行类的定义。在Kotlin中,一个类可以有一个主构造函数以及一个或多个次构造函数。主构造函数是类头的一部分表示形式如下:

```
class 类名[constructor(参数名表)]{
    类体
}
```

其中,“[]”中的内容是可选项。如果在Kotlin定义类时所用的构造方法是无参的默认构造方法,则可直接表示如下:

```
class Test{
}
```

如果类只需要一个主构造函数实现初始化的功能，就需要在类名的后面增加参数列表实现主构造函数初始化的功能。假设定义带有两个参数类 Test，就可以写成如下形式：

```
class Test constructor(val message: String,val date: LocalDate){
}
```

如果在类的定义主构造函数时没有任何注解或者可见性修饰符，可以将 constructor 省略。这时，类 Test 的定义可以写成如下形式：

```
class Test (val message: String,val date: LocalDate){
}
```

因为在 Kotlin 的主构造函数中并不能定义代码，所以可以使用 init 代码片段来实现对初始化的操作。这时，可以通过增加 init 片段的方法实现初始化的处理，例如：

```
class Test(val message: String,val date: LocalDate){
    init{
        print("$date 发出: $message")
    }
}
```

如果类中需要多种初始化的方式来构造对象，就需要使用 constructor 定义多个辅助构造函数。例如：

```
class Test(val message: String,val date: LocalDate){
    init{                                                          //初始化处理
        println("$date 发出: $message")
    }
    constructor(message: String): this(message,LocalDate.now()){   //定义辅助构造函数
        println("$message")
    }
    constructor(date: LocalDate): this("",date){                   //定义辅助构造函数
        println("$date")
    }
}
```

Kotlin 并没有 new 关键字来创建类的对象实例。创建对象实例的形式如下：

```
类名([实参列表])
```

针对上述 Test 类创建 3 个不同的对象的代码如下：

```
val t1 =Test("消息 1",LocalDate.now())      //利用主构造函数创建对象实例
val t2 =Test("消息 2")                      //利用辅助构造函数创建对象实例
val t3 =Test(LocalDate.now())               //利用辅助构造函数创建对象实例
```

Kotlin 中还定义了一些特殊形式的类，满足一些特定的要求。

1. 数据类

数据类的定义形式其实并不陌生。本章第一个代码定义的就是一个数据类。数据类采用 data 修饰，往往用来保存数据。编译器会自动从主要构造函数中声明的所有属性扩展出 equals()、hashCode()、toString()等函数。例如：

```
data class Student(val name: String,val birthday: LocalDate)
```

2. 密封类

密封类表示受限的类继承结构。当一个值为有限的几种类型，而不能有任何其他类型时，采用密封类。密封类的定义形式如下：

```
sealed class 类名
```

密封类是一个抽象类，并不能实例化一个密封类，它用于扩展使用。例如：

```
sealed class Express{
    data class StringExpress(val str: String): Express()
    data class NumberExpress(val num1: Int,val num2: Int): Express()
}
```

3. 开放类

只有开放类才能被继承和扩展。这是因为 Kotlin 定义类和类的方法默认是 final，不可修改，以确保子类不能对基类进行修改。若使用 open 修饰类，则说明该类可以修改，但是子类只能用 open 修饰符指定的函数对继承的父类进行修改。

```
open class 类名[constructor(参数名表)]{
    类体
}
```

2.8.3 继承性

Kotlin 中所有类都可继承 Any 类。Kotlin 中的 Any 类不是 java.lang.Object，它只有 hashCode()、equals()和 toString()这 3 个函数。对于没有超类型声明的类均默认为超类 Any。要定义一个类是另外一个类的子类，其父类或基类必须是开放类，否则无法继承。例如：

```
open class Person(val name: String,val birthday: LocalDate)
                                                    //定义父类，为开放类
class Teacher(name: String,birthday: LocalDate,val no: String): Person(name,
    birthday){                                      //定义子类
}
```

如果父类定义了主构造函数，则子类中必须在主构造函数中提供参数对父类的主构造函数进行初始化操作。注意，子类的主构造函数初始化父类的主构造函数时，参数不需要增加 val 和 var 的限定。如果子类无主构造函数，则必须在每一个二级构造函数中用 super 关键字初始化父类，或者再代理另一个构造函数。初始化父类时，可以调用父类的不同构造方法。例如：

```
open class Person(val name: String,val birthday: LocalDate)      //定义父类
class Teacher: Person{                                            //定义无参子类
    constructor(name: String,birthday: LocalDate): super(name,birthday){
    }
    constructor (name: String, birthday: LocalDate, no: String): super (name,
        birthday){
    }
}
```

子类不但可以继承父类，而且具有重新定义父类的能力，这使得子类具有了自身的特性。这种能力称为“重写”(Overriding)。例如：

```
open class Person(val name: String,val birthday: LocalDate){
    open fun eat(){
        println("吃饭")
    }
}
class Teacher: Person{
    constructor(name: String,birthday: LocalDate): super(name,birthday){
    }
    constructor (name: String, birthday: LocalDate, no: String): super (name,
        birthday){
    }
    override fun eat(){                                    //重写 eat 函数
        println("到食堂吃饭")
    }
}
fun main(){
    val teacher =Teacher("张老师",LocalDate.of(1990,1,1))
    teacher.eat()
}
```

子类重新定义父类的函数时有一个前提条件就是重写的函数必须是 open 类型的。并且在子类重写这个函数时，必须使用 override 关键字修饰，说明为子类重写的函数。

2.8.4 接口

接口用于定义一组函数。Kotlin 使用 interface 来定义接口。形式如下：

```
interface 接口名{
    fun 函数名 1(参数列表)
    …
    fun 函数名 n(参数列表)
}
```

定义接口的函数可以是默认函数,默认函数可以有函数体。形式如下:

```
interface 接口名{
    fun 函数名 1(参数列表){                                     //默认函数
        函数体
    }
    …
    fun 函数名 n(参数列表)
}
```

要实现接口,可以写成如下形式:

```
class 类名: 接口名表{
    override fun 函数名 1(参数列表){…}
    …
    override fun 函数名 n(参数列表){…}
}
```

下列代码展示了接口的定义和实现的应用:

```
interface Shape{
    fun display(){                          //定义默认函数
        println("显示形状")
    }
    fun reconstruct()                       //定义抽象函数
}

//定义类 Rect 实现接口 Shape
class Rect: Shape{
    override fun reconstruct() {            //对 Shape 的抽象函数 reconstruct()重写
        println("构建一个正方形")
    }
}
fun main(){
    val shape =Rect()                       //创建 Rect 对象
    //调用
    shape.display()
    shape.reconstruct()
}
```

2.9 异常处理

Kotlin 提供了异常处理机制。当执行代码出现异常时,会做出相应的处理,避免程序非法中断。Kotlin 中所有的异常都是 Throwable 的子类。可以根据异常对象的堆栈跟踪获取错误的相关信息。Kotlin 不区分已检查异常和未检查异常,Kotlin 的函数不需要 throws 声明异常,也没有类似 Java 中 try-with-resources 这样的异常处理方式。

Kotlin 抛出异常对象是采用 throw 子句来实现的。具体的形式如下：

```
throw 异常类型对象
```

一旦抛出异常，就需要捕获异常对象并进行处理，具体的处理形式如下：

```
try{
  …
}catch[(异常列表)]{
  …
}finally{
  …
}
```

例 2-7 异常处理机制的应用实例。

```
//例 2-7 Ch02_08.kt
fun div(x: Int,y: Int): Int{
    if(y==0){
        throw ArithmeticException("除零错误")
    }
    return x/y
}
fun main(){
    val sc =Scanner(System.`in`)
    println("输入两个整数: ")
    var xx=sc.nextInt()
    var yy=sc.nextInt()
    try {
        println("$xx / $yy =${div(xx, yy)}")
    }catch(e: Exception){
        e.printStackTrace()
    }
}
```

运行结果如图 2-11 所示。

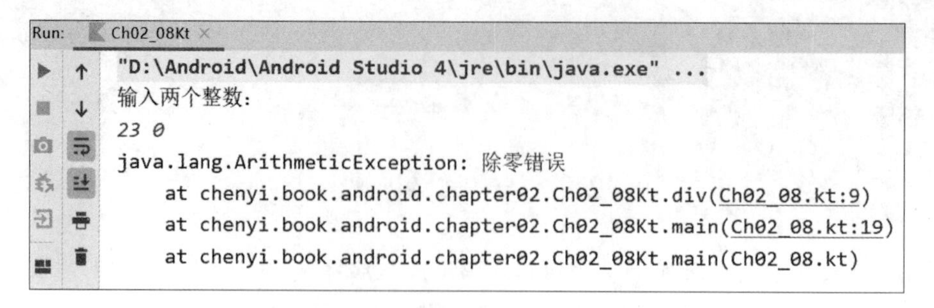

图 2-11　异常处理的运行结果

习　题　2

一、选择题

1. 已知有 Kotlin 代码片段 val a=23，则下列表达式表示正确的是________。

　A. a=a+1　　　　B. ++a

　C. a*=3　　　　D. 以上表达式均不正确

2. 已知有 Kotlin 代码片段 var a=23，则下列表达式正确的是________。

　A. a is Integer　　　　B. a is Int

　C. a is int　　　　D. 以上表达式均不正确

3. 已知有如下代码片段：

```
var a=23
val b=24
```

则下列表达式正确的是________。

　A. a=b

　B. b=a

　C. a 和 b 对应于 Java 的整型数值，只是一个数字

　D. 以上表达式均不正确

4. 下列关于 Kotlin 的 main()函数说法正确的是________。

　A. main()函数定义形式只能是 fun main(args: Array<String>){}

　B. main()函数定义形式只能是 fun main(){}

　C. main()函数必须定义在 Kotlin 的类中

　D. 以上说法均不正确

5. 下列 Kotlin 代码片段表示正确的是________。

　A. val s: String?=null
　　s="hello"

　B. val s: String?
　　s=null

　C. val s: String?
　　s=null
　　s="hello"

　D. 以上定义均不正确

6. 已知有如下代码片段

```
val lst=listOf("hello","welcome")
```

则 lst is List<String>的执行结果是________。

　A. true　　　　B. false

　C. 无法通过编译　　　　D. 编译通过，运行抛出异常

7. 已知有如下代码片段：

```
var lst: List<String?>?=mutableListOf<String>("hello","Kotlin")
```

在执行 lstList.add(null)之后,lst.size()是________。

A. 3　　B. 2

C. 编译无法通过　　D. 编译通过,运行抛出运行时异常

8. 已知有如下代码片段:

```
val lst =mutableListOf<String>("hello","kotlin")
```

执行 lst.add(null)后,lst.size()的结果是________。

A. 2　　B. 3

C. 编译无法通过　　D. 编译正常,运行会抛出运行时异常

9. 有如下 Kotlin 代码片段:

```
val lst=listOf("hello","welcome","this","is","kotlin","world")
lst.forEach{e->print(" $e")}
```

则运行结果是________。

A. hello welcome this is kotlin world　　B. 编译错误

C. 通过编译,运行抛出异常　　D. 以上说法均不正确

10. 有如下 Kotlin 代码片段

```
val lst=listOf("hello","welcome","this","is","kotlin","world")
lst.forEach{e->print(" $e.size()")}
```

则运行结果是________。

A. 5 7 4 2 6 5　　B. 编译无法通过

C. 通过编译,运行错误　　D. 以上说法均不正确

二、填空题

1. Kotlin 的编译命令行形式为________。

2. 使用 Kotlin 编写的代码保存在扩展名为________的文件中。

3. Kotlin 中用定义字符串模板的方式实现字符串的格式化。假设已知变量 val name="张三",且要求利用 name 输出“你好,张三”,则需要执行 print(________)。

4. 已知 var type: String?="非空",则表达式 type? "空"的运算结果是________。则执行 type!!.toString()的结果是________。

5. 已知 val map = mapOf("hello" to 1,"welcome" to 2),则 map 的数据类型是________。

6. 已知 val map=mutableMapOf("hello" to 1,"welcome" to 2),则 map 的数据类型是________。

7. 要导入包,可以使用________。

8. 用 apply 标准函数接收 Lambda 表达式时,apply 函数的返回值是________。

9. run 标准函数接收 Lambda 表达式作为参数时,run 函数的返回值是________。

10. let 标准函数与操作符________结合,可实现对可空对象的判断。

三、上机实践题

1. 编写程序，实现从键盘输入一个年份，并将该年的所有月历打印输出。

2. 编写程序，实现从键盘输入一个学生的百分制成绩，并输出该名学生成绩的等级。其中，优：90～100分；良：80～89分；中：70～79分；及格：60～69分；不及格：0～59分。

3. 编写程序，用列表结构存放学生姓名，要求向指定班级学生发送通知。通知内容如下：

```
×××同学，
    请于今天下午2:00—4:00在信工楼B104室参加班级会议，请准时到场。

                                                            班委会
```

4. 编写程序，从键盘输入一段英文，统计其中各个单词的出现次数。

5. 编写程序，用面向对象的方法实现发红包的应用。

要求：群主可以发红包，普通用户只能接收红包，最后按照每个人接收红包的金额升序排序并输出。

第3章　Android 的 Activity 组件

Activity(活动)组件是 Android 的四大组件之一,是 Android 移动应用的基本组件,用于设计移动应用界面的屏幕显示。Android 移动应用往往需要多个界面,因此移动应用中必须定义一个或多个 Activity 以实现界面的交互。在 Android 3.0 以后的版本中出现的 Fragment(碎片)可以嵌入 Activity 的图形用户界面中。目前,采用单个 Activity 和多个 Fragment 结合的方式已成为移动应用界面定义的首选。本章将对 Activity 组件以及嵌入 Activity 组件的 Fragment 进行介绍。

3.1　Activity 的创建

Activity 用于创建移动界面的屏幕。它的主要作用就是实现移动界面和用户之间的交互。Activity 类用于创建和管理用户界面,一个应用程序可以有多个 Activity,但在同一个时间内只有一个 Activity 处于激活状态。在移动应用中,Activity 之间的依赖关系低。

创建 Activity 时,需要完成如下几个步骤。

(1) 定义 Activity 类。

(2) 定义 Activity 对应的布局文件,使得布局文件成为 Activity 的界面定义。

(3) 在配置清单文件 AndroidManifest.xml 中声明并配置 Activity 的相应属性。

1. 定义 Activity 类

Activity 必须是自己的子类或扩展子类的子类。因为 Activity 的一个子类为 AppCompatActivity,它可以定义 Material Design 风格的界面,所以在当前 Android 中创建 Activity 一般是定义为 AppComaptActivity 的子类。形式如下:

```
class MainActivity : AppCompatActivity() {
    override fun onCreate(savedInstanceState: Bundle?) {
        super.onCreate(savedInstanceState)
        setContentView(R.layout.activity_main)
    }
}
```

在 MainActivity(主活动)中定义了 onCreate()函数,该函数是必须定义的回调函数,它会在系统创建 Activity 时被调用。在 Activity 中必须使用 setContentView()函数来指定 Activity 的界面布局。这个布局通过资源引用 R.layout.activity_main 来引用资源目录下的 res/layout/activity_main.xml 的布局文件。布局文件(如 activity_main.xml)用于定义 Activity 的外观,Activity 可以显示并对布局文件的界面组件进行控制,实现交互行为,如图 3-1 所示。

2. 创建 Activity 的布局文件

布局配置文件保存在 res/layout 目录下,是 XML 文件。通过配置布局的相关属性和

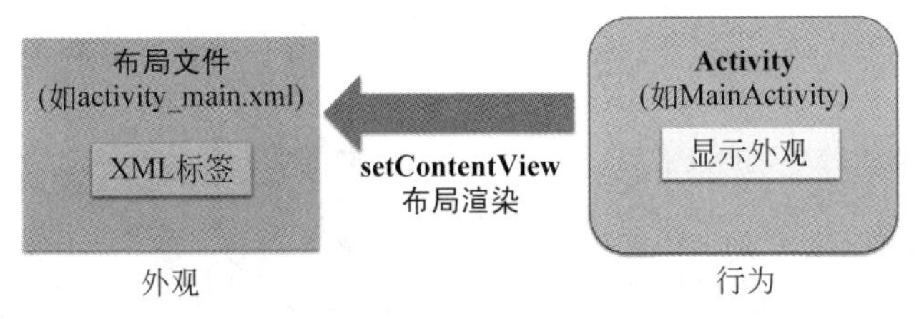

图 3-1　Activity 和布局之间的关系示意

元素可实现布局。布局文件中所有的元素必须配置 android:layout_width 和 android:layout_height 属性,它们分别表示元素在屏幕的宽度和高度,一般取值如下。

(1) match_parent:表示使视图扩展至父元素大小。

(2) wrap_content:表示自适应大小,将组件元素的全部内容进行显示。

当然,也可以设置尺寸大小。Activity 类通过 setContentView()来引用布局资源,实现布局在 Activity 中的渲染和展示,代码如下:

```
<?xml version="1.0" encoding="utf-8"?>
<TextView android: id="@+id/textView"
    xmlns: android="http://schemas.android.com/apk/res/android"
    xmlns: app="http://schemas.android.com/apk/res-auto"
    xmlns: tools="http://schemas.android.com/tools"
    android: text="Hello World!"
    android: layout_width="match_parent"
    android: layout_height="match_parent"
    tools: context=".MainActivity" />
```

在上述文件中,根元素是 TextView,是一个文本标签。如果希望在 Activity 中对整个 TextView 可以进行引用和处理,可以在布局文件中使用 android: id="@+id/textView"来标识资源。其中,"@+id"表示增加一个资源 id。如果希望在布局文件中引用这个 TextView,可以通过"@id/textView"实现。但是在 Activity(例如 MainActivity 代码)中需要通过这个 TextView 的资源 id 来引用,形式如下:

```
val textView: TextView=findViewById(R.id.textView)
```

如果在模块的构建文件 build.gradle 中增加插件 kotlin-android-extensions,形如:

```
apply plugin: 'kotlin-android-extensions'
```

则可以直接在 Activity 中通过资源编号引用 View(视图)组件:

```
textView.text="Hello"          //直接设置布局资源编号为 textView 的文本为 Hello
```

但是由于 kotlin-android-extensions 插件只能对 Kotlin 支持,目前已经被弃用。

3. 在配置清单文件 AndroidManifest.xml 中注册 Activity

要让创建的 Activity 能让移动应用识别和调用,就必须在 AndroidManifest.xml 系统配置清单文件中进行声明和配置。AndroidManifest.xml 文件保存在项目的 manifests 目录中。代码如下：

```
<?xml version="1.0" encoding="utf-8"?>
<manifest xmlns: android="http://schemas.android.com/apk/res/android"
    package="chenyi.book.android.ch03_01">
    <application android: allowBackup="true"
        android: icon="@mipmap/ic_launcher"
        android: label="@string/app_name"
        android: roundIcon="@mipmap/ic_launcher_round"
        android: supportsRtl="true"
        android: theme="@style/Theme.Chapter03">
        <activity android: name=".MainActivity"android: exported="true">
        <intent-filter>
        <action android: name="android.intent.action.MAIN" />
        <category android: name="android.intent.category.LAUNCHER" />
        </intent-filter>
      </activity>
    </application>
</manifest>
```

在 application 元素(表示移动应用)中增加下级元素 activity，并通过 android：name 属性指定活动的类名。在 manifest 元素的 package 属性中指定了包名，所以在 activity 元素的 android：name 中只需要定义成

```
android: name=".MainActivity"
```

即可。在 activity 元素下定义了 intent-filter 意图过滤器。intent-filter 定义的意图过滤器非常强大，通过它可以根据显式请求启动 Activity，也可以根据隐式请求启动 Activity。下面代码用于指定 MainActivity(主活动)，它是整个移动应用的入口活动，表示应用程序可以显示在程序列表中。

```
action android: name="android.intent.action.MAIN"
category android: name="android.intent.category.LAUNCHER"
```

注意，在 Android 12 及以上版本中使用 intent-filter 元素配置时，必须时 Activity 增加配置 android:exported 属性。

3.2 Activity 和 Intent

一个应用可以定义多个 Activity，这些 Activity 可以相互切换和跳转。要实现这些交互功能，就必须了解什么是 Intent(意图)。Intent 表示封装执行操作的意图，是应用程序启动其他组件的 Intent 对象启动组件。这些组件可以是 Activity，也可以是其他基本组件，如 Service(服务)组件、BroadcastReceiver(广播接收器)组件。从一个基本组件导航到另一个组件。通过 Intent 实现组件之间的跳转和关联。Intent 分为显式 Intent 和隐式 Intent 两种。

3.2.1 显式 Intent

显式 Intent 就是在 Intent()函数启动组件时，需要明确指定的激活组件名称，例如：

```
Intent(Context packageContext, Class<?>c)
```

其中,Intent()函数包含两个参数,packageContext 用于提供启动 Activity 的上下文,c 用于指定想要启动的目标组件类。

例 3-1 显式 Intent 的应用。在本应用中定义 3 个 Activity 类：MainActivity、FirstActivity 和 SecondActivity。其中,MainActivity 用于定义菜单,具体的菜单项包括"第一个活动""第二个活动""退出"。根据菜单项,可跳转至不同的活动或退出应用。选中"第一个活动"菜单项,可跳转到 FirstActivity,选中"第二个活动"菜单项,可跳转到 SecondActivity,选中"退出"菜单项,则从移动应用中退出。

在新建移动应用模块时,因为本例涉及菜单的应用,所以需要先定义相关的资源文件。

(1) 定义相关资源。

移动应用往往需要大量的字符串来配置相关的组件,因此可以将字符串统一定义在 res/values 目录下的 strings.xml 配置文件中,通过设置 string 元素配置字符串。string 元素的 name 属性表示字符串的名字,string 元素的内容表示字符串的取值,代码如下：

```
<!--模块 Ch03_02 定义字符串资源文件 res/values/strings.xml-->
<resources>
    <string name="app_name">Ch03_02</string>
    <string name="title_first_activity">第一个活动</string>
    <string name="title_second_activity">第二个活动</string>
    <string name="title_exit_app">退出</string>
</resources>
```

在 Activity 中创建菜单时,必须依赖菜单资源。在 res 目录下创建资源目录 menu,然后在 res/menu 目录下创建 menu.xml 文件,可以直接利用编辑器在 menu.xml 中编辑菜单的内容,也可以通过编辑器的 Design 界面来实现。在这个例题中,res/menu 目录下的 menu.xml 的内容如下：

```
<!--模块 Ch03_02 定义菜单资源文件 res/menu/menu.xml-->
<?xml version="1.0" encoding="utf-8"?>
<menu xmlns: android="http://schemas.android.com/apk/res/android">
    <item android: id="@+id/firstItem" android: icon=
    "@android: drawable/arrow_up_float"
    android: title="@string/title_first_activity"/>
<item android: id="@+id/secondItem"
   android: icon="@android: drawable/arrow_down_float"
   android: title="@string/title_second_activity" />
<item android: id="@+id/exitItem"
   android: icon="@android: drawable/ic_lock_power_off"
   android: title="@string/title_exit_app" />
</menu>
```

在 menu.xml 文件中,menu 元素定义菜单,item 元素定义菜单项。在菜单项中使用 android：id 指定菜单的 id 资源编号,android：icon 表示菜单的图标,android：title 定义菜单对应的文字标签。

如果在移动应用中需要使用具体尺寸大小的相关资源，可以采用类似的方法创建 dimens.xml 来保存尺寸资源。具体做法是，选中 res/values 目录并右击，在弹出的快捷菜单中选中 New|Values Resource File 选项，然后指定资源名，如 dimens，单击 OK 按钮，创建 dimens.xml 的尺寸大小的资源文件，代码如下：

```
<!--模块 Ch03_02 定义尺寸资源文件 res/values/dimens.xml -->
<?xml version="1.0" encoding="utf-8"?>
<resources>
    <dimen name="size_text">40sp</dimen>
</resources>
```

指定的尺寸采用了 sp 单位，表示比例无关的像素单位，常常表示字体的大小。表示布局的尺寸往往使用 dp 单位，dp 单位代表密度无关的像素，是基于屏幕的物理密度的抽象或虚拟单元。

(2) 定义 MainActivity。MainActivity 是当前应用的入口。它对应的布局文件 activity_main.xml 文件如下：

```
<!--模块 Ch03_02 主活动对应的布局文件 activity_main.xml -->
<?xml version="1.0" encoding="utf-8"?>
<TextView xmlns: android="http://schemas.android.com/apk/res/android"
    xmlns: tools="http://schemas.android.com/tools"
    android: layout_width="wrap_content"
    android: layout_height="wrap_content"
    android: layout_gravity="center"
    android: text="Hello World!"
    tools: context=".MainActivity"/>
```

在 MainActivity 中不但利用 activity_main.xml 渲染生成显示的界面，而且定义菜单，并根据菜单实现不同活动的跳转。代码如下：

```
//模块 Ch03_02 主活动的定义文件 MainActivity.kt
class MainActivity : AppCompatActivity() {
    override fun onCreate(savedInstanceState: Bundle?) {
        super.onCreate(savedInstanceState)
        setContentView(R.layout.activity_main)
    }
    override fun onCreateOptionsMenu(menu: Menu?): Boolean {      //定义菜单
        menuInflater.inflate(R.menu.menu,menu)
                                   //引用 res/menu 目录的 menu.xml 生成菜单对象 menu
        return true
    }
    override fun onOptionsItemSelected(item: MenuItem): Boolean {
                                   //根据选中的菜单项进行处理
        when(item.itemId){
            R.id.firstItem->turnTo(FirstActivity: : class.java)
            R.id.secondItem->turnTo(SecondActivity: : class.java)
            R.id.exitItem->{
```

```
                AlertDialog.Builder(this).apply{          //定义对话框
                    title =resources.getString(R.string.app_name)
                    setMessage("退出应用?")
                    setPositiveButton("确定") { _, _->
                        exitProcess(0)
                    }
                    setNegativeButton("取消",null)
                }.create().show()
            }
        }
        return super.onOptionsItemSelected(item)
    }
    private fun <T>turnTo(c: Class<T>){                    //通过显式意图跳转
        val intent =Intent(MainActivity@this,c)
        startActivity(intent)
    }
}
```

在 MainActivity 中定义两个回调函数 onCreateOptionsMenu()和 onOptionsItemSelected()分别用于创建菜单和菜单项选择的处理。

onCreateOptionsMenu()函数采用 menuInflater.inflate(R.menu.menu,menu)函数引用菜单资源 res/menu/menu.xml 文件渲染菜单对象 menu。

onOptionsItemSelected()函数对菜单项的 id 值进行判断并处理,并调用了通用的显式 Intent 跳转的 turnTo()函数,使得从当前的 MainActivity 跳转到指定类的 Activity 中。在退出菜单项的处理中增加了 AlertDialog 对话框的显示,如果选中"确定"动作,则执行 exitProcess(0)退出整个移动应用。注意,在 setPositiveButton 处理部分使用了两个"_"表示匿名的参数。如果在 Lambda 表达式中传递的参数没有使用,可以用"_"来替换。

turnTo()函数是自定义的函数,在这个函数中使用了泛型,即定义了类型变量 T,将类型变量传递给 Class<T>中,表示各种 Class 类型。在函数体中,通过创建显式 Intent 对象,并启动 startActivity()函数实现从 MainActivity 跳转到指定类的 Activity 中。如果调用的是 turnTo(FirstActivity::class.java)函数,则等价执行的代码如下:

```
//创建从当前的 MainActivity 跳转到 FirstActivity 活动的意图对象
val intent =Intent(MainActivity@this, FirstActivity: : class.java)
//在当前 Activity 中启动 Intent
MainActivity@this.startActivity(intent)
```

其中,MainActivity@this 表示 MainActivity 的当前对象。

(3) 定义其他的 Activity。移动模块中还定义了 FirstActivity 和 SecondActivity,它们的布局文件分别为 activity_first.xml 和 activity_second.xml,均保存在 res/layout 目录下。它们都定义了一个文本标签中显示字符串。布局文件类似 activity_main.xml 布局文件的定义。这两个 Activity 的任务就是引用各自的布局文件显示界面内容。

```
//模块 Ch03_02 第一个活动的定义文件 FirstActivity.kt
class FirstActivity : AppCompatActivity() {
    override fun onCreate(savedInstanceState: Bundle?) {
        super.onCreate(savedInstanceState)
        setContentView(R.layout.activity_first)
    }
}
//模块 Ch03_02 第二个活动的定义文件 SecondActivity.kt
class SecondActivity: AppCompatActivity() {
    override fun onCreate(savedInstanceState: Bundle?) {
        super.onCreate(savedInstanceState)
        setContentView(R.layout.activity_second)
    }
}
```

(4) 配置清单文件中注册 Activity,代码如下:

```
<!--模块 Ch03_02 配置清单文件 AndroidManifest.xml -->
<?xml version="1.0" encoding="utf-8"?>
<manifest xmlns: android="http://schemas.android.com/apk/res/android"
    package="chenyi.book.android.ch03_02">
    <application .......>    <!--其他配置省略 -->
        <!--配置 SecondActivity -->
        <activity android: name=".SecondActivity"
            android: label="@string/title_second_activity"/>
        <!--配置 FirstActivity -->
        <activity android: name=".FirstActivity"
            android: label="@string/title_first_activity"/>
        <!--配置 MainActivity -->
        <activity android: name=".MainActivity"
            android: exported="true">
            <intent-filter>
        <action android: name="android.intent.action.MAIN" />
        <category android: name="android.intent.category.LAUNCHER" />
        </intent-filter>
        </activity>
    </application>
</manifest>
```

在配置清单文件中,配置了 FirstActivity、SecondActivity 和 MainActivity。其中,MainActivity 作为入口,在程序加载时首先启动和显示,如图 3-2 所示。

运行结果中菜单项对应的图标在下列菜单列表并没有显示。有一个编程技巧,可以将所有的菜单项向下降一个等级。将 res/menu 目录下的 menu.xml 修改成如下形式:

```
<?xml version="1.0" encoding="utf-8"?>
<menu xmlns: android="http://schemas.android.com/apk/res/android">
    <item android: id="@+id/menu" android: title="Menu">
        <menu>
            <item android: id="@+id/firstItem"
            android: icon="@android: drawable/arrow_up_float"
```

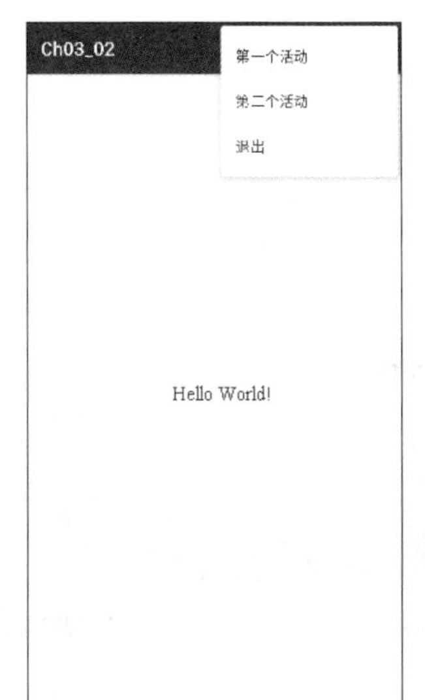

图 3-2　菜单处理的运行结果

```
                android: title="@string/title_first_activity" />
            <item android: id="@+id/secondItem"
                android: icon="@android: drawable/arrow_down_float"
                android: title="@string/title_second_activity" />
            <item android: id="@+id/exitItem"
                android: icon="@android: drawable/ic_lock_power_off"
                android: title="@string/title_exit_app" />
        </menu>
    </item>
</menu>
```

这时,可以出现显示二级菜单,菜单的图标可以显示。

3.2.2　隐式 Intent

隐式 Intent 没有明确地指定要启动哪个 Activity,而是通过 Android 系统分析 Intent,并根据分析结果来启动对应的 Activity。执行过程如图 3-3 所示,即某个 Activity A 通过 startActivity()函数操作某个隐式 Intent 调用另外的 Activity。Android 系统先分析应用配置清单 AndroidManifest.xml 中声明的 Intent Filter 内容,再搜索应用中与 Intent 相匹配的 Intent Filter 内容,若匹配成功后,则 Android 系统调用匹配的 Activity,用 Activity B 的 onCreate()函数启动新的 Activity,实现从 Activity A 跳转到 Activity B。

一般情况下,隐式 Intent 需要在配置清单文件 AndroidManifest.xml 中指定 Intent Filter 的 action、category 和 data 3 个属性。Android 系统会对 Intent Filter 的 3 个属性进行分析和匹配,以搜索对应 Activity 或其他组件。

(1) action:表示该 Intent 所要完成的一个抽象的 Activity。

(2) category:用于为 action 增加额外的附加类别信息。

(3) data:向 action 提供操作的数据。

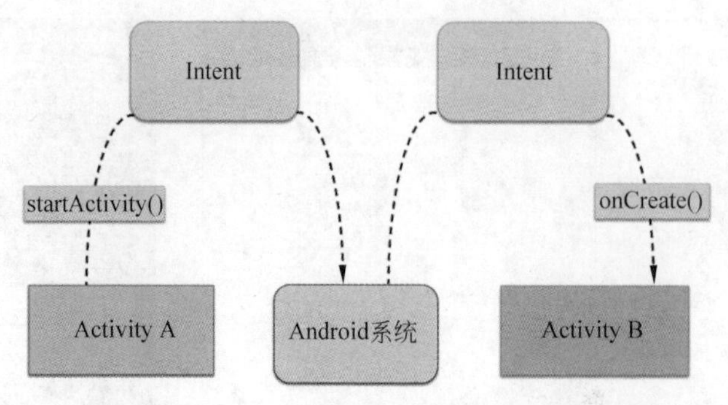

图 3-3　通过隐式 Intent 通过 Android 系统启动活动

但是这 3 个属性并不是必须全部配置,可以根据具体的需要进行组合配置。例如:

```
<activity android: name=".CustomedActivity" android: exported="true">
    <intent-filter>
        <action android: name="chenyi.book.android.ch03_03.ACTION" />
    <!--自定义动作的名称-->
        <category android: name="android.intent.category.DEFAULT" />
    <!--指定默认类别-->
        <category android: name="chenyi.book.android.ch03_03.MyCategory" />
    <!--指定自定义的类别-->
    </intent-filter>
</activity>
```

例 3-2　使用隐式 Intent 的应用实例。MainActivity 可以分别调用自定义的 Activity 和拨打电话。

在本应用定义两个活动:一个是自定义的 CustomedActivity;另一个表示 MainActivity,用于移动应用的入口。在 MainActivity 中提供了两个按钮,单击后都可以实现调用 CustomedActivity 和拨打电话的功能。在系统的配置清单文件中,首先配置并注册这些 Activity。

(1) 在配置清单 AndroidManifest.xml 中注册 Activity,代码如下:

```
<?xml version="1.0" encoding="utf-8"?>
<manifest xmlns: android="http://schemas.android.com/apk/res/android"
    package="chenyi.book.android.ch03_03">
    <application.......>          <!--其他配置省略 -->
        <activity android: name=".CustomedActivity"
        android: exported="true"><!--注册 CustomedActivity -->
          <intent-filter>
              <action android: name="chenyi.book.android.ch03_03.ACTION" />
              <category android: name="android.intent.category.DEFAULT" />
              <category android: name="chenyi.book.android.ch03_03.MyCategory" />
          </intent-filter>
       </activity>
       <activity android: name=".MainActivity"
          android: exported="true"><!--注册 MainActivity -->
          <intent-filter>
```

```
                <action android: name="android.intent.action.MAIN" />
                <category android: name="android.intent.category.LAUNCHER" />
            </intent-filter>
        </activity>
    </application>
</manifest>
```

(2) 定义 CustomedActivity,代码如下:

```
<!--模块 Ch03_03 定义 CustomedActivity 对应的布局 activity_customed.xml -->
<?xml version="1.0" encoding="utf-8"?>
<ImageView android: id="@+id/imageView"
    xmlns: android="http://schemas.android.com/apk/res/android"
    xmlns: app="http://schemas.android.com/apk/res-auto"
    xmlns: tools="http://schemas.android.com/tools"
    android: layout_width="match_parent"
    android: layout_height="match_parent"
    app: srcCompat="@mipmap/ic_launcher"
    tools: context=".CustomedActivity" />
```

在上述的布局中定义了 ImageView 组件,用于显示图片,通过 app: srcCompat 直接引用图片 res/mipmap 目录下的 ic_launcher 图片资源。

```
//模块 Ch03_03 定义 CustomedActivity 的文件 CustomedActivity.kt
class CustomedActivity : AppCompatActivity() {
    override fun onCreate(savedInstanceState: Bundle?) {
        super.onCreate(savedInstanceState)
        setContentView(R.layout.activity_customed)
    }
}
```

(3) 定义 MainActivity,代码如下:

```
<!--模块 Ch03_03 定义 MainActivity 对应的布局 activity_main.xml -->
<?xml version="1.0" encoding="utf-8"?>
<androidx.constraintlayout.widget.ConstraintLayout
    xmlns: android="http://schemas.android.com/apk/res/android"
    xmlns: app="http://schemas.android.com/apk/res-auto"
    xmlns: tools="http://schemas.android.com/tools"
    android: layout_width="match_parent"
    android: layout_height="match_parent"
    tools: context=".MainActivity">
    <Button android: id="@+id/firstBtn"
        android: layout_width="wrap_content"
        android: layout_height="wrap_content"
        android: text="@string/title_customed_activity"
        app: layout_constraintBottom_toBottomOf="parent"
        app: layout_constraintHorizontal_bias="0.544"
        app: layout_constraintLeft_toLeftOf="parent"
        app: layout_constraintRight_toRightOf="parent"
        app: layout_constraintTop_toTopOf="parent"
```

```
        app: layout_constraintVertical_bias="0.345" />
    <Button android: id="@+id/secondBtn"
        android: layout_width="wrap_content"
        android: layout_height="wrap_content"
        android: text="@string/title_action_view"
        app: layout_constraintBottom_toBottomOf="parent"
        app: layout_constraintHorizontal_bias="0.524"
        app: layout_constraintLeft_toLeftOf="parent"
        app: layout_constraintRight_toRightOf="parent"
        app: layout_constraintTop_toTopOf="parent"
        app: layout_constraintVertical_bias="0.461" />
</androidx.constraintlayout.widget.ConstraintLayout>
```

在 MainActivity 布局文件中定义了两个按钮，目的是实现不同 Activity 的跳转的接口。

```
//模块 Ch03_03 定义 MainActivity 的文件 MainActivity.kt
class MainActivity : AppCompatActivity() {
    override fun onCreate(savedInstanceState: Bundle?) {
        super.onCreate(savedInstanceState)
        setContentView(R.layout.activity_main)
        val firstBtn: Button =findViewById(R.id.firstBtn)
        firstBtn.setOnClickListener {
            val intent1 =Intent("chenyi.book.android.ch03_03.ACTION")
            intent1.addCategory("chenyi.book.android.ch03_03.MyCategory")
            MainActivity@this.startActivity(intent1)
        }
        val secondBtn: Button =findViewById(R.id.secondBtn)
        secondBtn.setOnClickListener {
            val intent2 =Intent(Intent.ACTION_DIAL)
            startActivity(intent2)
        }
    }
}
```

运行结果如图 3-4 所示。

MainActivity 是移动应用中第一个调用和加载的界面，在配置清单文件 AndroidManifest.xml 中也注册了 CustomedActivity，在 activity 元素定义了下级标签 intent-filter，指定了 CustomedActivity 的动作名称，并添加了两个类别：android.intent.category.DEFAULT 和 chenyi.book.android.ch03_03.MyCategory。android.intent.category.DEFAULT 是默认的类别。在调用 startActivity()函数时，Android 系统会自动将 android.intent.category.DEFAULT 添加到 Intent 中。chenyi.book.android.ch03_03.MyCategory 是自定义的类别，因此，需要调用 addCategory()函数将这个自定义的类别添加到 Intent 中，即单击第一个按钮会通过隐式 intent1 跳转到 CustomedActivity。

注意，第二个按钮单击实现拨打电话。Intent.ACTION_DIAL 内置的系统动作，对应 android.intent.action.DIAL。Android 系统中定义常见的内置动作如表 3-1 所示。

(a) MainActivity

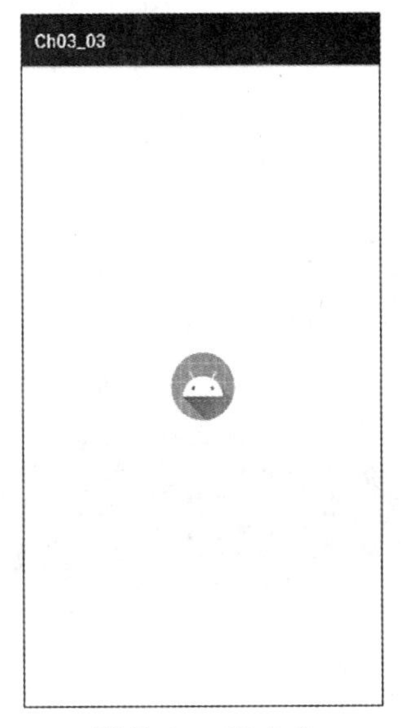

(b) CustomedActivity

(c) 系统的拨号界面

图 3-4　隐式 Intent 实例的运行结果

表 3-1　Intent 内置的动作

动　作	说　　明
ACTION_ANSWER	处理来电
ACTION_CALL	拨打电话，使用 Intent 的号码，需要设置 android.permission.CALL_PHONE
ACTION_DIAL	调用拨打电话的程序，使用 Intent 的号码，没有直接打出
ACTION_EDIT	编辑 Intent 中提供的数据
ACTION_VIEW	查看动作，可以浏览网页、短信、地图路肩规划，根据 Intent 的数据类型和数据值决定
ACTION_SENDTO	发送短信、电子邮件
ACTION_SEND	发送信息、电子邮件
ACTION_SEARCH	搜索，通过 Intent 的数据类型和数据判断搜索的动作

调用 Intent 的 setData()函数可以设置 Intent 的数据，用 Kotlin 的表达是 intent.data；调用 Intent 的 setType()函数可以设置 Intent 数据的类型；调用 setDataAndType()函数可以来设置数据和数据的类型。

3.3　Activity 之间的数据传递

Activity 之间往往需要传递数据。数据的传递可以借助 Intent 来实现。Intent 提供了两种实现数据传递的方式：一种是通过 Intent 的 putExtra 传递数据；另一种是通过 Bundle 传递多类型数据。

3.3.1 传递常见数据

在这里常见的数据类型包括 Int(整型)、Short(短整型)、Long(长整型)、Float(单精度实型)、Double(双精度实型)、数组、ArrayList(数组列表)等多种类型。在 Activity 之间,可以将这些类型的数据进行传递。

首先,Intent 提供了一系列的 putExtra()函数实现数据传递。在数据的发送方,通过 putExtra()函数种指定键值对,然后启动 startActivity 将意图从当前的 Activity 跳转到 intent 指定的活动,代码如下:

```
val intent =Intent(this,OtherActivity: : class.java)
                                              //定义跳转到 OtherActivity 的 Intent
intent.putExtra("intValue",23)                //配置传递数据的键值对
startActivity(intent)                         //根据 Intent 启动 Activity
```

数据接收方(设为 OtherActivity)调用 getIntent()函数获得启动该 Activity 的 Intent,代码如下:

```
val intent=getIntent()
```

在 Kotlin 中也可以直接表示成

```
val intent=intent
```

然后,根据数据的关键字,调用接收数据类型对应 get×××Extra()函数来获得对应的取值。例如:

```
val received=intent.getIntExtra("intValue")    //根据关键字 intValue 获取对应的 Int 数据
```

第二种方式结合 Bundle 数据包和 putExtra()函数实现数据的传递。具体的执行过程与第一种方式类似。数据的发送方创建 Bundle 数据包,代码如下:

```
val bundle: Bundle=Bundle()
```

然后,调用 Bundle 对象的对应的 put×××函数,设置不同类型的数据,例如:

```
bundle.putInt("bundleIntValue",1000)
bundle.putString("bundleStringValue","来自 MainActivity 的问候!")
```

在发送方通过调用 Intent 的 putExtra()函数,设置要传递的数据,再调用 startActivity 实现 Activity 的跳转和数据的发送,代码如下:

```
val intent=Intent(this,OtherActivity: : class.java)
intent.putExtra(bundle)
startActivity(intent)
```

在数据的接收方,例如 OtherActivity 有两种方式接收数据:一种是通过 Bundle 对象的对应的 get×××()函数来获得;另一种是直接通过调用启动该 Activity 的 Intent 的 get

×××Extra()函数，根据关键字获得对应的取值，代码如下：

```
val intent =intent
val bundle: Bundle? =intent.extras
//根据 Bundle 来获得数据
val intValue =bundle?.getInt("bundleIntValue",0)    //0 为默认值，取值失败时会赋值
val strValue =bundle?.getString ("bundleStringValue")
//或根据 Intent 直接获得数据
val intValue =intent.getIntExtra("bundleIntValue")
val strValue =intent.getStringExtra("bundleStringValue")
```

例 3-3 常见数据类型数据的传递的应用实例 MainActivity 分别使用两种不同的方式传递数据到其他两个 Activity，代码如下：

```
<!--模块 Ch03_04 定义 MainActivity 的布局文件 activity_main.xml -->
<?xml version="1.0" encoding="utf-8"?>
<androidx.constraintlayout.widget.ConstraintLayout
    xmlns: android="http://schemas.android.com/apk/res/android"
    xmlns: app="http://schemas.android.com/apk/res-auto"
    xmlns: tools="http://schemas.android.com/tools"
    android: layout_width="match_parent"
    android: layout_height="match_parent"
    tools: context=".MainActivity">
    <Button  android: id="@+id/firstBtn"
        android: layout_width="wrap_content"
        android: layout_height="wrap_content"
        android: text="@string/title_send_int"
        app: layout_constraintBottom_toBottomOf="parent"
        app: layout_constraintEnd_toEndOf="parent"
        app: layout_constraintLeft_toLeftOf="parent"
        app: layout_constraintRight_toRightOf="parent"
        app: layout_constraintStart_toStartOf="parent"
        app: layout_constraintTop_toTopOf="parent"
        app: layout_constraintVertical_bias="0.327" />
    <Button  android: id="@+id/secondBtn"
        android: layout_width="wrap_content"
        android: layout_height="wrap_content"
        android: text="@string/title_send_array"
        app: layout_constraintBottom_toBottomOf="parent"
        app: layout_constraintEnd_toEndOf="parent"
        app: layout_constraintLeft_toLeftOf="parent"
        app: layout_constraintRight_toRightOf="parent"
        app: layout_constraintStart_toStartOf="parent"
        app: layout_constraintTop_toTopOf="parent"
        app: layout_constraintVertical_bias="0.453" />
</androidx.constraintlayout.widget.ConstraintLayout>
```

在 MainActivity 的布局文件定义了两个按钮，并分别为这两个按钮定义了相应的处理动作，代码如下：

```
//模块 Ch03_04 定义数据的发送方的主活动 MainActivity.kt
class MainActivity : AppCompatActivity() {
    override fun onCreate(savedInstanceState: Bundle?) {
        super.onCreate(savedInstanceState)
        setContentView(R.layout.activity_main)
        val firstBtn: Button =findViewById(R.id.firstBtn)
        val secondBtn: Button =findViewById(R.id.secondBtn)
        firstBtn.setOnClickListener {
            val intent =Intent(MainActivity@this,FirstActivity::class.java)
            intent.putExtra("intValue",999)
            intent.putExtra("strValue","来自 MainActivity 的问候")
            val strArr =arrayOf("Kotlin","Java","Scala")
            intent.putExtra("arrValue",strArr)
            startActivity(intent)
        }
        secondBtn.setOnClickListener {
            val bundle =Bundle()
            bundle.putInt("bundleIntValue",1000)
            bundle.putString("bundleStringValue","来自 MainActivity 的问候!!")
            val intArr =IntArray(10)
            for(i in intArr.indices)
                intArr[i] =i+1
            bundle.putIntArray("bundleIntArray",intArr)
            val intent =Intent(MainActivity@this,SecondActivity::class.java)
            intent.putExtras(bundle)
            startActivity(intent)
        }
    }
}
```

作为数据的发送方,MainActivity 提供了两种数据发送的方法。第一种方法是直接利用 Intent 的 put×××Extra()函数将数据传递出去;第二种方法是将数据通过键值对放置在 Bundle 对象中,然后利用 Intent 将 Bundle 数据包整体传递出去。有数据发送,必须有一个接收方来接收数据,否则发送数据没有任何意义。在此处,定义了 FirstActivity 和 SecondActivity 分别接收数据,代码如下:

```
//模块 Ch03_04 定义数据接收方 FirstActivity.kt
class FirstActivity : AppCompatActivity() {
    override fun onCreate(savedInstanceState: Bundle?) {
        super.onCreate(savedInstanceState)
        setContentView(R.layout.activity_first)
        val intent =intent
        val receivedInt =intent.getIntExtra("intValue",0) //获得整数,0 为默认值
        val receivedStr =intent.getStringExtra("strValue")      //获得字符串
        val receivedStrArr =intent.getStringArrayExtra("arrValue") //获得字符串数组
        val result =StringBuilder()
```

```
        result.append("接收: ${receivedInt}\n${receivedStr}\n${Arrays.
          toString(receivedStrArr)}")
        Toast.makeText(this,"$result",Toast.LENGTH_LONG).show()
    }
}
```

FristActivity 中接收的数据是利用 Intent 调用 get×××Extra()函数,通过关键字来获得对应的数据。在代码中,接收了字符串数组,调用 java.util.Arrays 的 toString()函数,将数组转换成字符串的表达形式。另外,在代码中使用了 Toast 信息提示框。通过调用 Toast.makeText()函数可以将文本在信息提示中显示出来,代码如下:

```
//模块 Ch03_04 定义数据接收方 SecondActivity.kt
class SecondActivity : AppCompatActivity() {
    override fun onCreate(savedInstanceState: Bundle?) {
        super.onCreate(savedInstanceState)
        setContentView(R.layout.activity_second)
        val intent =intent                                    //获得发送数据的意图
        val bundle: Bundle? =intent.extras                    //获得 Bundle 对象
        val receivedIntValue =bundle?.getInt("bundleIntValue")
                                                              //接收整数数据
        val receivedStrValue =intent.getStringExtra("bundleStringValue")
                                                              //接收字符串数据
        val receivedIntArr =bundle?.getIntArray("bundleIntArray")
                                                              //接收整型数组数据
        val result=StringBuilder()
    result.append("接收的数据: ${receivedIntValue}\n${receivedStrValue}\n"
        ${Arrays.toString(receivedIntArr)}")
    Toast.makeText(this,"$result",Toast.LENGTH_LONG).show()     //显示数据
    }
}
```

SecondActivity 接收数据的方式有两种:一种方式是启动该活动的意图获得 Bundle 对象,然后从 Bundle 对象中获得关键字对应的数据;另一种方式是通过调用 Intent 的 get×××Extra()函数根据传递数据的关键字获得对应的数据,如图 3-5 所示。

3.3.2 Serializable 对象的传递

在 Activity 之间传递数据有一种特殊情况,就是传递自定义类的对象或者自定义类的对象数组或集合类型中包含自定义类的对象。需要对这些自定义类进行可序列化处理。可序列化处理,就是将对象处理成可以传递或存储的状态,使得对象可以从临时瞬间状态保存持久状态,即存储到文件、数据库等中。要在 Java 中实现可序列化,就需要用类实现 java.io.Serializable 接口。作为基于 JVM 的语言,Kotlin 也需要实现 java.io.Serializable 接口,这个类的对象就可以进行序列化的处理。形式如下:

```
class DataType: Serializable{
  …
}
```

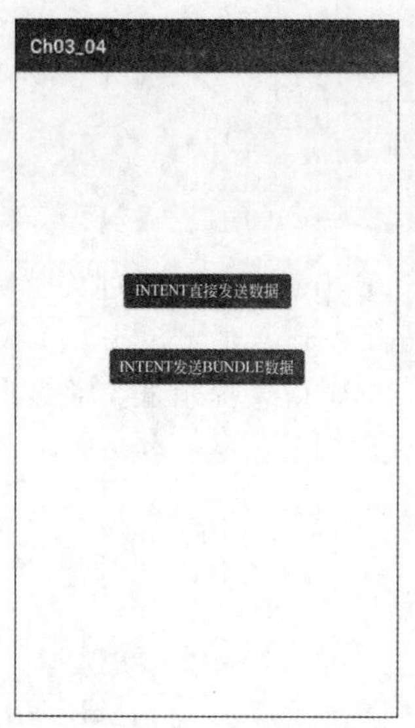

(a) 数据的发送方

(b) 数据的接收方一

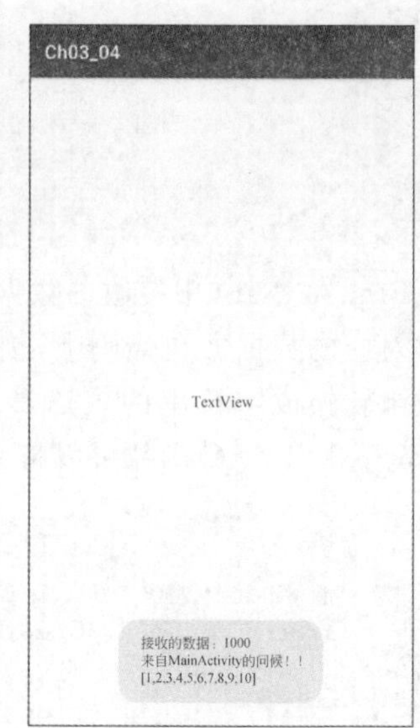

(c) 数据的接收方二

图 3-5　活动传递数据实例的运行结果

通过 Serializable 传递对象的过程，如图 3-6 所示。发送方将数据序列化成字节流发送，在接收方，将字节流重组成对应的对象。

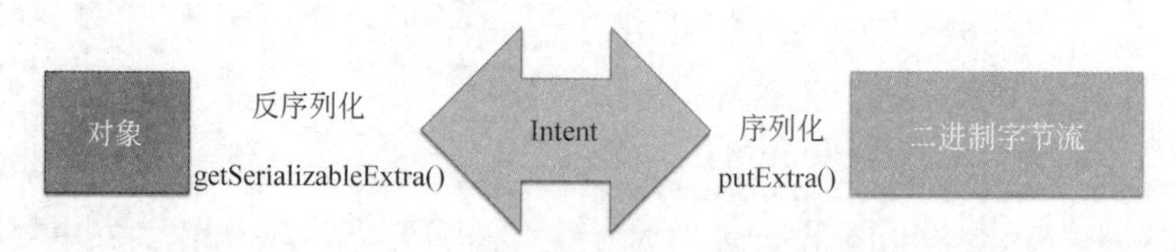

图 3-6　Serializable 方式传递对象的原理

要在 Activity 之间发送 Serializable 对象，仍需要通过 Intent 实现。Intent 通过调用 putExtra()函数，设置“关键字”和对象之间的键值对，形式如下：

```
val intent =Intent(this,OtherActivity⋯class.java)
val object: Type =⋯
intent.putExtra("object",object)
startActivity(intent)
```

Activity 的接收方 OtherActivity 在接收数据时，首先启动该活动的意图，再通过意图的 getSerializableExtra()函数通过关键字来获得对应的 Serializable 对象，最后利用 as 操作符转换成对应的对象。实现了根据接收的状态数据反序列化生成对应的对象。形式如下：

```
val intent =intent
val object =intent.getSerializableExtra("object") as Type
```

例 3-4　在 Activity 之间传递 Serializable 对象应用实例。实现将学生的信息（学号、姓名、出生日期）从一个 Activity 传递到另外一个 Activity。

(1) 定义实体类 Student,代码如下:

```
//模块 Ch03_05 定义数据实体类 Student
data class Student(val no: String,val name: String,
    val birthday: LocalDate): Serializable
```

(2) 定义数据的发送方 MainActivity,代码如下:

```
<!--模块 Ch03_05 MainActivity 对应的布局文件 activity_main.xml -->
<?xml version="1.0" encoding="utf-8"?>
<Button android: id="@+id/sendBtn"
    xmlns: android="http://schemas.android.com/apk/res/android"
    xmlns: tools="http://schemas.android.com/tools"
    android: layout_width="wrap_content"
    android: layout_height="wrap_content"
    android: layout_gravity="center"
    android: text="@string/title_send_object"
    android: textSize="30sp"
    tools: context=".MainActivity"/>
```

MainActivity 发送 Student 对象到 FirstActivity。调用 Intent 的 putExtra()函数设置发送数据的键值对。关键字是 student,取值是 Student 对象 student。然后通过 startActivity(intent)启动 Intent 封装活动,实现数据通过 Intent 发送 FirstActivity,代码如下:

```
//模块 Ch03_05 发送方的主活动定义 MainActivity.kt
class MainActivity : AppCompatActivity() {
    override fun onCreate(savedInstanceState: Bundle?) {
        super.onCreate(savedInstanceState)
        setContentView(R.layout.activity_main)
        val sendBtn: Button =findViewById(R.id.sendBtn)
        sendBtn.setOnClickListener {
            val student: Student=Student("60012322","张三",
            LocalDate.of(2008,2,12))                            //定义对象
            val intent =Intent(this,FirstActivity::class.java)  //定义 Intent
            intent.putExtra("student",student)                  //Intent 设置键值对
            MainActivity@this.startActivity(intent)            //启动 Activity
        }
    }
}
```

(3) 定义数据接收方的 FirstActivity,代码如下:

```
//模块 Ch03_05 接收方定义 FirstActivity.kt
class FirstActivity : AppCompatActivity() {
    override fun onCreate(savedInstanceState: Bundle?) {
        super.onCreate(savedInstanceState)
        setContentView(R.layout.activity_first)
        val intent =intent
        val receivedStu: Student =intent.getSerializableExtra("student") as Student
                                                        //将类型强制转换成 Student
```

```
        Toast.makeText(this,"${receivedStu.toString()}",Toast.LENGTH_LONG).show()
    }
}
```

接收方的 FirstActivity 用于接收对象。由于 FirstActivity 中 Intent 对象的 getSerializableExtra()函数会返回一个 Serializable 类型的对象,因此需要对接收对象进行处理,即结合 as 操作符执行类型转换。形式如下:

```
val receivedStu: Student =intent.getSerializableExtra("student") as Student
```

通过这种方式获得接收的对象后,整个实例的运行结果如图 3-7 所示。

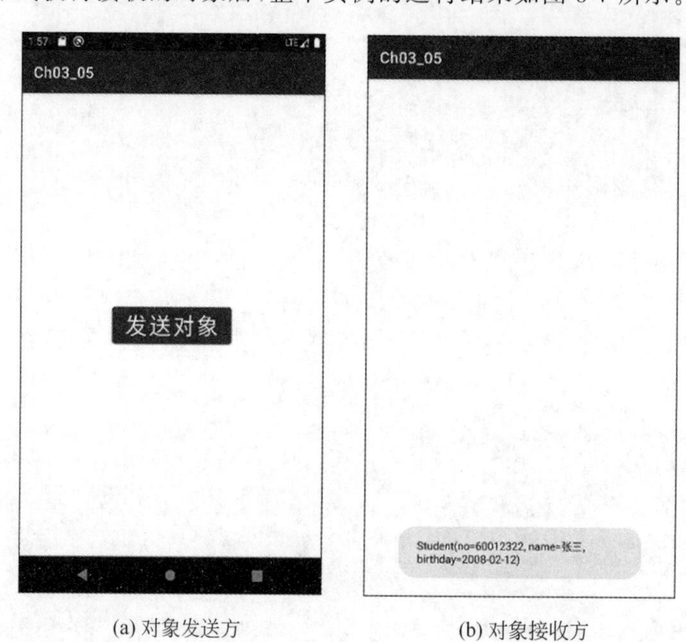

(a) 对象发送方　　(b) 对象接收方

图 3-7　活动传递 Serializable 对象的运行结果

3.3.3　Parcelable 对象的传递

通过 Java 的 java.io.Serializable 方式传递对象,将对象整体数据序列化处理,将对象转换可传递状态进行发送。接收方将接收的状态数据重新反序列化重新生成对象。由于这种处理方式效率低下,因此 Android 提供了自带的 Parcelable(打包)方式实现对象的传递。

以 Parcelable 方式传递对象的原理是,通过一套机制,将一个完整的对象进行分解,分解后的每一部分数据都属于 Intent 支持的数据类型。可以将分解后的可序列化的数据写入一个共享内存中,其他进程通过 Parcel 从这块共享内存中读出字节流,并反序列化成对象,通过这种方式来实现传递对象的功能,如图 3-8 所示。

要实现 Parcelable 方式传递对象,需要定义的类必须实现 Parcelable 接口。必须对其中的方法进行覆盖重写,具体如下。

(1) writeToParcel():实现将对象的数据进行分解写入。

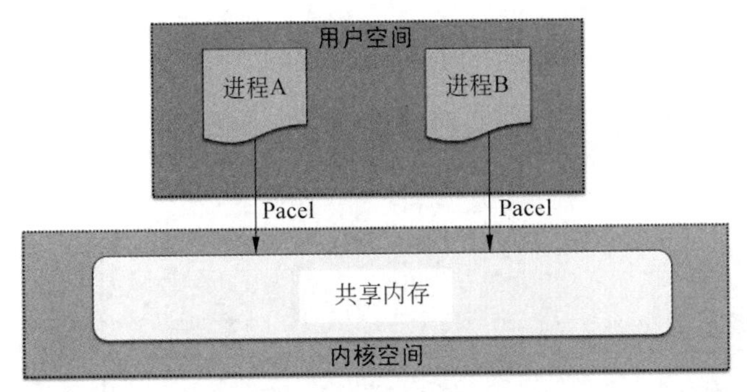

图 3-8　Parcelable 方式传递对象

（2）describeContent()：内容接口的描述，默认只需要返回为 0。

（3）Parcelable.Creator：需要定义静态内部对象实现 Parcelable.Createor 接口的匿名类。该接口提供了两个函数：一个是 createFromParcelable()函数实现从 Parcel 容器中读取传递数据值，读取数据的顺序与写入数据的顺序必须保持一致，然后封装成 Parcel 对象返回逻辑层，另一个是 newArray()函数创建一个指定类型指定长度的数组，供外部类反序列化本类数组使用。下面定义了实现 Parcelable 接口的 Student 类，代码如下：

```
data class Student(val no: String,val name: String,val birthday: LocalDate):
    Parcelable {
    constructor(parcel: Parcel):
        this(parcel.readString()!!,parcel.readString()!!,
        parcel.readSerializable() as LocalDate)
    override fun writeToParcel(parcel: Parcel, flags: Int) {         //分解数据
            parcel.writeString(no)
            parcel.writeString(name)
            parcel.writeSerializable(birthday)
    }
    override fun describeContents(): Int =0
        companion object CREATOR : Parcelable.Creator<Student>{    //重组生成对象
            override fun createFromParcel(parcel: Parcel): Student {
                return Student(parcel)
        }
        override fun newArray(size: Int): Array<Student?>{
            return arrayOfNulls(size)
        }
    }
}
```

但是，这种表示方式非常复杂，在 Kotlin 中提供了一种更简单的表示方式，即利用@Parcelize 标注实体类。形式如下：

```
@Parcelize
data class Student(val no: String,val name: String,
    val birthday: LocalDate): Parcelable
```

在使用@Parcelize标注时，需要对模块的构建配置文件build.gradle增加插件kotlin-android-extensions，可以写成

```
apply plugin: "kotlin-android-extensions"
```

或

```
plugins{…
    id "kotlin-android-extensions"
}
```

一旦数据实体类定义完毕，就可以在发送方的Activity中执行如下的代码：

```
val intent=Intent(MainActivity@this,FirstActivity: : class.java)
intent.putExtra("student", Student("6001232","李四", LocalDate.of(2005,3,20)))
startActivity(intent)
```

接收方的Activity，可以根据关键字来接收数据，形式如下：

```
val intent=intent
val student=intent.getParcelableExtra<Student>("student")
```

例3-5 Parcelable方式传递对象的应用实例。

(1) 定义数据实体类Student，代码如下：

```
//模块Ch03_06定义数据实体类
@Parcelize
data class Student(val no: String,val name: String,val birthday: LocalDate): Parcelable
```

(2) 定义数据的发送方的MainActivity，代码如下：

```
//模块Ch03_06定义数据发送方主活动MainActivity.kt
class MainActivity : AppCompatActivity() {
    override fun onCreate(savedInstanceState: Bundle?) {
        super.onCreate(savedInstanceState)
        setContentView(R.layout.activity_main)
        val sendBtn: Button =findViewById(R.id.sendBtn)
        sendBtn.setOnClickListener {
            val intent =Intent(MainActivity@this,FirstActivity::class.java)
            val student =Student("6001232","李四", LocalDate.of(2005,3,20))
            intent.putExtra("student",student)
            startActivity(intent) }
    }
}
```

(3) 定义接收数据的FirstActivity，代码如下：

```
//模块Ch03_06定义数据接收方的FirstActivity.kt
class FirstActivity : AppCompatActivity() {
```

```
    override fun onCreate(savedInstanceState: Bundle?) {
        super.onCreate(savedInstanceState)
        setContentView(R.layout.activity_first)
        val student =intent.getParcelableExtra<Student>("student")
        Toast.makeText(this,"接收: $student",Toast.LENGTH_LONG).show()
    }
}
```

运行结果如图 3-9 所示。

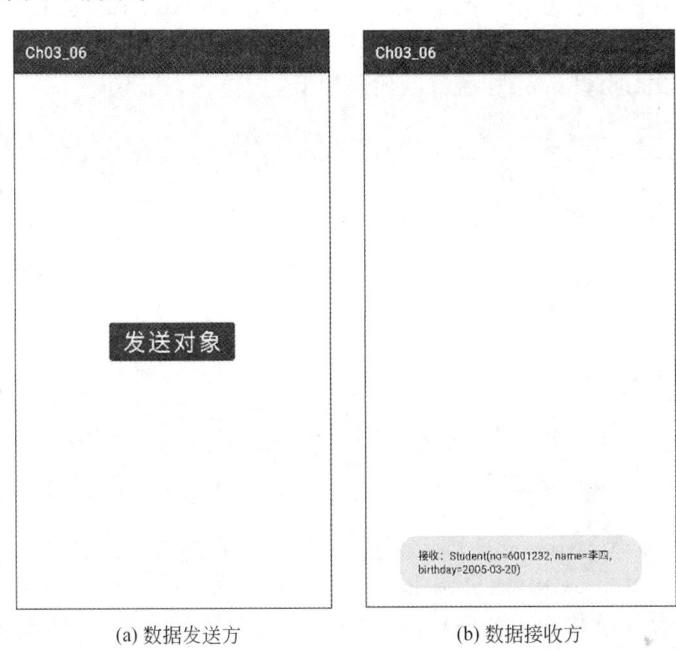

(a) 数据发送方　　(b) 数据接收方

图 3-9　用 Parcelable 方式传递数据实例的运行结果

3.3.4　数据的返回

在 Activity 之间可以传递数据。当从一个 Activity 跳转到另外一个 Activity 时，默认情况下，按移动终端的 Back 键，可以实现从已跳转的 Activity 返回前一个 Activity。如果返回前一个 Activity，要求同时返回传递的数据。当然，也可以通过 Intent 直接传递数据，但是这种传递数据的方式无法区分数据是从哪个 Activity 返回的。按 Back 键直接返回上一个 Activity 时并不是将数据返回前一个 Activity，因此在实际中若需要将数据返回前一个 Activity，就需要做如下处理。

（1）前一个 Activity 跳转到其他 Activity 时，必须通过调用前一个 Activity 的 startActivityForResult()函数。startActivityForResult()函数需要接收两个参数：Intent 对象和 Int 类型表示的请求码。Intent 表示要跳转到其他 Activity 的 Intent。请求码用来判断返回时是从哪个 Activity 返回的，代码如下：

```
val intent =Intent(this,OtherActivity::class.java)
                                    //定义跳转到 OtherActivity 的 Intent
```

```
startActivityForResult(intent,1) //启动 Activity,并设置启动 Activity 的请求码为 1
```

（2）对于前一个 Activity，还需要定义重写 onActivityResult()函数。这个函数表示从其他 Activity 返回时会被调用。在 onActivityResult()函数中有 3 种参数。

第一个参数是整型，表示返回 Activity 的请求码 requestCode，这个请求码与 startActivityForResult()函数中启动返回 Activity 的请求码是保持一致的，可以通过这个请求码判断 Activity 的来源。

第二个参数是整数，表示结果码 resultCode，用来返回 Activity 时传递处理的结果。

第三个参数是 Intent 类型，表示返回 Activity 的 Intent。这个 Intent 可以携带要返回的数据。定义 onActivityResult()函数的代码如下：

```
override fun onActivityResult(requestCode: Int, resultCode: Int, data:
    Intent?) {
    super.onActivityResult(requestCode, resultCode, data)
    if(resultCode ==RESULT_OK){
        when(requestCode){
            1->{                                                    //处理返回的数据
                  val received =data?.getStringExtra("data")
                   …
            }
        }
    }
}
```

（3）对于返回的 Activity，需要做一些处理，让它在返回前一个 Activity 时可以携带数据。为了返回前一个 Activity，通过调用 setResult()函数实现。setResult()函数中传递两个实参，其中一个是用整数表示结果码，表示返回前一个活动的处理结果。结果值由两个值构成：Activity.RESULT_OK 表示处理成功；Activity.RESULT_CANCELED 表示处理取消。如果需要返回数据，必须通过第二个实参的 Intent 对象来实现。最后通过调用 finish()函数来结束这个返回 Activity。例如：

```
val intent =Intent()
intent.putExtra("data","数据")                        //设置返回的数据的键值对
setResult(Activity.RESULT_OK,intent)                  //设置结果码
finish()                                              //结束 Activity
```

如果只是单纯地返回前一个 Activity，并没有携带返回数据，也可以写成

```
setResult(RESULT_OK)
finish()
```

例 3-6 返回数据的应用实例。实现从一个 MainActivity 分别跳转到其他两个 Activity，其他两个 Activity 通过按 Back 键的方式返回时，可以分别返回字符串给 MainActivity。

（1）定义 MainActivity，代码如下：

```
//模块 Ch03_07 MainActivity.kt
class MainActivity : AppCompatActivity() {
```

```
    override fun onCreate(savedInstanceState: Bundle?) {
        super.onCreate(savedInstanceState)
        setContentView(R.layout.activity_main)
        val firstBtn: Button =findViewById(R.id.turnFirstBtn)
        firstBtn.setOnClickListener {
            turnTo(FirstActivity::class.java,1)           //跳转到 FirstActivity
        }
        val secondBtn: Button=findViewById(R.id.turnSecondBtn)
        secondBtn.setOnClickListener {
            turnTo(SecondActivity::class.java,2)          //跳转到 SecondActivity
        }
    }
    private fun <T>turnTo(c: Class<T>,requestCode: Int){
        val intent =Intent(MainActivity@this,c)           //定义 Intent 对象
        startActivityForResult(intent,requestCode)        //启动 Activity,设置请求码
    }
    override fun onActivityResult(requestCode: Int, resultCode: Int,
        data: Intent?) {
        super.onActivityResult(requestCode, resultCode, data)
        if(resultCode==Activity.RESULT_OK){
            when(requestCode){
                1->{                                      //从 FirstActivity 返回
                    val receivedData =data?.getStringExtra("info")
                    Toast.makeText(MainActivity@this,"接收: $receivedData",
                        Toast.LENGTH_LONG).show()
                }
                2->{                                      //从 SecondActivity 返回
                    Toast.makeText(MainActivity@this, resources.getString(R.
                        string.title_frm_second),Toast.LENGTH_LONG).show()
                }
            }
        }
    }
}
```

在 MainActivity 中定义了两个按钮,单击后,分别跳转到 FirstActivity 和 SecondActivity。在此处定义了一个通用 turnTo()函数,表示跳转到参数指定的类对应的 Activity。如果从其他活动返回 MainActivity,则重新定义 MainActivity 的 onActivityResult()函数,用于判断是否需要在从其他 Activity 返回时做处理。在 MainActivity 中,如果判断是从 FirstActivity 返回,则要求接收从 FirstActivity 返回带来的数据,并通过 Toast 显示相应的消息提示;如果从 SecondActivity 返回到 MainActivity,则调用 Toast 显示文本提示消息。

(2) 定义 FirstActivity,代码如下:

```
//模块 Ch03_07 FirstActivity.kt
class FirstActivity : AppCompatActivity() {
    override fun onCreate(savedInstanceState: Bundle?) {
```

```
        super.onCreate(savedInstanceState)
        setContentView(R.layout.activity_first)
    }
    override fun onBackPressed() {
        val intent = Intent()
        intent.putExtra("info",resources.getString(R.string.title_frm_first))
                                                                    //返回数据
        setResult(RESULT_OK,intent)
        finish()
    }
}
```

定义 SecondActivity，代码如下：

```
//模块 Ch03_07SecondActivity.kt
class SecondActivity : AppCompatActivity() {
    override fun onCreate(savedInstanceState: Bundle?) {
        super.onCreate(savedInstanceState)
        setContentView(R.layout.activity_second)
    }
    override fun onBackPressed() {
        setResult(RESULT_OK)                                        //没有返回数据，直接返回
        finish()
    }
}
```

FirstActivity.kt 和 SecondActivity.kt 对 onBackPressed()函数进行了重写，对 Back 键的返回功能重新做了定义。注意，需要将 Android Studio 自动生成的第一行 super.onBackPressed()删除，否则仍会执行原来默认的返回。运行结果如图 3-10 所示。

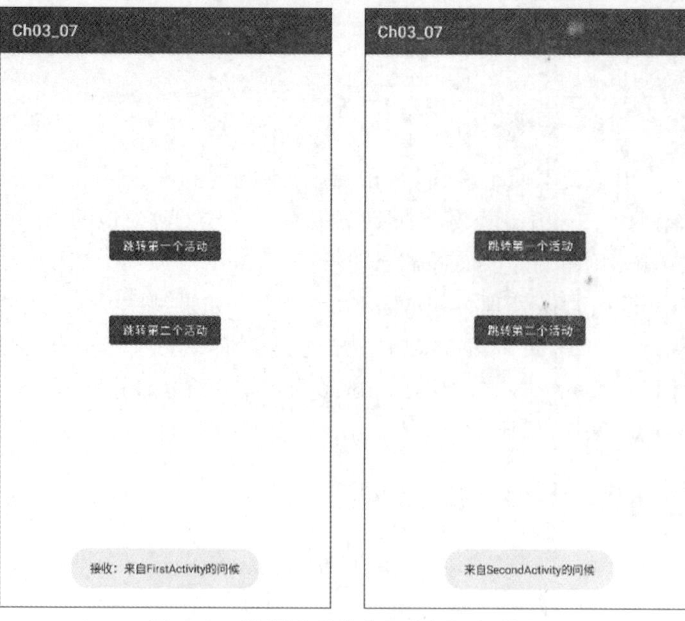

图 3-10　数据返回的应用实例运行结果

3.4 Fragment

Fragment 是可以嵌入 Activity 中的 UI 碎片，可以让程序更加合理、充分地利用大屏幕。Fragment 的出现与移动终端的屏幕大小关系紧密。例如由于 PAD 的屏幕较大，使用横屏处理数据更为方便；手机屏幕与 PAD 相比相对较小，往往使用竖屏。由于屏幕大小的不同，移动应用需要对屏幕适配，以获得较好的用户体验。如图 3-11 所示，对于同一个新闻应用，PAD 可以在一个界面显示菜单和内容，手机可以通过两个界面分别显示菜单和对应的新闻内容。

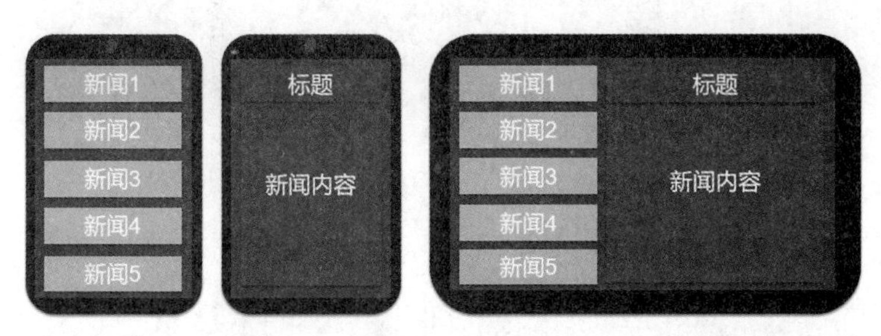

图 3-11 移动应用对界面的适配

当然可以利用 Activity 实现多个屏幕的处理，但是会需要多个不同的 Activity，且适配过程过于繁杂。Fragment 正好可以解决这个问题。它可以让移动应用更加合理、充分地利用屏幕。

3.4.1 初识 Fragment

嵌入 Activity 中的 Fragment 不能独立存在。可以在 Activity 中增加、删除或者替换 Fragment，也可以根据这种特性，用"一个 Activity＋多个 Fragment"构建多个屏幕界面。创建并使用 Fragment 的基本步骤如下。

1. 创建自定义的 Fragment 类

所创建的 Fragment 组件，必须是 Fragment 类的子类，形成如下：

```
class SomeFragment : Fragment() {
    override fun onCreate(savedInstanceState: Bundle?) {
        super.onCreate(savedInstanceState)
    }
    override fun onCreateView(inflater: LayoutInflater, container: ViewGroup?,
        savedInstanceState: Bundle?): View? {
        return inflater.inflate(R.layout.fragment_some, container, false)
    }
}
```

Fragment 的 onCreateView()函数中，通过 inflater.inflate(R.layout.fragment_some, container, false)引用对应 Fragment 的布局文件 res/layout/layout_fragment_some.xml 来渲染 Fragment 的外观。

2. 定义 Fragment 对应的布局

Fragment 对应的布局文件与 Activity 对应的布局文件定义非常类似，也需要放置在 res/layout 目录下，使用 tools：context＝".SomeFragment"来指定 Fragment 的上下文，代码如下：

```
<?xml version="1.0" encoding="utf-8"?>
<FrameLayout xmlns: android="http://schemas.android.com/apk/res/android"
    xmlns: tools="http://schemas.android.com/tools"
    android: layout_width="match_parent"
    android: layout_height="match_parent"
    android: background="@android: color/holo_orange_light"
    tools: context=".SomeFragment">
    …    <!--省略 -->
</FrameLayout>
```

3. 将 Fragment 嵌入 Activity 中

将 Fragment 嵌入 Activity 中的最简单方式就是在使用 fragment 标签元素将 Fragment 嵌入的布局中，形式如下：

```
<?xml version="1.0" encoding="utf-8"?>
<LinearLayout xmlns: android="http://schemas.android.com/apk/res/android"
    xmlns: app="http://schemas.android.com/apk/res-auto"
    xmlns: tools="http://schemas.android.com/tools"
    android: layout_width="match_parent"
    android: layout_height="match_parent"
    android: orientation="horizontal"
    tools: context=".MainActivity">
    <fragment android: id="@+id/someFrag"
        android: name="chenyi.book.android.ch0.SomeFragment"
        android: layout_height="match_parent"
        android: layout_width="match_parent"/>
</LinearLayout>
```

例 3-7 在 Activity 中嵌入 Fragment，二者之间宽度的比例是 1∶3。

(1) 定义 MenuFragment，代码如下：

```
<!--模块 Ch03_08 Fragment 对应的布局文件 fragment_menu.xml-->
<?xml version="1.0" encoding="utf-8"?>
<LinearLayout xmlns: android="http://schemas.android.com/apk/res/android"
    xmlns: app="http://schemas.android.com/apk/res-auto"
    xmlns: tools="http://schemas.android.com/tools"
    android: layout_width="match_parent"
    android: layout_height="match_parent"
    android: orientation="vertical" tools: context=".MenuFragment">
        <TextView android: layout_gravity="center"
            android: layout_width="wrap_content"
            android: layout_height="wrap_content"
            android: text="新闻列表" android: textSize="20sp" />
        <Button android: layout_gravity="center"
            android: id="@+id/newsBtn1"
            android: layout_width="wrap_content"
            android: layout_height="wrap_content"
            android: text="新闻 1"   />
```

```
        <Button android: layout_gravity="center"
            android: id="@+id/newsBtn2"
            android: layout_width="wrap_content"
            android: layout_height="wrap_content"
            android: text="新闻 2"  />
        <Button android: layout_gravity="center"
            android: id="@+id/newsBtn3"
            android: layout_width="wrap_content"
        android: layout_height="wrap_content"
            android: text="新闻 3"  />
</LinearLayout>
```

用 MenuFragment 表示使用按钮构成的简易菜单的界面，代码如下：

```
//模块 Ch03_08 Fragment 定义 MenuFragment.kt
class MenuFragment : Fragment() {
    override fun onCreate(savedInstanceState: Bundle?) {
        super.onCreate(savedInstanceState)
    }
    override fun onCreateView(inflater: LayoutInflater, container: ViewGroup?,
        savedInstanceState: Bundle?): View? {
        return inflater.inflate(R.layout.fragment_menu, container, false)
    }
}
```

定义 Menu Fragment 对应的布局文件，代码如下：

```
<!--模块 Ch03_08 Fragment 对应的布局文件 fragment_news.xml-->
<?xml version="1.0" encoding="utf-8"?>
<TextView android: id="@+id/contentTxt"
    xmlns:android="http://schemas.android.com/apk/res/android"
    xmlns: tools="http://schemas.android.com/tools"
    android: layout_width="match_parent"
    android: layout_height="match_parent"
    android: textSize="24sp"
    android: text="@string/hello_blank_fragment"
    android: background="@android: color/holo_green_light"
    tools: context=".NewsFragment" />

//模块 Ch03_08 Fragment 定义 NewsFragment.kt
class NewsFragment : Fragment() {
    override fun onCreate(savedInstanceState: Bundle?) {
        super.onCreate(savedInstanceState)
    }
    override fun onCreaeView(inflater: LayoutInflater, container: ViewGroup?,
        data: Bundle? ): View? {
        return inflater.inflate(R.layout.fragment_news, container, false)
    }
}
```

（2）定义 MainActivity，代码如下：

```
<!--模块 Ch03_08 MainActivity 对应的布局文件 activity_main.xml-->
<?xml version="1.0" encoding="utf-8"?>
<LinearLayout xmlns: android="http://schemas.android.com/apk/res/android"
    xmlns: app="http://schemas.android.com/apk/res-auto"
    xmlns: tools="http://schemas.android.com/tools"
    android: layout_width="match_parent"
    android: layout_height="match_parent"
    android: orientation="horizontal"
    tools: context=".MainActivity">
    <fragment android: id="@+id/leftFrag"
        android: name="chenyi.book.android.ch03_08.MenuFragment"
        android: layout_height="match_parent"
        android: layout_width="0dp"
        android: layout_weight="1" />
   <fragment android: id="@+id/rightFrag"
       android: name="chenyi.book.android.ch03_08.NewsFragment"
       android: layout_height="match_parent"
       android: layout_width="0dp"
       android: layout_weight="3" />
</LinearLayout>
```

在 MainActivity 对应的布局文件，利用 Fragment 将两个不同的 Fragment 嵌入 MainActivity 中。为了体现 1∶3 的布局比例，将二者的 android：layout_width 均设置为 0dp，通过配置权重值 androidLlayout_weight 属性实现比例设置，其中一个取值为“1”，另一个取值为“3”。使得宽度按照 1∶3 的比例分配宽度空间，代码如下：

```
//模块 Ch03_08 定义的 MainActivity.kt
class MainActivity : AppCompatActivity() {
    override fun onCreate(savedInstanceState: Bundle?) {
        super.onCreate(savedInstanceState)
        setContentView(R.layout.activity_main)
    }
}
```

运行结果如图 3-12 所示。

3.4.2 动态加载 Fragment

例 3-7 中的运行结果存在瑕疵。两个 Fragment 只能固定在 Activity 中，并不能根据单击按钮进行动态的处理。对于不同的移动终端，并没有根据屏幕的大小做出适配处理。因此，在本节使用动态加载 Fragment 解决上述两个问题。

要实现动态加载，需要在 Activity 中利用 FragmentManager 管理 Fragment；通过 FragmentManager 获得 FragmentTransaction 对象；通过 FragmentTransaction 对象实现对 Fragment 的添加、删除和替换等操作。具体的执行步骤如下。

（1）调用上下文的 getSupportedManager()函数获得 FragmentManager 对象。

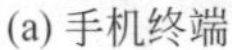

(a) 手机终端

(b) 平板计算机

图 3-12　Fragment 的运行结果

```
val manager =supportedManager          //即调用 getSupportedManager()
```

（2）通过调用 FragmentManager 对象的 beginTransaction()函数获得 FragmentTransaction 事务对象，形式如下：

```
val transaction =manager.beginTransaction()
```

（3）FragmentTransaction 事务提供了一系列事务处理函数，如表 3-2 所示。这些方法可以实现对 Fragment 的处理。

表 3-2　FragmentTransaction 的常见函数

函　　数	说　　明
add(int,Fragment)	在指定 id 视图的位置增加 Fragment
replace(int,Fragment)	将指定 id 视图的位置替换成指定的 Fragment
remove(Fragment)	将指定的 Fragment 删除
hide(Fragment)	将指定的 Fragment 隐藏
show(Fragment)	将指定的 Fragment 显示
commit()	安排执行事务
addToBackStack(String)	添加当前事务到返回栈中
commitNow()	同步执行事务

通过 FragmentTransaction 对象执行 Fragment 的 remove(删除)、add(添加)和 replace(替换)后，一定要执行 commit()或 commitNow()方法，让事务执行。

例 3-8　动态加载 Fragment 的应用实例。为移动终端定义一个 MainActivity，MainActivity 中可以分别包含两个 Fragment：一个提供按钮，作为菜单界面；另一个提供内容的 Fragment。通过动态加载，使得 MainActivity 在两个不同的 Fragment 之间进行切换。

(1) 定义 MainActivity，代码如下：

```
<!--模块 Ch03_09 MainAcitivity 的布局 activity_main.xml -->
<?xml version="1.0" encoding="utf-8"?>
<LinearLayout xmlns: android="http://schemas.android.com/apk/res/android"
    xmlns: app="http://schemas.android.com/apk/res-auto"
    xmlns: tools="http://schemas.android.com/tools"
    android: layout_width="match_parent"
    android: layout_height="match_parent"
    android: orientation="horizontal" tools: context=".MainActivity">
    <FrameLayout android: id="@+id/mainFrag"
        android: layout_height="match_parent"
        android: layout_width="0dp"
        android: layout_weight="1"  />
</LinearLayout>
```

MainActivity 的布局文件 activity_main.xml 中，嵌入 Fragment 的部分修改为 FrameLayout(帧布局)，用于动态加载。fragment 元素一般用于静态加载，将固定不变的 Fragment 的嵌入，代码如下：

```
//模块 Ch03_09 主活动的定义 MainActivity.kt
class MainActivity : AppCompatActivity() {
    override fun onCreate(savedInstanceState: Bundle?) {
        super.onCreate(savedInstanceState)
        setContentView(R.layout.activity_main)
        replaceFragment(MenuFragment())
    }
    fun replaceFragment(fragment: Fragment){
        val manager: FragmentManager =supportFragmentManager
        val transaction: FragmentTransaction =manager.beginTransaction()
        transaction.replace(R.id.mainFrag,fragment)
        transaction.addToBackStack(null)
        transaction.commit()
    }
    fun replaceFragment(content: String,fragment: Fragment){
        val manager: FragmentManager =supportFragmentManager
        val transaction: FragmentTransaction =manager.beginTransaction()
        transaction.replace(R.id.mainFrag,fragment)
        transaction.addToBackStack(null)
        val bundle =Bundle()
        bundle.putString("news",content)
        fragment.arguments =bundle
        transaction.commit()
    }
}
```

上述的 MainActivity 定义了重载函数 replaceFragment()，第一个 replaceFragment (fragment: Fragment)函数用于无参数的 Fragment 的动态加载。通过 FragmentManager 实现对不同 Fragment 的管理。replaceFragment(content: String,fragment: Fragment)是

定义的第二个函数，这个函数实现了有参的 Fragment 的加载。通过 Bundle 对象绑定的键值对，调用 Fragment 的 setArguments()函数设置 Fragment 的参数，实现从一个 Fragment 传递数据给第二个 Fragment。定义菜单界面的 Fragment MenuFragment。

MainActivity 的 replaceFragment()函数均调用了 transaction.addToBackStack(null)，表示将当前的 transaction 对象加入返回栈，表明当前事务 transaction 将记录下来，按 Back 键，会按照加入的逆向方式退出，即通过先进后出的方式从返回栈退出，代码如下：

```
<!--模块 Ch03_09 菜单 MenuFragment 片段的布局 fragment_menu.xml -->
<?xml version="1.0" encoding="utf-8"?>
<LinearLayout xmlns: android="http://schemas.android.com/apk/res/android"
    xmlns: app="http://schemas.android.com/apk/res-auto"
    xmlns: tools="http://schemas.android.com/tools"
    android: layout_width="match_parent"
    android: layout_height="match_parent"
    android: orientation="vertical" tools: context=".MenuFragment">
        <TextView android: layout_gravity="center"
            android: layout_width="wrap_content"
            android: layout_height="wrap_content"
            android: text="新闻列表"
            android: textSize="20sp" />
        <Button android: id="@+id/newsBtn1"
            android: layout_gravity="center"
            android: layout_width="wrap_content"
            android: layout_height="wrap_content"
            android: text="新闻 1"  />
        <Button android: id="@+id/newsBtn2"
            android: layout_gravity="center"
            android: layout_width="wrap_content"
            android: layout_height="wrap_content"
            android: text="新闻 2" />
        <Button android: layout_gravity="center"
            android: id="@+id/newsBtn3"
            android: layout_width="wrap_content"
            android: layout_height="wrap_content"
            android: text="新闻 3"/>
</LinearLayout>
```

上述代码定义是菜单界面 MenuFragment 的布局，代码如下：

```
//模块 Ch03_09 菜单界面的定义 MenuFragment.kt
class MenuFragment : Fragment() {
    lateinit var activity: MainActivity
    override fun onCreate(savedInstanceState: Bundle?) {
        super.onCreate(savedInstanceState)
        activity =requireContext() as MainActivity
                                            //将上下文转换成 MainActivity
    }
    override fun onCreateView(inflater: LayoutInflater, container: ViewGroup?,
                              savedInstanceState: Bundle?): View? {
```

```
        val view =inflater.inflate(R.layout.fragment_menu, container, false)
        val newBtn1: Button =view.findViewById(R.id.newsBtn1)
        newBtn1.setOnClickListener {
            turnTo("第一条新闻")
        }
        val newBtn2: Button =view.findViewById(R.id.newsBtn2)
        newBtn2.setOnClickListener {
            turnTo("第二条新闻")
        }
        val newBtn3: Button =view.findViewById(R.id.newsBtn3)
        newBtn3.setOnClickListener {
            turnTo("第三条新闻")
        }
        return view
    }
    private fun turnTo(content: String){
                                        //替换成 NewsFragment,content 是要传递的数据
        activity.replaceFragment(content,NewsFragment())
    }
}
```

在上述代码中执行了 activity = requireContext() as MainActivity，这条语句通过 requireContext()函数的调用获得 Fragment 的上下文，并将上下文强制转换成 MainActivity。之所以可以这样做，是因为本例 Fragment 都嵌入 MainActivity 中。

(2) 定义内容界面 NewsFragment 的布局，代码如下：

```
<!--模块 Ch03_09 菜单界面的布局 fragment_news.xml -->
<?xml version="1.0" encoding="utf-8"?>
<FrameLayout xmlns: android="http://schemas.android.com/apk/res/android"
    xmlns: tools="http://schemas.android.com/tools"
    android: layout_width="match_parent"
    android: layout_height="match_parent"
    android: background="@android: color/holo_green_light"
    tools: context=".NewsFragment">
    <TextView android: id="@+id/contentTxt"
        android: layout_width="match_parent"
        android: layout_height="match_parent"
        android: textSize="24sp"/>
</FrameLayout>

//模块 Ch03_09 菜单界面的定义 NewsFragment.kt
class NewsFragment : Fragment() {
    override fun onCreate(savedInstanceState: Bundle?) {
        super.onCreate(savedInstanceState)
    }
    override fun onCreateView(inflater: LayoutInflater, container: ViewGroup?,
        data: Bundle?): View? {
```

```
        val view =inflater.inflate(R.layout.fragment_news, container, false)
        val contentTxt =view.findViewById<TextView>(R.id.contentTxt)
        contentTxt.text =arguments?.getString("news") //获得字符串数据
        return view
    }
}
```

NewsFragment 实现了接收的数据进行处理。通过调用当前 Fragment 的 getArguments()函数获得参数 Bundle 对象，然后通过调用 Bundle 对象的 get×××()系列函数，根据关键来获得对应的取值。例 3-8 的运行结果如图 3-13 所示。

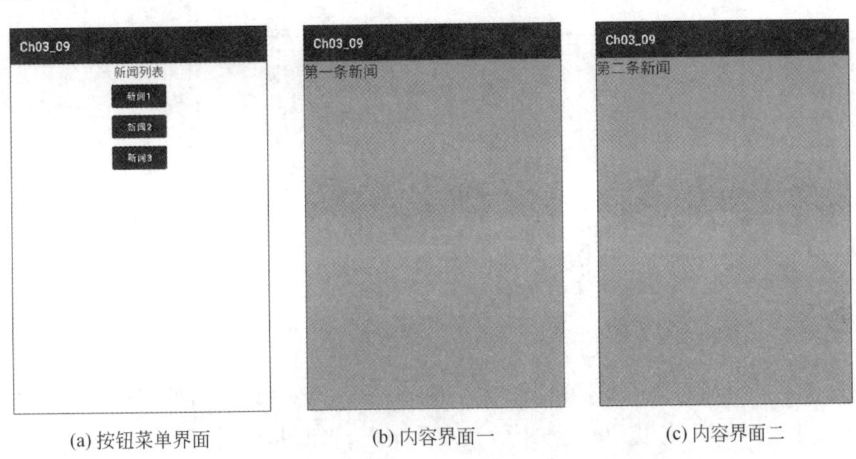

(a) 按钮菜单界面　　(b) 内容界面一　　(c) 内容界面二

图 3-13　动态加载 Fragment 的应用实例的运行结果

上述代码中只是在手机终端中实现了动态 Fragment 的加载，并没有实现 PAD 的宽屏适配动态加载。宽屏往往可以在一个屏幕中定义两个 Fragment 布局。要实现这样的功能，需要增加新的布局目录。在 res 目录下新建一个 layout-large 目录，如图 3-14 所示。

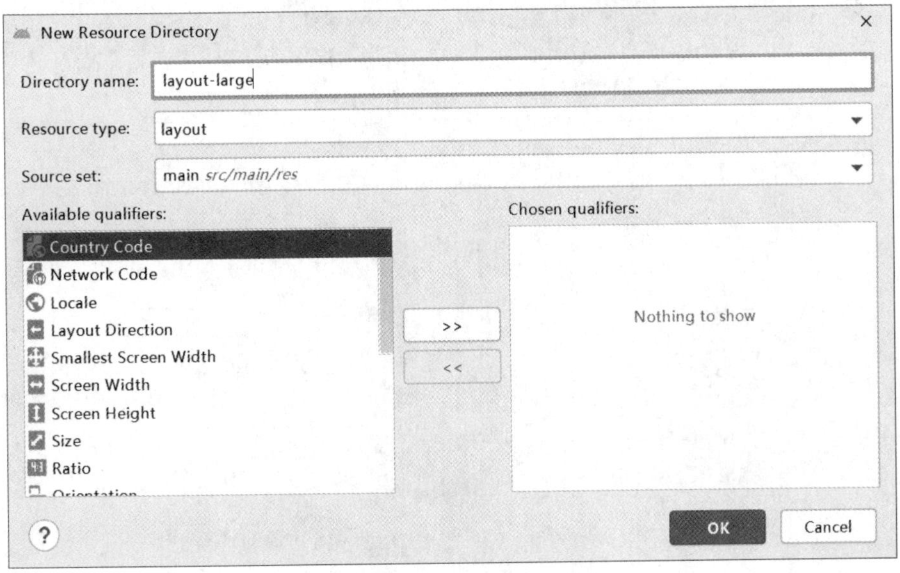

图 3-14　创建 layout-large 目录

在这个目录下创建一个针对PAD宽屏的布局文件 activity_main.xml，代码如下：

```
<!--模块 Ch03_09 定义 MainActivity 对应的宽屏布局文件 activity_main.xml -->
<?xml version="1.0" encoding="utf-8"?>
<LinearLayout xmlns: android="http://schemas.android.com/apk/res/android"
    xmlns: app="http://schemas.android.com/apk/res-auto"
    xmlns: tools="http://schemas.android.com/tools"
    android: layout_width="match_parent"
    android: layout_height="match_parent"
    android: orientation="horizontal"
    tools: context=".MainActivity">
   <fragment android: id="@+id/leftFrag"
        android: name="chenyi.book.android.ch03_09.MenuFragment"
        android: layout_width="0dp"
        android: layout_height="match_parent"
        android: layout_weight="1" />
   <FrameLayout android: id="@+id/mainFrag"
        android: layout_height="match_parent"
        android: layout_width="0dp"
        android: layout_weight="3"  />
</LinearLayout>
```

为了实现不同移动终端的屏幕适配，在 MainActivity 中做了两处修改。

① 根据终端屏幕的宽度和长度的大小关系比较，判断是横屏还是竖屏。

② 如果是横屏，则采用双列显示；如果是竖屏，则采用单列显示，代码如下：

```
//模块 Ch03_09 修改后的 MainActivity.kt
class MainActivity : AppCompatActivity() {
    override fun onCreate(savedInstanceState: Bundle?) {
        super.onCreate(savedInstanceState)
        setContentView(R.layout.activity_main)
        if(!isTwoPane())                          //判断是否不显示两个 UI 片段
            replaceFragment(MenuFragment())
    }
    fun replaceFragment(fragment: Fragment){
        val manager: FragmentManager =supportFragmentManager
        val transaction: FragmentTransaction =manager.beginTransaction()
        transaction.replace(R.id.mainFrag,fragment)
        transaction.addToBackStack(null)
        transaction.commit()
    }
    fun replaceFragment(content: String,fragment: Fragment){
        val manager: FragmentManager =supportFragmentManager
        val transaction: FragmentTransaction =manager.beginTransaction()
        transaction.replace(R.id.mainFrag,fragment)
        transaction.addToBackStack(null)
        val bundle =Bundle()
        bundle.putString("news",content)
        fragment.arguments =bundle                //设置参数
```

```
        transaction.commit()
    }
    private fun isTwoPane(): Boolean{
        val screenWidth: Int =this.resources.displayMetrics.widthPixels
                                                            //屏幕的宽度
        val screenHeight: Int =this.resources.displayMetrics.heightPixels
                                                            //屏幕的高度
        return screenWidth>screenHeight;
    }
}
```

程序的运行结果如图 3-15 所示。

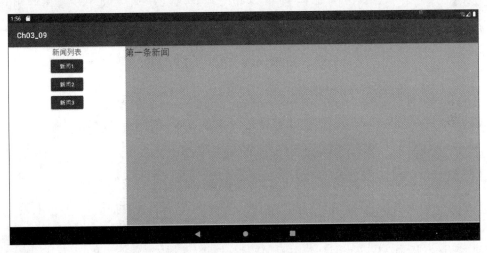

图 3-15 PAD 的显示效果

在 MainActivity 中增加了 isTwoPane()函数的定义，用于处理屏幕绝对宽度和绝对长度的比较。如果宽屏，则返回 true，否则返回 false。在 MainActivity 的 onCreate()函数中调用 isTwoPane()函数，如果 isTwoPane 返回 false，则判断为小屏幕，设置屏幕的当前 Fragment 为 MenuFragment，否则，直接使用 layout-large 中的布局显示在宽屏中。

3.4.3 Fragment 和 Activity 的交互

虽然 Fragment 是嵌入在 Activity 的，但是 Fragment 和 Activity 的关联并不紧密，它们是独立的类。在实际应用中往往需要处理二者交互的情况。

1. Activity 获得 Fragment 对象

Activity 中可以通过调用 FragmentManager 对象的 findFragmentById 来获得 Fragment 对象，形式如下：

```
val manager =supportedFragmentManager
val fragment =manager.findFragmentById(R.id.mainFrag) as NewsFragment
```

根据获得的 Fragment 对象可以实现对 Fragment 对象进行处理和操作。

2. Fragment 获得 Activity

Fragment 中可以调用当前对象的 requireContext()函数来获得当前的上下文。如果 Fragment 的上下文 context 不为空，则 requestContext()函数返回上下文；如果上下文 content 为 null，则调用 requireContext()函数会抛出 IllegalStateException 异常。因为 Fragment 是嵌入在 Activity 中的，它的上下文其实就是 Activity，因此，如果获得的上下文对象不为空，就将它强制转换成对应的 Activity。例如，在 Fragment 中执行代码：

```
val activity =requireContext() as MainActivity
```

可在 Fragment 中实现对 Activity 的访问。在例 3-8 中定义的 MenuFragment 就是利用了这种方式，调用 Activity 的 replaceFragment()函数，实现在 Activity 中替换不同的 Fragment。

3.5 Activity 的生命周期

Activity 中可以包含 Fragment。Fragment 依赖 Activity 的存在而存在，目前，以"单 Activity+多 Fragment"为移动应用界面处理的常见方式，因此将 Activity 的生命周期和 Fragment 的生命周期及相关的内容放在同一小节中进行介绍。

3.5.1 Activity 的返回栈

Activity 的返回栈(Back Stack)用于实现对 Activity 的管理。同时返回栈 Back Stack 也称为任务栈。这与活动的执行情况是相关联的。当启动一个 Activity，使得 Activity 显示在屏幕，这意味着这个 Activity 进入返回栈，并处于栈顶的位置。当执行 finish()或异常或其他的方法使得该 Activity 退出时，该 Activity 从返回栈顶移除，使得返回栈的下一个 Activity 成为新的栈顶活动，成为屏幕的当前界面。当新的 Activity 启动入栈时，原有的 Activity 会被压入到栈的下一层。一个 Activity 在栈中的位置变化反映了它在不同状态间的转换。

这种返回栈的执行过程如图 3-16 所示。

3.5.2 Activity 的启动方式

可以通过 Activity 的启动方式对返回栈管理 Activity 的方式有更清楚的认识。在配置清单文件 AndroidManifest.xml 文件中对 Activity 对象配置 android：launchMode 属性，用来指定 Activity 的加载模式，支持 4 种加载模式：standard、singleTop、singleTask 和 singleInstance。通过 Activity 的交互，可以了解 Activity 加载方式的作用。定义 MainActivity 和 OtherActivity，分别提供按键实现相互的调用。下列代码分别展示了 MainActivity 和 OtherActivity 的布局及 Activity 类的定义。

```
//模块 Ch03_10 MainActivity.kt
class MainActivity : AppCompatActivity() {
    override fun onCreate(savedInstanceState: Bundle?) {
```

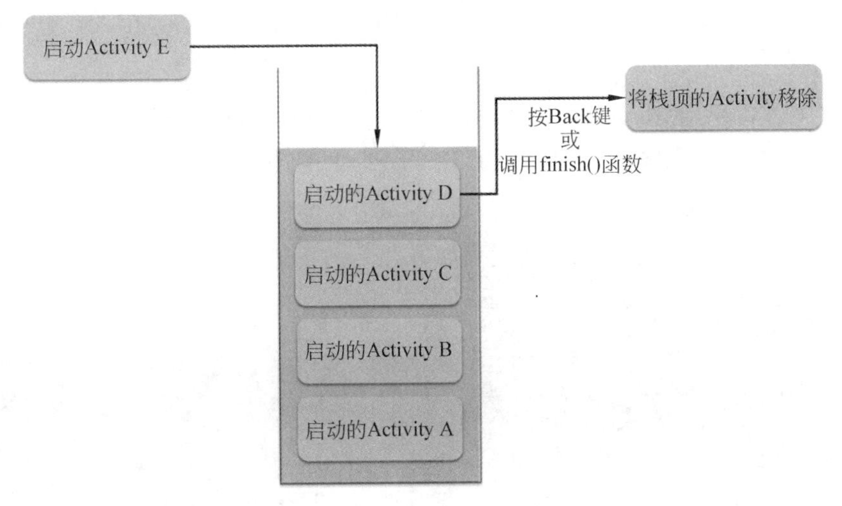

图 3-16 返回栈的执行过程

```
        super.onCreate(savedInstanceState)
        setContentView(R.layout.activity_main)
        val turnBtn: Button =findViewById(R.id.turnToOtherBtn)        //获取按钮
        turnBtn.setOnClickListener {
            val intent =Intent(MainActivity@this,OtherActivity: : class.java)
            startActivity(intent)
        }
    }
}
```

MainActivity 中定义了一个按钮,单击按钮会实现从 MainActivity 跳转 OtherActivity 表示界面。OtherActivity 对应布局文件 activity_other.xml 定义的代码如下:

```
<!--  模块 Ch03_10 activity_other.xml-->
<?xml version="1.0" encoding="utf-8"?>
<androidx.constraintlayout.widget.ConstraintLayout
    xmlns: android="http://schemas.android.com/apk/res/android"
    xmlns: app="http://schemas.android.com/apk/res-auto"
    xmlns: tools="http://schemas.android.com/tools"
    android: layout_width="match_parent"
    android: layout_height="match_parent"
    tools: context=".OtherActivity"
    android: background="@android: color/holo_orange_light">
    <com.google.android.material.floatingactionbutton.FloatingActionButton
        android: id="@+id/returnBtn"
        android: layout_width="64dp"
        android: layout_height="64dp"
        android: clickable="true"
        app: layout_constraintBottom_toBottomOf="parent"
        app: layout_constraintEnd_toEndOf="parent"
        app: layout_constraintHorizontal_bias="0.961"
```

```
        app: layout_constraintStart_toStartOf="parent"
        app: layout_constraintTop_toTopOf="parent"
        app: layout_constraintVertical_bias="0.977"
        app: srcCompat="@drawable/abc_vector_test" />
</androidx.constraintlayout.widget.ConstraintLayout>
```

OtherActivity 定义了一个 FloatingActionButton 按钮。通过单击该按钮，可以返回 MainActivity。定义 OtherActivity 的代码如下：

```
//模块 Ch03_10 OtherActivity.kt
class OtherActivity : AppCompatActivity() {
    override fun onCreate(savedInstanceState: Bundle?) {
        super.onCreate(savedInstanceState)
        setContentView(R.layout.activity_other)
        val returnBtn: FloatingActionButton =findViewById(R.id.returnBtn)
        returnBtn.setOnClickListener {
            val intent =Intent(OtherActivity@this,MainActivity: : class.java)
            startActivity(intent)
        }
    }
}
```

运行结果如图 3-17 所示。

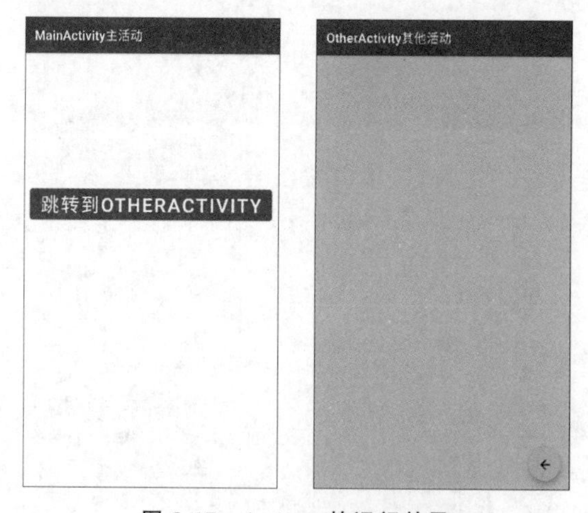

图 3-17　Activity 的运行效果

1. standard 方式

Activity 的加载默认方式就是 standard 方式。如果 AndroidManifest.xml 对 Activity 没有任何加载方式的设定，则默认指定 Activity 的加载方式为 standard 方式。当然也可以在 Activity 设置中增加 android：launchMode 属性并定义为 standard。

standard 方式启动一个 Activity 会创建一个新 Activity，并将这个新的 Activity 推进返回栈中。对上述的 MainActivity 和 OtherActivity 在 AndroidManifest.xml 配置，代码如下：

```
<?xml version="1.0" encoding="utf-8"?>
<manifest xmlns: android="http://schemas.android.com/apk/res/android"
    package="chenyi.book.android.ch03_10">
    <application ...>          <!--application 的配置省略 -->
        <activity android: name=".OtherActivity"
        android: label="@string/title_other_activity"
              android: launchMode="standard"  /><!--配置 OtherActivity -->
        <activity android: name=".MainActivity"
           android: label="@string/title_main_activity"
                android: launchMode="standard"
                android: exported="true"><!--配置 MainActivity -->
           <intent-filter>
              <action android: name="android.intent.action.MAIN" />
              <category android: name="android.intent.category.LAUNCHER" />
           </intent-filter>
        </activity>
    </application>
</manifest>
```

在这种配置下，MainActivity 和 OtherActivity 启动均为 standard 方式，运行该模块。首先要显示 MainActivity，将 MainActivity 实例先压入栈中；单击 MainActivity 按钮，进入 OtherActivity，此时是将 OtherActivity 实例推入栈中，然后通过 OtherActivity 的 FloatingActionButton 按钮启动 MainActivity，这时又会创建一个新的 MainActivity 实例压入返回栈中。这样的一个执行过程，返回栈的图示如图 3-18 所示。

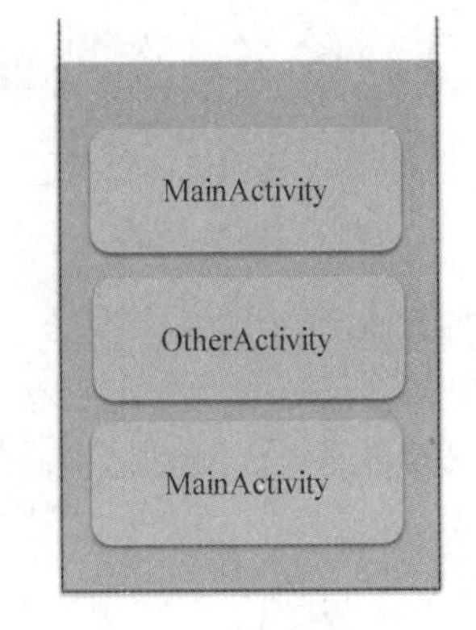

图 3-18　standard 方式下返回栈的图示

当按 Back 键 3 次，退出该应用时，可以观察到显示顺序是 MainActivity→OtherActivity→MainActivity，然后退出应用。

2. singleTop 方式

singleTop 方式表示在这种模式下，当启动目标 Activity 已经在返回栈顶时，系统会直接复用已有的 Activity 实例，不会创建新的 Activity 实例。但是，当启动目标不再返回栈顶时，Android 会为目标 Activity 创建一个新的实例，并将 Activity 添加到当前返回栈中，成为栈顶新 Activity。这时将系统配置清单 AndroidManifest.xml 文件配置，代码如下：

```
<?xml version="1.0" encoding="utf-8"?>
<manifest xmlns: android="http://schemas.android.com/apk/res/android"
    package="chenyi.book.android.ch03_10">
    <application …>     <!--application 的配置省略 -->
        <!--配置 OtherActivity,加载模式是 singleTop -->
        <activity android: name=".OtherActivity"
            android: label="@string/title_other_activity"
            android: launchMode="singleTop" />
```

```
        <!--  配置 MainActivity,加载模式是 singleTop -->
        <activity android: name=".MainActivity"
            android: label="@string/title_main_activity"
                android: launchMode="singleTop"
                android: exported="true">
            <intent-filter>
                <action android: name="android.intent.action.MAIN" />
                <category android: name="android.intent.category.LAUNCHER" />
            </intent-filter>
        </activity>
    </application>
</manifest>
```

在这种配置下,MainActivity 和 OtherActivity 的启动均为 singleTop 方式。首先,将 MainActivity 实例压入栈中,显示 MainActivity 界面;单击 MainActivity 按钮,进入 OtherActivity,此时是将 OtherActivity 实例推入栈中,然后通过 OtherActivity 的 FloatingActionButton 按钮启动 MainActivity,因为当前的栈顶 Activity 是 OtherActivity,不是 MainActivity。在这种情况下还会创建一个新的 MainActivity 实例压入返回栈中。这样的一个执行过程,与图 3-18 所示的运行结果一致。

当按 Back 键 3 次,退出该应用时,可以观察到的显示顺序是 MainActivity→OtherActivity→MainActivity,然后退出应用。

3. singleTask 方式

采用 singleTask 方式会使在同一个返回栈只有一个 Activity 实例。启动 Activity 时,分为如下情况。

如果 Activity 实例不存在,系统会创建目标 Activity 实例,并将它加入返回栈顶。

如果将要启动的目标 Activity 已经存在,则返回栈的栈顶,此时会直接复用在返回栈栈顶的 Activity。

如果要启动的目标 Activity 已经存在,但没有处于返回栈的栈顶,则系统将会把位于该 Activity 实例上面的所有其他 Activity 实例移出返回栈,以使目标 Activity 实例成为栈顶的 Activity。

若上述的两种情况采用 singleTask 加载模式,可以将系统的配置清单 AndroidManifest.xml 文件配置,代码如下:

```
<?xml version="1.0" encoding="utf-8"?>
<manifest xmlns: android="http://schemas.android.com/apk/res/android"
    package="chenyi.book.android.ch03_10">
    <application …>    <!--application 的配置省略 -->
        <!--配置 OtherActivity,加载模式 singleTask -->
        <activity android: name=".OtherActivity"
            android: label="@string/title_other_activity"
        android: launchMode="singleTask" />
        <!--配置 MainActivity,加载模式 singleTask -->
        <activity android: name=".MainActivity"
            android: label="@string/title_main_activity"
```

```
            android: launchMode="singleTask"
            android: exported="true">
        <intent-filter>
            <action android: name="android.intent.action.MAIN" />
            <category android: name="android.intent.category.LAUNCHER" />
        </intent-filter>
    </activity>
  </application>
</manifest>
```

在这种配置下，MainActivity 和 OtherActivity 均以 singleTask 方式启动。先把 MainActivity 实例压入栈中，显示 MainActivity 界面；单击 MainActivity 按钮，进入 OtherActivity，此时是将 OtherActivity 实例推入返回栈中，然后通过 OtherActivity 的 FloatingActionButton 按钮启动 MainActivity，在这种情况下会将第一个 MainActivity 之前的所有的 Activity 推出返回栈，这时会将 OtherActivity 推出返回栈。这一过程中，返回栈的情况如图 3-19 所示。

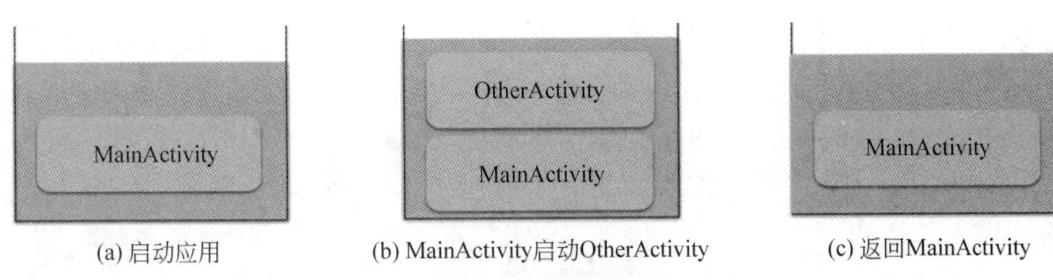

图 3-19 singleTask 加载方式执行示意

当再次显示 MainActivity 时，按 Back 键，会发现直接退出了移动应用。因为按 Back 键之前，返回栈中只有 MainActivity 实例。退出栈顶，此时返回栈为空。

4. singleInstance 方式

singleInstance 方式非常特殊。应用过程中每个 Activity 只能有一个唯一的实例，只要应用的执行过程中创建了 Activity 的实例，就不会再创建新的 Activity 实例对象。造成这样的情况是因为每次创建一个 Activity 实例，都会使用一个全新的返回栈来加载具有 singleInstance 模式的 Activity 实例。具体处理情况如下所示。

如果将要启动的目标 Activity 不存在，系统会先创建一个全新的返回栈，再创建目标 Activity 的实例，并将它加入新的返回栈的栈顶；采用 singleInstance 模式加载的 Activity 所在的返回栈将只包括该 Activity。

如果将要启动的目标 Activity 已经存在，无论它位于哪个应用程序中，无论它位于哪个返回栈中，系统都会把该 Activity 所在的返回栈转到前台，从而使用该 Activity 显示出来。

加载的目标 Activity 一直都位于返回栈的栈顶。

上述两种情况均采用 singleInstance 加载模式，可以将系统的配置清单 AndroidManifest.xml 文件配置，代码如下：

```
<?xml version="1.0" encoding="utf-8"?>
<manifest xmlns: android="http://schemas.android.com/apk/res/android"
    package="chenyi.book.android.ch03_10">
```

```
    <application…>  <!--application 的配置省略 -->
        <!--  配置 OtherActivity,加载模式为 singleInstance -->
        <activity ndroid: name=".OtherActivity"
            android: label="@string/title_other_activity"
            android: launchMode="singleInstance" />
        <!--  配置 MainActivity,加载模式为 singleInstance -->
        <activity android: name=".MainActivity"
            android: label="@string/title_main_activity"
            android: launchMode="singleInstance"
            android: exported="true">
            <intent-filter>
                <action android: name="android.intent.action.MAIN" />
                <category android: name="android.intent.category.LAUNCHER" />
            </intent-filter>
        </activity>
    </application>
</manifest>
```

在这种配置下，MainActivity 和 OtherActivity 均以 singleInstance 方式启动。先把 MainActivity 实例压入一个新的返回栈中，显示 MainActivity 界面；单击 MainActivity 按钮，进入 OtherActivity，此时是将 OtherActivity 实例推入另外一个新的返回栈中，然后通过 OtherActivity 的 FloatingActionButton 按钮启动 MainActivity，OtherActivity 退出返回栈，原有的包含 MainActivity 的返回栈转到前台，显示 MainActivity 界面，如图 3-20 所示。

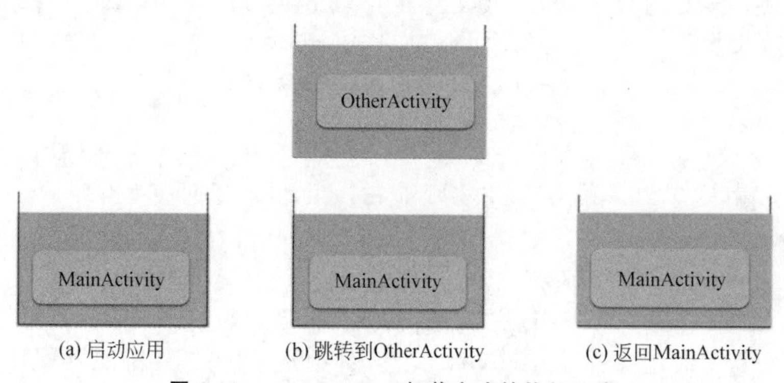

图 3-20　singleInstance 加载方式的执行示意

当再次显示 MainActivity 时，按 Back 键，会发现直接退出了移动应用。因为返回栈中只有 MainActivity 实例。退出栈顶，则返回栈为空。

Android 12 新增了 singleInstancePerTask 加载方式。设置 singleInstancePerTask 加载方式的 Activity 在第一次启动时会创建任务栈，并在该任务栈中创建该 Activity 的对象实例。该 Activity 的对象实例成为该任务栈的根 Activity。当再次启动这个 Activity 实例时，它不会重复启动，而是回调转向前台。加载方式为 singleInstancePerTask 的 Activity 可以在不同的任务栈的多个实例中启动。

3.5.3　Activity 的生命周期

每个 Activity 都有生命周期，生命周期有 4 种状态。Activity 所处的状态与运行过程中 Activity 的执行情况相对应。

(1) 运行状态。在启动一个新 Activity 时，会创建这个 Activity 的实例，并存入返回栈的栈顶。这时，Activity 界面会在屏幕显示，以可见状态和用户交互。

(2) 暂停状态。当 Activity 被另一个透明或者 Dialog 样式的 Activity 覆盖时，该 Activity 仍在返回栈中，但已经不再返回栈顶。它依然与窗口管理器保持连接，系统继续维护其内部状态，所以它仍然可见，但它已经失去了焦点故不可与用户交互。

(3) 停止状态。当 Activity 被另一个 Activity 覆盖、失去焦点、并不可见时，该 Activity 处于停止状态。

(4) 销毁状态。当 Activity 被系统杀死或者没有被启动时，该 Activity 处于销毁状态。这时，Activity 已经从返回栈中退出。如果某个 Activity 在返回栈的栈底，长期没有激活，那么当移动终端内存不足时，Android 系统也会杀死这个 Activity，释放空间。这时 Activity 也会从返回栈中退出。

Activity 的生命周期中，定义了生命周期的方法，这些方法与生命周期的状态是相关的，如图 3-21 所示。

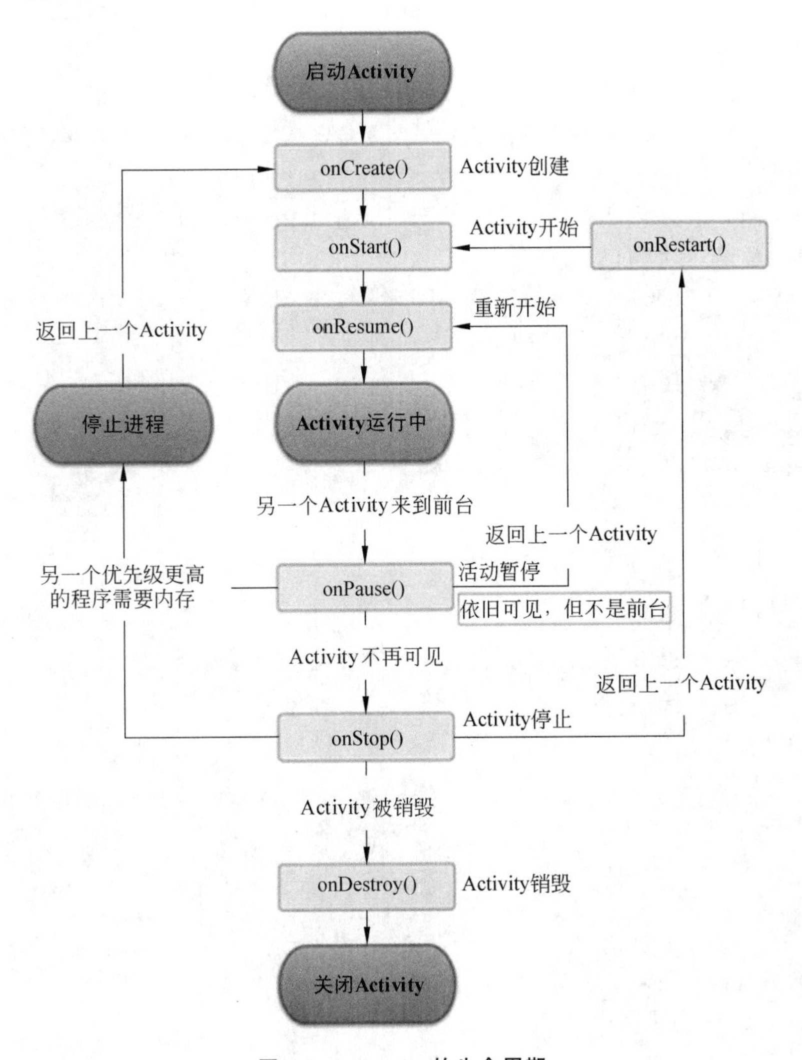

图 3-21　Activity 的生命周期

(1) onCreate(Bundle)。它是启动 Activity 第一次创建调用的函数,用来执行许多初始化工作。Bundle 作为参数传递,可能包括上一个 Activity 的动态状态信息,比如与用户界面外观关联的状态等。

(2) onStart()。它在 onCreate()函数或 onRestart()函数后立刻调用。这个函数的调用确保 Activity 对用户可见。一旦该函数调用,如果该 Activity 移动到返回栈的栈顶,onResume()函数就会被调用,或由于事件发生 onStop()函数调用,导致其他 Activity 进入返回栈中。

(3) onResume()。它用于确保 Activity 在 Activity 栈的栈顶,处于运行状态,Activity 可以与用户交互。

(4) onPause()。它表明 Activity 处于暂停状态。该函数会在 onResume()函数恢复一个 Activity 或 onStop()函数停止一个 Activity 时调用,使得 Activity 可以重返前台可见或对用户不可见。在该函数时可能会发生存储持久数据。为了避免 Activity 转换的延迟,耗时的操作如存储数据或执行网络连接在这个函数应该避免。

(5) onStop()。当 Activity 对用户不可见时,处于停止状态。之后可执行 onRestart()函数或 onDestroy()函数。

(6) onDestroy()。Activity 处于销毁状态。Activity 会执行 finish()函数或已经完成任务,运行时终止 Activity 并释放内存,或者设备配置发生变化(例如设备的方向发生变化),都会导致 onDestroy()函数的调用,使得 Activity 进入销毁状态。

(7) onRestart()。当运行时重启一个已经停止的 Activity 时,该函数会被调用。

例 3-9 生命周期的应用实例。定义两个 Activity,其中 MainActivity 可以启动 OtherActivity,将 OtherActivity 设置为 Dialog 样式。观察两个 Activity 的生命周期。

(1) 定义 MainActivity,代码如下:

```
//模块 ch03_11 主活动的定义 MainActivity.kt
class MainActivity : AppCompatActivity() {
    private val TAG ="CH03_11"
    override fun onCreate(savedInstanceState: Bundle?) {
        super.onCreate(savedInstanceState)
        setContentView(R.layout.activity_main)
        Log.d(TAG,"MainActivity: onCreate()")
        val otherBtn: Button =findViewById(R.id.turnOtherBtn)
        otherBtn.setOnClickListener {
            val intent =Intent(MainActivity@this,OtherActivity: : class.java)
            startActivity(intent)
        }
    }
    override fun onStart() {
        super.onStart()
        Log.d(TAG,"MainActivity: onStart()")
    }
    override fun onResume() {
        super.onResume()
        Log.d(TAG,"MainActivity: onResume()")
    }
```

```
    override fun onPause() {
        super.onPause()
        Log.d(TAG,"MainActivity: onPause()")
    }
    override fun onStop() {
        super.onStop()
        Log.d(TAG,"MainActivity: onStop()")
    }
    override fun onDestroy() {
        super.onDestroy()
        Log.d(TAG,"MainActivity: onDestroy()")
    }
    override fun onRestart() {
        super.onRestart()
        Log.d(TAG,"MainActivity: onRestart()")
    }
}
```

(2) 定义 OtherActivity,代码如下:

```
//模块 ch03_11 其他活动的定义 OtherActivity.kt
class OtherActivity : AppCompatActivity() {
    private val TAG ="CH03_11"
    override fun onCreate(savedInstanceState: Bundle?) {
        super.onCreate(savedInstanceState)
        setContentView(R.layout.activity_other)
        Log.d(TAG,"OtherActivity: onCreate()")
    }
    override fun onStart() {
        super.onStart()
        Log.d(TAG,"OtherActivity: onStart()")
    }
    override fun onResume() {
        super.onResume()
        Log.d(TAG,"OtherActivity: onResume()")
    }
    override fun onPause() {
        super.onPause()
        Log.d(TAG,"OtherActivity: onPause()")
    }
    override fun onStop() {
        super.onStop()
        Log.d(TAG,"OtherActivity: onStop()")
    }
    override fun onDestroy() {
        super.onDestroy()
        Log.d(TAG,"OtherActivity: onDestroy()")
    }
    override fun onRestart() {
        super.onRestart()
        Log.d(TAG,"OtherActivity: onRestart()")
    }
}
```

在 AndroidManifest.xml 中指定 OtherActivity 的主题 theme 为"@style/Theme.AppCompat.Dialog",表示对话框的显示样式。AndroidManifest.xml 的部分代码如下:

```
<!--模块 ch03_11 配置清单 AndroidManifest.xml -->
<?xml version="1.0" encoding="utf-8"?>
<manifest xmlns: android="http://schemas.android.com/apk/res/android"
    package="chenyi.book.android.ch03_11">
    <application …>… <!--省略 -->
        <activity android: name=".OtherActivity"
            android: label="OtherActivity 界面"
            android: theme="@style/Theme.AppCompat.Dialog"/>
    </application>
</manifest>
```

当启动应用时,初始运行 MainActivity,此使 MainActivity 处于运行状态,可以执行单击按钮的操作。此时运行结果和日志记录如图 3-22 所示。在运行状态中,MainActivity 在屏幕前台可见。

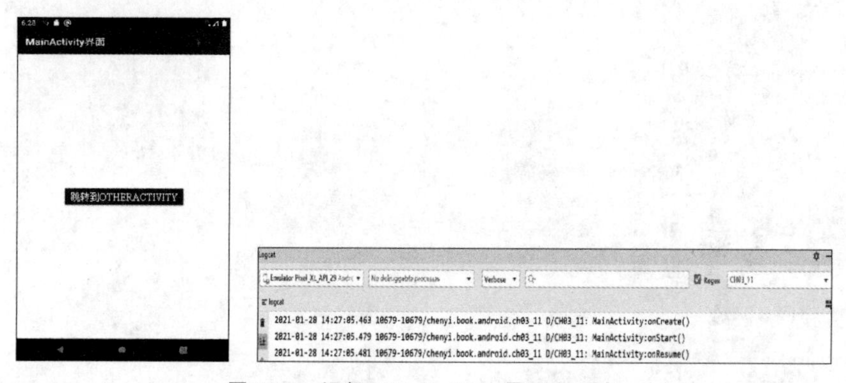

图 3-22　运行 MainActivity 界面和日志

单击 MainActivity 的按钮,启动 OtherActivity。因为 OtherActivity 配置成对话框样式,因此,屏幕将 OtherActivity 以对话框的样式显示界面和日志记录,如图 3-23 所示。MainActivity 调用了 onPause 方法,在屏幕的对话框背景中可以看到 MainActivity,它此时处于暂停状态。至于屏幕显示 OtherActivity 对话框,这是因为 OtherActivity 依次调用 onCreate 函数→onStart()函数→onResume()函数,进入运行状态,成为返回栈的栈顶活动。

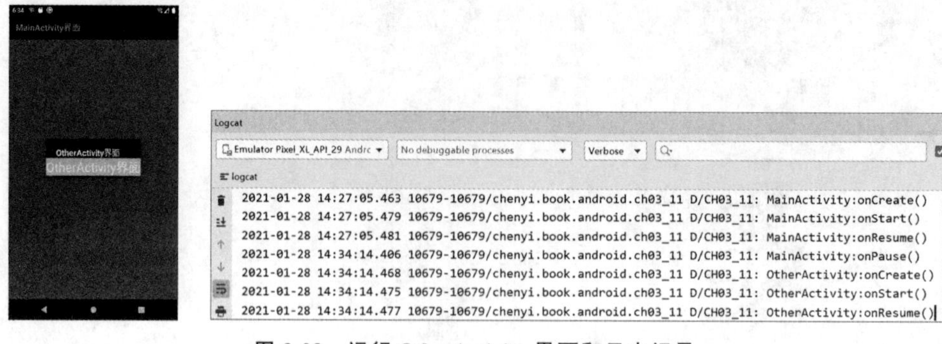

图 3-23　运行 OtherActivity 界面和日志记录

如果按 Back 键，退出 OtherActivity，则一方面，MainActivity 执行 onResume()函数恢复运行状态，成为屏幕的前台界面；另一方面，OtherActivity 依次执行 onPause()函数→onStop()函数→onDestroy()函数退出返回栈，执行活动销毁。日志记录如图 3-24 所示。

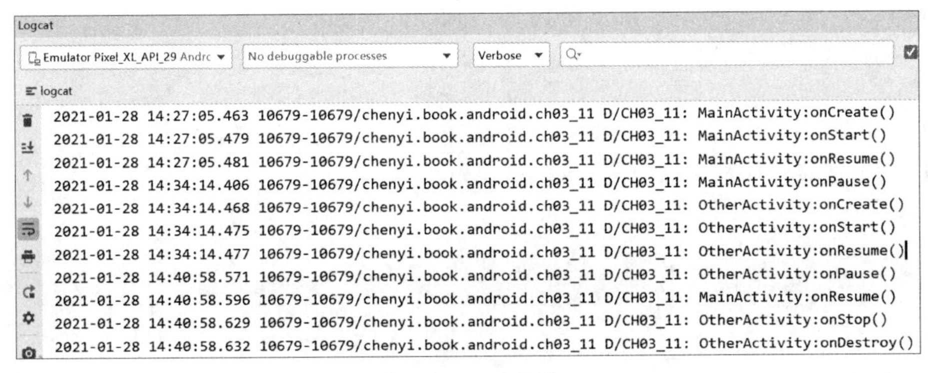

图 3-24　日志记录

3.5.4 Activity 中 Fragment 的生命周期

由于 Fragment 嵌入在 Activity 中的，因此它的生命周期并不能独立存在，必须由 Activity 控制。Fragment 的生命周期涉及 4 个状态：CREATED 状态、STARTED 状态、RESUMED 状态和 DESTROYED 状态。这些状态与关联的 Activity 密切相关。

(1) CREATED 状态。当关联的 Activity 正在被创建时，要关联的 Fragment 就处于 CREATED 状态。当要嵌入的 Activity 仍在运行状态时，由于 FragmentTransaction 执行了 remove(删除)或 replace(替换)操作，并在事务提交前执行了 addToBackStack()函数，因此该 Fragment 会被其他 Fragment 取代，这时，该 Fragment 处于 CREATED 状态。

(2) STARTED 状态。当 Fragment 与 Activity 正在关联，且关联的 Activity 处于 STARTED 状态时，该 Fragment 也处于 STARTED 状态。

(3) RESUMED 状态。当 Fragment 与 Activity 正在关联(即 Fragment 正嵌入在 Activity 中正在前台运行)，且关联的 Activity 处于运行状态时，该 Fragment 处于 RESUMED 状态。

(4) DESTROYED 状态。当关联的 Activity 正在销毁时，关联的 Fragment 就会进入 DESTROYED 状态。若要嵌入的 Activity 仍在 RESUMED 状态，则由于 FragmentTransaction 执行了 remove(删除)或 replace(替换)操作，并在事务提交前没有执行过 addToBackStack()函数，使得该 Fragment 被销毁。

Fragment 提供了相关的回调方法来执行生命周期的处理，这些相关的函数如下。

(1) onAttach()。该函数用于调用 onAttach()函数，让 Fragment 与 Activity 建立关联。

(2) onCreate()。该函数用于创建一个 Fragment。onCreate()函数用于除了视图处理外的其他初始化工作。

(3) onStart()。当 Fragment 可见时，该函数会被调用。

(4) onResume()。当 Fragment 可见正在运行时，该函数会被调用。

(5) onCreateView()。该函数用于加载 Fragment 对应的布局文件，创建 Fragment 的视图。

(6) onViewCreated()。该函数用于初始化 Fragment 中的 UI 控件。

(7) onPause()。当 Fragment 不再恢复时，该函数会被调用。

(8) onStop()。当 Fragment 不再启动时，该函数会被调用。

(9) onDestroyView()。当关联的 Activity 移除 Fragment 时，该函数会被调用。这时 Fragment 不可见。

(10) onDetach()。解除关联时，该函数会被调用。处理 Activity 与 Fragment 解除关联的任务。

(11) onDestroy()。当 Fragment 不再使用时，该函数会被调用。

嵌入 Fragment 完整生命周期如图 3-25 所示。

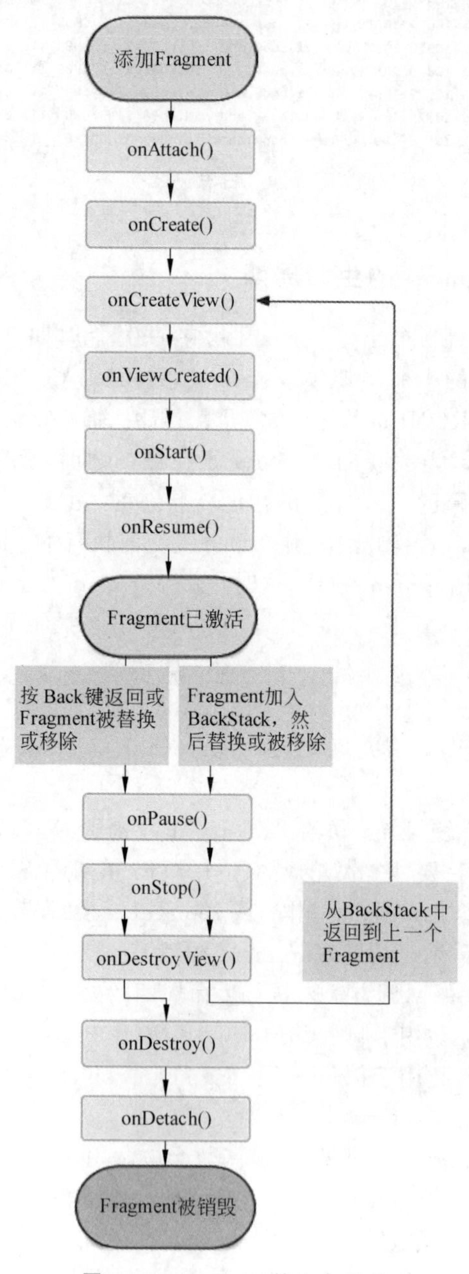

图 3-25 Fragment 的生命周期

例 3-10 Fragment 生命周期的应用实例。在一个活动中嵌入 Fragment。

(1) 定义 MainFragment,代码如下:

```
//模块 Ch03_12 Fragment 类的定义 MainFragment.kt
class MainFragment : Fragment() {
    private val TAG="CH03_12"
    override fun onAttach(context: Context) {
        super.onAttach(context)
        Log.d(TAG,"MainFragment: onAttach")
    }
    override fun onCreate(savedInstanceState: Bundle?) {
        super.onCreate(savedInstanceState)
        Log.d(TAG,"MainFragment: onCreate")
    }
    override fun onCreateView(inflater: LayoutInflater, container: ViewGroup?,
        savedInstanceState: Bundle?): View? {
        Log.d(TAG,"MainFragment: onCreateView")
        return inflater.inflate(R.layout.fragment_main, container, false)
    }
    override fun onViewCreated(savedInstanceState: Bundle?) {
        super.onActivityCreated(savedInstanceState)
        Log.d(TAG,"MainFragment: onViewCreated")
    }
    override fun onStart(){
        super.onStart()
        Log.d(TAG,"MainFragment: onStart")
    }
    override fun onResume() {
        super.onResume()
        Log.d(TAG,"MainFragment: onResume")
    }
    override fun onPause() {
        super.onPause()
        Log.d(TAG,"MainFragment: onPause")
    }
    override fun onStop() {
        super.onStop()
        Log.d(TAG,"MainFragment: onStop")
    }
    override fun onDestroyView() {
        super.onDestroyView()
        Log.d(TAG,"MainFragment: onDestroyView")
    }
    override fun onDestroy() {
        super.onDestroy()
        Log.d(TAG,"MainFragment: onDestroy")
    }
    override fun onDetach() {
        super.onDetach()
        Log.d(TAG,"MainFragment: onDetach")
    }
}
```

（2）定义 MainActivity，代码如下：

```
<!--模块 Ch03_12 定义 MainActivity 的布局 activity_main.xml-->
<?xml version="1.0" encoding="utf-8"?>
<androidx.constraintlayout.widget.ConstraintLayout
    xmlns:android="http://schemas.android.com/apk/res/android"
    xmlns:app="http://schemas.android.com/apk/res-auto"
    xmlns:tools="http://schemas.android.com/tools"
    android:layout_width="match_parent"
    android:layout_height="match_parent"
    tools:context=".MainActivity">
    <fragment android:id="@+id/mainFrag"
        android:name="chenyi.book.android.ch03_12.MainFragment"
        android:layout_height="match_parent"
    android:layout_width="match_parent" />
</androidx.constraintlayout.widget.ConstraintLayout>
```

在布局中静态嵌入自定义的 MainFragment 这个 Fragment，代码如下：

```
//模块 Ch03_12 主活动 MainActivity.kt
class MainActivity : AppCompatActivity() {
    private val TAG="CH03_12"
    override fun onCreate(savedInstanceState: Bundle?) {
        super.onCreate(savedInstanceState)
        setContentView(R.layout.activity_main)
        Log.d(TAG,"MainActivity: onCreate()")
    }
    override fun onStart() {
        super.onStart()
        Log.d(TAG,"MainActivity: onStart()")
    }
    override fun onResume() {
        super.onResume()
        Log.d(TAG,"MainActivity: onResume()")
    }
    override fun onPause() {
        super.onPause()
        Log.d(TAG,"MainActivity: onPause()")
    }
    override fun onStop() {
        super.onStop()
        Log.d(TAG,"MainActivity: onStop()")
    }
    override fun onDestroy() {
        super.onDestroy()
        Log.d(TAG,"MainActivity: onDestroy()")
```

```
    }
    override fun onRestart() {
        super.onRestart()
        Log.d(TAG,"MainActivity: onRestart()")
    }
}
```

当启动应用时，因为 MainFragment 完整嵌入在 Activity 中，并占据全屏，因此显示的是 MainFragment 的界面；然后，按 Back 键退出应用。整个过程的日志记录如图 3-26 所示，与图 3-25 展示的生命周期过程是一致的。

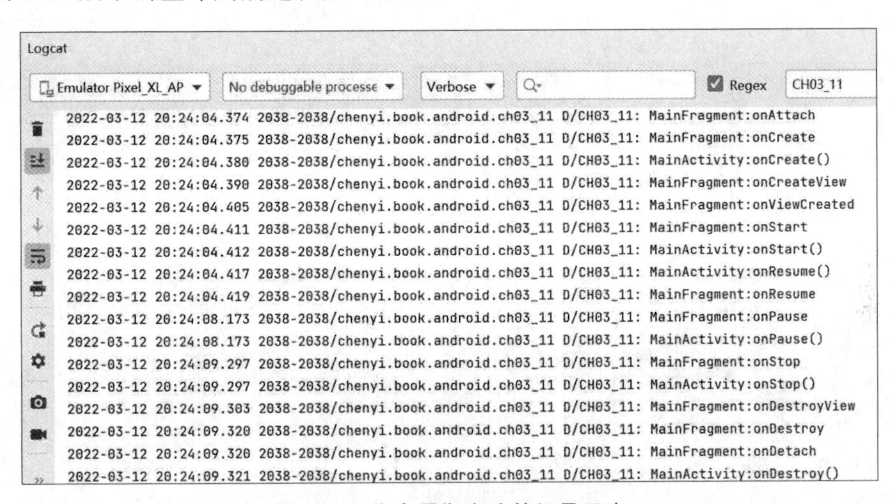

图 3-26　生命周期方法的记录日志

3.6　掷骰子游戏

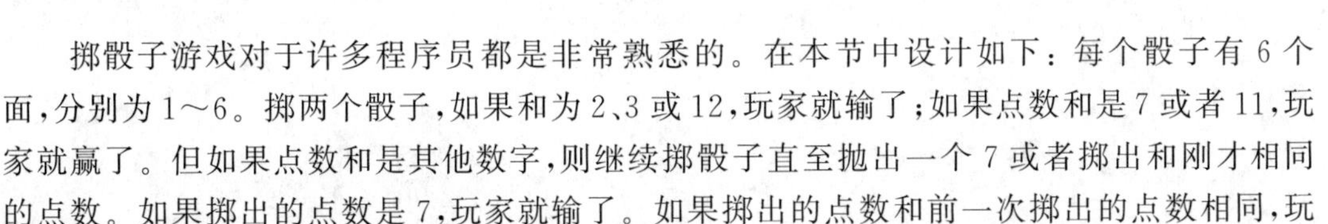

掷骰子游戏对于许多程序员都是非常熟悉的。在本节中设计如下：每个骰子有 6 个面，分别为 1～6。掷两个骰子，如果和为 2、3 或 12，玩家就输了；如果点数和是 7 或者 11，玩家就赢了。但如果点数和是其他数字，则继续掷骰子直至抛出一个 7 或者掷出和刚才相同的点数。如果掷出的点数是 7，玩家就输了。如果掷出的点数和前一次掷出的点数相同，玩家就赢了。这是一个非常简单的应用。

1. 定义游戏业务

首先，根据游戏的描述，可以发现投掷骰子游戏的结果存在 3 种状态：赢得游戏、输了游戏和游戏尚未结束仍需继续。因此，根据这 3 种情况，定义一个游戏的状态的枚举类 GameStatus，代码如下：

```
//模块 dicegame 枚举类 GameStatus.kt
enum class GameStatus(status: String) {
    Win("祝贺,你赢得了比赛!"),
```

```
    Lose("真遗憾,你这次输了!"),
    GoOn("继续比赛,加油!")
}
```

每次游戏至少需要投掷骰子两次,将两次得积分相加判断游戏结果。如果游戏能一次获得输赢结果,则终止游戏。如果游戏不能判断输赢,则继续投掷直至得到结果。根据游戏的业务要求,定义游戏逻辑类 DiceGame 的代码如下:

```
//模块 dicegame 游戏主逻辑 DiceGame.kt
object DiceGame {
    private val rand =Random()                              //创建随机对象
    var score: Int =0                                       //记录点数和
    fun rollDice() =rand.nextInt(6)+1                       //利用随机对象模拟扔骰子取值为 1~6
    fun judgeGame(point1: Int,point2: Int): GameStatus{   //判断游戏的结果
        val s =point1+point2                                //计算点数和
        var gameStatus: GameStatus
        when (s){
            7,11->gameStatus =GameStatus.Win  //第一次投掷的点数和为 7 或 11
            2,3,12->gameStatus =GameStatus.Lose//第一次投掷的点数和为 2、3 或 12
            else->{                                         //否则判断继续游戏
                gameStatus =GameStatus.GoOn
                score =s                                    //记录游戏投掷的点数
            }
        }
       return gameStatus
    }
    /* *继续游戏的处理 */
    fun goOn(point1: Int,point2: Int): GameStatus{
        var s =point1+point2                                //计算点数和
        when{
            s==7 ->return GameStatus.Lose     //继续游戏,两次投掷骰子的点数和为 7
            //继续游戏,两次投掷骰子的点数和与上一次的点数和相等
            s==score ->return GameStatus.Win
          else ->{
              score =s                                      //记录点数
              return GameStatus.GoOn                        //返回继续游戏状态
          }
        }
    }
}
```

因为骰子游戏的整个过程只需要一个游戏对象对游戏进行控制和判定,因此,将 DiceGame 定义为 object 对象类,即类维护唯一一个自己对象,单例模式的实现。

2. 交互控制

为了控制游戏,本次游戏设计了 3 个 Fragment 的界面:MainFragment 表示启动时的初始界面;GameFragment 表示玩游戏的界面;ResultFragment 表示显示游戏结果的界面。这 3 个 Fragment 的定义如下。

(1) 定义开始界面的 MainFragment,代码如下:

```
<!--模块 dicegame MainFragment 布局定义 fragment_main.xml -->
<?xml version="1.0" encoding="utf-8"?>
<androidx.constraintlayout.widget.ConstraintLayout
    xmlns: android="http://schemas.android.com/apk/res/android"
    xmlns: app="http://schemas.android.com/apk/res-auto"
    xmlns: tools="http://schemas.android.com/tools"
    android: layout_width="match_parent"
    android: layout_height="match_parent"
    android: gravity="center_horizontal"
    android: background="@android: color/holo_green_light"
    tools: context=".MainFragment">
    <TextView android: id="@+id/textView"
         android: layout_width="wrap_content"
         android: layout_height="wrap_content"
         android: text="@string/title_game_name"
         android: textSize="60sp"
         android: textColor="@android: color/black"
         app: layout_constraintBottom_toTopOf="@+id/startBtn"
         app: layout_constraintEnd_toEndOf="parent"
         app: layout_constraintStart_toStartOf="parent"
         app: layout_constraintTop_toTopOf="parent" />
    <Button android: id="@+id/startBtn"
        android: layout_width="wrap_content"
        android: layout_height="wrap_content"
        android: layout_marginBottom="348dp"
        android: text="@string/title_start_game"
        android: textSize="30sp"
        app: layout_constraintBottom_toBottomOf="parent"
        app: layout_constraintEnd_toEndOf="parent"
        app: layout_constraintHorizontal_bias="0.500"
        app: layout_constraintStart_toStartOf="parent" />
</androidx.constraintlayout.widget.ConstraintLayout>
```

MainFragment 开始骰子游戏的动作处理，代码如下：

```
//模块 dicegame MainFragment 类的定义 MainFragment.kt
object MainFragment : Fragment() {
    override fun onCreate(savedInstanceState: Bundle?) {
        super.onCreate(savedInstanceState)
    }
    override fun onCreateView(inflater: LayoutInflater, container: ViewGroup?,
    savedInstanceState: Bundle?): View? {
        val view =inflater.inflate(R.layout.fragment_main, container, false)
        val startGameBtn: Button =view.findViewById(R.id.startBtn)
                                                        //获得开始游戏按钮
        val activity =requireContext() as MainActivity  //获得 MainActivity 对象
        startGameBtn.setOnClickListener {
            activity.replaceFragment(GameFragment())   //替换成 GameFragment
```

```
        }
        return view
    }
}
```

在 MainFragment 展示了游戏名称，提供了按钮，通过单击该按钮进入游戏界面中。运行结果如图 3-27 所示。

图 3-27　启动的初始界面

(2) 定义游戏业务处理的 GameFragment，代码如下：

```
<!--模块 dicegame GameFragment 布局定义 fragment_game.xml -->
<?xml version="1.0" encoding="utf-8"?>
<androidx.constraintlayout.widget.ConstraintLayout
    xmlns:android="http://schemas.android.com/apk/res/android"
    xmlns:app="http://schemas.android.com/apk/res-auto"
    xmlns:tools="http://schemas.android.com/tools"
    android:layout_width="match_parent"
    android:layout_height="match_parent"
    android:background="@android:color/holo_green_light"
    tools:context=".GameFragment">
    <ImageView android:id="@+id/leftDiceView"
        android:layout_width="wrap_content"
        android:layout_height="wrap_content"
        app:layout_constraintBottom_toBottomOf="parent"
        app:layout_constraintEnd_toEndOf="parent"
        app:layout_constraintHorizontal_bias="0.629"
        app:layout_constraintStart_toEndOf="@+id/rightDiceView"
        app:layout_constraintTop_toTopOf="parent"
        app:layout_constraintVertical_bias="0.30"  />
```

```
    <ImageView android: id="@+id/rightDiceView"
          android: layout_width="wrap_content"
          android: layout_height="wrap_content"
          app: layout_constraintBottom_toBottomOf="parent"
          app: layout_constraintEnd_toEndOf="parent"
          app: layout_constraintHorizontal_bias="0.206"
          app: layout_constraintStart_toStartOf="parent"
          app: layout_constraintTop_toTopOf="parent"
          app: layout_constraintVertical_bias="0.30"  />
    <Button android: id="@+id/rollBtn"
          android: layout_width="wrap_content"
          android: layout_height="wrap_content"
          android: text="@string/title_roll_dice"
          app: layout_constraintBottom_toBottomOf="parent"
          app: layout_constraintEnd_toEndOf="parent"
          app: layout_constraintStart_toStartOf="parent"
          app: layout_constraintTop_toTopOf="parent"
          app: layout_constraintVertical_bias="0.68" />
</androidx.constraintlayout.widget.ConstraintLayout>

//模块 dicegame GameFragment 类的定义 GameFragment.kt
class GameFragment : Fragment() {
    var point1: Int =0
    var point2: Int =0
    var gameStatus: GameStatus? =null
    override fun onCreateView(inflater: LayoutInflater, container: ViewGroup?,
                              data: Bundle?): View? {
        //根据布局 res/layout/fragment_game.xml 创建视图
        val view =inflater.inflate(R.layout.fragment_game, container, false)
        //根据视图获得视图中的 GUI 组件
        val rollBtn: Button =view.findViewById(R.id.rollBtn)
        val rightDiceView: ImageView =view.findViewById(R.id.rightDiceView)
        val leftDiceView: ImageView =view.findViewById(R.id.leftDiceView)
        val activity =requireContext() as MainActivity
        //针对按钮模拟游戏
        rollBtn.setOnClickListener {
            //获得投掷骰子的点数
            point1 =DiceGame.rollDice()
            point2 =DiceGame.rollDice()
            //根据点数设置 ImageView 的引用图片资源
            rightDiceView.setImageResource(getImageId(point1))
            leftDiceView.setImageResource(getImageId(point2))
            //判断游戏的状态
            when(gameStatus){
                //初次游戏,游戏状态为 null,调用 judgeGame
                null->gameStatus =DiceGame.judgeGame(point1,point2)
                //处理游戏状态为赢
                GameStatus.Win->{
                    val winStr =resources.getString(R.string.title_win_game)
                    activity.replaceFragment(ResultFragment(winStr))
```

```
                }
                //处理游戏状态为输
                GameStatus.Lose ->{
                    val loseStr =resources.getString(R.string.title_lose_game)
                    activity.replaceFragment(ResultFragment(loseStr))
                }
                //处理游戏状态为继续游戏
                GameStatus.GoOn ->gameStatus =DiceGame.goOn(point1,point2)
            }
        }
        return view
    }
    private fun getImageId(i: Int): Int=when(i){
                              //根据 1~6 数字转换成对应 res/mipmap/目录下的图片资源
        1->R.mipmap.one
        2->R.mipmap.two
        3->R.mipmap.three
        4->R.mipmap.four
        5->R.mipmap.five
        6->R.mipmap.six
        else->0
    }
}
```

运行结果如图 3-28 所示。

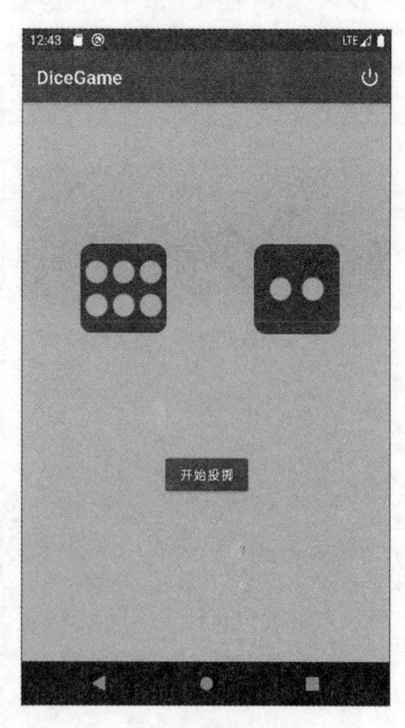

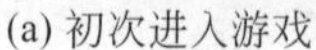

(a) 初次进入游戏　　　　(b) 游戏继续

图 3-28　游戏界面

GameFragment 是核心界面。通过单击按钮,模拟两次投掷骰子,将两个骰子的点数在界面中显示出来。同时,它还承担了执行游戏逻辑处理交互的工作。如果游戏能获得输赢,则跳转到 ResultFragment,并传递输赢的结果。如果单击按钮不能一次判断成功,表示继续游戏，需要单击多次直至获得输赢结果。

(3) 定义显示游戏结果的 ResultFragment，代码如下：

```
<!--模块 dicegame ResultFragment 布局定义 fragment_result.xml -->
<?xml version="1.0" encoding="utf-8"?>
<TextView android: id="@+id/resultTxt"
    xmlns: android="http://schemas.android.com/apk/res/android"
    xmlns: tools="http://schemas.android.com/tools"
    android: gravity="center"
    android: textSize="40sp"
    android: textColor="@color/black"
    android: layout_width="match_parent"
    android: layout_height="match_parent"
    android: background="@android: color/holo_blue_bright"
    tools: context=".ResultFragment" />

//模块 dicegame ResultFragment 类的定义 ResultFragment.kt
class ResultFragment(val resultContent: String) : Fragment() {
    override fun onCreateView(inflater: LayoutInflater,
    container: ViewGroup?, data: Bundle?): View? {
    //根据 res/layout/fragment_result.xml 对应的资源 id 创建 ResultFragment 视图
        val view =inflater.inflate(R.layout.fragment_result, container, false)
        //获得布局中的 TextView 组件 resultTxt
        val resultTxt: TextView =view.findViewById(R.id.resultTxt)
        //将主构造函数中传递的字符串设置为 TextView 的文本属性值
        resultTxt.text =resultContent
        return view
    }
}
```

运行结果如图 3-29 所示。

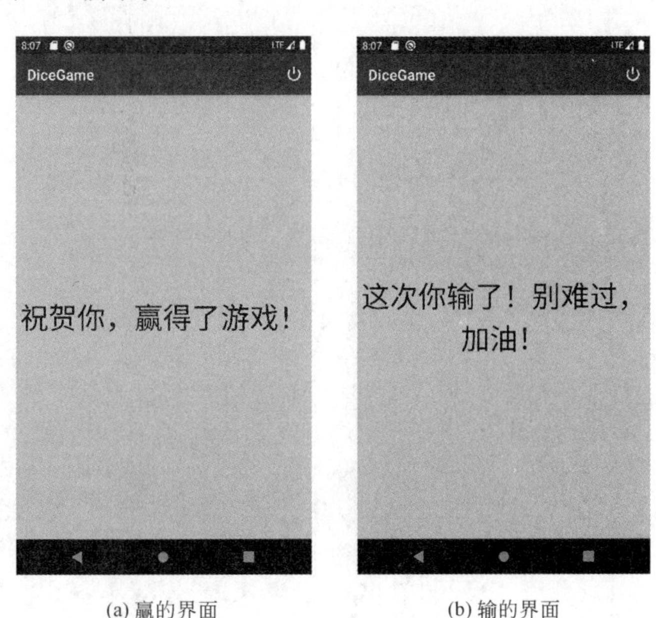

(a) 赢的界面　　(b) 输的界面

图 3-29　游戏结果的界面

根据传递的游戏结果，设置 ResultFragment 中的内容。

（4）MainActivity 的定义。在 MainActivity 中，根据游戏业务选择嵌入上述的 UI Fragment。让界面显示出不同的情况。同时，在 MainActivity 中还利用 res/menu/menu.xml 来渲染应用的菜单，并根据菜单的选项做出处理。此处的菜单只有一项，即退出移动应用，代码如下：

```
<!--模块 dicegame res/menu/menu.xml 的定义 -->
<?xml version="1.0" encoding="utf-8"?>
<menu xmlns: app="http://schemas.android.com/apk/res-auto"
    xmlns: android="http://schemas.android.com/apk/res/android">
    <item android: id="@+id/exitItem"
        android: icon="@android: drawable/ic_lock_power_off"
        android: title="退出"
        app: showAsAction="always" />
</menu>
```

菜单 menu.xml 中定义了一个菜单项，并且设置 app：showAsAction＝"always"表示菜单的图标总是在界面中显示，代码如下：

```
<!--模块 dicegame MainActivity 的布局文件 activity_main.xml -->
<?xml version="1.0" encoding="utf-8"?>
<FrameLayout android: id="@+id/mainFrag"
    xmlns: android="http://schemas.android.com/apk/res/android"
    xmlns: app="http://schemas.android.com/apk/res-auto"
    xmlns: tools="http://schemas.android.com/tools"
    android: layout_width="match_parent"
    android: layout_height="match_parent"
    tools: context=".MainActivity" />

//模块 dicegame MainActivity.kt
class MainActivity : AppCompatActivity() {
    override fun onCreate(savedInstanceState: Bundle?) {
        super.onCreate(savedInstanceState)
        setContentView(R.layout.activity_main)
        replaceFragment(MainFragment)
    }
    fun replaceFragment(fragment: Fragment) {      //替换布局中的 UI Fragment
        val transaction =supportFragmentManager.beginTransaction()
        transaction.replace(R.id.mainFrag, fragment)
        transaction.addToBackStack(null)
        transaction.commit()
    }
    override fun onCreateOptionsMenu(menu: Menu?): Boolean {
                                              //根据 res/menu/menu.xml 创建菜单
        menuInflater.inflate(R.menu.menu, menu)
        return super.onCreateOptionsMenu(menu)
    }
    override fun onOptionsItemSelected(item: MenuItem): Boolean {
                                                   //根据选择的菜单项进行处理
        if(item.itemId ==R.id.exitItem){               //判断菜单项是退出菜单项
            AlertDialog.Builder(this).apply{          //创建对话框
                title ="骰子游戏"
```

```
                setMessage("退出骰子游戏吗?")
                setPositiveButton("确定") { _, _->//点击"确定"按钮,退出应用
                    exitProcess(0)
                }
                setNegativeButton("取消",null)
                create()
                show()
            }
        }
        return true
    }
    override fun onBackPressed() {
                            //对 Back 键进行处理,执行 UI Fragment 替换成 GameFragment
        super.onBackPressed()
        replaceFragment(GameFragment())
    }
}
```

运行结果如图 3-30 所示。

图 3-30　主活动的退出处理

习　题　3

一、选择题

1. 一个应用程序可以具有一个或多个 Activity,Activity 的主要目的是________。

　　A. 提供后台服务　B. 数据共享　　C. 发送消息　　D. 与用户互动

2. 显式 Intent 需要定义 Intent 对象以实现启动不同的组件。假设在定义的 MainActivity.kt 中包括了如下选项的代码,则能正确实现单击 button 按钮后,从 MainActivity 跳转到 FirstActivity 的选项是________。

A.

```
button.setOnClickListener{_->
val intent = Intent(this,FirstActivity::class.java)
startActivity(intent)
}
```

B.

```
button.setOnClickListener(_->
val intent = Intent(this,FirstActivity::class.java)
startActivity(intent)
)
```

C.

```
button.setOnClickListener(
val intent = Intent(this,FirstActivity::class.java)
startActivity(intent)
)
```

D.

```
button.setOnClickListener{
val intent = Intent(this,FirstActivity::class.java)
startActivityForResult(intent)
}
```

3. Android 的 Activity 有 4 种状态：Running(运行)状态、Paused(暂停)状态、Stopped(停止)状态和 Killed(销毁)状态。Activity 调用________函数处于 Running(运行)状态。

A. onStart() B. onResume() C. onPause() D. onStop()

4. 为 MainActivity 设置加载模式为________或________，都可以创建唯一的 MainActivity 实例对象。

A. stardand B. singleTop
C. singleInstance D. singleTask

5. 假设启动 Android 应用的一个 MainActivity，然后用户按下移动终端的 Home 键退出该 Activity。在这个过程中该 Activity 的________函数没有执行。

A. onCreate() B. onPause () C. onStop() D. onDestroy()

6. 已知创建了一个 Android 项目，定义一个 MainActivity FirstActivity，要求从 MainActivity 跳转到 FirstActivity 时，实现将字符串"hello from MainActivity"从 MainActivity 传递给 FirstActivity。假设在 MainActivity 中定义如下代码实现 Activity 的跳转：

```
val intent =Intent(this,FirstActivity: : class.java)
intent.putExtra("frmMain",“hello from MainActivity")
startActivity(intent)
```

选择下列选项中的________，可以让 FirstActivity 通过 Toast 组件显示接收的数据。

A.

```
class FirstActivity : AppCompatActivity() {
    override fun onCreate(savedInstanceState: Bundle?) {
        super.onCreate(savedInstanceState)
        setContentView(R.layout.activity_first)
        val data = intent.getStringExtra("frmMain")
        Toast.makeText(this,data,Toast.LENGTH_LONG).show()
    }
}
```

B.

```
class FirstActivity : AppCompatActivity() {
    override fun onCreate(savedInstanceState: Bundle?) {
        super.onCreate(savedInstanceState)
        setContentView(R.layout.activity_first)
        var intent = Intent(this,MainActivity::class.java)
        val data = intent.getStringExtra("frmMain")
        Toast.makeText(this,data,Toast.LENGTH_LONG).show()
    }
}
```

C.

```
class FirstActivity : AppCompatActivity() {
    override fun onCreate(savedInstanceState: Bundle?) {
        super.onCreate(savedInstanceState)
        setContentView(R.layout.activity_first)
        val intent = Intent(this,MainActivity::class.java)
        val data = intent.getStringExtra("frmMain")
        Toast.makeText(this,data,Toast.LENGTH_LONG).show()
    }
}
```

D.

```
class FirstActivity : AppCompatActivity() {
    override fun onCreate(savedInstanceState: Bundle?) {
        super.onCreate(savedInstanceState)
        setContentView(R.layout.activity_first)
        val data = savedInstanceState.getStringExtra("frmMain")
        Toast.makeText(this,data,Toast.LENGTH_LONG).show()
    }
}
```

7. 已知定义数据类 Person，代码如下：

```
data class Person(val name: String,val gender: String): Serializable
```

设在 MainActivity 中发送 Person 对象给 OtherActivity，发送数据代码片段：

```
val person =Person("张三 ", "男")
val intent =Intent(this,OtherActivity::class.java)
intent.putExtra("data",person)
startActivity(intent)
```

则 OtherActivity 接收一个 Person 对象的正确的代码片段应该是________。

A. val data=intent.getSerializableExtra("data")

B. val data=intent.getSerializableExtra("data") as Person

C. val data=intent.getExtra("data")

D. val data=intent.getExtra("data") as Person

8. 已知从 MainActivity 可以根据用户的选择，分别跳转到 FirstActivity 或 SecondActivity。从 FirstActivity 或 SecondActivity 分别返回 MainActivity，那么 MainActivity 需要调用________函数来启动活动，并重写________函数，实现根据请求码和返回的结果码分辨并处理对应的返回的活动。

A. startActivity onActivityResult()

B. startActivityForResult setResult()

C. startActivityForResult onActivityResult()

D. 以上答案均不正确

二、填空题

1. 可以在配置清单文件________中配置 Activity 的加载模式。Android 的 Activity 加载模式有________、________、________和________。

2. 调用________函数可以结束 Activity，调用________函数可以终止移动应用。

3. Activity 的________实现对 Activity 的管理。

4. Fragment 提供了________函数让 Fragment 与 Activity 建立关联。

5. Fragment 提供了________函数用于创建 Fragment 的视图。

6. 已知一个 MainActivity 内嵌了 SomeFragment，当按移动终端的 Back 键返回时，________函数首先会被调用。

7. 已知 MainActivity 中嵌入了 MainFragment，则 MainActivity 对应的布局文件 activity_main.xml 定义，请将 chenyi.ch03.MainFragment 嵌入 activity_main.xml 中，将空格处补充完整：

```
<?xml version="1.0" encoding="utf-8"?>
<androidx.constraintlayout.widget.ConstraintLayout
    xmlns: android="http://schemas.android.com/apk/res/android"
    xmlns: app="http://schemas.android.com/apk/res-auto"
    xmlns: tools="http://schemas.android.com/tools"
    android: layout_width="match_parent"
```

```
    android: layout_height="match_parent"
    tools: context=".MainActivity">
    <  (1)  
        android: id="@+id/mainFragment"
        android: layout_height="match_parent"
        android: layout_width="match_parent"
          (2)  
        />
</androidx.constraintlayout.widget.ConstraintLayout>
```

三、上机实践题

1. 新建一个项目，为该项目编辑一个菜单，通过选中"退出"菜单项，弹出对话框可以退出应用。运行结果类似图 3-31 和图 3-32 所示。请编程实现。

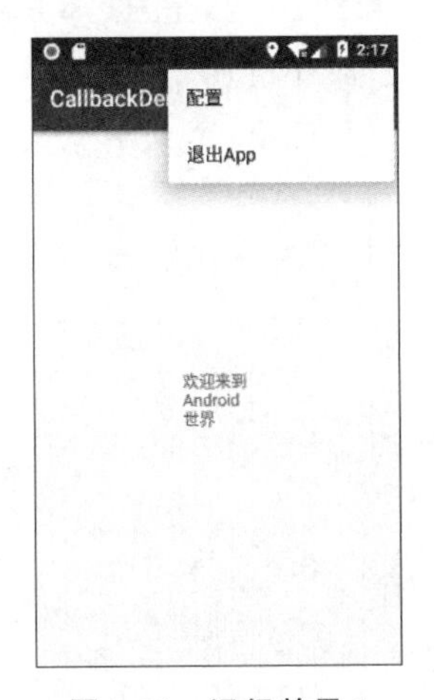

图 3-31　运行效果 1

图 3-32　运行效果 2

2. 编程实现数据的传递。已知定义 MainActivity、FirstActivity 和 SecondActivity。要求：如果在 MainActivity 界面中单击按钮"跳转第一个页面"后，再从"第一个页面"指向的 FristActivity 返回 MainActivity，则弹出对话框，显示"从第一个页面返回"。如果在 MainActivity 界面中单击"跳转第二个页面"按钮后，再从"第二个页面"指向的 SecondActivity 返回 MainActivity，则弹出对话框，显示"从第二个页面返回"。如果定义一个 Student 类，属性有 name：String 和 birthday：LocalDate，要求将学生对象（张三，1999-02-23）从 MainActivity 传递到 FirstActivity，并在 FirstActivity 中显示该对象的信息。请分别采用 Java 的 Serializable 序列化方式和 Android 的 Parcelable 序列化方式传递对象。

3. 结合 Fragment，实现一个简易的骰子游戏。要求：这个游戏需要玩家同时投掷 4 个骰子，每个骰子都是一个印有数字 1～6 的正方体。玩家同时投掷出这 4 个骰子，如果这 4 个骰子向上面的数字之和大于等于 10，玩家就会获得 10 分游戏积分的奖励，否则没有任何积分奖励。

4. 结合 Fragment，实现一个猜成语游戏。要求：提供 10 张猜谜的图片，要求根据图片猜出表示的成语。成功猜出成语，可以继续下一张猜谜图片进行猜谜。如果成功猜出 8 张以上的图片，则显示"非常棒"；如果猜出的图片 5 张以下，则表示"要加油"；在其他情况下，显示"还不错！"。

第 4 章　Android 的界面开发

良好的用户界面可以提高移动应用的用户体验，便于用户使用。在 Android 系统中定义了一系列支持 GUI 编程的 API 移动界面。特别是 Android 5.0 以后推出的 Material Design（材质设计），可让同款移动应用在不同的移动终端上具有统一风格的移动界面。

如图 4-1 所示，Android 应用界面的每个元素都由 Android 的 android.view.View 类的直接或间接子类构成。这些视图构成了 GUI 组件，如 Button（按钮）、CheckBox（复选框）等。还有一些图形用户界面由多个 View（视图）组件构成，它们都是 android.view.ViewGroup 的子类，如 RadioGroup（单选按钮组）。ViewGroup 常用来定义组件的容器布局类。

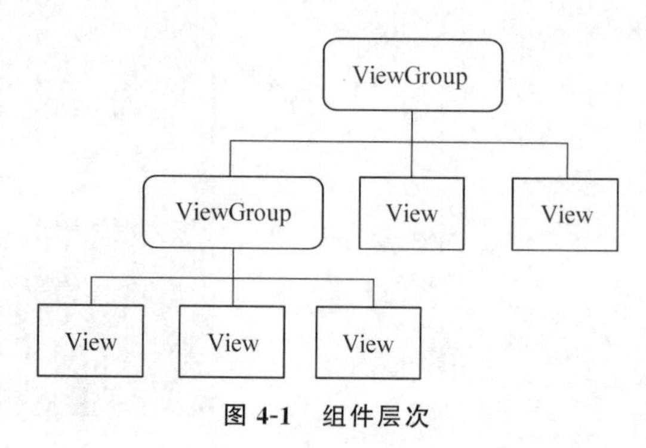

图 4-1　组件层次

本章从 Android 布局、基本组件、事件处理和高级组件 4 方面开展介绍。

4.1　Android 的布局管理器

Android 主要利用 XML 文件配置用户界面。通过调用 Activity 的 setContentView（XML 布局文件），可以渲染对应 Activity 的图形用户界面。在 XML 配置文件中需要将 GUI 控件放置在合适的位置。这些位置是通过布局管理器实现的。布局管理器是容器视图，是 ViewGroup 的子类，其中包含了一组视图组件。通过选择 Android Studio 布局编辑器中的 Design 视图，可以在设计视图的界面上选择对应的布局管理器和控件，这让界面配置的生成更加容易，如图 4-2 所示。

在用于 Android 界面布局的 XML 文件中，所有的容器和控件都有两个非常重要的属性：layout_width 和 layout_height，用于设置宽度和高度。

（1）match_parent。强制性扩展控件，使得占据更大的控件，android：layout_width＝match_parent 表示控件布满整个屏幕宽度；android：layout_height＝match_parent 表示控件将布满整个屏幕的高度。

（2）wrap_content。这种方式按照控件本来的大小进行显示，使得控件能完整显示。

有时通过设置控件的大小尺寸直接设置控件的宽度和高度。例如：

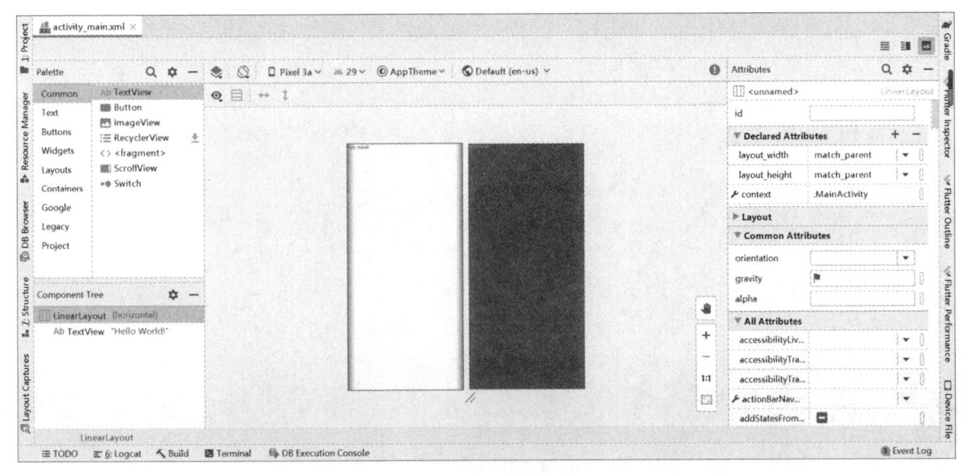

图 4-2 Android Studio 界面 Design 视图

```
<?xml version="1.0" encoding="utf-8"?>
<LinearLayout
    xmlns: android="http://schemas.android.com/apk/res/android"
    xmlns: app="http://schemas.android.com/apk/res-auto"
    xmlns: tools="http://schemas.android.com/tools"
    android: layout_width="match_parent"
    android: layout_height="match_parent"
    tools: context=".MainActivity">
</LinearLayout>
```

在 Activity 中调用 setContentView 方法设置布局文件,代码如下:

```
//MainActivity.kt
class MainActivity : AppCompatActivity() {
    override fun onCreate(savedInstanceState: Bundle?) {
        super.onCreate(savedInstanceState)
        setContentView(R.layout.activity_main)
    }
}
```

4.1.1 常见的基本布局

常使用的基本布局主要有 LinearLayout(线性布局)、FrameLayout(帧布局)和 RelativeLayout(相对布局)等。所有的布局可以嵌入到其他布局,通过这样的方式,实现复杂图形用户界面的实现。

1. LinearLayout

LinearLayout 的特点就是让 GUI 控件按照从上到下或从左到右的顺序显示。具体线性顺序的设置与 android: orientation 属性有关。android: orientation 的属性为"horizontal"表示所有的组件处于同一行,并按照从左到右的方式显示。android: orientation 的属性为"vertical"表示所有的组件处于同一列,并按照从上到下的显示方式。下列的 activity_main.xml 文件定义了两组按钮组,分别按照从上到下、从左到右的顺序显示,代码如下:

```
<!--模块 ch04_1 activity_main.xml -->
<?xml version="1.0" encoding="utf-8"?>
<LinearLayout xmlns:android="http://schemas.android.com/apk/res/android"
    xmlns:app="http://schemas.android.com/apk/res-auto"
    xmlns:tools="http://schemas.android.com/tools"
    android:layout_width="match_parent"
    android:layout_height="match_parent"
    android:orientation="vertical"
    tools:context=".MainActivity">
    <LinearLayout
        android:layout_width="match_parent"
        android:layout_height="wrap_content"
        android:background="@android:color/holo_orange_light"
        android:orientation="vertical">
      <Button
          android:layout_height="wrap_content"
          android:layout_width="wrap_content"
          android:text="@string/title_row_1"/>
      <Button
          android:layout_height="wrap_content"
          android:layout_width="wrap_content"
          android:text="@string/title_row_2"/>
  </LinearLayout>
  <LinearLayout
      android:layout_width="match_parent"
      android:layout_height="wrap_content"
      android:background="@android:color/holo_green_light"
      android:orientation="horizontal">
      <Button android:layout_height="wrap_content"
      android:layout_width="wrap_content"
          android:text="@string/title_col_1"  />
      <Button android:layout_height="wrap_content"
      android:layout_width="wrap_content"
          android:text="@string/title_col_2"  />
  </LinearLayout>
</LinearLayout>
```

运行结果如图 4-3 所示。

2. FrameLayout

FrameLayout 是非常重要的布局,实现也非常简单。Material Design 设计的很多高级布局是扩展 FrameLayout。FrameLayout 为每个加入的控件创建一帧的空白区域,这些空白区域会根据组件的 android:layout_gravity 的属性自动对齐。如果没有这样属性的设置,控件直接显示在左上角的位置。代码如下:

```
<!--模块 ch04_1 activity_main2.xml -->
<?xml version="1.0" encoding="utf-8"?>
<FrameLayout xmlns:android="http://schemas.android.com/apk/res/android"
    android:layout_width="match_parent"
    android:layout_height="match_parent">
    <TextView android:layout_height="wrap_content"
        android:layout_width="wrap_content"
        android:background="@android:color/holo_blue_light"
```

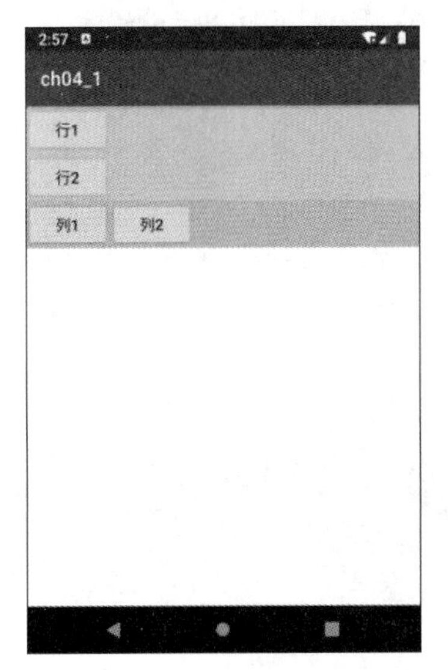

图 4-3　线性布局

```
        android: text="@string/title_frame_layout" />
    <FrameLayout android: layout_width="match_parent"
        android: layout_height="wrap_content"
        android: background="@android: color/holo_green_light"
        android: layout_gravity="center">
        <Button android: layout_height="wrap_content"
            android: layout_width="wrap_content"
            android: text="@string/title_col_1"
            android: layout_gravity="start" />
        <Button android: layout_height="wrap_content"
            android: layout_width="wrap_content"
            android: text="@string/title_col_2"
            android: layout_gravity="end" />
    </FrameLayout>
</FrameLayout>
```

运行结果如图 4-4 所示。

上例的根布局为 FrameLayout，文本标签 TextView 直接嵌入到根布局中，并没有设置 android：layout_gravity 属性，则显示在整个屏幕左上角的位置。根布局还嵌入一个 FrameLayout，设置它的 layout_gravity 属性的值是"center"，嵌入 FrameLayout 则整体显示在中间的位置。其中的两个按钮分别设置 android：layout_gravity 为 start 和 end，start 表示从左到右的开始位置，end 表示从左到右的结束位置。

3. RelativeLayout

RelativeLayout 是根据布局内控件的相对位置来实现不同组件的排列。相对布局结合其他布局可以实现非常复杂的界面，它的常见属性如表 4-1 所示。在约束布局 ConstraintLayout 出现之前，它是移动界面设计的主力。

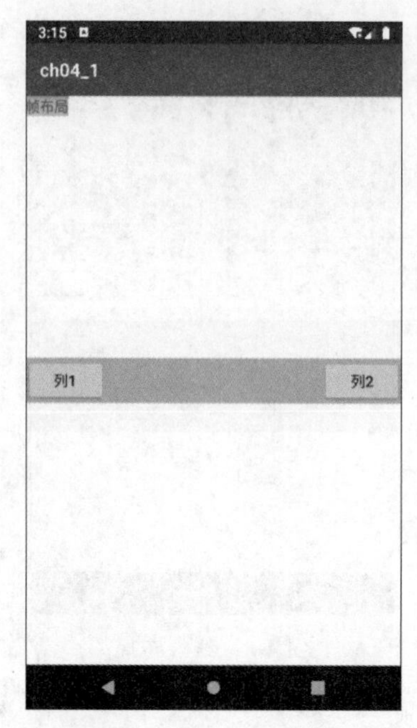

图 4-4　FrameLayout

表 4-1　RelativeLayout 的常见属性

<table>
<tr><th>属　性</th><th>说　明</th><th>取　值</th></tr>
<tr><td>android：layout_centerHrizontal</td><td>水平居中</td><td rowspan="8">true 或 false</td></tr>
<tr><td>android：layout_centerVertical</td><td>垂直居中</td></tr>
<tr><td>android：layout_centerInparent</td><td>相对于父元素完全居中</td></tr>
<tr><td>android：layout_alignParentBottom</td><td>贴紧父元素的下边缘</td></tr>
<tr><td>android：layout_alignParentLeft</td><td>贴紧父元素的左边缘</td></tr>
<tr><td>android：layout_alignParentRight</td><td>贴紧父元素的右边缘</td></tr>
<tr><td>android：layout_alignParentTop</td><td>贴紧父元素的上边缘</td></tr>
<tr><td>android：layout_alignWithParentIfMissing</td><td>如果对应的兄弟元素找不到，就以父元素做参照物</td></tr>
<tr><td>android：layout_below</td><td>在某元素的下方</td><td rowspan="8">属性值必须为 id 的引用名@id/idname</td></tr>
<tr><td>android：layout_above</td><td>在某元素的上方</td></tr>
<tr><td>android：layout_toLeftOf</td><td>在某元素的左边</td></tr>
<tr><td>android：layout_toRightOf</td><td>在某元素的右边</td></tr>
<tr><td>android：layout_alignTop</td><td>本元素的上边缘和某元素的上边缘对齐</td></tr>
<tr><td>android：layout_alignLeft</td><td>本元素的上边缘和某元素的左边缘对齐</td></tr>
<tr><td>android：layout_alignBottom</td><td>本元素的上边缘和某元素的下边缘对齐</td></tr>
<tr><td>android：layout_alignRight</td><td>本元素的上边缘和某元素的右边缘对齐</td></tr>
</table>

续表

属　　性	说　　明	取　值
android：layout_marginBottom	离某元素底边缘的距离	属性值为具体的像素值，如30dip，40px
android：layout_marginLeft	离某元素左边缘的距离	
android：layout_marginRight	离某元素右边缘的距离	
android：layout_marginTop	离某元素上边缘的距离	

在下列 activity_main3.xml 文件中展示了一个非常简单的 RelativeLayout，具体如下：

```
<!--模块 ch04_1 activity_main3.xml-->
<?xml version="1.0" encoding="utf-8"?>
<RelativeLayout
    xmlns: android="http://schemas.android.com/apk/res/android"
    android: layout_width="match_parent"
    android: layout_height="match_parent">
    <RelativeLayout android: layout_width="wrap_content"
        android: layout_height="wrap_content"
        android: layout_marginStart="100dp"
        android: layout_marginTop="100dp">
        <Button android: id="@+id/firstBtn"
            android: layout_height="wrap_content"
            android: layout_width="wrap_content"
            android: text="@string/title_row_1" />
        <Button android: id="@+id/secondBtn"
            android: layout_height="wrap_content"
            android: layout_width="wrap_content"
            android: text="@string/title_row_2"
            android: layout_below="@id/firstBtn" />
        <Button android: id="@+id/thirdBtn"
            android: layout_height="wrap_content"
            android: layout_width="wrap_content"
            android: text="@string/title_col_1"
            android: layout_toRightOf="@id/firstBtn" />
        <Button android: id="@+id/forthBtn"
            android: layout_height="wrap_content"
            android: layout_width="wrap_content"
            android: text="@string/title_col_2"
            android: layout_below="@id/thirdBtn"
            android: layout_toRightOf="@id/secondBtn" />
    </RelativeLayout>
</RelativeLayout>
```

运行结果如图 4-5 所示。

4.1.2 约束布局

上述提供的基本布局管理器往往需要多方配合使用才可以实现复杂的布局。从 Android 7.0 开始出现了一个新的布局——ConstraintLayout（约束布局），它克服了早先布局因嵌套过多而造成的代码复杂、功耗大等问题。ConstraintLayout 布局管理器结合

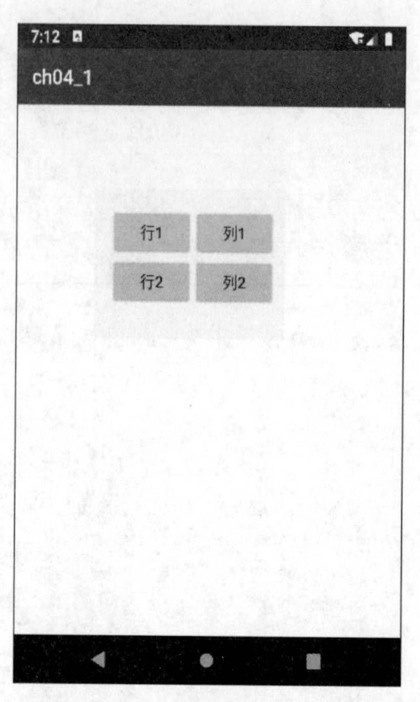

图 4-5　**RelativeLayout**

Android Studio 的布局编辑器的界面设计视图，可以更快捷地实现复杂界面的布局。ConstraintLayout 布局管理器通过管理布局内部控件的位置和尺寸大小实现 GUI 界面。

1. 增加约束布局依赖库

ConstraintLayout 是 Material Design 库中的重要部分，需要在移动模块的构建配置文件 build.gradle 增加依赖来实现对 ConstraintLayout 的引用，代码如下：

```
implementation 'androidx.constraintlayout: constraintlayout: 2.0.4'
```

在移动模块中，除了使用 ConstraintLayout 外，若要使用其他的 Material Design 控件，也可以直接在模块的 build.gradle 中增加 Material Design 库，代码如下：

```
implementation 'com.google.android.material: material: 1.2.1'
```

2. 约束的基本概念

约束(Constraints)是指定义一套规则，指定 GUI 控件的排列和相对其他控件连接的距离。通过约束的设置，移动界面能横纵屏切换或者在不同的移动终端进行自洽匹配。为了达到这个要求，需要在 ConstraintLayout 布局管理器中对包含的控件指定水平方向约束条件和垂直方向约束条件。如果设置缺少必要的约束条件，会导致控件的布局与预先设计界面位置产生偏差。

(1) 水平约束和垂直约束。水平约束沿着同一个轴线设置 GUI 控件的左、右两个方向的约束；垂直约束沿着同一个轴线设置上、下两个方向的约束。在布局编辑器中设置约束在水平左、右两个方向和垂直上、下两个方向的约束连接，达到配置 GUI 控件排列布局的目的，如图 4-6 所示。

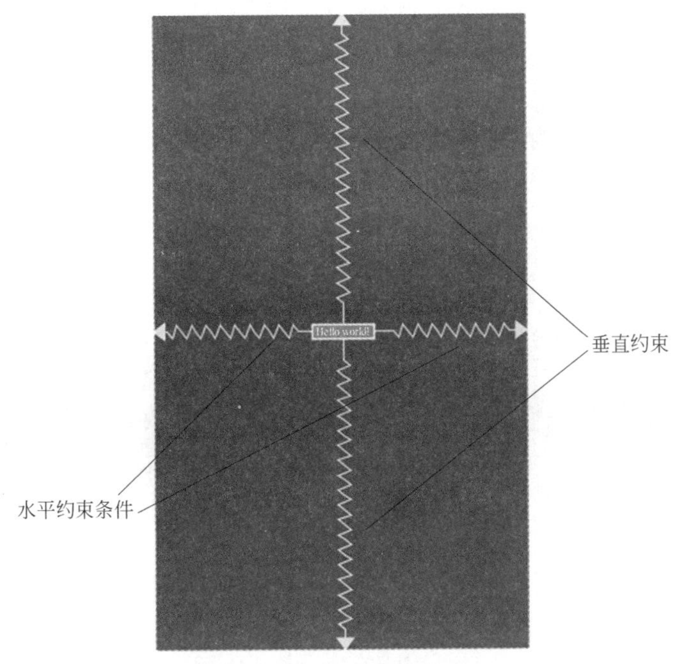

图 4-6　水平约束和垂直约束

(2) 水平约束偏移和垂直约束偏移。在默认情况下，GUI 控件在水平方向和垂直方向添加的约束条件是相等的，即该控件在两个约束条件之间默认偏差为 50%，控件位置居中，如图 4-7 所示。

可以通过拖曳属性窗口的偏差滑块或拖曳视图来调整偏差。在 activity_main.xml 中设置了水平约束偏移为 30%，代码如下：

```
<!--模块 ch04_2 activity_main.xml -->
<?xml version="1.0" encoding="utf-8"?>
<androidx.constraintlayout.widget.ConstraintLayout
    xmlns:android="http://schemas.android.com/apk/res/android"
    xmlns:app="http://schemas.android.com/apk/res-auto"
    xmlns:tools="http://schemas.android.com/tools"
    android:layout_width="match_parent"
    android:layout_height="match_parent"
    tools:context=".MainActivity">
    <TextView android:id="@+id/textView"
        android:layout_width="wrap_content"
        android:layout_height="wrap_content"
        android:text="TextView"
        app:layout_constraintBottom_toBottomOf="parent"
        app:layout_constraintEnd_toEndOf="parent"
        app:layout_constraintHorizontal_bias="0.3"
        app:layout_constraintStart_toStartOf="parent"
        app:layout_constraintTop_toTopOf="parent" />
</androidx.constraintlayout.widget.ConstraintLayout>
```

运行结果如图 4-8 所示。

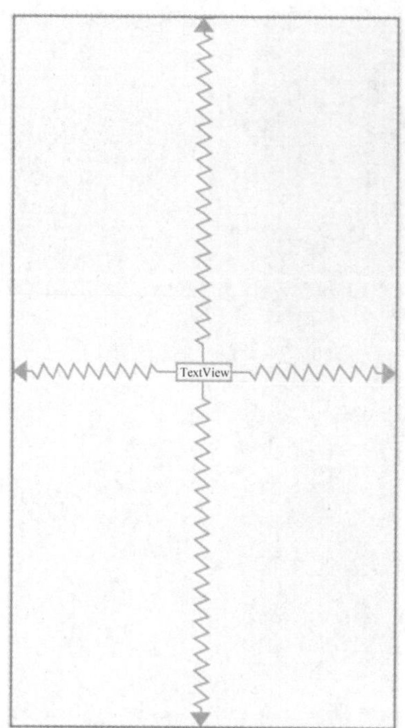

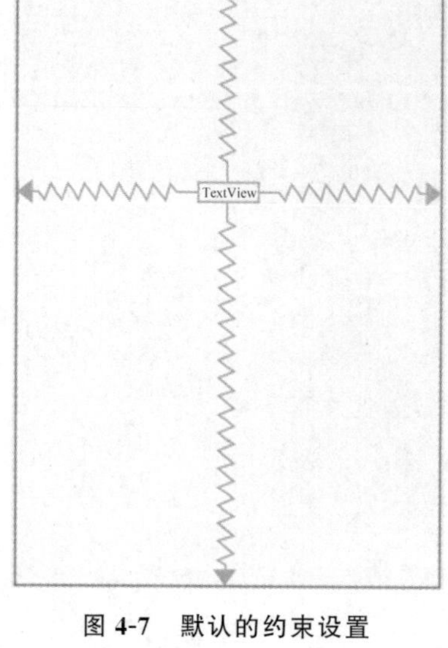

图 4-7　默认的约束设置

图 4-8　水平约束偏差

（3）基线对齐。控件之间可以通过控件的文本基线进行对齐。选择对应的控件并右击，在弹出的快捷菜单中选中 show baseline，这时可以设置基线对齐，使得控件之间按照控件的文本基线进行排列对齐。修改上述的 activity_main.xml 布局文件，代码如下：

```
<!--模块 ch04_2 activity_main.xml -->
<?xml version="1.0" encoding="utf-8"?>
<androidx.constraintlayout.widget.ConstraintLayout
    xmlns: android="http://schemas.android.com/apk/res/android"
    xmlns: app="http://schemas.android.com/apk/res-auto"
    xmlns: tools="http://schemas.android.com/tools"
    android: layout_width="match_parent"
    android: layout_height="match_parent"
    tools: context=".MainActivity">
    <TextView android: id="@+id/textView"
        android: layout_width="wrap_content"
        android: layout_height="wrap_content"
        android: text="TextView" android: textSize="36sp"
        app: layout_constraintBottom_toBottomOf="parent"
        app: layout_constraintEnd_toEndOf="parent"
        app: layout_constraintHorizontal_bias="0.3"
        app: layout_constraintStart_toStartOf="parent"
        app: layout_constraintTop_toTopOf="parent" />
    <Button android: id="@+id/button"
        android: layout_width="wrap_content"
        android: layout_height="wrap_content"
```

```
        android: text="Button" android: textSize="36sp"
        app: layout_constraintBaseline_toBaselineOf="@+id/textView"
        app: layout_constraintEnd_toEndOf="parent"  />
</androidx.constraintlayout.widget.ConstraintLayout>
```

运行结果如图 4-9 所示。

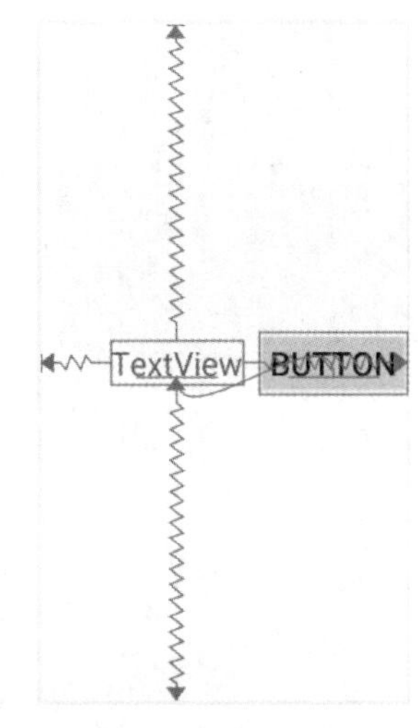

图 4-9　基线对齐

(4) 引导线约束。引导线是约束布局管理器中一种特殊元素,也分为水平方向和垂直方向。选择工具栏的引导线工具,通过增加水平引导线或垂直引导线,让 GUI 控件可以与引导线创建约束连接。代码如下:

```
<!--模块 ch04_2 activity_main4.xml -->
<?xml version="1.0" encoding="utf-8"?>
<androidx.constraintlayout.widget.ConstraintLayout
    xmlns: android="http://schemas.android.com/apk/res/android"
    xmlns: app="http://schemas.android.com/apk/res-auto"
    xmlns: tools="http://schemas.android.com/tools"
    android: layout_width="match_parent"
    android: layout_height="match_parent">
    <!--垂直引导线-->
    <androidx.constraintlayout.widget.Guideline
        android: id="@+id/guideline1"
        android: layout_width="wrap_content"
        android: layout_height="wrap_content"
        android: orientation="vertical"
        app: layout_constraintGuide_begin="93dp" />
    <!--水平引导线-->
    <androidx.constraintlayout.widget.Guideline
        android: id="@+id/guideline2"
        android: layout_width="wrap_content"
        android: layout_height="wrap_content"
```

```
        android: orientation="horizontal"
        app: layout_constraintGuide_begin="488dp" />
    <TextView android: id="@+id/textView3"
        android: layout_width="wrap_content"
        android: layout_height="wrap_content"
        android: text="TextView" android: textSize="36sp"
        app: layout_constraintEnd_toEndOf="parent"
        app: layout_constraintBottom_toTopOf="@+id/guideline2"
        app: layout_constraintStart_toStartOf="@+id/guideline1"
        app: layout_constraintTop_toTopOf="parent" />
</androidx.constraintlayout.widget.ConstraintLayout>
```

运行结果如图 4-10 所示。

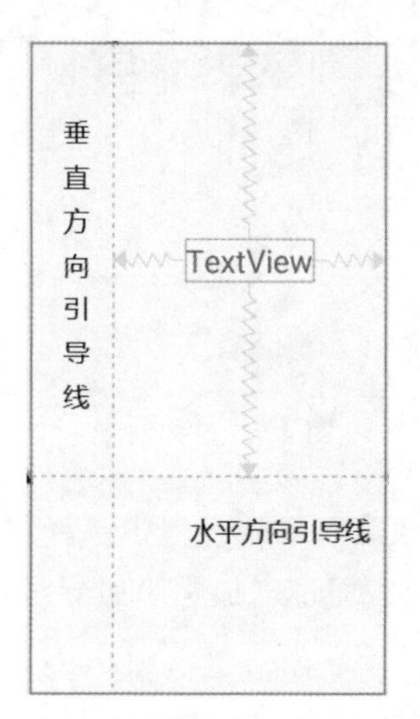

图 4-10　引导线约束

（5）ConstraintLayout 链。在 ConstraintLayout 中，可以将不同组件构建双向联系，形成 ConstraintLayout 链。通过 ConstraintLayout 链，链中的组件可以分享空间，更好地控制彼此的间距。

以下布局文件是没有 ConstrainLayout Chains 的 ConstaintLayout。因为没有设置约束，因此代码会编译失败，代码如下：

```
<!--模块 ch04_3 activity_main.xml -->
<?xml version="1.0" encoding="utf-8"?>
<androidx.constraintlayout.widget.ConstraintLayout
    xmlns:android="http://schemas.android.com/apk/res/android"
    xmlns:app="http://schemas.android.com/apk/res-auto"
    xmlns:tools="http://schemas.android.com/tools"
    android:layout_width="match_parent"
    android:layout_height="match_parent"
    tools:context=".MainActivity">
<TextView android:id="@+id/text1"
     android:layout_width="wrap_content"
```

```
        android:layout_height="wrap_content"
        android:background="@android:color/holo_green_light"
        android:text="文本框 1"
        tools:layout_editor_absoluteX="30dp"
        tools:layout_editor_absoluteY="24dp" />
    <TextView android:id="@+id/text2"
        android:layout_width="wrap_content"
         android:layout_height="wrap_content"
        android:background="@android:color/holo_orange_light"
        android:text="文本框 2"
        tools:layout_editor_absoluteX="161dp"
        tools:layout_editor_absoluteY="24dp" />
    <TextView android:id="@+id/text3"
        android:layout_width="wrap_content"
        android:layout_height="wrap_content"
        android:background="@android:color/holo_blue_bright"
        android:text="文本框 3"
        tools:layout_editor_absoluteX="294dp"
        tools:layout_editor_absoluteY="24dp" />
</androidx.constraintlayout.widget.ConstraintLayout>
```

运行结果如图 4-11 所示。

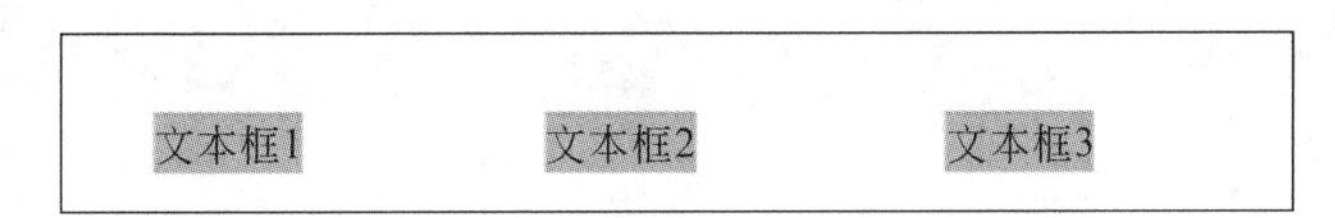

图 4-11　没有 ConstraintLayout 链的 ConstraintLayout

修改上述布局，调整文本框 2，构建文本框 2 与文本框 1 和文本框 3 双向链接，构成 ConstraintLayout 链，代码如下：

```
<!--ch04_3 模块 activity_main2.xml-->
<?xml version="1.0" encoding="utf-8"?>
<androidx.constraintlayout.widget.ConstraintLayout
    xmlns: android="http://schemas.android.com/apk/res/android"
    xmlns: app="http://schemas.android.com/apk/res-auto"
    xmlns: tools="http://schemas.android.com/tools"
    android: layout_width="match_parent"
    android: layout_height="match_parent"
    tools: context=".MainActivity">
    <TextView android: id="@+id/text1"
        android: layout_width="wrap_content"
        android: layout_height="wrap_content"
        android: text="文本框 1"
        android: background="@android: color/holo_green_light"
        android: layout_marginStart="8dp"
        android: layout_marginTop="16dp"
        app: layout_constraintHorizontal_bias="0.5"
        app: layout_constraintStart_toStartOf="parent"
        app: layout_constraintTop_toTopOf="parent"
```

```
        app: layout_constraintEnd_toStartOf="@+id/text2"/>
    <TextView android: id="@+id/text2"
        android: layout_width="wrap_content"
        android: layout_height="wrap_content"
        android: text="文本框 2"
        android: background="@android: color/holo_orange_light"
        android: layout_marginEnd="8dp"
        android: layout_marginStart="8dp"
        android: layout_marginTop="16dp"
        app: layout_constraintHorizontal_bias="0.5"
        app: layout_constraintEnd_toStartOf="@+id/text3"
        app: layout_constraintStart_toEndOf="@+id/text1"
        app: layout_constraintTop_toTopOf="parent" />
    <TextView android: id="@+id/text3"
        android: layout_width="wrap_content"
        android: layout_height="wrap_content"
        android: layout_marginEnd="8dp"
        android: layout_marginTop="16dp"
        android: text="文本框 3"
        android: background="@android: color/holo_blue_bright"
        app: layout_constraintHorizontal_bias="0.5"
        app: layout_constraintEnd_toEndOf="parent"
        app: layout_constraintTop_toTopOf="parent"
        app: layout_constraintStart_toEndOf="@+id/text2"/>
</androidx.constraintlayout.widget.ConstraintLayout>
```

运行结果如图 4-12 所示。

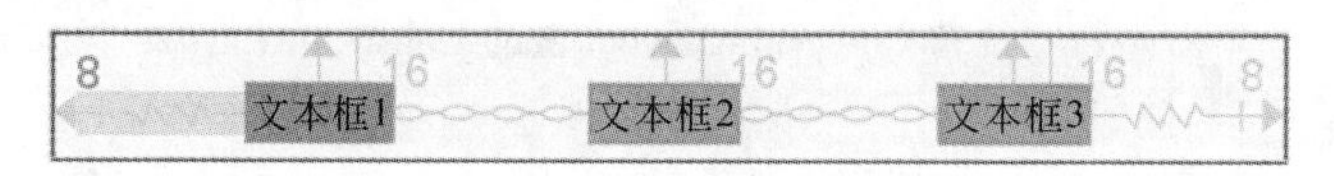

图 4-12　ConstraintLayout 链

ConstraintLayout 链可设置不同样式，如果没有特别说明，ConstraintLayout 链如图 4-12 所示，也可右击，在弹出的快捷菜单中选中 Cycle Chain Mode，重新设置 ConstraintLayout 链的样式，如图 4-13 所示。这些样式可以设置为如下 3 种样式。

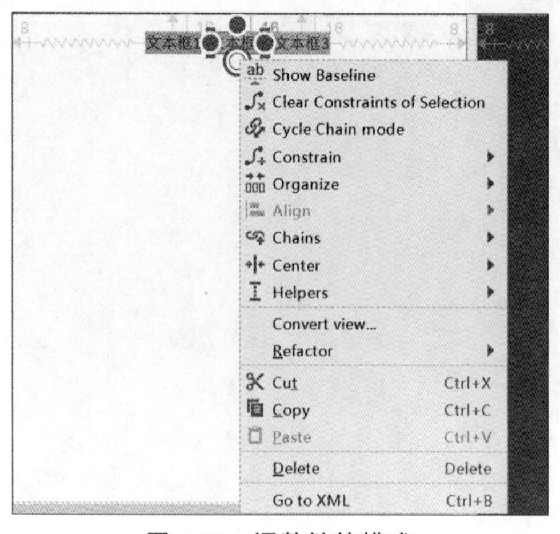

图 4-13　调整链的模式

① Spread(扩展)样式：将间隙平分，让多个 View 组件布局到剩余空间。

② Spread inside(内部扩展)样式：把两边最边缘的两个 View 组件到外向父组件边缘的距离去除，然后让 View 组件在剩余的空间内平分间隙布局。

③ Packed(包装)样式：将所有 View 组件打包到一起不分配多余的间隙(不包括通过 margin 属性设置的间隙)，然后将整个组件组在可用的剩余位置居中。

这 3 种样式的显示效果如图 4-14 所示。

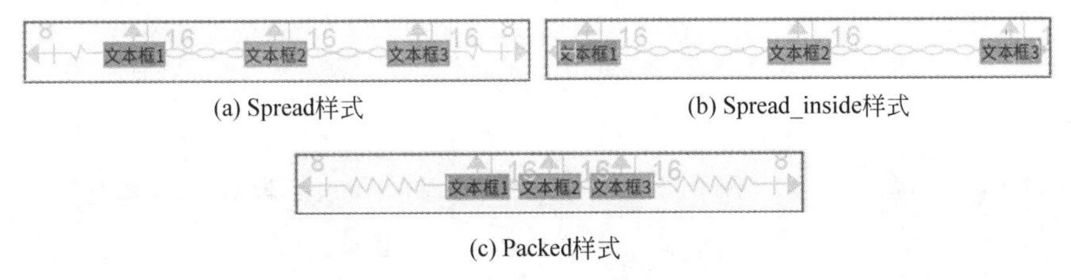

图 4-14　ConstraintLayout 链的样式

(6) 转换布局。如果在开发移动应用过程中使用了多个旧的布局嵌套实现布局，可以实现将这样的布局转换成 ConstraintLayout。具体的做法是选择原来的其他布局控件，右击，在弹出的快捷菜单中选中 Convert ×××Layout to ConstraintLayout，如图 4-15 所示。

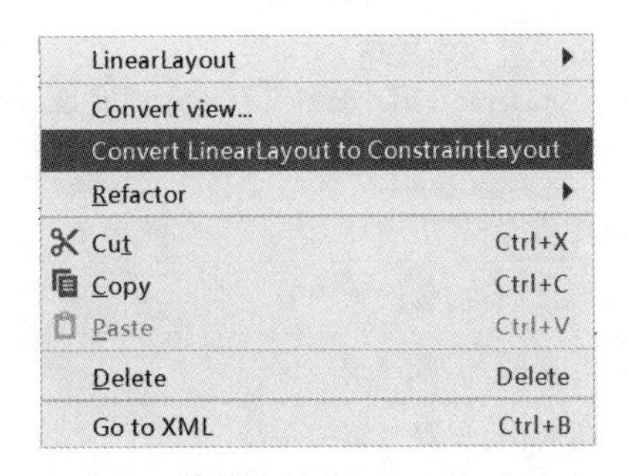

图 4-15　转换布局为 ConstraintLayout

4.2　基本组件

基本组件是开发良好用户界面的基础。在 Android 系统中定义了一系列 GUI 控件。可以在 Android Studio 的 Palette 面板中选择对应的控件，如图 4-16 所示。

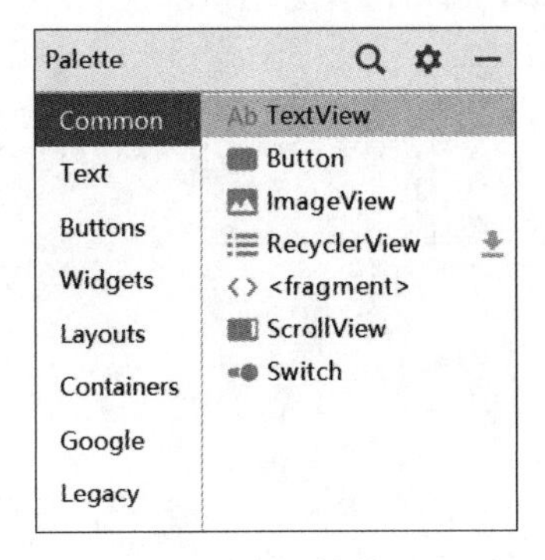

图 4-16　控件

在表 4-2 中,列出了常见的 GUI 控件。

表 4-2 常见的 GUI 控件

类 别	控 件	说 明
文本类别	TextView	文本标签,显示文本内容
	EditText	文本框,输入文本信息,可以设置 android: inputType 属性值来定义特定的输入框。例如,取值为 password,用于定义密码输入框;取值为 textEmailAddress,用于定义邮件输入框;取值为 phone,表示定义电话输入框;取值为 number,表示定义数字输入框
按钮类别	Button	定义按钮,多用于用户与界面的交互处理
	ImageButton	定义图片按钮,可以设置 app: srcCompat 属性指定按钮的图片
	RadioGroup	单选按钮组,往往与 RadioButton 结合使用
	RadioButton	单选按钮,往往嵌入 RadioGroup 控件中构成一组单选按钮组
	CheckBox	复选框
	ToggleButton	可以设置开关按钮。 Android: textOff: 按钮没有被选中时显示的文字。 Android: textOn: 按钮被选中时显示的文字
	Switch	可以设置切换按钮。 android: textOff: 按钮没有被选中时显示的文字。 android: textOn: 按钮被选中时显示的文字
Widget (小部件)	ImageView	图像视图,显示图片
	WebView	网页视图,加载网页内容
	VideoView	视频视图,加载视频
	CarlendarView	日历视图,加载日历信息
	ProgressBar	进度条,显示进度
	SeekBar	拖动条

例 4-1 结合 ConstraintLayout 和表 4-1 所示的基本控件,设计一个简易的音乐播放器的播放界面,代码如下:

```
<!--ch04_4 模块 activity_main.xml-->
<?xml version="1.0" encoding="utf-8"?>
<androidx.constraintlayout.widget.ConstraintLayout
    xmlns: android="http://schemas.android.com/apk/res/android"
    xmlns: app="http://schemas.android.com/apk/res-auto"
    xmlns: tools="http://schemas.android.com/tools"
    android: layout_width="match_parent"
    android: layout_height="match_parent"
    android: background="@android: color/black"
    tools: context=".MainActivity">
    <!--定义歌曲标题文本标签 -->
    <TextView android: id="@+id/titleTxt"
        android: layout_width="wrap_content"
        android: layout_height="wrap_content"
```

```
    android: text="@string/title_album"
    android: textColor="@color/colorAccent"
    android: textSize="@dimen/size_logo_text"
    app: layout_constraintBottom_toBottomOf="parent"
    app: layout_constraintEnd_toEndOf="parent"
    app: layout_constraintHorizontal_bias="0.498"
    app: layout_constraintLeft_toLeftOf="parent"
    app: layout_constraintRight_toRightOf="parent"
    app: layout_constraintStart_toStartOf="parent"
    app: layout_constraintTop_toTopOf="parent"
    app: layout_constraintVertical_bias="0.059" />
<!--定义专辑图片视图 -->
<ImageView android: id="@+id/albumImageView"
    android: layout_width="wrap_content"
    android: layout_height="wrap_content"
    app: layout_constraintBottom_toBottomOf="parent"
    app: layout_constraintEnd_toEndOf="parent"
    app: layout_constraintStart_toStartOf="parent"
    app: layout_constraintTop_toBottomOf="@+id/titleTxt"
    app: layout_constraintVertical_bias="0.125"
    app: srcCompat="@mipmap/record" />
<!--定义播放进度条 -->
<SeekBar android: id="@+id/musicProgressBar"
    android: layout_width="match_parent"
    android: layout_height="wrap_content"
    android: progress="100"
    app: layout_constraintBottom_toBottomOf="parent"
    app: layout_constraintEnd_toEndOf="parent"
    app: layout_constraintHorizontal_bias="0.0"
    app: layout_constraintStart_toStartOf="parent"
    app: layout_constraintTop_toBottomOf="@+id/albumImageView"
    app: layout_constraintVertical_bias="0.132" />
<!--定义开始时间文本标签 -->
<TextView android: id="@+id/startTxt"
    android: layout_width="wrap_content"
    android: layout_height="wrap_content"
    android: text="@string/title_start_progress"
    android: textColor="@color/colorAccent"
    android: textSize="@dimen/size_time_text"
    app: layout_constraintBottom_toBottomOf="parent"
    app: layout_constraintEnd_toEndOf="parent"
    app: layout_constraintHorizontal_bias="0.0"
    app: layout_constraintStart_toStartOf="parent"
    app: layout_constraintTop_toBottomOf="@+id/musicProgressBar"
    app: layout_constraintVertical_bias="0.0" />
<!--定义播放时间文本标签 -->
<TextView android: id="@+id/endTxt"
    android: layout_width="wrap_content"
    android: layout_height="wrap_content"
```

```
        android: text="@string/title_end_progress"
        android: textColor="@color/colorAccent"
        android: textSize="@dimen/size_time_text"
        app: layout_constraintBottom_toBottomOf="parent"
        app: layout_constraintEnd_toEndOf="parent"
        app: layout_constraintHorizontal_bias="0.955"
        app: layout_constraintStart_toStartOf="parent"
        app: layout_constraintTop_toBottomOf="@+id/musicProgressBar"
        app: layout_constraintVertical_bias="0.0" />
    <!--定义前一曲图片按钮 -->
    <ImageButton android: layout_width="wrap_content"
        android: layout_height="wrap_content"
        android: background="@android: color/transparent"
        app: layout_constraintBottom_toBottomOf="parent"
        app: layout_constraintEnd_toEndOf="parent"
        app: layout_constraintHorizontal_bias="0.2"
        app: layout_constraintStart_toStartOf="parent"
        app: layout_constraintTop_toBottomOf="@+id/startTxt"
        app: layout_constraintVertical_bias="0.16"
        app: srcCompat="@android: drawable/ic_media_previous" />
    <!--定义播放图片按钮 -->
    <ImageButton android: layout_width="wrap_content"
        android: layout_height="wrap_content"
        android: background="@android: color/transparent"
        app: layout_constraintBottom_toBottomOf="parent"
        app: layout_constraintEnd_toEndOf="parent"
        app: layout_constraintHorizontal_bias="0.4"
        app: layout_constraintStart_toStartOf="parent"
        app: layout_constraintTop_toBottomOf="@+id/startTxt"
        app: layout_constraintVertical_bias="0.16"
        app: srcCompat="@android: drawable/ic_media_play" />
<!--定义暂停播放图片按钮 -->
    <ImageButton android: layout_width="wrap_content"
        android: layout_height="wrap_content"
        android: background="@android: color/transparent"
        app: layout_constraintBottom_toBottomOf="parent"
        app: layout_constraintEnd_toEndOf="parent"
        app: layout_constraintHorizontal_bias="0.6"
        app: layout_constraintStart_toStartOf="parent"
        app: layout_constraintTop_toBottomOf="@+id/startTxt"
        app: layout_constraintVertical_bias="0.16"
        app: srcCompat="@android: drawable/ic_media_pause" />
    <!--定义后一曲图片按钮 -->
    <ImageButton android: layout_width="wrap_content"
        android: layout_height="wrap_content"
        android: background="@android: color/transparent"
        app: layout_constraintBottom_toBottomOf="parent"
        app: layout_constraintEnd_toEndOf="parent"
        app: layout_constraintHorizontal_bias="0.8"
        app: layout_constraintStart_toStartOf="parent"
```

```
        app: layout_constraintTop_toBottomOf="@+id/startTxt"
        app: layout_constraintVertical_bias="0.16"
        app: srcCompat="@android: drawable/ic_media_next" />
</androidx.constraintlayout.widget.ConstraintLayout>
```

运行结果如图 4-17 所示。

图 4-17 简易音乐播放器的播放界面

4.3 事件处理

在移动用户界面中，需要实现用户和移动控件的交互处理，执行特定的任务。Android 提供了两种事件处理机制来实现用户与移动界面的交互。

4.3.1 基于监听的事件处理

在 Android 中定义了各种类型的输入事件(Event)，例如触摸屏幕交互等。通过与移动终端的移动应用界面的 GUI 组件交互，会激发相应的事件。这些 GUI 组件称为“事件源”。Android 中提供了事件队列(Event Queue)，当某种事件发生时，该事件会按照先进先出(FIFO)方式加入到事件队列。View(视图)组件会用 EventListener(事件监听器)监听和处理事件。GUI 控件是一系列视图(View)的子类，因此会具有多种类别的事件监听器。若 GUI 控件注册 EventListener，则监听器会监听是否有对应的事件产生。一旦产生对应的事件对象，事件监听器中就包含对应的回调方法，即事件处理器会响应并处理这个事件，如图 4-18 所示。

例如在移动应用界面中定义了一个按钮，单击后会产生“单击”事件。如果按钮注册了 View.OnClickListener，则会激发其中的 onClick()函数处理对应的单击事件。

Android 系统中定义了 EventListener 对应的回调函数，如表 4-3 所示。

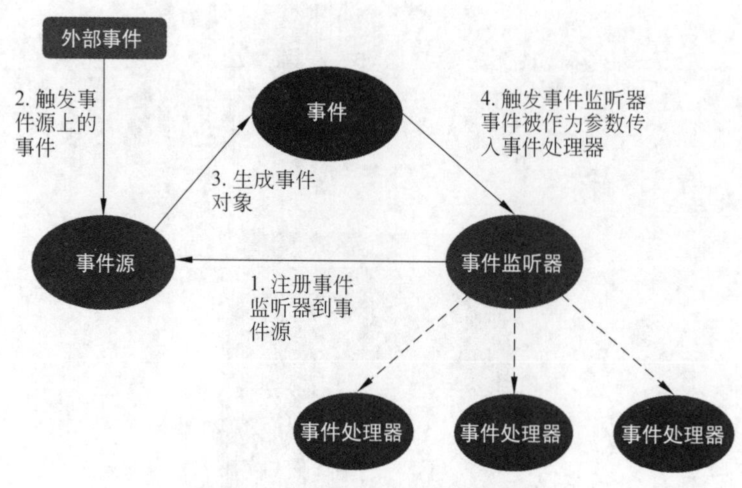

图 4-18　基于监听的事件处理机制

表 4-3　EventListener 对应的回调函数

事件监听器类别	回调函数	说　明
onClickListener	onClick(View)	处理的是单击事件
onLongClickListener	onLongClick(View)	处理的是长按事件
onTouchListener	onTouch(View, MotionEvent)	处理手机屏幕事件
onCreateContextMenuListener	onCrateContextMenu (ContextMenu, View, ContextMenuInfo)	处理上下文菜单被创建的事件
onFocusChangeListener	onFocusChange(View, Boolean)	处理 View 组件焦点改变事件
onKeyListener	onKey(View, int, KeyEvent)	用于对手机键盘事件进行监听

4.3.2　回调事件响应

Android 平台中，每个 View 组件都有处理回调事件函数，基于回调事件处理的 UI 组件不但是事件源，而且还是 EventListener，程序员可以通过重写 View 组件中的这些回调函数实现需要的响应事件。如果某个事件没有被任何 View 组件的相关回调函数处理，则会用 Activity 调用相应的事件回调函数进行处理。Android 框架中为每个 View 组件定义了如表 4-4 所示的回调函数。

表 4-4　View 组件自带的回调事件方法

回调事件方法	说　明
onKeyDown(int, KeyEvent)	当键盘上的按键被按下时由系统调用，返回布尔值 true 表示此事已经处理完毕；返回 false 表示事件未被处理
onKeyUp(int, KeyEvent)	当按钮向上弹起时被调用，返回布尔值 true 表示此事件已经处理完毕；返回 false 表示事件未被处理
onTouchEvent(MotionEvent)	当用户触摸屏幕时被自动调用，返回 true 表示此事已经处理完毕；返回 false 表示事件未被处理
onTrackballEvent(MotionEvent)	处理手机中轨迹球的相关事件，返回 true 表示此事已经处理完毕；返回 false 表示事件未被处理

例 4-2 观察单击自定义按钮时事件处理的方式。

(1) 自定义按钮 CustomButton。自定义按钮,实现触碰事件处理,一旦触碰就记录到日志中,代码如下:

```
<!--模块 4_5 CustomButton.kt-->
class CustomButton(val mContext: Context, val mAttributeSet: AttributeSet):
    AppCompatButton(mContext,mAttributeSet) {
        override fun onTouchEvent(event: MotionEvent?): Boolean {
                                            //定义回调函数 onTouchEvent 处理触碰事件
            Log.d("CH04_5","调用 CustomButton 类的 onTouchEvent 函数")
            return false
        }
    }
```

在 MainActivity 中增加自定义按钮。

(2) 定义 MainActivity,代码如下:

```
<!--模块 4_5 MainActivity 的布局文件 activity_main.xml-->
<?xml version="1.0" encoding="utf-8"?>
<androidx.constraintlayout.widget.ConstraintLayout
    xmlns:android="http://schemas.android.com/apk/res/android"
    xmlns:app="http://schemas.android.com/apk/res-auto"
    xmlns:tools="http://schemas.android.com/tools"
    android:layout_width="match_parent"
    android:layout_height="match_parent"
    tools:context=".MainActivity">
    <!--增加自定义按钮组件 CustomButton -->
    <cn.edu.ncu.chenyi.ch04_5.CustomButton
    android:id="@+id/customButton"
        android:layout_width="match_parent"
        android:layout_height="wrap_content"
        android:background="@android:color/black"
        android:text="@string/title_click_button"
        android:textColor="@android:color/white"
        android:textSize="@dimen/size_button_text"
        app:layout_constraintBottom_toBottomOf="parent"
        app:layout_constraintStart_toStartOf="parent"
        app:layout_constraintTop_toTopOf="parent"
        app:layout_constraintVertical_bias="0.449" />
</androidx.constraintlayout.widget.ConstraintLayout>
//模块 4_5 MainActivity.kt
class MainActivity : AppCompatActivity() {
    override fun onCreate(savedInstanceState: Bundle?) {
        super.onCreate(savedInstanceState)
        setContentView(R.layout.activity_main)
        customButton.setOnTouchListener { v, event ->          //注册监听器
            Log.d("CH04_5","调用 OnTouchListener 的 onTouch 函数")
            false
```

```
        }
    }
    override fun onTouchEvent(event: MotionEvent?): Boolean {    //活动的回调函数
        Log.d("CH04_5","调用 MainActivity 的 onTouchEvent 回调函数")
        return false
    }
}
```

运行结果如图 4-19 所示。

单击 CustomButton 组件，发现运行结果是先处理 View.onTouchListener 的动作，如图 4-20 所示。由于 View.OnTouchListener 中的回调函数 onTouch 返回值为 false，表示事件没有处理完毕，因此会将 MotionEvent 对象向后传递给 View 组件。

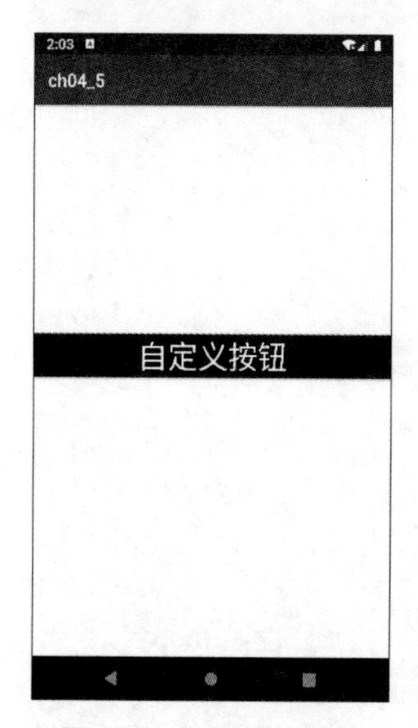

图 4-19　运行 GUI 界面

```
cn.edu.ncu.chenyi.ch04_5 D/CH04_5: 调用OnTouchListener的onTouch函数
cn.edu.ncu.chenyi.ch04_5 D/CH04_5: 调用CustomButton类的onTouchEvent函数
cn.edu.ncu.chenyi.ch04_5 D/CH04_5: 调用MainActivity的onTouchEvent回调函数
cn.edu.ncu.chenyi.ch04_5 D/CH04_5: 调用MainActivity的onTouchEvent回调函数
```

图 4-20　运行的日志记录

由于 CustomButton 类是 AppCompatButton 类的子类，是一个 View 组件。在这个例子中重新定义了 CustomButton 这个 View 组件的回调函数 onTouchEvent，所以 CustomButton 的 onTouchEvent 回调函数其次被调用；又因为 CustomButton 的回调函数 onTouchEvent 返回为 false，表示当触摸事件发生时，事件没有完全处理完毕，所以会将 MotionEvent 对象继续向后传递给 MainActivity。

MainActivity 已经重新定义了 onTouchEvent 回调函数，这时，会调用 MainActivity 的 onTouchEvent 的回调函数。因为执行过程是直接单击按钮，就使得触碰过程中依次执行了按下和释放按钮，使得 MainActivity 执行了两次 onTouchEvent 回调函数。

现在将按钮组件的 View.OnTouchListener 的 onTouch 回调函数的返回值设置为 true，代码如下：

```
<!--模块 4_5 MainActivity.kt-->
class MainActivity : AppCompatActivity() {
    override fun onCreate(savedInstanceState: Bundle?) {
```

```
        super.onCreate(savedInstanceState)
         setContentView(R.layout.activity_main)
         customButton.setOnTouchListener { v, event ->
              Log.d("CH04_5","调用 OnTouchListener 的 onTouch 函数")
              true
         }
    }
    override fun onTouchEvent(event: MotionEvent?): Boolean { //活动的回调函数
         Log.d("CH04_5","调用 MainActivity 的 onTouchEvent 回调函数")
         return false
    }
}
```

单击按钮后，日志记录如图 4-21 所示。可以发现，View.onTouchListener 的 onTouch 回调函数返回为 true，触碰过程中依次执行了按下和释放按钮，事件处理完毕，MotionEvent 对象不再向后传递。

```
cn.edu.ncu.chenyi.ch04_5 D/CH04_5: 调用OnTouchListener的onTouch函数
cn.edu.ncu.chenyi.ch04_5 D/CH04_5: 调用OnTouchListener的onTouch函数
```

图 4-21 修改后的运行日志

观察例 4-2 可以发现，基于监听的事件模型分工更明确，事件源、事件监听由两个类分开实现，因此具有更好的可维护性。Android 的事件处理机制保证基于监听的事件监听器会被优先触发。但是在某些特定的情况下，基于回调的事件处理机制会更好地提高程序的内聚性。

4.4 高级组件

Material Design 是 Android 5.0 推出的库，对一些 GUI 控件和一些效果进行封装。它支持基于传统优秀的设计原则，为手机、PAD、台式机和“其他平台”提供更一致、更广泛的“外观和感觉”，使得 Android 平台的界面风格保持一致。Material Design 中提供了一些高级组件，这些组件让界面设计和开发更加容易。要使用 Material Design 库中的控件，可以分别将这些控件的依赖加入到模块的构建文件 build.gradle 中。由于一个模块中往往需要使用 Material Design 库中较多的控件，所以直接增加了模块对 Material Design 库的依赖，形式如下：

```
dependencies {
    implementation 'com.google.android.material: material: 1.2.1'
}
```

4.4.1 Toolbar

ActionBar 是由 Android Activity 窗口框架的组成部分，一般固化在 Activity 中。Material Design 推出后，Android 系统使用 Toolbar 取代 ActionBar。Toolbar 是一个定义

工具条，并不属于 Material Design 库，根据布局配置，可以放置在任意位置。但是，Toolbar 控件在实际应用中通常放置在活动窗口的顶部，用来取代 ActionBar 控件。在 Toolbar 中，可以定义窗口的标题和副标题、移动应用的图片、菜单等。

要使用 Toolbar 组件，需要在移动应用(Application)的 Theme(主题)样式指定为没有 NoActionBar 样式的主题，这时整个应用的移动的所有的 Activity 将没有 ActionBar。可以在 AndroidManifest. xml 配置 application 的 android: theme 内容为 @ style/Theme. AppCompat.DayNight.NoActionBar 样式：

```
<?xml version="1.0" encoding="utf-8"?>
<manifest xmlns: android="http://schemas.android.com/apk/res/android"
    package="cn.edu.ncu.chenyi.ch04_6">
    <application …
        android: theme="@style/Theme.AppCompat.DayNight.NoActionBar">
        …
    </application>
</manifest>
```

也可以在 AndroidManifest.xml 中配置单独特定的活动的主题为 NoActionBar 样式，这时，特定的 Activity 将没有 ActionBar，配置参考代码如下：

```
<?xml version="1.0" encoding="utf-8"?>
<manifest xmlns: android="http://schemas.android.com/apk/res/android"
    package="cn.edu.ncu.chenyi.ch04_6">
    <application …>        <!--省略 application 的配置-->
        <!--没有 ActionBar 的 Activity-->
        <activity android: name=".MainActivity"
            android: theme="@style/Theme.AppCompat.DayNight.NoActionBar" >
        …
        </activity>
    </application>
</manifest>
```

更常见的方式直接在资源 res/values/themes.xml 中指定主题的样式为 NoActionBar 类型的主题，然后根据需要在 AndroidManifest.xml 配置指定 android: theme 的样式为定义的样式，代码如下：

```
<!--模块 04_6 themes.xml -->
<resources xmlns: tools="http://schemas.android.com/tools">
    <style name="Theme.Chapter04"
        parent="Theme.MaterialComponents.DayNight.NoActionBar">
        …
    </style>
</resources>
```

一旦指定应用为 NoActionBar 主题，就需要在布局文件中定义 Toolbar 并放置在顶部，布局文件如下定义：

```
<!--模块 04_6 activity_main.xml-->
<androidx.constraintlayout.widget.ConstraintLayout
    xmlns: android="http://schemas.android.com/apk/res/android"
    xmlns: app="http://schemas.android.com/apk/res-auto"
    xmlns: tools="http://schemas.android.com/tools"
    android: layout_width="match_parent"
    android: layout_height="match_parent"
    tools: context=".MainActivity">
    <androidx.appcompat.widget.Toolbar
        android: id="@+id/toolbar"
        android: layout_width="match_parent"
        android: layout_height="?attr/actionBarSize"
        android: background="@android: color/holo_green_light"
        app: layout_constraintBottom_toBottomOf="parent"
        app: layout_constraintStart_toStartOf="parent"
        app: layout_constraintTop_toTopOf="parent"
        app: layout_constraintVertical_bias="0.0" />
</androidx.constraintlayout.widget.ConstraintLayout>
```

在布局对应的 MainActivity 中，通过调用 setSupportedActionBar()函数的调用，指定 Toolbar 为活动的 ActionBar。

也可以在 Toolbar 增加菜单。定义菜单在 res/menu/menu.xml，代码如下：

```
<!--模块 04_6 menu.xml -->
<?xml version="1.0" encoding="utf-8"?>
<menu xmlns: android="http://schemas.android.com/apk/res/android"
        xmlns: app="http://schemas.android.com/apk/res-auto">
        <item android: id="@+id/exitItem"
                android: title="@string/title_exit_item"
                android: icon="@android: drawable/ic_lock_power_off"
                app: showAsAction="always" />
</menu>
```

MainActivity 为 Toolbar 增加标题(默认定义 Application 或 Activity 在 AndroidManifest.xml 中 android: label 指定的文本内容)和 Home 键，并设置菜单和相应的动作事件处理。Home 键的事件处理是由菜单选项处理来完成的，代码如下：

```
<!--模块 04_6 MainActivity.kt>
class MainActivity : AppCompatActivity() {
    override fun onCreate(savedInstanceState: Bundle?) {
        super.onCreate(savedInstanceState)
        setContentView(R.layout.activity_main)
        setSupportActionBar(toolbar)              //设置 toolbar 为 ActionBar
        supportActionBar?.let{
            it.setDisplayHomeAsUpEnabled(true)   //设置 Home 键功能可见
            //指定 Home 键对应的图片为 Android 系统图片库 btn_star_big_on
            it.setHomeAsUpIndicator(android.R.drawable.btn_star_big_on)
        }
    }
    override fun onCreateOptionsMenu(menu: Menu?): Boolean {
```

```
        menuInflater.inflate(R.menu.menu,menu)
         return super.onCreateOptionsMenu(menu)
    }
    override fun onOptionsItemSelected(item: MenuItem): Boolean {
        when(item.itemId){
            R.id.exitItem ->{
                AlertDialog.Builder(this).apply{
                    setTitle(resources. getString (R.string.title_hint))
                    setMessage(resources. getString (R.string.title_confirm_exit))
                    setPositiveButton( resources. getString (R. string. title _
                    ok)) { dialog, which->
                        exitProcess(0)          //退出应用
                    }
                    setNegativeButton( resources. getString (R. string. title _
                    cancel),null)
                    create()
                    show()
                }
            }
            android.R.id.home->{              //设置 Home 键处理的动作为显示信息提示
                Toast.makeText(this,"Hello",Toast.LENGTH_SHORT).show()
            }
        }
        return super.onOptionsItemSelected(item)
    }
}
```

运行结果如图 4-22 所示。

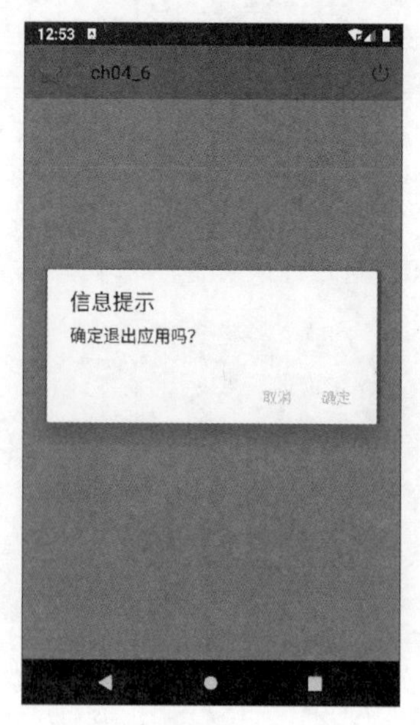

图 4-22　Toolbar 应用的运行结果

4.4.2 DrawerLayout

DrawerLayout(侧滑菜单)也称为滑动菜单,都是 Material Design 库的控件,使用时需要增加依赖库。DrawerLayout 可以通过 Material Design 的抽屉式导航菜单 DrawerLayout 实现。DrawerLayout 实际上是一个容器类别的布局控件,主要分为两个部分:主内容区和侧滑内容。侧滑内容部分,往往通过 NavigationView 来实现,如图 4-23 所示。

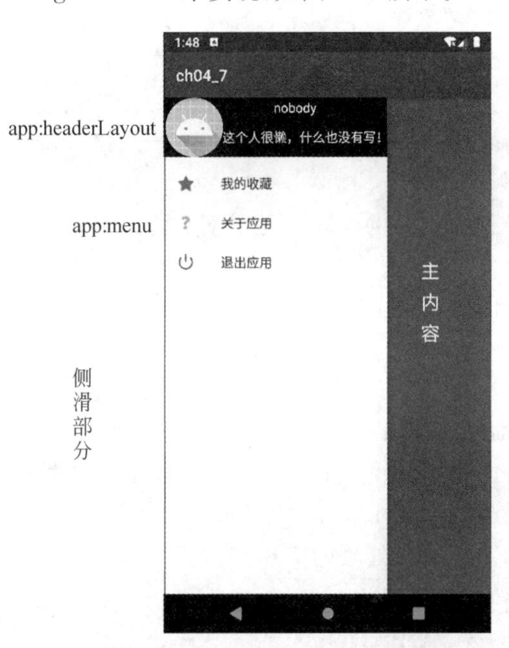

图 4-23 侧滑菜单的结构

定义 DrawerLayout 布局,并以 DrawerLayout 元素作为 Activity 所对应的布局的根元素。通常的定义格式如下:

```
<?xml version="1.0" encoding="utf-8"?>
<androidx.drawerlayout.widget.DrawerLayout
    xmlns: android="http://schemas.android.com/apk/res/android"
    xmlns: app="http://schemas.android.com/apk/res-auto"
    xmlns: tools="http://schemas.android.com/tools"
    android: layout_width="match_parent"
    android: layout_height="match_parent"
    tools: context=".MainActivity">
    <!--定义主内容区-->
    <androidx.constraintlayout.widget.ConstraintLayout
        android: layout_width="match_parent"
        android: layout_height="match_parent" >
     …
    </androidx.constraintlayout.widget.ConstraintLayout>
    <!--定义侧滑的内容-->
    <com.google.android.material.navigation.NavigationView
        android: id="@+id/navigation"
        android: layout_width="wrap_content"
```

```
        android: layout_height="match_parent"
        android: layout_gravity="start"
        app: menu="@menu/navigation_menu_items"
        app: headerLayout="@layout/header_layout" />
</androidx.drawerlayout.widget.DrawerLayout>
```

其中,DrawerLayout 主内容区显示在中心位置,而 NavigationView 元素定义侧滑内容。NavigationView 有两个非常重要属性：app：menu 为侧滑的菜单内容,结合 res/menu 目录的菜单文件,如 navigation_menu_items.xml 来定义实现;app：headerLayout 属性指定一个布局内容,用于显示侧滑的顶部区域的定义。侧滑的方向通过 android：layout_gravity 属性进行设置：设置为 start 或 left,表示侧滑内容从左到右显示;设置为 end 或 right,表示侧滑内容从右到左滑动显示。

通过滑动屏幕拖拉侧滑部分的内容非常不便。为了显示侧滑的内容更加方便,往往与 Toolbar 定义 Home 键结合起来进行控制。调用 DrawerLayout 对象的 openDrawer()函数可打开抽屉,显示侧滑内容;调用 DrawerLayout 对象的 closeDrawers()函数可关闭侧滑内容。

DrawerLayout 不应该仅仅显示内容,更应该通过事件处理完成交互才有意义。对 NavigationView 控件 setCheckItem()函数的调用实现特定菜单项的选中。通过调用 NavigationView 控件的 setNavigationItemSelectedListener()函数实现监听处理,完成交互。下面通过例 4-3 了解 DrawerLayout 的应用。

例 4-3 DrawerLayout 交互处理的应用实例,代码如下：

(1) 定义 DrawerLayout。

```
<!--模块 04_7 res/menu/navigation_menu_items.xml 定义菜单-->
<?xml version="1.0" encoding="utf-8"?>
<menu xmlns: android="http://schemas.android.com/apk/res/android">
    <item android: id="@+id/favoriteItem"
        android: title="@string/title_favorite"
        android: icon="@android: drawable/btn_star_big_on" />
    <item android: id="@+id/aboutItem"
        android: title="@string/title_about_app"
        android: icon="@android: drawable/ic_menu_help" />
    <item android: id="@+id/exitItem"
        android: title="@string/title_exit_app"
        android: icon="@android: drawable/ic_lock_power_off" />
</menu>
```

下列布局定义 DrawerLayout 的顶部内容,主要用于显示基本信息的描述内容,代码如下：

```
<!--模块 04_7 res/layout/header_layout.xml 定义侧滑的顶部内容-->
<?xml version="1.0" encoding="utf-8"?>
<androidx.constraintlayout.widget.ConstraintLayout
    xmlns: android="http://schemas.android.com/apk/res/android"
    xmlns: app="http://schemas.android.com/apk/res-auto"
    xmlns: tools="http://schemas.android.com/tools"
    android: background="@android: color/black"
```

```
        android: layout_width="match_parent"
        android: layout_height="wrap_content">
    <ImageView android: id="@+id/imageView"
        android: layout_width="wrap_content"
        android: layout_height="wrap_content"
        app: layout_constraintBottom_toBottomOf="parent"
        app: layout_constraintEnd_toEndOf="parent"
        app: layout_constraintHorizontal_bias="0.014"
        app: layout_constraintStart_toStartOf="parent"
        app: layout_constraintTop_toTopOf="parent"
        app: layout_constraintVertical_bias="1.0"
        app: srcCompat="@mipmap/ic_launcher" />
    <TextView android: id="@+id/nick_name"
        android: layout_width="wrap_content"
        android: layout_height="wrap_content"
        android: text="@string/title_nick_name"
        android: textColor="@android: color/white"
        app: layout_constraintBottom_toBottomOf="parent"
        app: layout_constraintEnd_toEndOf="parent"
        app: layout_constraintHorizontal_bias="0.416"
        app: layout_constraintStart_toEndOf="@+id/imageView"
        app: layout_constraintTop_toTopOf="parent"
        app: layout_constraintVertical_bias="0.022" />
    <TextView android: id="@+id/personalityTxt"
        android: layout_width="wrap_content"
        android: layout_height="wrap_content"
        android: text="@string/title_personality"
        android: textColor="@android: color/white"
        android: textSize="@dimen/size_large_text"
        app: layout_constraintBottom_toBottomOf="parent"
        app: layout_constraintEnd_toEndOf="parent"
        app: layout_constraintHorizontal_bias="0.436"
        app: layout_constraintStart_toEndOf="@+id/imageView"
        app: layout_constraintTop_toBottomOf="@+id/nick_name"
        app: layout_constraintVertical_bias="0.515" />
</androidx.constraintlayout.widget.ConstraintLayout>
```

(2) 定义 MainActivity。首先定义 MainActivity 的布局，在 MainActivity 的布局使用 DrawerLayout 进行定义 DrawerLayout，代码如下：

```
<!--模块 04_7 MainActivity 的布局 activity_main.xml -->
<?xml version="1.0" encoding="utf-8"?>
<androidx.drawerlayout.widget.DrawerLayout
    xmlns: android="http://schemas.android.com/apk/res/android"
    xmlns: app="http://schemas.android.com/apk/res-auto"
    xmlns: tools="http://schemas.android.com/tools"
    android: layout_width="match_parent"
    android: layout_height="match_parent"
    android: id="@+id/drawerLayout" tools: context=".MainActivity">
    <!--定义主内容区-->
    <androidx.constraintlayout.widget.ConstraintLayout
        android: layout_width="match_parent"
        android: layout_height="match_parent">
```

```
        <!--定义工具条 -->
         <androidx.appcompat.widget.Toolbar
             android: id="@+id/toolbar"
             android: layout_width="match_parent"
             android: layout_height="?attr/actionBarSize"
             android: background="@android: color/holo_green_light"
             app: layout_constraintBottom_toTopOf="@+id/textView"
             app: layout_constraintStart_toStartOf="parent"
             app: layout_constraintTop_toTopOf="parent"
             app: layout_constraintVertical_bias="0.0" />
         <TextView android: id="@+id/textView"
             android: layout_width="wrap_content"
             android: layout_height="wrap_content"
             android: text="@string/app_name"
             app: layout_constraintBottom_toBottomOf="parent"
             app: layout_constraintEnd_toEndOf="parent"
             app: layout_constraintStart_toStartOf="parent"
             app: layout_constraintTop_toTopOf="parent" />
     </androidx.constraintlayout.widget.ConstraintLayout>
     <!--定义 NavigationView 实现侧滑菜单-->
     <com.google.android.material.navigation.NavigationView
         android: id="@+id/navigationView"
         android: layout_width="wrap_content"
         android: layout_height="match_parent"
         android: layout_gravity="start"
         app: headerLayout="@layout/header_layout"
         app: menu="@menu/navigation_menu_items" />
</androidx.drawerlayout.widget.DrawerLayout>
```

在 MainActivity 中调用 setContentView 函数引用 activity_main.xml,进行界面渲染和显示,以及设置 Home 键的按键处理动作,代码如下:

```
<!--模块 04_7 MainActivity MainActivity.kt-->
class MainActivity : AppCompatActivity() {
    override fun onCreate(savedInstanceState: Bundle?) {
        super.onCreate(savedInstanceState)
        setContentView(R.layout.activity_main)       //设置内容视图
        setSupportActionBar(toolbar)                  //设置 Home 键
        supportActionBar?.let{
            it.setDisplayHomeAsUpEnabled(true)        //设置 Home 键功能可见
            //指定 Home 键对应的图片为 Android 系统图片库 btn_star_big_on
            it.setHomeAsUpIndicator(android.R.drawable.btn_star_big_on)
        }
        //处理 NavigationView 控件
        navigationView.setCheckedItem(R.id.favoriteItem)//设置默认的选择的菜单项
        navigationView.itemIconTintList =null          //让侧滑部分的菜单图标彩色显示
        //处理侧滑的菜单
```

```
        navigationView.setNavigationItemSelectedListener {
                                                     //对 DrawerLayout 中不同菜单项的处理
            when(it.itemId){
                R.id.aboutItem->supportActionBar?.title=resources.getString
                    (R.string.title_about_app)
                R.id.favoriteItem->supportActionBar?.title=resources.getString(R.
                    string.title_favorite)
                R.id.exitItem->exitProcess(0)
            }
            drawerLayout.closeDrawers()
            true
        }
    }
    override fun onOptionsItemSelected(item: MenuItem): Boolean {
        when(item.itemId){                           //打开抽屉,显示侧滑内容
        android.R.id.home->drawerLayout.openDrawer(GravityCompat.START)
        }
        return super.onOptionsItemSelected(item)
    }
}
```

运行结果如图 4-24 所示。

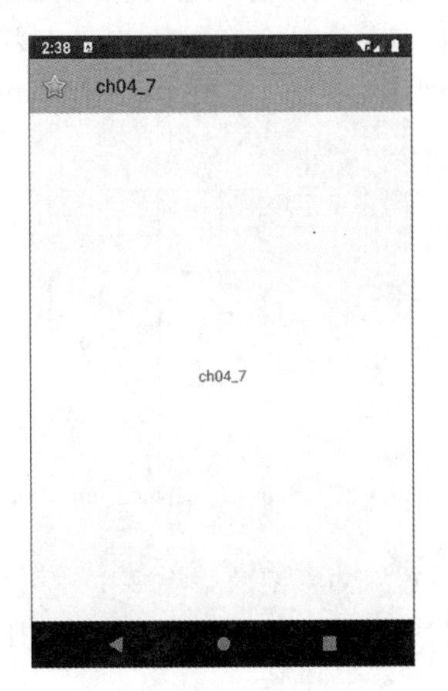

(a) 主内容显示

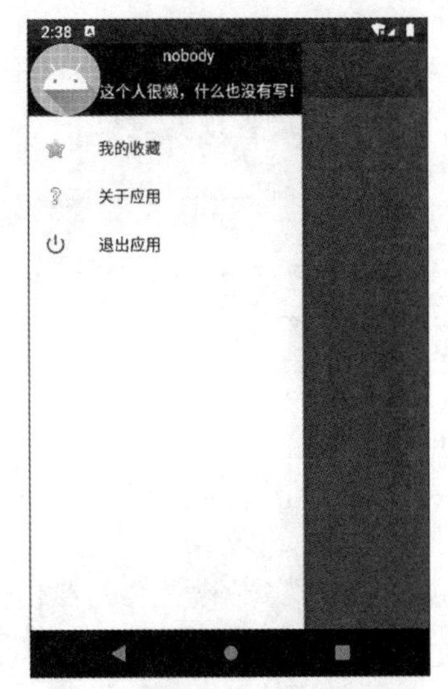

(b) 侧滑内容显示

图 4-24　DrawerLayout 交互处理的运行结果

4.4.3　RecyclerView 和 CardView

RecyclerView 是以滚动列表的方式展示内容的视图控件,可以在有限的屏幕窗口中显示大量的数据。RecyclerView 是 Material Design 库中用于替换传统列表显示组件 ListView。通常,RecyclerView 与 CardView 控件结合。CardView 可以显示用圆角和阴影

实现 Material Design 卡片结构,往往用于定义列表的单项。

要使用 RecyclerView 和 CardView 控件,需要增加依赖。如果模块只是使用 RecyclerView 和 CardView 控件,则构建文件 build.gradle 只需要增加如下的依赖:

```
implementation "androidx.recyclerview: recyclerview: 1.1.0"
//用于控制触摸和鼠标驱动选择的项目选择
implementation "androidx.recyclerview: recyclerview-selection: 1.1.0-rc03"
implementation "androidx.cardview: cardview: 1.0.0"
```

RecyclerView 组件用于显示列表结构,它提供了 3 种内置的布局管理器用于控制显示列表的展示方式:LinearLayoutManager、GridLayoutManager 和 StaggeredGridLayoutManager。

图 4-25 LinearLayoutManager 方式

(1) LinearLayoutManager:将列表的项目以水平或垂直的滚动方式进行展示,如图 4-25 所示。可以使用 LinearLayoutManage(Context)创建一个在指定上下文中的线性布局管理器对象。

(2) GridLayoutManager:将列表的项目以网格的方式展示。当需要良好统一的格式时,GridLayoutManager 是最佳的显示方式,如图 4-26 所示。可以使用 GridLayoutManager(Context,Int)表示在上下文中创建指定列数的网格布局管理器对象。

(3) StaggeredGridLayoutManager:瀑布流布局管理器,将列表的项目以交错网格格式的方式展示,如图 4-27 所示。可以使用 StaggeredGridLayoutManager(Int,Int)创建指定列数和方向滚动的瀑布流布局管理器对象。

图 4-26 GridLayoutManager 方式 **图 4-27 StaggeredGridLayoutManager 方式**

RecyclerView 的布局实现需要适配器作为数据和视图的中介来实现。即需要展示的数据,需要通过适配器将数据适配给控件的视图内容展示出来。适配器是 RecyclerView.Adapter 的子类,必须实现下列的 3 种函数。

(1) getItemCount():返回需要展示项目的个数,常常与提供的数据相关。

(2) onCreateVIewHolder():用于创建和返回视图容器 ViewHolder 对象。ViewHolder 包含了需要展示列表单项的 GUI 控件,这些控件需要通过渲染专门的列表单项布局文件后获得。

(3) onBindViewHolder():将视图容器 ViewHolder 对象和选择的单项的序号整数进行关联。使得在 ViewHolder 对象包含的 GUI 控件中绑定具体的列表单项的数据内容。

例 4-4 RecyclerView 和 CardView 定义列表结构展示的应用实例。

(1) 使用 CardView 定义产品列表单项的布局文件,代码如下:

```xml
<!--模块 04-8 列表单项的布局定义 item_layout.xml -->
<?xml version="1.0" encoding="utf-8"?>
<androidx.cardview.widget.CardView
    android: id="@+id/cardView"
    xmlns: android="http://schemas.android.com/apk/res/android"
    android: layout_width="match_parent"
    android: layout_height="wrap_content"
    xmlns: app="http://schemas.android.com/apk/res-auto"
    android: layout_margin="5dp"
    app: cardBackgroundColor="@android: color/holo_green_light"
    app: cardElevation="3dp"
    app: cardCornerRadius="10dp"
    app: contentPadding="3dp">
    <androidx.constraintlayout.widget.ConstraintLayout
        android: layout_width="match_parent"
        android: layout_height="wrap_content">
        <ImageView android: id="@+id/robotImage"
            android: layout_width="wrap_content"
            android: layout_height="wrap_content"
            android: src="@mipmap/robot"
            app: layout_constraintBottom_toBottomOf="parent"
            app: layout_constraintEnd_toEndOf="parent"
            app: layout_constraintHorizontal_bias="0.0"
            app: layout_constraintStart_toStartOf="parent"
            app: layout_constraintTop_toTopOf="parent" />
        <TextView android: id="@+id/nameTxt"
            android: layout_width="wrap_content"
            android: layout_height="wrap_content"
            android: layout_marginEnd="84dp"
            android: text="@string/title_android_robot"
            android: textColor="@android: color/white"
            android: textSize="24sp"
            app: layout_constraintBottom_toBottomOf="parent"
            app: layout_constraintEnd_toEndOf="parent"
            app: layout_constraintHorizontal_bias="0.3"
            app: layout_constraintStart_toEndOf="@+id/imageView"
            app: layout_constraintTop_toTopOf="parent"
            app: layout_constraintVertical_bias="0.0" />
        <TextView android: id="@+id/descTxt"
            android: layout_width="wrap_content"
            android: layout_height="wrap_content"
            android: layout_marginEnd="52dp"
            android: text="@string/title_robot_desc"
            android: textColor="@android: color/white"
            android: textSize="16sp"
            app: layout_constraintBottom_toBottomOf="parent"
            app: layout_constraintEnd_toEndOf="parent"
            app: layout_constraintHorizontal_bias="0.251"
            app: layout_constraintStart_toEndOf="@+id/robotImage"
            app: layout_constraintTop_toTopOf="parent"
            app: layout_constraintVertical_bias="0.783" />
    </androidx.constraintlayout.widget.ConstraintLayout>
</androidx.cardview.widget.CardView>
```

（2）定义显示列表的主内容的布局定义，代码如下：

```
<!--模块 04-8 展示列表的活动对应的布局定义 activity_main.xml -->
<?xml version="1.0" encoding="utf-8"?>
<androidx.recyclerview.widget.RecyclerView
    android: id="@+id/recyclerView"
    xmlns: android="http://schemas.android.com/apk/res/android"
    xmlns: tools="http://schemas.android.com/tools"
    android: layout_width="match_parent"
    android: layout_height="match_parent"
    tools: context=".MainActivity" />
```

（3）定义实体类 Robot，代码如下：

```
//模块 ch04_08 定义实体类 Robot
data class Robot(val imageId: Int,val name: String,val desc: String)
```

实体类的作用不仅是现实对象的抽象。它为列表结构提供单项数据。每一个实体类对象对应一个列表结构的单项内容，可以绑定到列表结构的单项视图中。

（4）创建 RecyclerView.Adapter 适配器类 RobotAdapter，代码如下：

```
//模块 ch04_08 定义适配器类 RobotAdapter
class RobotAdapter(val mContext: Context, val robotList: List<Robot>):
RecyclerView.Adapter<RobotAdapter.ViewHolder>(){
    inner class ViewHolder(view: View): RecyclerView.ViewHolder(view){
                                                    //定义内部类，包含视图控件
        val robotImage =view.findViewById<ImageView>(R.id.robotImage)
        val nameTxt =view.findViewById<TextView>(R.id.nameTxt)
        val descTxt =view.findViewById<TextView>(R.id.descTxt)
    }
    override fun getItemCount(): Int =robotList.size   //获得列表选项的个数
    override fun onCreateViewHolder(parent: ViewGroup, viewType: Int):
    ViewHolder {                                    //创建视图容器
        //根据布局文件渲染列表单项视图
        val view =LayoutInflater.from(parent.context).inflate(R.layout.item_
            layout,parent,false)
        return ViewHolder(view)
    }
    override fun onBindViewHolder(holder: ViewHolder, position: Int) {
                                            //将视图容器与具体的单项数据绑定
        val robot =robotList[position]          //根据 position 获得单项的数据
        holder.robotImage.setImageResource(robot.imageId)
                                            //获得单项视图包含的 ImageView 组件
        holder.nameTxt.text =robot.name         //获得单项视图包含的 TextView 组件
        holder.descTxt.text =robot.desc         //获得单项视图包含的 TextView 组件
        holder.robotImage.setOnClickListener{   //处理单击事件
          Toast.makeText(mContext,"${robot.name}: ${robot.desc}",
          Toast.LENGTH_LONG).show()
        }
    }
}
```

上述定义的 RobotAdapter 是一个适配器类，用于将视图与数据进行适配绑定。首先，这个适配器类必须扩展于 RecyclerView.Adapter 类，并指定泛型为适配器内部类 ViewHolder，即 RobotAdapter.ViewHolder，表示适配单项视图的视图容器。在 RobotAdapter 类的主构造函数中传递了两个参数：context 表示应用适配器的上下文；robotList 是一个列表对象包含了一组 Robot 对象的数据，这个列表对象提供了显示 RecyclerView 列表结构的单项数据。其次，适配器使用 inner class 定义内部类 ViewHolder，表示列表单项的视图容器。在这个 ViewHolder 类内部对列表中单项的各个视图组件依次进行定义。再次，getItemCount()函数返回要处理数据的个数，即要显示在列表结构的单项个数。在此处，返回 robotList 的大小。然后，onCreateViewHolder 通过 R.layout.item_layout 引用资源 res/layout 目录的 item_layout.xml 布局文件生成列表单项的 View(视图)组件。最后，onBindViewHolder()函数将对应单项视图的各个 View 组件与对应单项 Robot 对象进行绑定。

(5) 定义 MainActivity.kt，代码如下：

```
//模块 ch04_08 MainActivity 的定义
class MainActivity : AppCompatActivity() {
    override fun onCreate(savedInstanceState: Bundle?) {
        super.onCreate(savedInstanceState)
        setContentView(R.layout.activity_main)
        val robotList =mutableListOf<Robot>()        //初始化数据
        for(i in 0 until 10){
            robotList.add(Robot(R.mipmap.robot, resources.getString(R.string.
                    title_android_robot),
                    resources.getString(R.string.title_robot_desc) ))
        }
        val adapter =RobotAdapter(this,robotList)
        val layoutManager =LinearLayoutManager(this)
        adapter.notifyDataSetChanged()
        recyclerView.adapter =adapter
        recyclerView.layoutManager =layoutManager
    }
}
```

MainActivity 调用 setContentView 函数将包含 RecyclerView 组件的 activity_main.xml 作为 Activity 的布局文件。然后，创建并初始化了包含 10 组 Robot 对象的 robotList (列表)对象。利用 MainActivity 的当前 this 对象和 robotList 创建 RobotAdapter 对象。指定 RobotAdapter 对象的布局管理器为 LinearLayoutManager(线性布局管理器)。通过 RobotAdapter 对象的 notifyDataSetChanged()函数实现根据数据变化刷新更新 RecyclerView 组件的显示内容，如图 4-28 所示。

4.4.4 BottomNavigationView

Android 提供的 BottomNavigationView 控件用于定义底部导航栏，它是一种 Material Design 控件。通过 BottomNavigationView 控件，可以在不同的 GUI 之间方便的切换。一般情况下，需要 3～5 个任务切换时，可以考虑使用 BottomNavigationView。

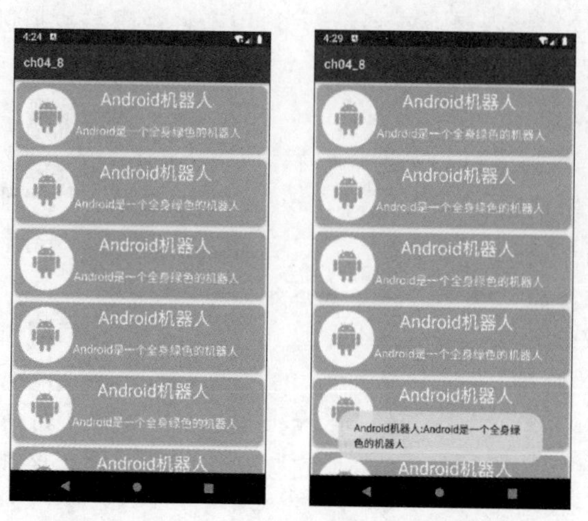

图 4-28 用 RecyclerView 展示列表的运行结果

布局文件中指定 BottomNavigationView 元素定义 app：menu 属性指定的菜单。形式如下：

```
<com.google.android.material.bottomnavigation.BottomNavigationView
    android:id="@+id/bottomNavigationView"
    android:layout_width="match_parent"
    android:layout_height="56dp"
    app:menu="@menu/bottom_navigation_menu"
    ...
/>
```

这些菜单保存 res/menu 目录下。可以通过对 BottomNavigationView 对象注册 setOnNavigationItemSelectedListener，实现对底部导航栏菜单选择的事件处理。

例 4-5 用 BottomNavigationView 设计底部导航栏的应用实例。通过底部导航栏实现对 3 个不同 Fragment 的切换。

(1) 定义底部导航栏的菜单 res/menu/bottom_navigation_menu.xml，代码如下：

```
<!--模块 04_9 bottom_navigation_menu.xml-->
<?xml version="1.0" encoding="utf-8"?>
<menu xmlns:android="http://schemas.android.com/apk/res/android">
    <item android:id="@+id/mainItem"
        android:title="@string/title_item_main"
android:icon="@mipmap/home" />
    <item android:id="@+id/searchItem"
        android:title="@string/title_item_find"
        android:icon="@mipmap/search" />
    <item android:id="@+id/mineItem"
         android:title="@string/title_item_mine"
         android:icon="@mipmap/mine" />
</menu>
```

(2) 定义 MainActivity 的布局 activity_main.xml，代码如下：

```
<!--模块 04_9 activity_main.xml-->
<?xml version="1.0" encoding="utf-8"?>
<androidx.constraintlayout.widget.ConstraintLayout
    xmlns:android="http://schemas.android.com/apk/res/android"
    xmlns:app="http://schemas.android.com/apk/res-auto"
    xmlns:tools="http://schemas.android.com/tools"
    android:layout_width="match_parent"
    android:layout_height="match_parent"
    tools:context=".MainActivity">
    <!--定义容纳 Fragment 的内容 -->
    <FrameLayout android:id="@+id/mainFrag"
        android:layout_width="match_parent"
        android:layout_height="match_parent"
        app:layout_constraintBottom_toBottomOf="parent"
        app:layout_constraintTop_toTopOf="parent"
        app:layout_constraintLeft_toLeftOf="parent"
        app:layout_constraintRight_toRightOf="parent">
    </FrameLayout>
    <!--定义底部导航栏 -->
    <com.google.android.material.bottomnavigation.BottomNavigationView
        android:id="@+id/bottomNavigationView"
        android:layout_width="match_parent"
        android:layout_height="56dp"
        android:background="@android:color/holo_blue_bright"
        app:layout_constraintBottom_toBottomOf="parent"
        app:layout_constraintLeft_toLeftOf="parent"
        app:layout_constraintRight_toRightOf="parent"
        app:layout_constraintTop_toTopOf="parent"
        app:layout_constraintVertical_bias="1.0"
        app:menu="@menu/bottom_navigation_menu" />
</androidx.constraintlayout.widget.ConstraintLayout>
```

(3) FirstFragment、SecondFragment 和 ThirdFragment 的定义，代码如下：

```
//模块 04_9 FirstFragment.kt
object FirstFragment : Fragment() {
    override fun onCreate(savedInstanceState: Bundle?) {
        super.onCreate(savedInstanceState)
    }
    override fun onCreateView(inflater: LayoutInflater, container: ViewGroup?,
        savedInstanceState: Bundle?): View? {
        return inflater.inflate(R.layout.fragment_first, container, false)
    }
}

//模块 04_9 SecondFragment.kt
object SecondFragment : Fragment() {
    override fun onCreate(savedInstanceState: Bundle?) {
        super.onCreate(savedInstanceState)
    }
```

```
    override fun onCreateView(inflater: LayoutInflater, container: ViewGroup?,
        savedInstanceState: Bundle?): View? {
        return inflater.inflate(R.layout.fragment_second, container, false)
    }
}

//模块 04_9 ThirdFragment.kt
object ThirdFragment : Fragment() {
    override fun onCreate(savedInstanceState: Bundle?) {
        super.onCreate(savedInstanceState)
    }
    override fun onCreateView(inflater: LayoutInflater, container: ViewGroup?,
        savedInstanceState: Bundle?): View? {
        return inflater.inflate(R.layout.fragment_third, container, false)
    }
}
```

（4）定义 MainActivity，代码如下：

```
//模块 04_9 MainActivity.kt
class MainActivity : AppCompatActivity() {
    override fun onCreate(savedInstanceState: Bundle?) {
        super.onCreate(savedInstanceState)
        setContentView(R.layout.activity_main)
        bottomNavigationView.itemIconTintList =null
                                                //设置底部导航栏的图标的默认设置
        bottomNavigationView.setOnNavigationItemSelectedListener {
                                                //监听底部菜单选项的事件处理
            when(it.itemId){                    //根据菜单选项选择不同的 Fragment
                R.id.mainItem->replaceFragment(FirstFragment)
                R.id.searchItem->replaceFragment(SecondFragment)
                R.id.mineItem->replaceFragment(ThirdFragment)
            }
            true
        }
    }
    fun replaceFragment(fragment: Fragment){   //替换 R.id.mainFrag 的 Fragment
        val transaction =supportFragmentManager.beginTransaction()
        transaction.replace(R.id.mainFrag, fragment)
        transaction.addToBackStack(null)
        transaction.commit()
    }
}
```

运行结果如图 4-29 所示。

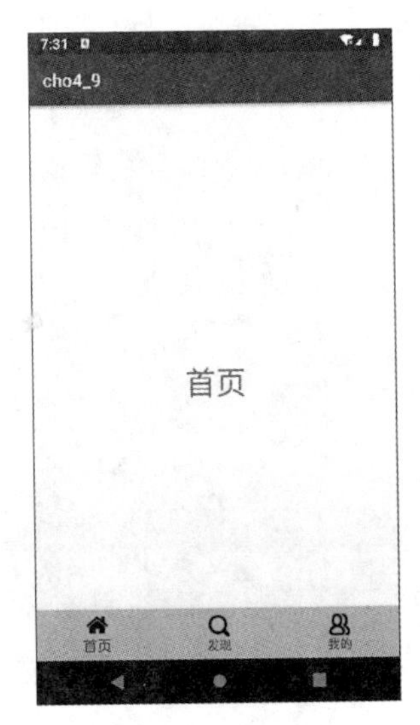

(a) 显示FirstFragment

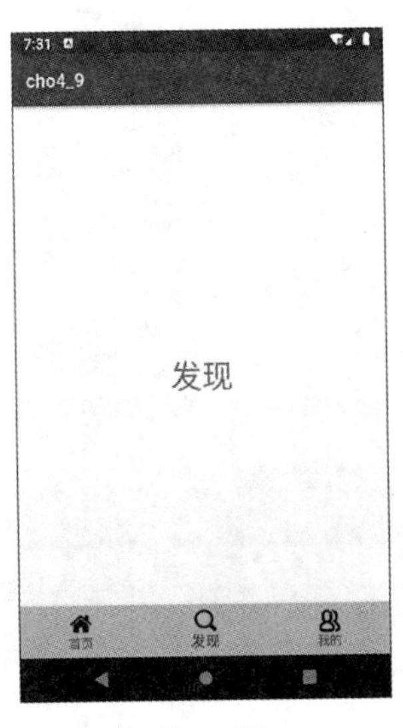

(b) 显示SecondFragment

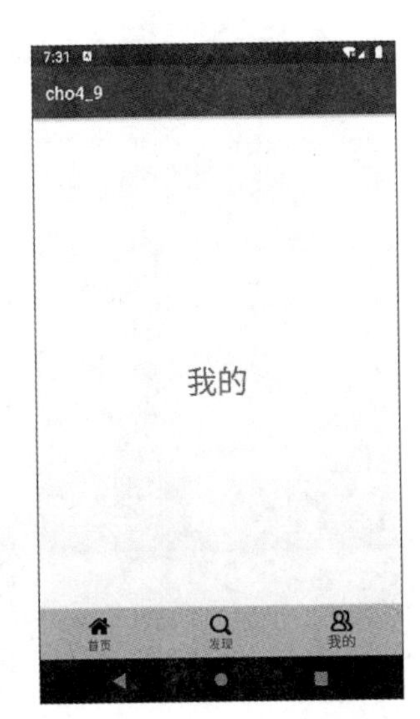

(c) 显示ThirdFragment

图 4-29　底部导航栏运行结果

4.4.5　FloatingActionButton 和 Snackbar

FloatingActionButton(悬浮按钮)和 Snackbar(可交互提示)都是 Material Design 库中使用频率非常高的控件,用于交互处理。FloatingActionButton 通常用来定义用户界面的交互操作,一般放在界面中比较显眼的位置,以方便操作。FloatingActionButton 外观为圆形,内部有一个图标,可以进行设置。FloatingActionButton 的尺寸大小有一定要求,默认情况下是 56×56dp,最小的尺寸为 40×40dp。内部包含的图标的尺寸为 24×24dp。一般情况下,FloatingActionButton 在移动应用 App 具有唯一性。

Snackbar 控件一般出现在屏幕的底部,以底部面板中呈现交互信息提示。它的功能与 Toast 的功能类似,都可以在被调用后自动、短暂地显示。但是,Snackbar 的功能更为强大,可提供交互事件的处理,而不是仅仅是信息的展示,例如:

```
Snackbar.make(view,"提示信息",Snackbar.LENGTH_LONG).setAction("操作"){
...                                                    //增加事件处理
}.show()
```

例 4-6　FloatingActionButton 和 Snackbar 的应用实例,代码如下:

```
<!--模块 04-10 MainActivity 的布局 actvity_main.xml-->
<?xml version="1.0" encoding="utf-8"?>
<androidx.constraintlayout.widget.ConstraintLayout
    android:id="@+id/mainLayout"
    xmlns:android="http://schemas.android.com/apk/res/android"
    xmlns:app="http://schemas.android.com/apk/res-auto"
    xmlns:tools="http://schemas.android.com/tools"
```

```
        android: layout_width="match_parent"
        android: layout_height="match_parent"
        tools: context=".MainActivity">
        <TextView android: id="@+id/infoTxt"
            android: layout_width="wrap_content"
            android: layout_height="wrap_content"
            android: text="Hello World!"
            app: layout_constraintBottom_toBottomOf="parent"
            app: layout_constraintLeft_toLeftOf="parent"
            app: layout_constraintRight_toRightOf="parent"
            app: layout_constraintTop_toTopOf="parent" />
        <!--定义 FloatingActionButton -->
        <com.google.android.material.floatingactionbutton.FloatingActionButton
            android: id="@+id/fab"
            android: layout_width="wrap_content"
            android: layout_height="wrap_content"
            android: background="@color/colorAccent"
            android: layout_gravity="end"
            app: srcCompat ="@android: drawable/ic_dialog_info"
            app: layout_constraintBottom_toBottomOf="parent"
            app: layout_constraintEnd_toEndOf="parent"
            app: layout_constraintHorizontal_bias="1.0"
            app: layout_constraintStart_toStartOf="parent"
            app: layout_constraintTop_toTopOf="parent"
            app: layout_constraintVertical_bias="1.0" />
</androidx.constraintlayout.widget.ConstraintLayout>
```

MainActivity 为悬浮按钮 fab 增加动作，显示交互提示。其中有一个“显示信息”按钮，单击后，可以在文本标签显示信息，代码如下：

```
<!--模块 04-10 MainActivity.kt-->
class MainActivity : AppCompatActivity() {
    override fun onCreate(savedInstanceState: Bundle?) {
        super.onCreate(savedInstanceState)
        setContentView(R.layout.activity_main)
        fab.setOnClickListener {
            Snackbar.make(mainLayout,"收到新的信息",Snackbar.LENGTH_LONG)
                .setAction("显示消息") {
                        //动作处理，单击 FloatingActionButton，修改文本标签文本
                    infoTxt.text="显示的信息：你好来自 Android 的问候！"
                }.show()
        }
    }
}
```

运行结果如图 4-30 所示。

(a) 最初的界面

(b) 单击FloatingActionButton显示交互提示

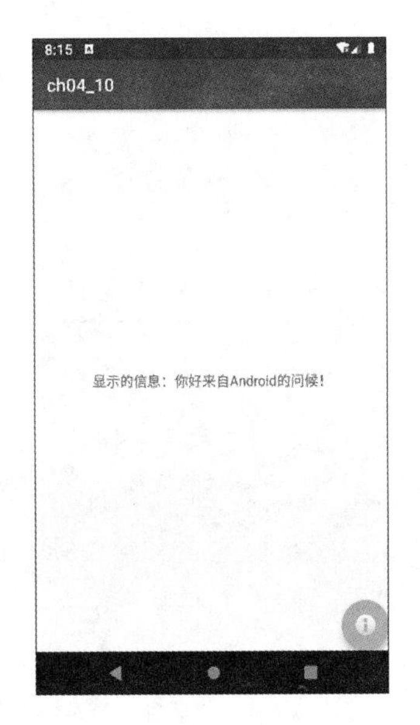

(c) 执行“显示消息”后界面

图 4-30　FloatingActionButton 和 Snackbar 的运行结果

4.5　心理测试移动应用实例

4.5.1　功能需求分析和设计

设计一个用于心理测试的移动应用。要求用户根据心理测试的题目进行选择，每题的答案只能选择一个，单选的选择是“A.很符合自己的情况”“B.比较符合自己的情况”“C.介于符合与不符合之间”“D.不大符合自己的情况”“E.很不符合自己的情况”。回答题号为奇数的题目时，选中选项 A 得 5 分，选中选项 B 得 4 分，选中选项 C 得 3 分，选中选项 D 得 2 分，选中选项 E 得 1 分；回答题号为偶数的题目时，题号选中选项 A 得 1 分，选中选项 B 得 2 分，选中选项 C 得 3 分，选中选项 D 得 4 分，选中选项 E 得 5 分。评测完毕提交结果，统计评测的总分，可以判断并显示心理测试的等级。移动测试的结果可以分享。此外，要求移动应用能对心理测试的相关情况进行介绍，以及对心理测试移动应用的开发情况进行介绍。根据需求描述，绘制如图 4-31 所示的心理测试的用例图。

根据需求，设计如图 4-32 所示的类。

图 4-32 中，MainActivity 用于定义应用的主界面。MainActivity 的界面中可以在 TestFragment（心理测试子界面）、ResultFragment（测试结果子界面）、AppFragment（移动应用说明子界面）、AboutFragment（测试内容说明子界面）4 个 Fragment 之间进行切换，显示不同的界面内容，为用户提供测试、显示测试结果、应用说明和测试说明的功能。

为了让界面更好处理，定义了两个实体类：Question 类用于定义测试问题，Result 类用于定义测试结果。AnswerAdapter 类，用于处理数据和视图之间的绑定。

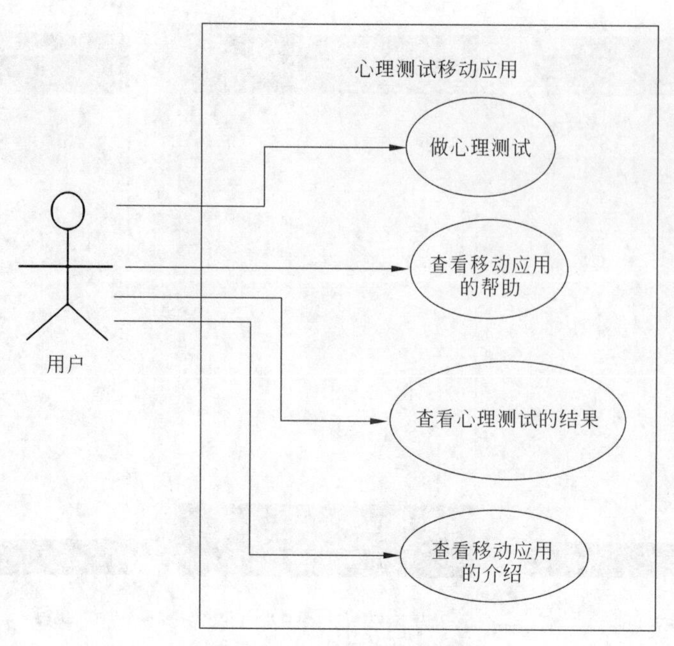

图 4-31　心理测试的用例

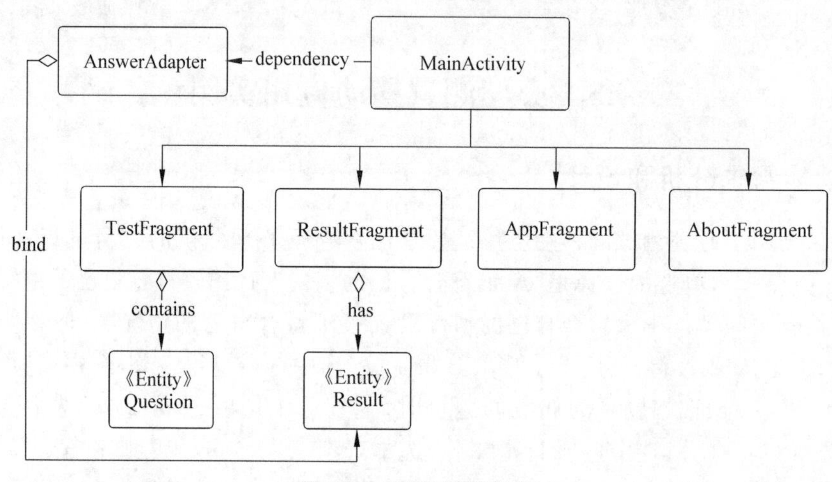

图 4-32　心理测试的类

4.5.2　心理测试移动应用的功能实现

为了心理测试能顺利进行，将所有的测试题目编辑到 res/values/arrays.xml 资源中，形式如下：

```
<!--模块 TestApp 测试题目定义 arrays.xml 局部 -->
<resources>
    <string-array name="questions">
        <item>1.我很喜欢…</item>
```

```
        <item>2.我给自己订的计划…</item>
        …
        <!--其他选项略-->
    </string-array>
    </resources>
```

根据上述资源的问题的定义与实体类 Question 测试题面的类依次对应，Question 类的定义如下所示：

```
//模块 TestApp 的问题实体类 Question.kt
/** 问题
   * no: 表示题号
   * question: 表示题面
   */
data class Question(val no: Int,val content: String)
```

1. 主界面的定义

定义的主界面需要显示考虑到顶部的工具条的处理，为此设置 res/values/themes.xml 应用的主题为 NoActionBar 的方式，代码如下：

```
<!--模块 TestApp res/values/themes.xml-->
<resources xmlns: tools="http://schemas.android.com/tools">
<style name="Theme.Chapter04"
    parent="Theme.MaterialComponents.DayNight.NoActionBar">
        …<! -略 -->
      </style>
</resources>
```

在 MainActivity 的顶部需要显示一个菜单，用于处理测试结果的分享，因此定义一个菜单定义的内容，代码如下：

```
<!--模块 TestApp res/menu/menu.xml-->
<?xml version="1.0" encoding="utf-8"?>
<menu xmlns: android="http://schemas.android.com/apk/res/android"
    xmlns: app="http://schemas.android.com/apk/res-auto">
    <item android: id="@+id/shareItem"
        android: title="@string/title_share"
        android: icon="@android: drawable/ic_menu_share"
        app: showAsAction="always" />
</menu>
```

MainActivity 的布局包含了左侧侧滑菜单和右侧导航视图。左侧侧滑菜单显示操作选项，具体包括了显示测试说明和退出应用的功能。侧滑菜单包括头部布局和菜单定义，分别如下：

```
<!--模块 TestApp 左侧的顶部内容定义 res/layout/header_layout.xml-->
<?xml version="1.0" encoding="utf-8"?>
<androidx.constraintlayout.widget.ConstraintLayout
```

```
    xmlns: android="http://schemas.android.com/apk/res/android"
    xmlns: app="http://schemas.android.com/apk/res-auto"
    xmlns: tools="http://schemas.android.com/tools"
    android: layout_width="match_parent"
    android: background="@android: color/holo_green_light"
    android: layout_height="@dimen/size_top">
    <ImageView android: id="@+id/imageView"
        android: layout_width="wrap_content"
        android: layout_height="wrap_content"
        app: layout_constraintBottom_toBottomOf="parent"
        app: layout_constraintEnd_toEndOf="parent"
        app: layout_constraintHorizontal_bias="0.103"
        app: layout_constraintStart_toStartOf="parent"
        app: layout_constraintTop_toTopOf="parent"
        app: srcCompat="@mipmap/logo_test2" />
    <TextView android: id="@+id/textView"
        android: layout_width="wrap_content"
        android: layout_height="wrap_content"
        android: text="@string/title_app_name"
        android: textSize="@dimen/size_large_text"
        android: textColor="@android: color/white"
        app: layout_constraintBottom_toBottomOf="parent"
        app: layout_constraintEnd_toEndOf="parent"
        app: layout_constraintHorizontal_bias="0.367"
        app: layout_constraintStart_toEndOf="@+id/imageView"
        app: layout_constraintTop_toTopOf="parent"
        app: layout_constraintVertical_bias="0.5" />
</androidx.constraintlayout.widget.ConstraintLayout>
```

定义侧滑菜单的代码如下：

```
<!--模块 TestApp 左侧的导航菜单内容定义 res/menu/left_navigation_menu.xml-->
<?xml version="1.0" encoding="utf-8"?>
<menu xmlns: android="http://schemas.android.com/apk/res/android">
    <item android: id="@+id/descItem"
        android: title="@string/title_test_desc"
        android: icon="@mipmap/desc" />
    <item android: id="@+id/exitItem"
        android: title="@string/title_exit_sys"
        android: icon="@mipmap/exit" />
</menu>
```

右侧导航视图与 MainActivity 的 RecyclerView 视图组件关联，用于显示测试结果。因此有必要定义 RecyclerView 组件中的单个选项，用于展示心理测试的结果单项，代码如下：

```
<!--模块 TestApp 右侧测试结果单项的显示 res/layout/item_answer_layout.xml-->
<?xml version="1.0" encoding="utf-8"?>
<androidx.constraintlayout.widget.ConstraintLayout
    xmlns: android="http://schemas.android.com/apk/res/android"
```

```
    xmlns: tools="http://schemas.android.com/tools"
    android: layout_width="@dimen/size_cell"
    android: layout_height="@dimen/size_cell"
    xmlns: app="http://schemas.android.com/apk/res-auto">
    <ImageView android: id="@+id/resultImageView"
        android: layout_width="wrap_content"
        android: layout_height="wrap_content"
        app: layout_constraintStart_toStartOf="parent"
        app: layout_constraintEnd_toEndOf="parent"
        app: layout_constraintTop_toTopOf="parent"
        app: layout_constraintBottom_toBottomOf="parent"
        app: srcCompat="@mipmap/circle"  />
    <TextView android: id="@+id/answerTxt"
        android: text="A"
        android: textSize="@dimen/size_question_text"
        android: textColor="@android: color/white"
        android: layout_width="wrap_content"
        android: layout_height="wrap_content"
        app: layout_constraintStart_toStartOf="parent"
        app: layout_constraintEnd_toEndOf="parent"
        app: layout_constraintTop_toTopOf="parent"
        app: layout_constraintBottom_toBottomOf="parent" />
    <TextView android: id="@+id/noTxt"
        android: layout_width="wrap_content"
        android: layout_height="wrap_content"
        android: text="26" android: textColor="@
        android: color/holo_blue_bright"
        android: textSize="@dimen/size_question_text"
        app: layout_constraintBottom_toBottomOf="parent"
        app: layout_constraintEnd_toEndOf="parent"
        app: layout_constraintHorizontal_bias="0.507"
        app: layout_constraintStart_toStartOf="parent"
        app: layout_constraintTop_toTopOf="parent"
        app: layout_constraintVertical_bias="1.0" />
</androidx.constraintlayout.widget.ConstraintLayout>
```

MainActivity 底部有一个底部导航栏，用来定义底部的导航实现，代码如下：

```
<!--模块 TestApp 底部导航栏的菜单显示 res/menu/bottom_navigation_menu.xml-->
<?xml version="1.0" encoding="utf-8"?>
<menu xmlns: android="http://schemas.android.com/apk/res/android">
    <item android: id="@+id/testItem"
        android: title="@string/title_test"
        android: icon="@mipmap/test" />
    <item android: id="@+id/resultItem"
        android: title="@string/title_result"
        android: icon="@mipmap/result" />
    <item android: id="@+id/aboutItem"
        android: title="@string/title_about"
        android: icon="@mipmap/about" />
</menu>
```

定义 MainActivity 布局的代码如下：

```
<!--模块 TestApp res/layout/activity_main.xml -->
<?xml version="1.0" encoding="utf-8"?>
<androidx.drawerlayout.widget.DrawerLayout
    xmlns:android="http://schemas.android.com/apk/res/android"
    xmlns:app="http://schemas.android.com/apk/res-auto"
    xmlns:tools="http://schemas.android.com/tools"
    android:id="@+id/drawerLayout"
    android:layout_width="match_parent"
    android:layout_height="match_parent"
    tools:context=".MainActivity">
    <!--定义主内容-->
    <androidx.constraintlayout.widget.ConstraintLayout
        android:layout_width="match_parent"
        android:layout_height="match_parent">
        <androidx.appcompat.widget.Toolbar android:id="@+id/toolbar"
            android:layout_width="match_parent"
            android:layout_height="?attr/actionBarSize"
            android:background="@android:color/holo_green_light"
            app:layout_constraintBottom_toBottomOf="parent"
            app:layout_constraintEnd_toEndOf="parent"
            app:layout_constraintHorizontal_bias="0.0"
            app:layout_constraintStart_toStartOf="parent"
            app:layout_constraintTop_toTopOf="parent"
            app:layout_constraintVertical_bias="0.0" />
        <!--实现不同 Fragment 之间的切换-->
        <FrameLayout android:id="@+id/mainFrag"
            android:layout_width="match_parent"
            android:layout_height="wrap_content"
            app:layout_constraintBottom_toTopOf="@+id/
            bottomNavigationView"
            app:layout_constraintEnd_toEndOf="parent"
            app:layout_constraintStart_toStartOf="parent"
            app:layout_constraintTop_toBottomOf="@+id/toolbar">
        </FrameLayout>
        <com.google.android.material.bottomnavigation.BottomNavigationView
            android:id="@+id/bottomNavigationView"
            android:layout_width="match_parent"
            android:layout_height="?actionBarSize"
            android:background="@android:color/white"
            app:layout_constraintBottom_toBottomOf="parent"
            app:layout_constraintEnd_toEndOf="parent"
            app:layout_constraintHorizontal_bias="1.0"
            app:layout_constraintStart_toStartOf="parent"
            app:layout_constraintTop_toTopOf="parent"
            app:layout_constraintVertical_bias="1.0"
            app:menu="@menu/bottom_navigation_menu" />
        <com.google.android.material.floatingactionbutton.FloatingActionButton
            android:id="@+id/fab"
            android:layout_width="wrap_content"
            android:layout_height="wrap_content"
            android:background="@color/colorAccent"
            app:srcCompat="@android:drawable/ic_input_get"
```

```
            app: layout_constraintBottom_toTopOf="@+id/bottomNavigationView"
            app: layout_constraintEnd_toEndOf="@+id/toolbar"
            app: layout_constraintHorizontal_bias="0.95"
            app: layout_constraintStart_toStartOf="@+id/toolbar"
            app: layout_constraintTop_toBottomOf="@+id/toolbar"
            app: layout_constraintVertical_bias="0.95" />
    </androidx.constraintlayout.widget.ConstraintLayout>
    <!--侧滑内容定义-->
    <!--从左到右的左边的侧滑导航-->
    <com.google.android.material.navigation.NavigationView
        android: id="@+id/leftNavigationView"
        android: layout_width="match_parent"
        android: layout_height="match_parent"
        android: layout_gravity="start"
        app: headerLayout="@layout/header_layout"
        app: menu="@menu/left_navigation_menu" />
    <!--从右到左的右边的侧滑导航-->
    <com.google.android.material.navigation.NavigationView
        android: id="@+id/rightNavigationView"
        android: layout_width="match_parent"
        android: layout_height="match_parent"
        android: layout_gravity="end"
        android: background="@android: color/white" >
        <androidx.recyclerview.widget.RecyclerView
            android: id="@+id/answerRecyclerView"
            android: layout_width="match_parent"
            android: layout_height="match_parent" />
    </com.google.android.material.navigation.NavigationView>
</androidx.drawerlayout.widget.DrawerLayout>
```

运行结果如图 4-33 所示。

从 activity_main.xml 布局文件中可以发现，主内容区包含心理测试的题目和要选择的单选按钮组。左边为滑动菜单，是操作的处理。右侧是视图导航，结合了 RecyclerView 组件显示已经选择的答案。因此定义实体类 Answer 表示答案，代码如下：

```
//模块 TestApp 实体类 Answer.kt
/**回答的结果
 * no: 表示题号
 * result: 表示用户回答的结果
 * correct: 表示分值*/
data class Answer(var no: Int,var result: String,var score: Int)
```

右侧视图导航需要定义一个适配器类，将测试结果与右侧的 RecyclerView 视图的每个单项进行绑定。适配器类定义 AnswerAdapter.kt。适配器类包含了测试解答，代码如下：

```
//模块 TestApp 适配器类 AnswerAdapter.kt 与右侧的测试结果单项的视图绑定
class AnswerAdapter(val answers: List<Answer>):
RecyclerView.Adapter<AnswerAdapter.ViewHolder>() {
    inner class ViewHolder(view: View): RecyclerView.ViewHolder(view){
```

(a) 左侧滑动菜单

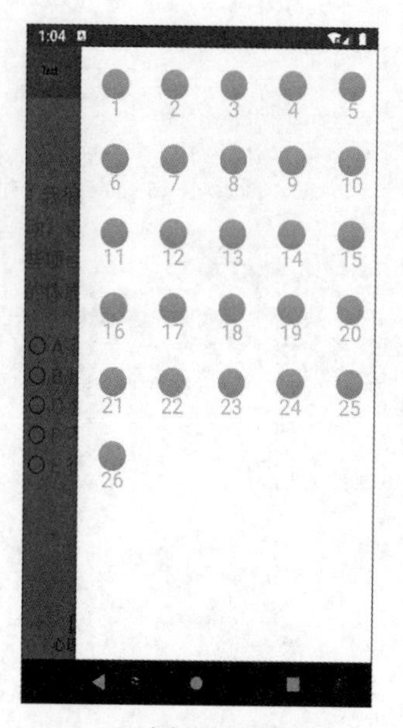

(b) 右侧测试结果

1:09 TestApp

自制力心理测试移动App只是一个测试游戏，对测试结果不任何评判。

本心理测试移动App只供教学和学习移动技术使用，不作为商业应用。

心理测试移动App的开发者是南昌大学信息工程学院计算机系 陈轶

欢迎批评指正。

心理测试 评测结果 关于App

(c) 中心内容区

图 4-33　心理测试的主界面

```
        val answerTxt =view.findViewById<TextView>(R.id.answerTxt)
        val noTxt =view.findViewById<TextView>(R.id.noTxt)
    }
    override fun onCreateViewHolder(parent: ViewGroup, viewType: Int):
    ViewHolder {                                    //创建视图
        val view =LayoutInflater.from(parent.context).inflate(R.layout.item_
            answer_layout,parent,false)
        return ViewHolder(view)
    }
    override fun getItemCount(): Int =answers.size
    override fun onBindViewHolder(holder: ViewHolder, position: Int) {
                                                    //数据和 RecyclerView 视图的单项绑定
        val answer =answers[position]
        holder.answerTxt.text =answer.result
        holder.noTxt.text ="${answer.no}"
    }
}
```

最后，在 MainActivity 对不同部分进行增加相应的动作处理，代码如下：

```
//模块 TestApp 的 MainActivity.kt
class MainActivity : AppCompatActivity() {
    companion object{
        val answers =mutableListOf<Answer>()
        lateinit var answerAdapter: AnswerAdapter
    }
    override fun onCreate(savedInstanceState: Bundle?) {
        super.onCreate(savedInstanceState)
```

```
    setContentView(R.layout.activity_main)
    replaceFragment(TestFragment)         //设置默认的界面为测试界面
    handleToolbar()                       //处理顶部的工具条
    handleFab()                           //处理悬浮按钮
    handleLeftNavigationView()            //处理左边的滑动菜单
    handleRightNavigationView()           //处理右边的滑动导航
    handleBottomNavigationView()          //处理底部的导航栏
}
fun handleToolbar(){                      //处理工具条
    setSupportActionBar(toolbar)
    supportActionBar?.let{                //设置 Home 键可视
        it.setDisplayHomeAsUpEnabled(true)
        it.setHomeAsUpIndicator(R.mipmap.logo_test)
    }
}
fun handleFab(){                          //处理 FloatingActionButton
    fab.setOnClickListener {
        drawerLayout.openDrawer(GravityCompat.END)
                                          //打开自右向左的抽屉显示右边的导航栏
    }
}
fun handleLeftNavigationView(){           //处理左边的导航栏
    leftNavigationView.itemIconTintList =null
                                          //取消默认的菜单图标设置
    leftNavigationView.setCheckedItem(R.id.descItem)
                                          //设置默认的菜单选项
    leftNavigationView.setNavigationItemSelectedListener {
                                          //导航选项选择处理
        when(it.itemId){
            R.id.descItem->replaceFragment(AboutFragment)
            R.id.exitItem->{
                AlertDialog.Builder(this).apply{
                    setIcon(R.mipmap.logo_test)
                    setTitle(R.string.title_app_name)
                    setMessage(R.string.title_confirm_exit)
                    setPositiveButton(R.string.title_OK) { _, _->
                        exitProcess(0)
                    }
                    setNegativeButton(R.string.title_Cancel,null)
                    create()
                    show()
                }
            }
        }
        drawerLayout.closeDrawers()       //关闭侧边的导航菜单
        true
    }
}
fun handleRightNavigationView(){          //处理右边的导航栏
```

```
    val size =resources.getStringArray(R.array.questions).size
     for(i in 0 until size){
       answers.add(Answer(i+1,"",0))
     }
     answerAdapter =AnswerAdapter(answers)
     answerAdapter.notifyDataSetChanged()
     answerRecyclerView.adapter =answerAdapter
     answerRecyclerView.layoutManager =GridLayoutManager(this,5)
}
fun handleBottomNavigationView(){
     bottomNavigationView.setOnNavigationItemSelectedListener {
                                          //处理底部的导航栏
         when(it.itemId){
             R.id.testItem->replaceFragment(TestFragment)
             R.id.resultItem->replaceFragment(ResultFragment())
             R.id.aboutItem->replaceFragment(AppFragment)
         }
         true
     }
}
fun aciviteBottomMenu(index: Int){   //激活底部的菜单选项
     when(index){
         0->bottomNavigationView.selectedItemId =R.id.testItem
         1->bottomNavigationView.selectedItemId =R.id.resultItem
         2->bottomNavigationView.selectedItemId =R.id.aboutItem
     }
}
override fun onCreateOptionsMenu(menu: Menu?): Boolean {
                                          //创建菜单
     menuInflater.inflate(R.menu.menu,menu)
     return super.onCreateOptionsMenu(menu)
}
override fun onOptionsItemSelected(item: MenuItem): Boolean {
                                          //选择菜单项
     when(item.itemId){
         R.id.shareItem->{               //分享内容
             val intent =Intent(Intent.ACTION_SEND);
             intent.type ="text/plain";
         intent.putExtra(Intent.EXTRA_TEXT,
         ResultFragment.judgeResult(ResultFragment.scores));
             startActivity(Intent.createChooser(intent, "分享"));
         }
         android.R.id.home->{            //处理工具栏的 Home 键,显示左侧的滑动菜单
             drawerLayout.openDrawer(GravityCompat.START)
         }
     }
     return super.onOptionsItemSelected(item)
}
fun replaceFragment(fragment: Fragment){ //替换 UI 的 Fragment
```

```
        val transaction =supportFragmentManager.beginTransaction()
         transaction.replace(R.id.mainFrag,fragment)
         transaction.addToBackStack(null)
         transaction.commit()
    }
}
```

2. 测试功能

测试题目内容从资源中获取并显示题目，用户根据题目进行解答。也可以通过上下题跳转题目以及通过提交按钮提交答题。对应的测试心理的 TestFragment.kt 和对应的布局定义，代码如下：

```
<!--模块 TestApp res/layout/fragment_test.xml-->
<?xml version="1.0" encoding="utf-8"?>
<FrameLayout xmlns: android="http://schemas.android.com/apk/res/android"
    xmlns: tools="http://schemas.android.com/tools"
    android: layout_width="match_parent"
    android: layout_height="match_parent"
    android: id="@+id/test_drawerLayout"
    tools: context=".TestFragment">
    <!--主中心区-->
    <LinearLayout android: layout_width="match_parent"
        android: layout_height="wrap_content"
        android: layout_gravity="center"
        android: orientation="vertical">
        <TextView android: id="@+id/questionTxt"
            android: textColor="@android: color/holo_blue_bright"
            android: textSize="@dimen/size_question_text"
            android: layout_width="match_parent"
            android: layout_height="wrap_content"
            android: lines="5" />
        <RadioGroup android: id="@+id/answerGroup"
            android: layout_width="match_parent"
            android: layout_height="wrap_content">
            <RadioButton android: id="@+id/aRadioBtn"
                android: text="@string/choice_a"
                android: textColor="@android: color/holo_blue_bright"
                android: textSize="@dimen/size_question_text"
                android: layout_width="match_parent"
                android: layout_height="wrap_content"  />
            <RadioButton android: id="@+id/bRadioBtn"
                android: text="@string/choice_b"
                android: textColor="@android: color/holo_blue_bright"
                android: textSize="@dimen/size_question_text"
                android: layout_width="match_parent"
                android: layout_height="wrap_content" />
            <RadioButton android: id="@+id/cRadioBtn"
                android: text="@string/choice_c"
                android: textColor="@android: color/holo_blue_bright"
                android: textSize="@dimen/size_question_text"
                android: layout_width="match_parent"
                android: layout_height="wrap_content" />
```

```
            <RadioButton android: id="@+id/dRadioBtn"
                android: text="@string/choice_d"
                android: textColor="@android: color/holo_blue_bright"
                android: textSize="@dimen/size_question_text"
                android: layout_width="match_parent"
                android: layout_height="wrap_content" />
            <RadioButton android: id="@+id/eRadioBtn"
                android: text="@string/choice_e"
                android: textColor="@android: color/holo_blue_bright"
                android: textSize="@dimen/size_question_text"
                android: layout_width="wrap_content"
                android: layout_height="wrap_content" />
        </RadioGroup>
        <LinearLayout android: layout_width="wrap_content"
            android: layout_height="wrap_content"
            android: layout_gravity="center_horizontal"
            android: orientation="horizontal">
            <Button android: id="@+id/preBtn"
                android: text="@string/pre_btn"
                android: layout_width="wrap_content"
                android: layout_height="wrap_content" />
            <Button android: id="@+id/nextBtn"
                android: text="@string/next_btn"
                android: layout_width="wrap_content"
                android: layout_height="wrap_content" />
            <Button android: id="@+id/submitBtn"
                android: text="@string/submit_btn"
                android: layout_width="wrap_content"
                android: layout_height="wrap_content" />
        </LinearLayout>
    </LinearLayout>
</FrameLayout>
```

定义 TestFragment,完成相应的测试选项的选择和提交测试的处理,代码如下:

```
//模块 TestApp TestFragment.kt
object TestFragment : Fragment() {                                  //心理测试界面
    private var position =0
    lateinit var questions: MutableList<Question>
    lateinit var answers: List<Answer>
    lateinit var question: Question
    lateinit var answer: Answer
    override fun onCreate(savedInstanceState: Bundle?) {
        super.onCreate(savedInstanceState)
        val questionContents =resources.getStringArray(R.array.questions)
        questions =mutableListOf<Question>()
        for(i in questionContents.indices){                         //获得答题列表
            questions.add(Question(i+1,questionContents[i]))
        }
        answers =MainActivity.answers
    }
    override fun onCreateView(inflater: LayoutInflater, container: ViewGroup?,
```

```
savedInstanceState: Bundle?): View? {
 val view =inflater.inflate(R.layout.fragment_test, container, false)
 view.questionTxt.text =questions[position].content
 view.answerGroup.setOnCheckedChangeListener { _, checkedId ->
     var odd = (position+1)%2 ==0                //判断题号的奇偶性
     question =questions[position]
     answer =answers[position]
     when(checkedId){
         R.id.aRadioBtn->{
             answer.score =if(odd)5 else 1
             answer.result ="A"
         }
         R.id.bRadioBtn->{
             answer.score =if(odd)4 else 2
             answer.result ="B"
         }
         R.id.cRadioBtn->{
             answer.score =3
             answer.result ="C"
         }
         R.id.dRadioBtn->{
             answer.score =if(odd)2 else 4
             answer.result ="D"
         }
         R.id.eRadioBtn->{
             answer.score =if(odd)1 else 4
             answer.result ="E"
         }
     }
     MainActivity.answerAdapter.notifyDataSetChanged()
 }
 view.preBtn.setOnClickListener {                //跳转到上一题
      position -=1
      if(position>=0) {
           view.questionTxt.text =questions[position].content
           resetRadios(view,answers[position])
      }
 }
 view.nextBtn.setOnClickListener {               //跳转到下一题
     position +=1
     if(position<questions.size) {
          view.questionTxt.text =questions[position].content
          resetRadios(view,answers[position])
     }
 }
 view.submitBtn.setOnClickListener {             //提交答案
      val activity =context as MainActivity
      activity.replaceFragment(ResultFragment())
      activity.aciviteBottomMenu(1)              //激活底部导航栏的第二个菜单
 }
```

```
        return view
    }
    private fun resetRadios(view: View,answer: Answer) {          //重置按钮组
        when (answer.result) {
            "A" ->view.aRadioBtn.isChecked =true
            "B" ->view.bRadioBtn.isChecked =true
            "C" ->view.cRadioBtn.isChecked =true
            "D" ->view.dRadioBtn.isChecked =true
            "E" ->view.eRadioBtn.isChecked =true
            else ->{
                view.aRadioBtn.isChecked =false
                view.bRadioBtn.isChecked =false
                view.cRadioBtn.isChecked =false
                view.dRadioBtn.isChecked =false
                view.eRadioBtn.isChecked =false
            }
        }
    }
}
```

运行结果如图 4-34 所示。

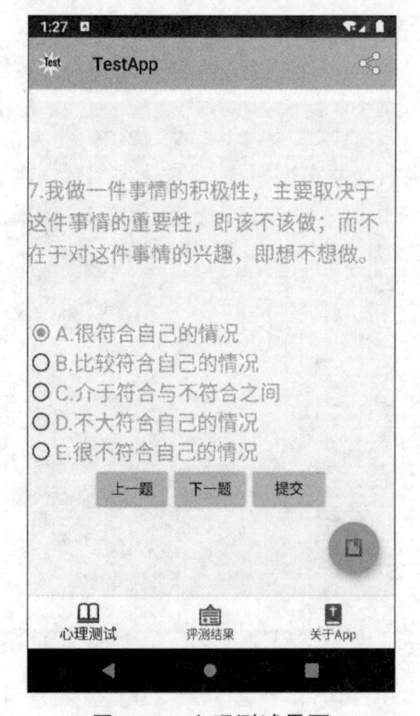

图 4-34　心理测试界面

3. 显示测试结果功能

心理测试完成后，会自动跳转到测试结果界面，也可以主动选择心理测试结果的界面。定义测试结果布局的代码如下：

```
<!--模块 TestApp fragment_result.xml -->
<?xml version="1.0" encoding="utf-8"?>
<TextView android: id="@+id/resultTxt"
    xmlns: android="http://schemas.android.com/apk/res/android"
    xmlns: tools="http://schemas.android.com/tools"
    android: layout_width="match_parent"
    android: layout_height="match_parent"
    tools: context=".ResultFragment"
    android: textSize="@dimen/size_large_text"
    android: textColor="@android: color/holo_green_light"
    android: lines="10"
    android: layout_gravity="center" />
```

定义测试心理结果的 ResultFragment，代码如下：

```
//模块 TestApp 心理测试的结果界面 ResultFragment.kt
class ResultFragment : Fragment() {
    companion object{
        var scores =0
        fun judgeResult(scores: Int): String=when {    //判断心理测试后的心理类别
            scores>=111 ->"自制力很强"
            scores>=91 ->"自制力比较强"
            scores>=71 ->"自制力一般"
            scores>=51 ->"自制力比较弱"
            else ->"自制力很薄弱"
        }
    }
    override fun onCreate(savedInstanceState: Bundle?) {
        super.onCreate(savedInstanceState)
    }
    override fun onCreateView(inflater: LayoutInflater, container: ViewGroup?,
        savedInstanceState: Bundle? ): View? {
        val view =inflater.inflate(R.layout.fragment_result, container, false)
        val answers =MainActivity.answers
        for(answer in answers)
            scores +=answer.score
        view.resultTxt.text =judgeResult(scores)
        return view
    }
}
```

运行结果如图 4-35 所示。

4. 显示移动应用说明功能

用户可以选择移动应用说明，了解心理测试移动应用开发的一些背景情况。定义移动应用布局的代码如下：

```
<!--模块 TestApp fragment_app.xml-->
<?xml version="1.0" encoding="utf-8"?>
<TextView xmlns: android="http://schemas.android.com/apk/res/android"
    xmlns: tools="http://schemas.android.com/tools"
```

(a) 测试结果的界面

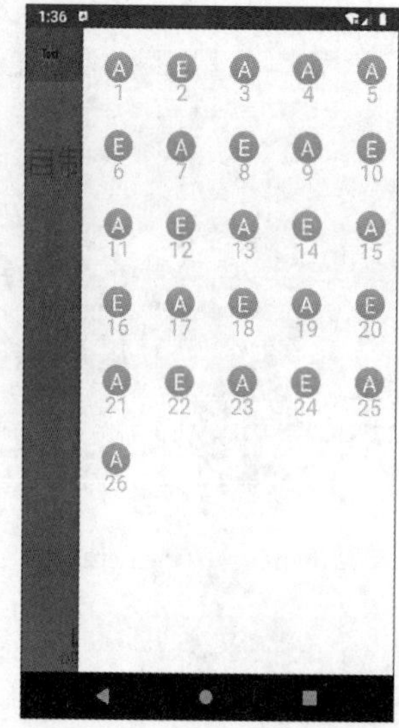

(b) 主活动右边的导航结果

图 4-35　显示心理测试结果的界面

```
    android: layout_width="match_parent"
    android: layout_height="match_parent"
    android: layout_gravity="center"
    android: textColor="@android: color/holo_green_dark"
    android: textSize="@dimen/size_middle_text"
    android: text="@string/title_app_introduction"
    tools: context=".AppFragment" />
```

定义移动应用说明的 AppFragment 代码如下：

```
//模块 TestApp AppFragment.kt
object AppFragment : Fragment() {
    override fun onCreate(savedInstanceState: Bundle?) {
        super.onCreate(savedInstanceState)
    }
    override fun onCreateView(inflater: LayoutInflater, container: ViewGroup?,
        savedInstanceState: Bundle? ): View? {
        return inflater.inflate(R.layout.fragment_app, container, false)
    }
}
```

5. 显示测试说明的功能

用户可以选择心理测试说明，了解心理测试背景情况。定义测试心理说明 AboutFragment 布局的代码如下：

```
<!--模块 TestApp fragment_about.xml-->
<?xml version="1.0" encoding="utf-8"?>
<TextView xmlns: android="http://schemas.android.com/apk/res/android"
```

```
    xmlns: tools="http://schemas.android.com/tools"
    android: layout_width="match_parent"
    android: layout_height="match_parent"
    android: layout_gravity="center"
    android: textColor="@android: color/holo_green_dark"
    android: textSize="@dimen/size_small_text"
    android: text="@string/title_about_test"
    tools: context=".AboutFragment" />
```

定义测试心理说明 AboutFragment 的代码如下：

```
//模块 TestApp AboutFragment.kt
object AboutFragment : Fragment() {
    override fun onCreate(savedInstanceState: Bundle?) {
        super.onCreate(savedInstanceState)
    }
    override fun onCreateView(inflater: LayoutInflater, container: ViewGroup?,
        savedInstanceState: Bundle?): View? {
        return inflater.inflate(R.layout.fragment_about, container, false)
    }
}
```

习　题　4

一、选择题

1. ________可以根据布局内控件的相对位置来实现不同组件的排列。

A. LinearLayout　　B. FrameLayout

C. RelativeLayout　　D. ConstraintLayout

2. 所有的布局组件必须设置的属性是________。

A. android：layout_width　　B. android：orientation

C. android：layout_gravity　　D. android：name

3. 要使用 Toolbar 组件，需要在 Application（移动应用）的 Theme（主题）样式指定为________。

A. DarkActionBar　　B. NoActionBar

C. LightActionBar　　D. 以上说法均不正确

4. 在 DrawerLayout 主要由两个部分构成：主内容区和侧滑内容部分。侧滑内容部分，往往通过________组件来实现。

A. CardView　　B. RecyclerView

C. NavigationView　　D. BottomNavigationView

5. 一般情况下，Toolbar 默认只有一个 Home 位于左上角，如果让 Home 可见，需要调用 supportActionBar 的________。

A. setDisplayHomeAsUpEnabled(true)

B. setHomeAsUpIndicator(android.R.drawable.btn_star_big_on)

C. setHomeAsUpIndicator(true)

D. setDisplayHomeAsUp(android.R.drawable.btn_star_big_on)

6. ________组件会出现在屏幕的底部，以底部面板中呈现交互信息提示，并可以进行动作交互。

A. Toast　　B. SnackBar

C. FloatActionButton　　D. Toolbar

7. 在 ConstraintLayout 中，可以将不同的组件构建双向联系，形成 ConstraintLayout 链。它会以________样式实现，把两边最边缘的两个 View 到外向父组件边缘的距离相除，然后让 Views 在剩余的空间内平分间隙布局。

A. Spread　　B. Spread Inside

C. Packed　　D. 以上答案均不正确

8. 在用 BottomNavigationView 定义底部导航栏时，需要利用________属性来设置指定的菜单。

A. android：menu　　B. app：menu

C. menu　　D. xml：menu

二、填空题

1. 每个 View 都有自己的事件处理的回调函数，基于回调的事件处理 UI 组件不但________，而且________。

2. ConstraintLayout 布局管理器中，对包含的控件需要必须指定________和________。

3. View 组件具有回调函数 onTouchEvent()，如果调用该函数时返回 true，表示该组件________，如果函数返回 False，表示该组件________。

4. Android 提供了两种事件处理机制实现用户与移动界面的交互，它们是________和________。

5. RecyclerView 组件需要设置适配器，这个适配器用于数据和视图进行关联。该适配器类必须是________类的子类。适配器类必须覆盖________函数用于创建和返回视图容器 ViewHolder 对象。适配器类覆盖________函数使得在 ViewHolder 对象包含的 GUI 控件中绑定具体的列表单项的数据内容。

三、上机实践题

1. 使用 RecyclerView 组件开发一个显示当前播放电影的简介(包括图片、电影名、电影简介)。为界面定义一个悬浮动作按钮，单击后能将手机屏幕向上滚动到第一个电影记录。定义一个菜单，菜单包括两个菜单项，其一实现随机重复增加一部电影记录；其二实现随机删减一部电影。无论执行哪个操作，要求：显示的 RecyclerView 中的电影信息能及时更新，RecyclerView 的每个单项请使用 CardView 来定义。

2. 自行设计并完成一个类似 QQ 聊天的用户注册和登录的移动界面。分别使用多种基本布局和约束布局来实现。

3. 自行设计并完成一个类似墨迹天气的天气预报的移动界面，可以由多个界面构成。要求：

(1) 结合 BottomNavigationView 实现底部菜单导航。

(2) 显示当天的天气包括温度、阴晴、空气质量、湿度。

(3) 结合 RecyclerView 和 CardView 设计近 7 天的天气预报的界面。

4. 自行设计并完成一个新闻列表显示的移动界面。要求:

(1) 显示新闻列表。

(2) 根据从新闻列表中选择新闻,将该新闻显示。

5. 自行设计并完成一个移动应用,设计并开发一个"音乐专辑"(类似 QQ 音乐中歌单显示界面)应用的界面,可以考虑结合 DrawerLayout 实现侧滑抽屉的显示,"音乐专辑"界面请结合 Toolbar、RecyclerView、FloatingActionBar、EditText、Button 等组件构成。

第 5 章　Android 的并发处理

在移动应用中常常需要多个任务同时处理。对于访问在线资源、访问数据库、解析数据、加载音频视频等特别耗时的操作或者在移动应用中必须同时处理多任务时，可以使用 Android 系统的多线程、Handler 机制及异步任务来执行并发处理。本章将结合多线程、Handlder 消息处理机制、异步任务来解决多任务。由于 Android 11 及以后版本不支持 AsyncTask 来处理异步任务，而是使用 Kotlin 的协程处理异步任务，因此本章会介绍如何使用 Kotlin 协程解决异步任务处理。

5.1　多　线　程

线程是操作系统调度的最小单位，是依附进程而存在的。Kotlin 对 Java 的线程进行了封装，简化的线程的处理。

创建一个线程类，有两种形式，一种是定义类，让它实现 Runnable 接口，形式如下：

```
class MyThread: Runnable{
    override fun run(){
        println("定义实现 Runnable 的类")
    }
}
```

然后，利用这个线程体类对象创建线程对象并启动线程。代码的表现形式如下：

```
Thread(MyThread()).start()
```

另外一种自定义线程的定义方式是，定义一个 Thread 类的子类，然后创建这个线程类的对象，再调用 start()方法启动线程，形式如下：

```
Thread {
    override fun run() {
        println("使用对象表达式创建")
    }
}.start()
```

Kotlin 对线程对象的创建和启动进行简化，可以采用下列方式来创建和启动线程：

```
thread {
    println("running from thread(): ${Thread.currentThread()}")
}
```

每一个启动的 Android 移动应用都有一个单独的一个进程。这个进程中有多个线程。

这些线程中仅有一个 UI 主线程。Android 应用程序运行时创建的 UI 主线程主要负责控制 UI 界面的显示、更新和控件交互。Android 程序创建之初,一个进程是单线程状态,所有的任务都在主线程运行,这会导致 UI 主线程的负担过重。一个应用中可通过定义多个线程来完成不同任务,分担主线程的责任,避免主线程阻塞。当主线程阻塞超过规定时间,会出现 ANR(Application Not Responding,应用程序无响应)问题,导致程序中断运行。

例 5-1 显示计时的应用实例 1,代码如下:

```
//模块 Ch05_01 主活动定义 MainActivity.kt
class MainActivity : AppCompatActivity() {
    private var running =true          //设置线程运行的控制变量
    private var time =0
    override fun onCreate(savedInstanceState: Bundle?) {
        super.onCreate(savedInstanceState)
        setContentView(R.layout.activity_main)
        startBtn.setOnClickListener {//定义按钮执行启动线程
            running =true
            thread{                    //创建并启动自定义线程
                while(running){
                    Thread.sleep(1000)
                    time++
                    Log.d("MainActivity","${time}秒")
                }
            }
        }
        endBtn.setOnClickListener {
                                       //定义按钮执行停止线程,设置线程运行的条件为 false
            running =false
        }
    }
}
```

运行效果如图 5-1 所示。

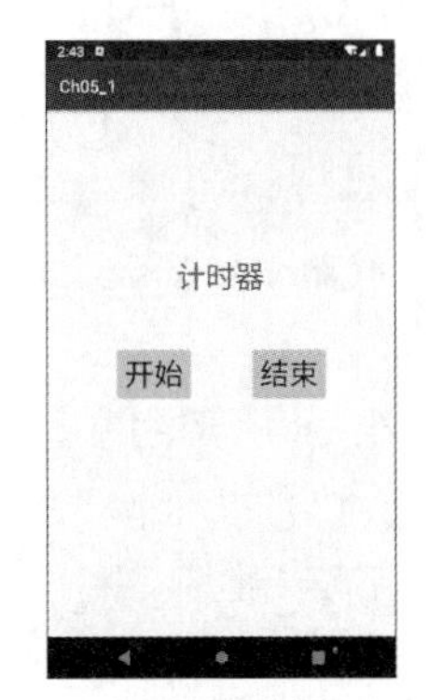

(a) 运行界面

```
logcat
2020-11-17 10:39:10.683 22136-22208/chenyi.book.androidapplicaiton.chapter05 D/MainActivity: 1秒
2020-11-17 10:39:11.686 22136-22208/chenyi.book.androidapplicaiton.chapter05 D/MainActivity: 2秒
2020-11-17 10:39:12.688 22136-22208/chenyi.book.androidapplicaiton.chapter05 D/MainActivity: 3秒
2020-11-17 10:39:13.691 22136-22208/chenyi.book.androidapplicaiton.chapter05 D/MainActivity: 4秒
2020-11-17 10:39:14.693 22136-22208/chenyi.book.androidapplicaiton.chapter05 D/MainActivity: 5秒
```

(b) 运行的日志

图 5-1 计时运行

在 MainActivity 中定义并启动了一个自定义线程。这个线程的主要任务是每秒更新一次日志并记录流逝的时间。再通过布尔值 running 来控制线程运行。单击“开始”按钮，running 为 true，观察日志可以发现，时间动态显示。单击“结束”按钮，设置 running 为 false，使得线程停止。观察日志，可以发现停止计时。

对上述例子进行修改，自定义线程体，让文本框 timeTxt 内容发生变化，代码如下：

```
class MainActivity : AppCompatActivity() {
    private var running =true
    private var time =0
    override fun onCreate(savedInstanceState: Bundle?) {
        super.onCreate(savedInstanceState)
        setContentView(R.layout.activity_main)
        startBtn.setOnClickListener {
            running =true
            thread{
                while(running){
                    Thread.sleep(1000)
                    time++
                    timeTxt.text ="${time}秒"
                    Log.d("MainActivity","${time}秒")
                }
            }
        }
        endBtn.setOnClickListener {
            running =false
        }
    }
}
```

执行上述代码，会出现 android.view.ViewRootImpl $ CalledFromWrongThreadException 异常，导致程序中断闪退移动应用。这是因为自定义线程无法修改主线程定义的 UI 控件。只有 UI 主线程才能修改和变更 UI 控件。下一节 Handler 机制中来解决这个问题。

5.2 Handler 机制

用于消息(Message)处理的 Handler 机制是一种异步处理方式。通过 Handler 机制可以实现不同线程之间的通信。Handler 机制相关的类有 Looper、MessageQueue、Message 和 Handler 类。它们各司其职，彼此之间的关系如图 5-2 所示。

其中，Looper 在线程内部定义，每个线程只能定义一个 Looper。Looper 内部封装了 MessageQueue(消息队列)。Looper 对象消息队列进行循环管理。通常所说的 Looper 线程就是循环工作的线程。一个线程不断循环，一旦有新任务则执行，执行完毕，继续等待下一个任务，以这种方式执行任务的线程就是 Looper 线程。

Message 也称为任务。有时将 Runnable 线程体对象封装成 Message 对象来处理其中的任务。Handler 对象发送、接收并进行 Message 的处理。Message 封装了任务携带的信息和处理该任务的 handler。可以直接调用 Message 构造函数来创建 Message 对象，但是这种方法并不常用。最常见获取 Message 对象的方式如下。

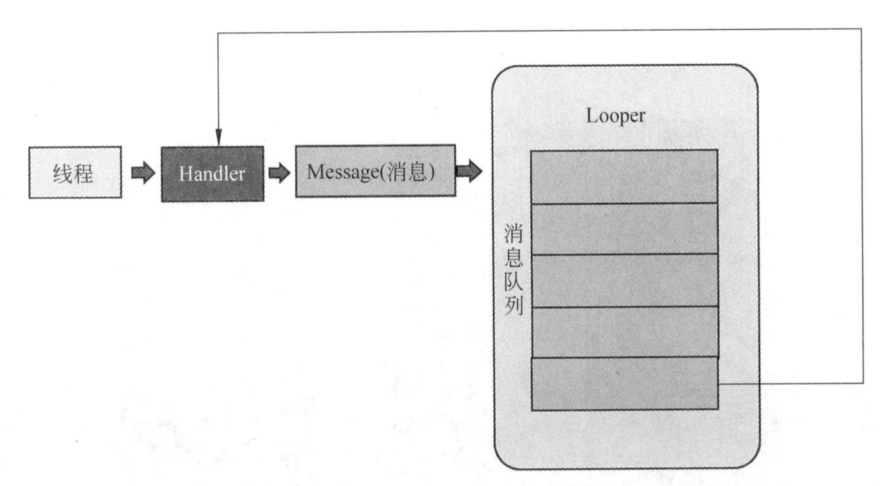

图 5-2　Handler 消息处理机制

(1) 通过 Message.obtain()函数从消息池中获得空消息对象,以节省资源。

(2) 通过 handler.obtainMessage()函数获得 Message 对象实例,即从全局的消息池中获得消息对象。

Message 对象具有属性 Message.arg1 和 Message.arg2,它们用来传递基本简单数据信息,例如数值等。这比用 Bundle 更省内存。如果需要传递更复杂的对象,可以通过消息 Message 对象的 obj 属性来实现。Message 对象的 what 属性来标识信息,以便用不同方式处理消息对象。

当产生一个消息时,关联 Looper 的 Handler 对象会将 Message 对象发送给 MessageQueue。Looper 对 MessageQueue 进行管理和控制,控制 Message 进出 MessageQueue。一旦 Message 从 MessageQueue 出列,可以使用 Handler 对这个 Message 对象进行处理。

Handler 既是处理器,也是调度器,用于调度和处理线程。它最主要的工作是发送和接收并处理 Message。Handler 往往与 Looper 关联。Handler 可以调度 Message,将一个任务切换到某个指定的线程中去执行。在 Handler 中常见的任务是用于更新 UI。在其他线程也称为工作线程(Work Thread),修改了数据,而这些数据会影响到 UI 的界面。因为这些工作线程自己并不能变更 UI,所以常见的处理方式是将数据封装成 Message,并通过 Handler 对象发送到 MessageQueue 中。最后在 UI 主线程中接收这些数据,对 UI 界面进行变更,如图 5-3 所示。

例 5-2　显示计时的应用实例 2,代码如下:

```
//模块 Ch05_02 MainActivity.kt
class MainActivity : AppCompatActivity() {
    var running =true
    val handler =object: Handler(Looper.get MainLooper()){
        override fun handleMessage(msg: Message) {
            if(msg.what ==0x123){                              //判断消息的来源
                timeTxt.text ="${msg.arg1}秒"
```

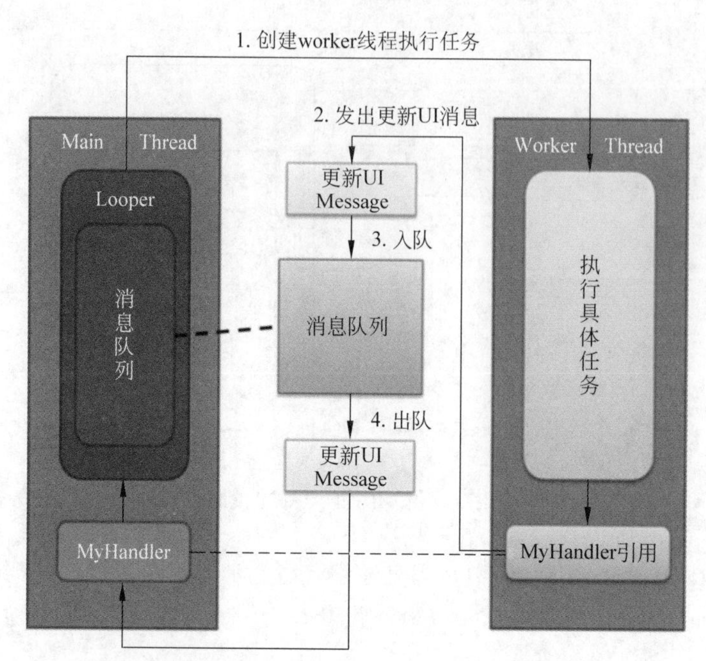

图 5-3 Handler 机制

```
            }
        }
    }
    override fun onCreate(savedInstanceState: Bundle?) {
        super.onCreate(savedInstanceState)
        setContentView(R.layout.activity_main)
        startBtn.setOnClickListener {                    //定义按钮处理启动线程
            running = true
            var time = 0
            thread{                                       //创建并启动工作线程
                while(running){
                    Thread.sleep(1000)                    //当前线程休眠 1s
                    time++
                    var message = Message.obtain()
                    message.arg1 = time                   //设置参数
                    message.what = 0x123                  //设置消息标识
                    handler.sendMessage(message)          //发送消息
                }
            }
        }
        endBtn.setOnClickListener {                      //让线程停止循环自动终结
            running = false
        }
    }
}
```

运行结果如图 5-4 所示。

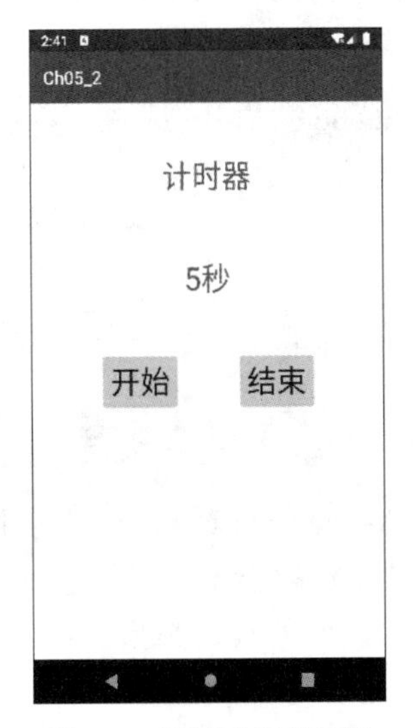

图 5-4 计时器运行结果

在上述的 MainActivity 中并没有创建 Looper 对象，而是通过 Looper.getMainLooper()函数调用 UI 主线程内置的 Looper 对象。在这个计数器的活动中，可直接利用 UI 主线程的 Looper 来控制 MessageQueue。上述代码中，object 表示生成一个匿名对象。Handler 对象在工作线程（自定义的线程）中，发送消息。在主线程中，handler 对象对出列的 Message 的 what 来源标识进行判断，确定其是否是从指定工作线程发出的，最后对这个消息进行处理。在本例中，实现了修改 TextView 控件的文本信息，从而实现了动态计时功能。

5.3 异步任务

在 Android 10 及之前的版本中，当处理耗时的任务时，会通过异步任务 AsyncTask 来实现。异步任务的执行步骤有 3 个步骤。

（1）在 UI 线程接收事件。

（2）在非 UI 线程中处理相应事件。

（3）UI 根据处理结果进行刷新。

通过这 3 个步骤，将一些耗时的操作在工作线程中完成，并实现了用户界面更新的处理。下面是一个异步任务的基本结构，代码如下：

```
class SomeTask(): AsyncTask<Unit, Int, Boolean>() {
    /** 任务执行前调用 */
    override fun onPreExecute() {
        …
    }
    /** 这个方法的所有方法会在子线程中被调用，用于处理耗时的任务 */
    override fun doInBackground(vararg params: Unit?): Boolean {
        …
```

```
        return true
    }
    /**修改执行的进度*/
    override fun onProgressUpdate(vararg values: Int?) {
        …
    }
    /**完成所有的处理*/
    override fun onPostExecute(result: Boolean?) {
        …
    }
}
```

上面代码定义 SomeTask 是 AsyncTask 的子类,要求指定 3 个类型参数＜Unit, Int, Boolean＞,这 3 个类型参数也可以是别的类型。不管怎样,这 3 个类型参数按照出现的顺序,它们分别表示输入的数据类型、进度的数据类型、返回结果的数据类型。结合表 5-1 中 AsyncTask 常见的函数,可以更好地处理异步任务。

表 5-1　AsyncTask 常见函数

函　数	说　明
onPreExecute()	在执行实际的后台操作前被 Thread 调用。可以在该方法中做一些准备工作,如在界面上显示一个进度条
onProgressUpdate(Progress …)	在 publishProgress()函数后调用,用来在 UI 上更新进度
onPostExecute(Result)	在 doInBackground()函数执行完成后,被 Thread 调用,后台的计算结果将通过该方法传递到 Thread
doInBackground(Params …)	在 onPreExecute()函数执行后马上执行,该函数运行在后台线程中。这里将主要负责执行那些很耗时的后台计算工作。可以调用 publishProgress()函数来更新实时的任务进度。它是抽象方法,子类必须实现
onCancelled(Result)	在激活 cancel(boolean)函数以及 doInBackground(Object[])函数完成之后,在 Thread 中运行
onCancelled()	默认由它的实现进行激活

AsyncTask 执行流程如图 5-5 所示。首先由主线程调用异步任务的 onPreExecute()函数执行一些准备工作。然后由后台的工作线程调用 doInBackground()函数执行主要耗时的业务。在 doInBackground()函数中会调用 publishProgress()函数对发布并更新当选业务的执行进度。当 doInBackground()函数后台任务执行完毕。UI 主线程调用 onCancelled()函数处理任务取消业务。最后,UI 主线程执行 onPostExecute()函数来处理计算结果,将后台执行的计算结果传递给 UI 主线程。至此,异步任务执行完毕。

例 5-3　使用 AsyncTask 动态显示图片。

(1) 定义在 MainActivity。首先在 MainActivity 对应的布局文件中定义了 FrameLayout,用于包含 Fragment,代码如下:

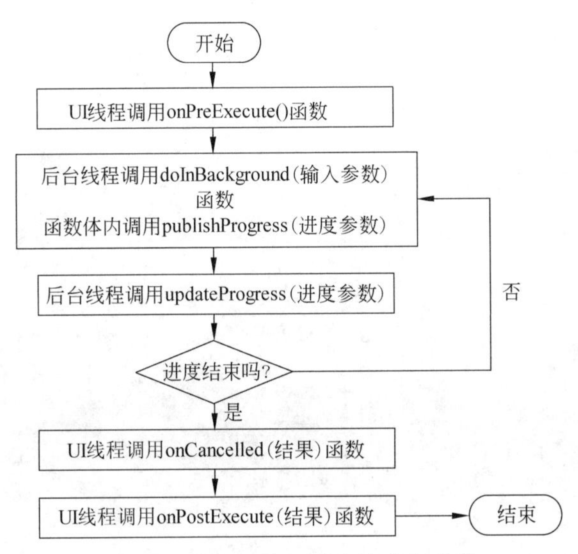

图 5-5　AsyncTask 异步任务执行流程

```
<!--模块 Ch05_03 定义主活动的布局 activity_main.xml -->
<?xml version="1.0" encoding="utf-8"?>
<FrameLayout xmlns: android="http://schemas.android.com/apk/res/android"
    xmlns: app="http://schemas.android.com/apk/res-auto"
    xmlns: tools="http://schemas.android.com/tools"
    android: layout_width="match_parent"
    android: layout_height="match_parent"
    tools: context=".MainActivity"
    android: id="@+id/mainFrag" />
```

MainActivity 用于加载 Fragment,代码如下:

```
//模块 Ch05_03 定义主活动 MainActivity.kt
class MainActivity : AppCompatActivity() {
    override fun onCreate(savedInstanceState: Bundle?) {
        super.onCreate(savedInstanceState)
        setContentView(R.layout.activity_main)
        replaceFragment(MainFragment())
    }
    fun replaceFragment(fragment: Fragment){
        supportFragmentManager.beginTransaction().apply{
            replace(R.id.mainFrag,fragment)
            addToBackStack(null)
            commit()
        }
    }
}
```

(2) 定义 MainFragment 和定义异步任务。MainFragment 是嵌入在 MainActivity 中的 Fragment,它对应的布局包括了要显示的 ImageView 和显示进度相关的 View(视图)组件,代码如下:

```
<!--模块 Ch05_03 定义 MainFragment 的布局 fragment_main.xml -->
<?xml version="1.0" encoding="utf-8"?>
<androidx.constraintlayout.widget.ConstraintLayout
    xmlns: android="http://schemas.android.com/apk/res/android"
    xmlns: tools="http://schemas.android.com/tools"
    android: layout_width="match_parent"
    android: layout_height="match_parent"
    xmlns: app="http://schemas.android.com/apk/res-auto"
    android: background="@android: color/black"
    tools: context=".MainFragment">
    <!--定义图像视图设置默认的图片-->
    <ImageView android: id="@+id/imageView"
        android: layout_width="match_parent"
        android: layout_height="match_parent"
        app: layout_constraintEnd_toEndOf="parent"
        app: layout_constraintHorizontal_bias="0.0"
        app: layout_constraintStart_toStartOf="parent"
        app: layout_constraintTop_toTopOf="parent"
        app: srcCompat="@mipmap/scene1" />
    <ProgressBar android: id="@+id/progressBar"
        style="?android: attr/progressBarStyle"
        android: layout_width="wrap_content"
        android: layout_height="wrap_content"
        android: progress="0"
        app: layout_constraintBottom_toBottomOf="@+id/imageView"
        app: layout_constraintEnd_toEndOf="parent"
        app: layout_constraintHorizontal_bias="0.553"
        app: layout_constraintStart_toStartOf="parent"
        app: layout_constraintTop_toTopOf="@+id/imageView"
        app: layout_constraintVertical_bias="1.0" />
    <!--记录进度的文本标签 -->
    <TextView android: id="@+id/progressTxt"
        android: layout_width="wrap_content"
        android: layout_height="wrap_content"
        android: text="TextView" android: textSize="32sp"
        android: textColor="@android: color/white"
        app: layout_constraintBottom_toBottomOf="parent"
        app: layout_constraintEnd_toEndOf="parent"
        app: layout_constraintHorizontal_bias="0.539"
        app: layout_constraintStart_toStartOf="parent"
        app: layout_constraintTop_toTopOf="parent"
        app: layout_constraintVertical_bias="0.022" />
    <!--定义单选按钮组,包括的单选按钮表现为圆形 -->
    <RadioGroup android: id="@+id/group"
        android: layout_width="match_parent"
        android: layout_height="wrap_content"
        android: gravity="center_horizontal"
        android: orientation="horizontal"
        app: layout_constraintBottom_toBottomOf="parent"
```

```
        app: layout_constraintEnd_toEndOf="parent"
        app: layout_constraintStart_toStartOf="parent"
         app: layout_constraintTop_toTopOf="parent"
         app: layout_constraintVertical_bias="0.931">
         <RadioButton android: id="@+id/one"
            android: layout_width="wrap_content"
            android: layout_height="wrap_content"
            android: button="@drawable/radiobtn_style"
            android: checked="true" />
         <RadioButton android: id="@+id/two"
            android: layout_width="wrap_content"
            android: layout_height="wrap_content"
            android: button="@drawable/radiobtn_style" />
         <RadioButton android: id="@+id/three"
            android: layout_width="wrap_content"
            android: layout_height="wrap_content"
            android: button="@drawable/radiobtn_style" />
         <RadioButton android: id="@+id/four"
            android: layout_width="wrap_content"
            android: layout_height="wrap_content"
            android: button="@drawable/radiobtn_style" />
         <RadioButton android: id="@+id/five"
            android: layout_width="wrap_content"
            android: layout_height="wrap_content"
            android: button="@drawable/radiobtn_style" />
    </RadioGroup>
</androidx.constraintlayout.widget.ConstraintLayout>
```

下列的 strings.xml 定义了相关的字符资源和图片资源的整型数组，代码如下：

```
<!--模块 Ch05_03 定义用户界面使用的资源 res/values/strings.xml -->
<resources>
    <string name="app_name">AsyncTask01</string>
    <integer-array name="images">
        <item>@mipmap/scene1</item>
        <item>@mipmap/scene2</item>
        <item>@mipmap/scene3</item>
        <item>@mipmap/scene4</item>
        <item>@mipmap/scene5</item>
    </integer-array>
    <string name="title_hello">主页</string>
    <string name="hello_blank_fragment">欢迎来到 Android 世界!</string>
</resources>
```

在 MainFragment 中加载图片资源，并结合异步任务依次显示，代码如下：

```
//模块 Ch05_03 定义 MainFragment.kt
class MainFragment : Fragment() {
    override fun onCreate(savedInstanceState: Bundle?) {
        super.onCreate(savedInstanceState)
    }
    override fun onCreateView(inflater: LayoutInflater, container: ViewGroup?,
        savedInstanceState: Bundle?): View? {
        val view =inflater.inflate(R.layout.fragment_main, container, false)
        StartTask(requireContext(),view).execute()
        return view
    }
    class StartTask(val mContext: Context,private val view: View):
        AsyncTask<Unit, Int, Boolean>() {           //自定义异步任务 StartTask
        private lateinit var imagesArr : IntArray
        private var running =true
         private val radioBtns =arrayOf(R.id.one,R.id.two,R.id.three,R.id.
         four,R.id.five)
        private fun initImages(){          //从资源 strings.xml 中获取图片资源,初始化图片
            val imageType: TypedArray =mContext.resources.obtainTypedArray(R.
            array.images)
            imagesArr =IntArray(imageType.length())
            for(i in 0..imageType.length()){
                if(i<imageType.length())
                    imagesArr[i] =imageType.getResourceId(i,R.mipmap.scene1)
            }
            imageType.recycle()
        }
        private fun updateView(progress: Int){
                                          //根据当前 progress 的取值更新 UI 视图
            view.progressTxt.text ="显示" +progress +"图片"
            view.progressBar.progress =progress * 100 / imagesArr.size
            view.imageView.setImageResource(imagesArr[progress])
            view.group.check(radioBtns[progress])
        }
        override fun onPreExecute() { //任务执行前调用
            super.onPreExecute()
            initImages()
            view.progressTxt.text="正在准备中..."
            view.progressBar.min=0
            view.progressBar.max=100
        }
        override fun doInBackground(vararg params: Unit?): Boolean {
                                          //会在子线程中被调用,用于处理耗时的任务
            var index =0
            while(running){
                Thread.sleep(2000)
                publishProgress(++index)
                if(index >imagesArr.size)
                    running =false
```

```
            }
            return true
        }
        override fun onProgressUpdate(vararg values: Int?) {
                                                    //values 表示进度参数
            super.onProgressUpdate( * values)
            var progress =values[0]!!
            if(progress<imagesArr.size)
                updateView(progress)
        }
        override fun onPostExecute(result: Boolean?) {        //result 表示返回结果
            super.onPostExecute(result)
            view.progressTxt.text ="已经结束"
            when(result){
                true->{
                    val activity =mContext as MainActivity
                    activity.replaceFragment(HelloFragment)
                                                    //跳转到下一个 Fragment
                }
            }
        }
    }
}
```

在上述代码有两个部分需要注意。

① 在 MainFragment 中动态加载图片。所有的风景图片资源定义到资源文件 strings.xml 的 integer-array 元素中。读取数组中的图片资源,需要通过 TypedArray 来完成。TypedArray 是包含数组的容器。通过 TypedArray 来获得数组的值。因此,采用了通过上下文访问资源,获得包含图片资源数组的 TypedArray 对象 imageType,代码如下:

```
val imageType: TypedArray = mContext. resources. obtainTypedArray (R. array.
images)
```

然后,通过 imageType 对象将数组中的资源依次检索出来并保存在 IntArray 对象的 imageArr 中。读取完毕,执行 recycle()回收操作,代码如下:

```
imagesArr =IntArray(imageType.length())          //创建整数数组
for(i in 0..imageType.length()){
    if(i<imageType.length())
        imagesArr[i] =imageType.getResourceId(i,R.mipmap.scene1)
                                        //根据索引获取图片,否则取默认图片
}
imageType.recycle()
```

② MainFragment 定义了内部类 StartTask。StartTask 是 AsyncTask 的子类,用户执行异步任务,实现控制图片的动态显示。

(3) 定义 HelloFragment,代码如下:

```
//模块 Ch05_03 定义动态图片显示完毕跳转的 HelloFragment.kt
object HelloFragment : Fragment() {
    override fun onCreate(savedInstanceState: Bundle?) {
        super.onCreate(savedInstanceState)
    }
    override fun onCreateView(inflater: LayoutInflater, container: ViewGroup?,
        savedInstanceState: Bundle?): View? =inflater.inflate(R.layout.
        fragment_hello, container, false)
    }
}
```

运行结果如图 5-6 所示。

图 5-6　结合异步任务动态显示图片的运行结果

美国的谷歌公司已经在 Android 11 中弃用了 AsyncTask 异步任务。AsyncTask 在与 UI 界面交互时,往往发生 UI 界面任务已经完成,但是没有办法停止 AsyncTask 的情况。这使得 AsyncTask 仍然继续执行任务,而 Activity 的上下文无法结束,从而导致 Context 的上下文内存泄漏。更糟糕的是,AsyncTask 在执行相同任务时,在 Android 平台的不同版本下会有不同的表现,使得运行效果并不一致。因此,在 Android 11 中弃用了异步任务,使用了 Java 的并发工具包 java.util.concurrent 和 Kotlin 的协程来解决这个问题。

5.4　协　　程

协程是 Kotlin 的特性。协程是一种并发设计模式,在 Android 平台上使用协程可以简化异步执行的代码,有助于管理长时间运行的任务,避免长时间执行的任务阻塞主线程。协程存在于线程中,由程序主动控制切换,开销小,执行效率高。Android JetPack 库包含支持协程的扩展。有些 Android JetPack 库还提供了协程的作用域,用于并发处理。另外,协程可以确保安全地在主线程中调用 suspend 函数。

要在项目中使用 Kotlin 协程并不是 Kotlin 的标准库，需要在模块的构建文件 build.gradle 中增加依赖库，代码如下：

```
//使用 Kotlin 的协程
implementation 'org.jetbrains.kotlinx: kotlinx-coroutines-core: 1.6.0'
//Android 平台下使用协程
implementation 'org.jetbrains.kotlinx: kotlinx-coroutines-android: 1.6.0'
```

协程在常规函数的基础上增加 suspend 和 resume 操作。suspend 称为挂起或暂停，用于暂停执行当前的协程，并保存局部变量；resume 用于让已经暂停的协程从暂停处恢复并继续执行。其他函数需要启动协程就必须调用其他挂起函数。协程需要通过协程构造器(如 launch)来启动。

使用 Global.launch 方法是创建协程最简单的方式。Global.launch 方法创建一个顶层全局范围的协程。这种协程在应用程序结束时也会结束。在下列代码中协程执行的任务非常简单就是输出 1～500 的整数的字符串，因为执行速度非常块，因此在协程后面增加一个阻塞当前线程 10s 的处理，使得在程序执行的时间中可以打印输出字符串，代码如下：

```
//模块 Ch05_04 TestCoroutine01.kt
suspend fun test(){                                    //定义挂起函数
    for(i in 1..500) {
        delay(1L)                                      //延迟协程 1ms
        print("$i ")
    }
}
fun main(){
    GlobalScope.launch {                               //在后台中加载一个协程
        test()
    }
    println("还在处理中……")
    Thread.sleep(10000L)                               //阻塞主线程 10s 保持 JVM 激活状态
    println("处理完毕……")
}
```

运行结果如图 5-7 所示。

在 Android 平台上，要使用协程来完成结构化并发处理必须具有 3 个功能。

(1) 取消任务。当某项协程任务不需要的时候可以取消它。

(2) 追踪任务。追踪正在执行的任务。

(3) 发出错误的信号。当协程执行失败，可以发出错误信号表明有错误发生。

因此，为了达到这 3 个要求，在 Kotlin 中使用协程必须指定 CoroutineScope(协程范围)。CoroutineScope 并不运行协程，但是它可以对协程进行追踪。Kotlin 必须在协程范围中启动协程。要启动协程有两种方式：launch 构建器来启动协程和 async 构建器启动协程。这两种方式虽然可以启动协程，但是执行情况是不同的。launch 方式启动新协程，但并不讲结果返回调用方。只是执行一个过程。async 启动协程并允许使用 await 挂起函数返回结果。

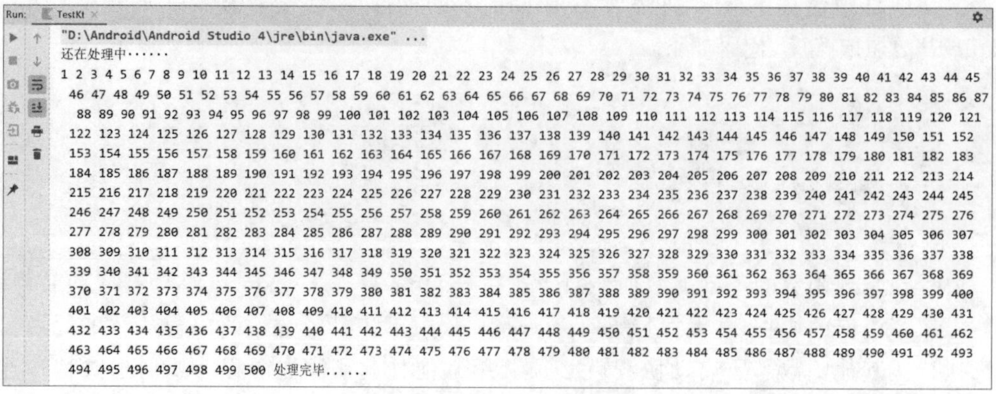

```
Run:  TestKt
"D:\Android\Android Studio 4\jre\bin\java.exe" ...
还在处理中……
1 2 3 4 5 6 7 8 9 10 11 12 13 14 15 16 17 18 19 20 21 22 23 24 25 26 27 28 29 30 31 32 33 34 35 36 37 38 39 40 41 42 43 44 45
 46 47 48 49 50 51 52 53 54 55 56 57 58 59 60 61 62 63 64 65 66 67 68 69 70 71 72 73 74 75 76 77 78 79 80 81 82 83 84 85 86 87
 88 89 90 91 92 93 94 95 96 97 98 99 100 101 102 103 104 105 106 107 108 109 110 111 112 113 114 115 116 117 118 119 120 121
 122 123 124 125 126 127 128 129 130 131 132 133 134 135 136 137 138 139 140 141 142 143 144 145 146 147 148 149 150 151 152
 153 154 155 156 157 158 159 160 161 162 163 164 165 166 167 168 169 170 171 172 173 174 175 176 177 178 179 180 181 182 183
 184 185 186 187 188 189 190 191 192 193 194 195 196 197 198 199 200 201 202 203 204 205 206 207 208 209 210 211 212 213 214
 215 216 217 218 219 220 221 222 223 224 225 226 227 228 229 230 231 232 233 234 235 236 237 238 239 240 241 242 243 244 245
 246 247 248 249 250 251 252 253 254 255 256 257 258 259 260 261 262 263 264 265 266 267 268 269 270 271 272 273 274 275 276
 277 278 279 280 281 282 283 284 285 286 287 288 289 290 291 292 293 294 295 296 297 298 299 300 301 302 303 304 305 306 307
 308 309 310 311 312 313 314 315 316 317 318 319 320 321 322 323 324 325 326 327 328 329 330 331 332 333 334 335 336 337 338
 339 340 341 342 343 344 345 346 347 348 349 350 351 352 353 354 355 356 357 358 359 360 361 362 363 364 365 366 367 368 369
 370 371 372 373 374 375 376 377 378 379 380 381 382 383 384 385 386 387 388 389 390 391 392 393 394 395 396 397 398 399 400
 401 402 403 404 405 406 407 408 409 410 411 412 413 414 415 416 417 418 419 420 421 422 423 424 425 426 427 428 429 430 431
 432 433 434 435 436 437 438 439 440 441 442 443 444 445 446 447 448 449 450 451 452 453 454 455 456 457 458 459 460 461 462
 463 464 465 466 467 468 469 470 471 472 473 474 475 476 477 478 479 480 481 482 483 484 485 486 487 488 489 490 491 492 493
 494 495 496 497 498 499 500 处理完毕......
```

图 5-7　运行结果

```
//模块 Ch05_04 TestCoroutine02.kt
suspend fun test2(){                                    //定义挂起函数
    for(i in 1..500) {
        delay(1L)
        print("$i ")
    }
}
fun main(){
    println("还在处理中……")
    runBlocking{                                        //在后台中加载一个协程
        val result=async (Dispatchers.IO){
            test2()
            "成功"
        }
        println(result.await())
    }
    Thread.sleep(10000L)                                //阻塞主线程 10s 保持 JVM 激活状态
    println("处理完毕……")
}
```

运行结果如图 5-8 所示。

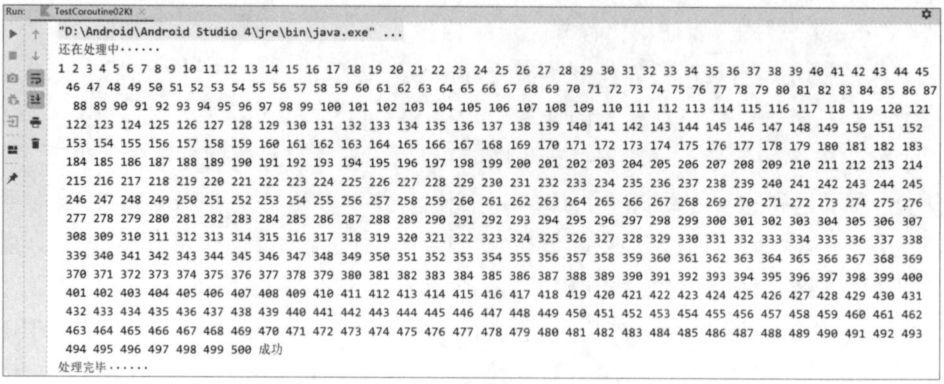

```
Run:  TestCoroutine02Kt
"D:\Android\Android Studio 4\jre\bin\java.exe" ...
还在处理中……
1 2 3 4 5 6 7 8 9 10 11 12 13 14 15 16 17 18 19 20 21 22 23 24 25 26 27 28 29 30 31 32 33 34 35 36 37 38 39 40 41 42 43 44 45
 46 47 48 49 50 51 52 53 54 55 56 57 58 59 60 61 62 63 64 65 66 67 68 69 70 71 72 73 74 75 76 77 78 79 80 81 82 83 84 85 86 87
 88 89 90 91 92 93 94 95 96 97 98 99 100 101 102 103 104 105 106 107 108 109 110 111 112 113 114 115 116 117 118 119 120 121
 122 123 124 125 126 127 128 129 130 131 132 133 134 135 136 137 138 139 140 141 142 143 144 145 146 147 148 149 150 151 152
 153 154 155 156 157 158 159 160 161 162 163 164 165 166 167 168 169 170 171 172 173 174 175 176 177 178 179 180 181 182 183
 184 185 186 187 188 189 190 191 192 193 194 195 196 197 198 199 200 201 202 203 204 205 206 207 208 209 210 211 212 213 214
 215 216 217 218 219 220 221 222 223 224 225 226 227 228 229 230 231 232 233 234 235 236 237 238 239 240 241 242 243 244 245
 246 247 248 249 250 251 252 253 254 255 256 257 258 259 260 261 262 263 264 265 266 267 268 269 270 271 272 273 274 275 276
 277 278 279 280 281 282 283 284 285 286 287 288 289 290 291 292 293 294 295 296 297 298 299 300 301 302 303 304 305 306 307
 308 309 310 311 312 313 314 315 316 317 318 319 320 321 322 323 324 325 326 327 328 329 330 331 332 333 334 335 336 337 338
 339 340 341 342 343 344 345 346 347 348 349 350 351 352 353 354 355 356 357 358 359 360 361 362 363 364 365 366 367 368 369
 370 371 372 373 374 375 376 377 378 379 380 381 382 383 384 385 386 387 388 389 390 391 392 393 394 395 396 397 398 399 400
 401 402 403 404 405 406 407 408 409 410 411 412 413 414 415 416 417 418 419 420 421 422 423 424 425 426 427 428 429 430 431
 432 433 434 435 436 437 438 439 440 441 442 443 444 445 446 447 448 449 450 451 452 453 454 455 456 457 458 459 460 461 462
 463 464 465 466 467 468 469 470 471 472 473 474 475 476 477 478 479 480 481 482 483 484 485 486 487 488 489 490 491 492 493
 494 495 496 497 498 499 500 成功
处理完毕......
```

图 5-8　async 启动协程的运行结果

TestCoroutine01.kt 和 TestCoroutine02.kt 采用了两种不同的方式启动协程。TestCoroutine01.kt 中，因为执行了 Thread.sleep(10000L)让主线程休眠 10s。如果在 10s 不能完成任务，就会被强制中断。因此，要让协程中的所有代码完整执行，在测试场景下可以采用 runBlocking 函数。在 TestCoroutine02.kt 中，采用 runBlocking 函数会创建一个协程的作用域，在这个协程的作用域中所有代码和子协程没有完全执行完之前会阻塞当前线程。直至协程的任务完成为止。另外，TestCoroutine02.kt 中采用 async 启动协程，带有一个返回值。

在实际上，GlobalScope.launch 加载顶层协程和 runBlocking 阻塞线程运行协程的两种方式在 Android 环境下并不常用，往往采用的是如下形式：

```
val job =Job()
val scope =CoroutineScope(job)
scope.launch{
…
}
job.cancel()
```

首先，创建 Job 对象表示工作任务，并将 Job 对象作为实参传递给 CoroutineScope()函数(不是 CoroutineScope 类)，创建一个协程范围 CoroutineScope 对象 scope。在这个范围启动协程。所有协程都关联在 job 对象中。因此，如果需要取消协程，只需要调用 job.cancel()函数就可以将 job 作用域下的所有协程取消，代码如下：

```
//模块 Ch05_04 TestCoroutine03.kt
suspend fun test3(){
    for(i in 1..500) {
        delay(1L)
        print("$i ")
    }
}
fun main(){
    println("还在处理中……")
    val job =Job()
    val scope =CoroutineScope(job)
    scope.launch {
        test3()
    }
    Thread.sleep(10000L)                     //阻塞主线程 10s 保持 JVM 激活状态
    println("处理完毕……")
}
```

运行结果如图 5-9 所示。

在上述 3 个例子中都在主线程中使用了协程。但是在实际情况下，可以根据任务的不同指定不同的线程进行调用。为此，Kotlin 提供了 3 个调度器用于指定运行协程：Dispatchers.Main、Dispatchers.IO 和 Dispatchers.Default。

(1) Dispatchers.Main：表示在 Android 主线程中运行协程。可以调用 suspend 函数、

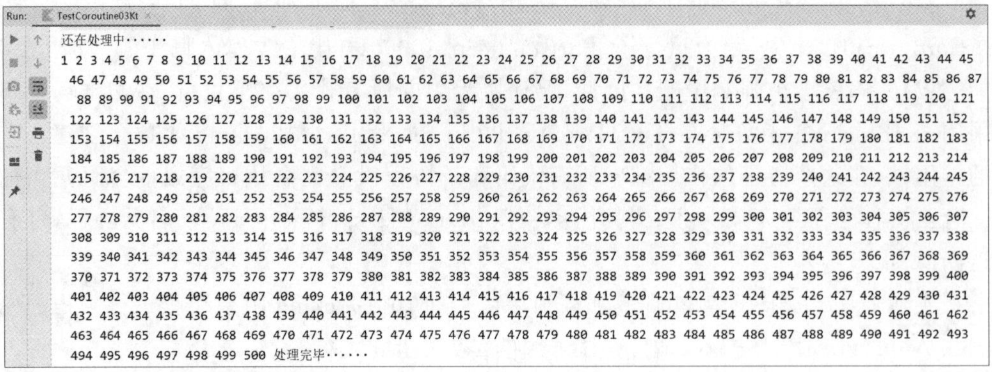

```
Run:  TestCoroutine03Kt
还在处理中……
1 2 3 4 5 6 7 8 9 10 11 12 13 14 15 16 17 18 19 20 21 22 23 24 25 26 27 28 29 30 31 32 33 34 35 36 37 38 39 40 41 42 43 44 45
 46 47 48 49 50 51 52 53 54 55 56 57 58 59 60 61 62 63 64 65 66 67 68 69 70 71 72 73 74 75 76 77 78 79 80 81 82 83 84 85 86 87
 88 89 90 91 92 93 94 95 96 97 98 99 100 101 102 103 104 105 106 107 108 109 110 111 112 113 114 115 116 117 118 119 120 121
122 123 124 125 126 127 128 129 130 131 132 133 134 135 136 137 138 139 140 141 142 143 144 145 146 147 148 149 150 151 152
153 154 155 156 157 158 159 160 161 162 163 164 165 166 167 168 169 170 171 172 173 174 175 176 177 178 179 180 181 182 183
184 185 186 187 188 189 190 191 192 193 194 195 196 197 198 199 200 201 202 203 204 205 206 207 208 209 210 211 212 213 214
215 216 217 218 219 220 221 222 223 224 225 226 227 228 229 230 231 232 233 234 235 236 237 238 239 240 241 242 243 244 245
246 247 248 249 250 251 252 253 254 255 256 257 258 259 260 261 262 263 264 265 266 267 268 269 270 271 272 273 274 275 276
277 278 279 280 281 282 283 284 285 286 287 288 289 290 291 292 293 294 295 296 297 298 299 300 301 302 303 304 305 306 307
308 309 310 311 312 313 314 315 316 317 318 319 320 321 322 323 324 325 326 327 328 329 330 331 332 333 334 335 336 337 338
339 340 341 342 343 344 345 346 347 348 349 350 351 352 353 354 355 356 357 358 359 360 361 362 363 364 365 366 367 368 369
370 371 372 373 374 375 376 377 378 379 380 381 382 383 384 385 386 387 388 389 390 391 392 393 394 395 396 397 398 399 400
401 402 403 404 405 406 407 408 409 410 411 412 413 414 415 416 417 418 419 420 421 422 423 424 425 426 427 428 429 430 431
432 433 434 435 436 437 438 439 440 441 442 443 444 445 446 447 448 449 450 451 452 453 454 455 456 457 458 459 460 461 462
463 464 465 466 467 468 469 470 471 472 473 474 475 476 477 478 479 480 481 482 483 484 485 486 487 488 489 490 491 492 493
494 495 496 497 498 499 500 处理完毕……
```

图 5-9　运行结果

UI 方法等处理用户界面交互和一些轻量级的任务。

(2) Dispatchers.IO：非主线程，用于磁盘和网络数据的读写的优化。主要用于数据库、文件和网络处理。

(3) Dispatchers.Default：非主线程，对 CPU 密集型任务进行优化，例如数据排序、处理差异判断等。

要指定线程运行协程，调用 withContext 方法来创建一个运行的块。如 withContext (Dispatchers.IO)表示创建一个 IO 线程中运行代码块，均用 IO 调度器来执行。

例 5-4　使用协程动态显示图片。本例与例 5-3 的界面和使用的资源完全一致，只是并发处理不同，因此。本例中对界面和资源的介绍省略。

(1) 定义 MainActivity，代码如下：

```
//模块 Ch05_05 主活动的定义 MainActivity.kt
class MainActivity : AppCompatActivity() {
    override fun onCreate(savedInstanceState: Bundle?) {
        super.onCreate(savedInstanceState)
        setContentView(R.layout.activity_main)
        replaceFragment(MainFragment())
    }
    fun replaceFragment(fragment: Fragment){
        supportFragmentManager.beginTransaction().apply{
            replace(R.id.mainFrag,fragment)
            addToBackStack(null)
            commit()
        }
    }
}
```

(2) 动态显示图片的界面，代码如下：

```
//模块 Ch05_05 动态显示图片的 MainFragment.kt
class MainFragment : Fragment() {
    lateinit var imagesArr: IntArray
```

```
    private val radioBtns =arrayOf(R.id.one,R.id.two,R.id.three,R.id.four,R.
id.five)
    override fun onCreate(savedInstanceState: Bundle?) {
        super.onCreate(savedInstanceState)
        initImages()
    }
    override fun onCreateView(inflater: LayoutInflater, container: ViewGroup?,
        savedInstanceState: Bundle?): View? {
        val view =inflater.inflate(R.layout.fragment_main, container, false)
        view.progressTxt.text="正在准备中..."
        view.progressBar.min=0
        view.progressBar.max=100
        var running =true
        val job =Job()
        CoroutineScope(job).launch {
            var index =0
            while(running){
                withContext(Dispatchers.Default){
                    delay(1000L)
                    index +=1
                    if(index >imagesArr.size)
                      running =false
                }
                withContext(Dispatchers.Main){
                    updateView(index,view)
                }
            }
        }
        return view
    }
    private fun initImages(){            //从资源 strings.xml 中获取图片资源,初始化图片
        val imageType: TypedArray =requireContext().resources.obtainTypedArray(R.
        array.images)
        imagesArr =IntArray(imageType.length())
        for(i in 0..imageType.length())
            if(i<imageType.length())
                imagesArr[i] =imageType.getResourceId(i,R.mipmap.scene1)
        imageType.recycle()
    }
    private fun updateView(progress: Int,view: View){
                                          //根据当前 progress 的取值,更新 UI 视图
        view.progressTxt.text ="显示" +progress +"图片"
        view.progressBar.progress =progress * 100 / imagesArr.size
        if(progress==imagesArr.size){
            val activity =context as MainActivity
            activity.replaceFragment(HelloFragment)
                                          //跳转到下一个 Fragment
        }
        view.imageView.setImageResource(imagesArr[progress%imagesArr.size])
        view.group.check(radioBtns[progress%imagesArr.size])
    }
}
```

在本例中,采用两种不同的调度器来处理协程,代码如下:

```
val job =Job()
CoroutineScope(job).launch {
    var index =0
    while(running){
        withContext(Dispatchers.Default){
        delay(1000L)
        index +=1
        if(index >imagesArr.size)
           running =false
        }
        withContext(Dispatchers.Main){
            updateView(index,view)                          //Android 主线程
        }
    }
}
```

Dispatchers.Default 用于处理计算图片的进度和索引位置，而利用 Dispatchers.Main 来实现在 Android UI 主线程中修改 UI 界面。通过这种方式，方便地实现了并发处理。这种方式的定义，与 AsyncTask 异步任务相比要简单得多。

5.5 歌词同步播放

在 QQ 音乐、网易音乐、酷狗音乐等移动应用播放歌曲时，提供了歌词同步播放的功能。在本节中，将结合 Android 的并发处理，实现该功能。

采用歌词文件为 LRC 格式。LRC 歌词文件是基于文本结合 tag 标记的一种文件格式。LRC 文件包含两种格式标签：定义歌曲的基本信息的标识标签和定义歌词的内容歌词标签。

标识标签：其格式如下：

```
[标识名:值]
```

主要包含以下预定义的标签：[ar：歌手名]、[ti：歌曲名]、[al：专辑名]、[by：编辑者(指 lrc 歌词的制作人)]、[offset：时间补偿值]等。

歌词标签的格式主要有 3 种形式。

标准格式：

```
[分钟:秒.毫秒]歌词
```

其他格式 1：

```
[分钟:秒]歌词
```

其他格式 2：

```
[分钟:秒:毫秒]歌词
```

这 3 种格式的细微差别在于毫秒的处理。标准格式是用“.”将毫秒分隔；其他格式一，没有毫秒的定义；其他格式二，采用“：”来分隔毫秒。

实现歌词与音乐同步播放，需要解决以下问题。

（1）歌词的解析，将标识标签和歌词标签分别进行处理，获得有用的信息。这些有用的信息包括歌手名、歌曲名、专辑名和歌词的编辑者等，特别是将歌词按照时间提取成一行行的文本字符串。

（2）将歌词按照时间的定义依次显示在移动终端界面。并伴随时间的流逝，将不同行的歌词能从下向上动态显示。为了达到这个目的。本例对指定歌词进行解析。移动模块创建 assets 目录，将歌词和歌曲 mp3 文件放到 assets 目录中。

1. 定义歌词实体类

定义歌词实体类的代码如下：

```
//模块 LRCPlayer 实体类 LRC.kt
/**定义歌词实体类
  * @param title String 歌曲名
  * @param artist String 歌手
  * @param album String 专辑
  * @param editor String 歌词的编辑者
  * @param offset String 偏移量
  * @param lrcContent MutableMap<Long, String>时间与歌词的映射
  */
data class LRC (var title: String, var artist: String, var
    album: String, var editor: String,
    var offset: String, val lrcContent: MutableMap<Long,String>)
```

2. 歌词解析

进行歌词解析的代码如下：

```
//模块 LRCPlayer 定义类型转换 TypeConvetor 实用类 TypeConvetor.kt
class TypeConvetor {
    companion object{
        fun strToLong(timeStr: String): Long{       //将时间字符串转换成长整数
            val s =timeStr.split(Regex("[.|: ]"))
            val minute =Integer.valueOf(s[0])
            val second =Integer.valueOf(s[1])
            var millSecond =0
            if(s.size>=3)
                millSecond =Integer.valueOf(s[2])
            return minute * 60 * 1000L+second * 1000L+millSecond * 10L
        }
    }
}
```

TypeConvetor 实用类的主要作用就是将时间字符串，形如“00:55.81”，计算成长整数毫秒值，代码如下：

```
//模块 LRCPlayer 定义歌词解析 LRCParser 实用类 LRCParser.kt
object LRCParser {                                  //LRC 歌词解析器
    fun parse(lrcName: String): LRC {               //解析歌词文件
```

```
        val assetManager =LRCApp.context.assets    //从 assets 目录读取歌词,
                                                   //歌词文件名从 lrcName 获得
        val lrcIO =assetManager.open(lrcName)
        val reader =BufferedReader(InputStreamReader(lrcIO,"UTF-8"))
                                                   //读取文件,创建缓存字符流
        val lrc =LRC("","","","","",mutableMapOf<Long,String>())
        reader.lines().forEach {line: String->
            parseLine(line,lrc)                    //对每一行的内容进行处理
        }
        return lrc
}
fun parseLine(line: String,lrc: LRC){
    when{
        line.startsWith("[ti: ")->lrc.title =line.substring(4,line.length-1)
                                                   //歌曲名
        line.startsWith("[ar: ")->lrc.artist =line.substring(4,line.length-1)
                                                   //歌手
        line.startsWith("[al: ")->lrc.album =line.substring(4,line.length-1)
                                                   //专辑
        line.startsWith("[by: ")->lrc.editor =line.substring(4,line.length-1)
                                                   //歌词编辑者
        else->{                                    //歌词,定义歌词标签的 3 种正则表达式
            val reg ="\\[(\\d{1,2}: \\d{1,2}\\.\\d{1,2})\\]|
                \\[(\\d{1,2}: \\d{1,2})\\]|\\[(\\d{1,2}: \\d{1,2}\\: \\d{1,2})\\]"
            val pattern =Pattern.compile(reg)
            val matcher =pattern.matcher(line)
            while(matcher.find()){                 //匹配正则表达式
                val groupCount =matcher.groupCount()
                var curTime: Long =0L
                val content =pattern.split(line)
                for(index in 0 until groupCount){
                    val timeStr =matcher.group(index)
                    if(index ==0 )
                        curTime = TypeConvetor. strToLong (timeStr. substring (1,
                        timeStr.length-1))
                }                                  //end for
                content.forEach{
                    lrc.lrcContent[curTime] =it
                }
            }                                      //end while
        }                                          //end else
    }                                              //end when
}
```

3. 定义 MainActivity

MainActivity 布局文件定义播放按钮和停止播放按钮,以及显示歌词的文本标签,代码如下:

```
<!--模块 LRCPlayer  MainActivity对应的布局文件 activity_main.xml -->
<?xml version="1.0" encoding="utf-8"?>
<androidx.constraintlayout.widget.ConstraintLayout
    xmlns: android="http://schemas.android.com/apk/res/android"
    xmlns: app="http://schemas.android.com/apk/res-auto" xmlns: tools="
    http://schemas.android.com/tools"
    android: layout_width="match_parent"
    android: layout_height="match_parent"
    tools: context=".MainActivity">
    <TextView android: id="@+id/lrcTxt"
        android: layout_width="match_parent"
        android: layout_height="wrap_content"
        android: lines="10" android: textSize="30sp"
        app: layout_constraintBottom_toBottomOf="parent"
        app: layout_constraintEnd_toEndOf="parent"
        app: layout_constraintHorizontal_bias="0.0"
        app: layout_constraintLeft_toLeftOf="parent"
        app: layout_constraintRight_toRightOf="parent"
        app: layout_constraintTop_toTopOf="parent"
        app: layout_constraintVertical_bias="0.407" />
    <Button android: id="@+id/playBtn"
        android: layout_width="wrap_content"
        android: layout_height="wrap_content"
        android: text="@string/title_play"
        app: layout_constraintBottom_toBottomOf="parent"
        app: layout_constraintEnd_toEndOf="parent"
        app: layout_constraintHorizontal_bias="0.275"
        app: layout_constraintStart_toStartOf="parent"
        app: layout_constraintTop_toBottomOf="@+id/textView"
        app: layout_constraintVertical_bias="0.498" />
    <Button android: id="@+id/stopBtn"
        android: layout_width="wrap_content"
        android: layout_height="wrap_content"
        android: text="@string/title_stop"
        app: layout_constraintBottom_toBottomOf="parent"
        app: layout_constraintEnd_toEndOf="parent"
        app: layout_constraintHorizontal_bias="0.73"
        app: layout_constraintStart_toStartOf="parent"
        app: layout_constraintTop_toBottomOf="@+id/textView"
        app: layout_constraintVertical_bias="0.498" />
</androidx.constraintlayout.widget.ConstraintLayout>
```

MainActivity 实现了音乐的控制和歌词的动态显示，代码如下：

```
//模块 LRCPlayer 定义主活动的文件 MainActivity.kt
class MainActivity : AppCompatActivity() {
    var running =true
    lateinit var range: IntRange
    var lrcLst =mutableListOf<String>()                          //记录歌词
    var showLrcStr =StringBuilder()                              //显示歌词字符串
    lateinit var mediaPlayer: MediaPlayer                        //定义媒体播放器
    override fun onCreate(savedInstanceState: Bundle?) {
```

```
        super.onCreate(savedInstanceState)
        setContentView(R.layout.activity_main)
        playBtn.setOnClickListener {                    //播放音乐控制
            playMusic()                                 //播放音乐
            playLRC()                                   //显示歌词
        }
        stopBtn.setOnClickListener {                    //停止播放
            running =false
            stopMusic()
        }
    }
    private fun playLRC(){                              //动态显示歌词
    val lrc =LRCParser.parse("song.lrc")                //解析 assets 目录下的
                                                        //song.lrc 歌词,获得 LRC 对象
    var currentTime =0L
    val lrcContent =lrc.lrcContent                      //获得时间与歌词的映射
    CoroutineScope(Job()).launch {
            while(running) {
                withContext(Dispatchers.Default){
                var lrcStr=lrcContent[currentTime]
                if(lrcStr!=null){
                    lrcLst.add(lrcStr)
                  range =if(lrcLst.size-10>0) lrcLst.size-10 until lrcLst.size
                  else 0 until lrcLst.size
                    showLrcStr.clear()
                    for(i in range){  //逆序,将歌词的最后 10 行的内容加入到动态字符串中
                        showLrcStr.append("${lrcLst[i]}\n")  //增加新的一行歌词
                    }
                }
                delay(10L)
                currentTime+=10L                        //修改时间
                }
                withContext(Dispatchers.Main){
                    updateView(showLrcStr.toString())
                }
            }
    }
}
private fun updateView(lrcStr: String){
    lrcTxt.text =lrcStr
}
private fun playMusic(){                                //播放音乐
    val df =assets.openFd("song.mp3")
    mediaPlayer =MediaPlayer()
    mediaPlayer.setDataSource(df)
    mediaPlayer.setOnPreparedListener{
        it.start()
  }
  mediaPlayer.prepareAsync()
```

```
    }
    private fun stopMusic(){
        if(mediaPlayer.isPlaying){
            mediaPlayer.stop()
        }
    }
}
```

运行结果如图 5-10 所示。

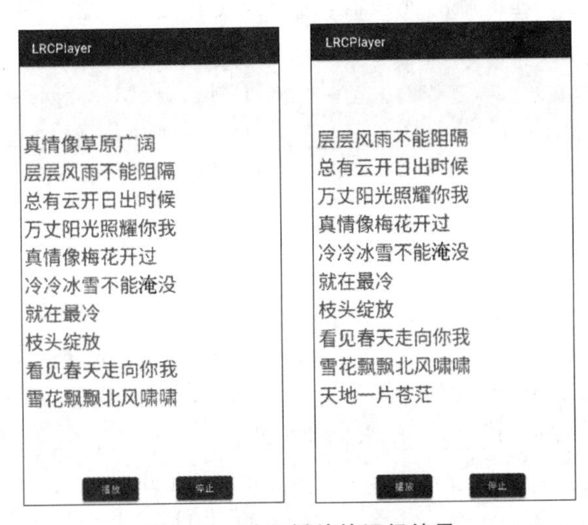

图 5-10　歌词播放的运行结果

习　题　5

一、选择题

1. 下列创建并启动自定义线程操作正确的是________。

A.
```
Thread{
    override fun run(){
    print("Hello")
    }
}
```

B.
```
thread{
    override fun run(){
    print("Hello")
    }
}
```

C.
```
thread{
    print("Hello")
}
```

D.
```
Thread{
    print("Hello")
}
```

2. 消息处理机制是一种异步处理方式，通过________机制可以实现在不同线程之间通信。

A. Handler　　B. AsyncTask　　C. Looper　　D. Coroutine

3. 在消息处理机制中,可以通过调用________函数从消息池获得消息对象。

A. Message()　　B. Message.obtain()

C. Message.obtainMessage()　　D. 以上答案均不正确

4. 在消息处理机制中的消息具有属性________,可用来传递简单的数据信息。

A. arg1　　B. obj

C. handleMessage　　D. dispatchMessage

5. Handler 是消息处理机制的处理器,用于调度和处理线程。通过调用________函数可以发送消息。

A. sendMessage()　　B. handleMessage()

C. handleThread()　　D. sendThread()

6. AsyncTask 异步任务的________函数用于执行后台任务。

A. doProgressUpdate()　　B. doInBackground()

C. onPostExecute()　　D. onPreExecute()

7. Kotlin 协程可以使用________创建一个顶层全局范围的协程。

A. Global.launch　　B. CoroutineScope.lauch

C. runBlocking.launch　　D. 以上答案均不正确

8. 在测试场景中,常通过________来创建协程。

A. runBlocking　　B. Global

C. CoroutineScope　　D. 以上答案均不正确

9. 下列调度器可以在 Android 主线程中运行协程的是________。

A. Dispatchers.Default

B. Dispatchers.Main

C. Dispatchers.IO

二、填空题

1. 启动协程有两种方式________和________方式。

2. ________是操作系统调度的最小单位。

3. Android 移动应用中单独启动一个________,它有且仅有一个________。

4. AsyncTask 异步任务的执行步骤有 3 个步骤:

① ______________________________;

② ______________________________;

③ ______________________________。

5. 调用________函数并不运行协程,而是追踪协程。

三、上机实践题

1. 分别使用 AsyncTask 和 Kotlin 的协程实现动态显示海报应用,并比较和说明二者的不同。

2. 分别使用消息处理机制和 Kotlin 的协程,实现一个计时器的应用。并比较和说明二者的不同。

3. 结合 5.5 节的歌词同步播放应用实例,请为歌词同步播放增加新的功能,除了将歌词按照时间的定义依次显示在移动终端的界面。并伴随时间的流逝,同行歌词从左到右动态显示,将不同行的歌词能从下向上动态显示。

4. 设计和实现一个英文打字移动游戏。

要求:

(1) 单词从动态从上而下随机位置下降。

(2) 单词还没有触碰到底部,拼写单词成功,加分;如果单词已到达底部还没有拼写成功,则不加分。

(3) 计算积分及拼写正确单词的百分比,并显示和分享统计结果。

第6章 Android的广播机制

广播机制是一种在组件之间实现传播数据的机制。这些组件可以位于不同进程，彼此通过广播机制实现进程间通信。作为Android四大组件之一的BroadcastReceiver（广播接收器）组件是实现广播机制的关键，它可对移动应用的系统群发广播消息（Broadcast Message）做出响应，并将消息发送给其他组件。

6.1 BroadcastReceiver组件

BroadcastReceiver组件用于发送广播消息给移动应用或者Android系统。这里的广播消息实际是Event（事件）或者Intent（意图）。BroadcastReceiver组件是一种用于对发送出来的广播消息进行过滤、接收和响应的组件。要应用BroadcastReceiver组件，需要提前创建和注册。

1. 创建BroadcastReceiver组件

要使用BroadcastReceiver组件，首先要进行创建，所创建的BroadcastReceiver组件必须是BroadcastReceiver类的子类，需要对其中的onReceive()函数进行重新定义，代码如下：

```
class MyReceiver : BroadcastReceiver() {
    override fun onReceive(context: Context, intent: Intent) {
        …                                                    //处理广播消息
    }
}
```

通过对onReceive()函数的重新定义，使之能接收指定Intent传递的广播消息，并做出相应的处理。

2. 注册BroadcastReceiver组件

在移动应用中应用自定义的BroadcastReceiver组件，需要对自定义的BroadactReceiver组件进行注册。注册BroadcastReceiver组件有两种方式：静态注册和动态注册。

静态注册需要在AndroidManifest.xml文件中对BroadcastReceiver组件进行配置。Android 8.0及其以前版本，需要在AndroidManifest.xml系统配置文件，对BroadcastReceiver组件指定关联BroadcastReceiver组件的IntentFilter对象，来实现筛选合适的Intent，然后将这个Intent作为广播消息发送出去，并由BroadcastReceiver来处理广播的消息，形式如下：

```
<receiver android: name=".MyReceiver"
    android: enabled="true"
    android: exported="true">
    <intent-filter>
```

```
        <action android: name="book.android.ch06.Broadcast" />
    </intent-filter>
</receiver>
```

动态注册不是通过配置实现的。在应用配置清单文件 AndroidManifest.xml 中无须配置自定义的 BroadcastReceiver。而是在代码中直接定义。一般情况下，Android 8.0 及以后版本都需要调用 Activity 的 registerReceiver()方法动态注册 BroadcastReceiver 组件，形式如下：

```
val intentFilter =IntentFilter()
filter.addAction("book.android.ch06.Broadcast")
val receiver =MyReceiver()
registerReceiver(receiver,intentFilter)
```

当已经注册的 BroadcastReceiver 组件不再需要时，可以调用 Activity 的 unregisterReceiver()函数取消注册，形式如下：

```
unregisterReceiver(receiver)
```

例 6-1　检测手机充电状态，代码如下：

```
//模块 ch06_1 定义 PowerReceiver.kt
class PowerReceiver : BroadcastReceiver() {
    override fun onReceive(context: Context, intent: Intent) {
        when (intent?.action){
            Intent.ACTION_POWER_CONNECTED->showInfo(context,"1: 已经连接充电器")
            Intent.ACTION_POWER_DISCONNECTED->showInfo(context,"2: 充电器已经移除")
        }
    }
    private fun showInfo(context: Context,message: String){        //显示提示信息
        Toast.makeText(context,message,Toast.LENGTH_LONG).show()
    }
}
```

PowerReceiver 扩展于 BroadcastReceiver 类，是一个 BroadcastReceiver 组件。在 onReceive()函数中处理接收的启动 Intent 的两种动作：Intent.ACTION_POWER_CONNTECTED(连接充电器动作)和 Intent.ACTION_POWER_DISCONNECTED(移除充电器的动作)。对这两种动作的处理方式是通过显示信息提示来实现，代码如下：

```
//模块 ch06_1 定义主活动 MainActivity.kt
class MainActivity : AppCompatActivity() {
    lateinit var receiver: PowerReceiver
    override fun onCreate(savedInstanceState: Bundle?) {
        super.onCreate(savedInstanceState)
        setContentView(R.layout.activity_main)
```

```
        receiver = PowerReceiver()                      //定义 PowerReceiver 对象
        val intentFilter = IntentFilter()               //定义 Intent Filter
        //增加连接充电器的动作
        intentFilter.addAction("android.intent.action.ACTION_POWER_
            CONNECTED")
        //增加移除充电器的动作
        intentFilter.addAction("android.intent.action.ACTION_POWER_
            DISCONNECTED")
        registerReceiver(receiver,intentFilter)    //动态注册 receiver 对象
    }
    override fun onDestroy() {
        super.onDestroy()
        unregisterReceiver(receiver)
    }
}
```

运行结果如图 6-1 所示。

(a) 插入充电器

(b) 移除充电器

图 6-1　真机插入和去掉充电器的运行结果

在上例中，MainActivity 中定义的 IntentFilter 对象可以监听两种系统的 Intent 动作。

(1) android.intent.action.ACTION_POWER_CONNECTED：连接充电器。

(2) android.intent.action.ACTION_POWER_DISCONNECTED：移除充电器。

当这两个动作发生的时候，监听到这个动作，就会将 Intent 广播发送给 receiver 对象。receiver 对象会调用 onReceive()函数，对 Intent 的动作进行判断，并根据不同的判断结果，分别显示提示信息。

6.2 发送广播

发送广播有 3 种方式：标准广播、有序广播和黏性广播。在 Android API 21 中使用的发送广播是黏性广播。因为此方式存在安全性的问题，所以不赞成使用。本书对黏性广播不进行介绍。

6.2.1 标准广播

标准广播是一种完全异步执行的广播，在广播发出后所有的广播接收器会在同一时间接收到这条广播，之间没有先后顺序，效率比较高且无法被截断。标准广播需要调用 Activity 的 sendBroadcast()函数来发送 Intent 广播。在例 6-2 中展示了标准广播的处理过程。

例 6-2 标准广播的应用示例。

自定义 MyReceiver01 组件，代码如下：

```
//模块 ch06_2 的 MyReceiver01.kt
class MyReceiver01 : BroadcastReceiver() {
    override fun onReceive(context: Context, intent: Intent) {
        Log.d("MyReceiver","记录 MyReceiver01 处理意图消息")
    }
}
```

自定义 MyReceiver02 组件，代码如下：

```
//模块 ch06_2 的 MyReceiver02.kt
class MyReceiver02 : BroadcastReceiver() {
    override fun onReceive(context: Context, intent: Intent) {
        Log.d("MyReceiver","记录 MyReceiver02 处理意图消息")
    }
}
```

在上面分别定义了两个 BroadcastReceiver 类：MyReceiver01 和 MyReceiver02，它们对接收的消息所做的处理是在日志中显示对应的字符串，代码如下：

```
//模块 ch06_2 的 MainActivity.kt
class MainActivity : AppCompatActivity() {
    lateinit var myReceiver01: MyReceiver01
    lateinit var myReceiver02: MyReceiver02
    override fun onCreate(savedInstanceState: Bundle?) {
        super.onCreate(savedInstanceState)
        setContentView(R.layout.activity_main)
        val intentFilter =IntentFilter()                          //创建意图过滤器对象
        intentFilter.addAction("book.android.ch06_2.MyReceiver")  //添加动作
        val myReceiver01 =MyReceiver01()                          //创建 MyReceiver01 对象
        val myReceiver02 =MyReceiver02()                          //创建 MyReceiver02 对象
        registerReceiver(myReceiver02,intentFilter)               //注册 MyReceiver02
        registerReceiver(myReceiver01,intentFilter)               //注册 MyReceiver01
```

```
        sendBtn.setOnClickListener {
            val intent = Intent()
            intent.action = "book.android.ch06_2.MyReceiver"
            intent.setPackage("chenyi.book.android.ch06_2")
            sendBroadcast(intent)
        }
    }

    override fun onDestroy() {
        super.onDestroy()
        unregisterReceiver(myReceiver01)
        unregisterReceiver(myReceiver02)
    }
}
```

运行结果如图 6-2 所示。

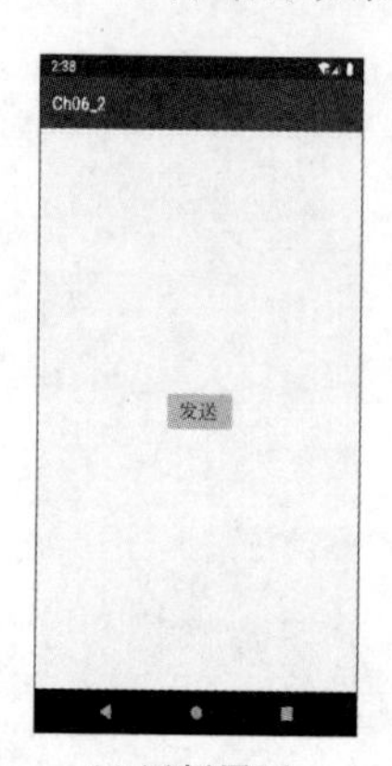

(a) 运行界面

logcat
2020-11-24 22:36:24.824 30087-30087/chenyi.book.android.ch06_2 D/MyReceiver: 记录MyReceiver02处理意图消息
2020-11-24 22:36:24.824 30087-30087/chenyi.book.android.ch06_2 D/MyReceiver: 记录MyReceiver01处理意图消息

(b) 运行日志结果

图 6-2　标准广播

在上例中，当单击“发送”按钮时，观察日志，可以发现两个 BroadcastReceiver 组件都处理了接收的广播 Intent，并记录到日志中。

6.2.2　有序广播

有序广播是一种同步执行的广播。在广播发出后，同一时刻只有一个 BroadcastReceiver 组件能够接收到，优先级高的 BroadcastReceiver 组件会优先接收，当优先级高的 BroadcastReceiver 组件的 onReceiver( ) 函数运行结束后，广播才会继续传递，前面的 BroadcastReceiver 组件可以选择截断广播，这样后面的 BroadcastReceiver 组件就接收不到这条消息了。调用 Activity 中的 sendOrderedBroadcast( ) 函数可以实现有序广播，使得 BroadcastReceiver 组件依次接收 Intent 广播。

例 6-3　有序广播的示例，代码如下：

```
//模块 ch06_3 的 MyReceiver01.kt
class MyReceiver01 : BroadcastReceiver() {
    override fun onReceive(context: Context, intent: Intent) {
```

```
        val data =intent.getStringExtra("frmMainActivity")
        Log.d("MyReceiver","记录 MyReceiver01 处理意图消息${data}")
        abortBroadcast()                                                  //截断传播
    }
}
```

在 MyReceiver01 这个 BroadcastReceiver 组件对象的 onReceive()函数接收从上下文传来的字符串数据,并记录到日志中。随后调用 abortBroadcast()函数截断 Intent 广播,代码如下:

```
//模块 ch06_3 的 MyReceiver02.kt
class MyReceiver02 : BroadcastReceiver() {
    override fun onReceive(context: Context, intent: Intent) {
        val data =intent.getStringExtra("frmMainActivity")
        Log.d("MyReceiver","记录 MyReceiver02 处理 Intent 消息${data}")
    }
}
```

调用 MyReceiver02 对象的 onReceive()函数接收从上下文传来的字符串数据,并记录到日志中,代码如下:

```
//模块 ch06_3 的 MainActivity.kt
class MainActivity : AppCompatActivity() {
    lateinit var receiver01: MyReceiver01
    lateinit var receiver02: MyReceiver02
    override fun onCreate(savedInstanceState: Bundle?) {
        super.onCreate(savedInstanceState)
        setContentView(R.layout.activity_main)
        receiver01 =MyReceiver01()                            //创建 MyReceiver01 对象
        receiver02 =MyReceiver02()                            //创建 MyReceiver02 对象
        val intentFilter1 =IntentFilter()                     //定义 intentFilter1 对象
        intentFilter1.addAction("book.android.ch06_3.Broadcast")  //添加动作
        intentFilter1.priority =200                           //设置优先级为 200
        val intentFilter2 =IntentFilter()                     //定义 intentFilter2 对象
        intentFilter2.addAction("book.android.ch06_3.Broadcast")  //添加动作
        intentFilter2.priority =100                           //设置优先级为 100
        registerReceiver(receiver01,intentFilter1)            //注册 receiver01 对象
        registerReceiver(receiver02,intentFilter2)            //注册 receiver02 对象
        sendBtn.setOnClickListener {val intent =Intent().apply {
                setPackage("chenyi.book.android.ch06_3")
                setAction("book.android.ch06_3.Broadcast")
                putExtra("frmMainActivity","来自 MainActivity 的问候!")
            }
            sendOrderedBroadcast(intent,null)                 //有序广播
        }
    }
```

```
    override fun onDestroy() {
        super.onDestroy()
        unregisterReceiver(receiver01)                //取消注册 receiver01
        unregisterReceiver(receiver02)                //取消注册 receiver02
    }
}
```

运行结果如图 6-3 所示。

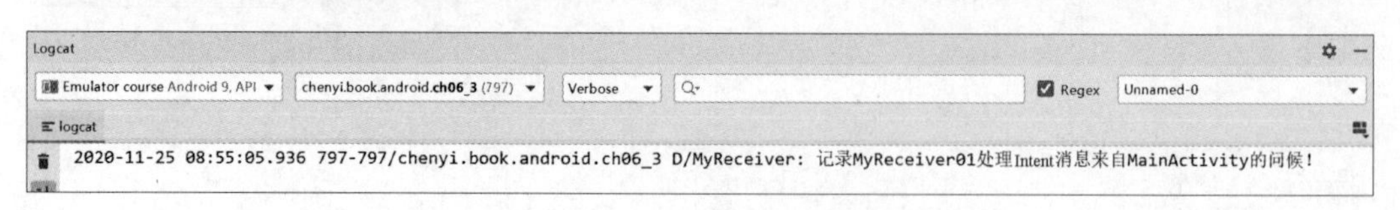

图 6-3　有序广播的运行结果(1)

MainActivity 定义了两个 IntentFilter：intentFilter1 和 intentFilter2，它们的动作相同，均为 book.android.ch06_3.Broadcast，但是它们的优先级不同，intentFilter1 的优先级为 200 高于 intentFilter2 的优先级 100。当 Activity 注册 receiver01 和 receiver02，并分别匹配 intentFilter1 和 intentFilter2 定义 Intent 动作。使得 receiver01 的执行优先级高于 receiver02。在上个程序中，单击“发送”按钮，MyReceiver01 的 receiver01 对象中执行了从 MainActivity 接收消息，并显示日志。由于执行 abortBroadcast()函数，截断了广播的继续传播，使得 MyReceiver02 的 receiver02 没有接收到广播。

如果对上述的 MainActivity.kt 进行修改并设置优先级，代码如下：

```
//定义 IntentFilter 对象
val intentFilter1 =IntentFilter()
intentFilter1.addAction("book.android.ch06_3.Broadcast")
intentFilter1.priority =100
val intentFilter2 =IntentFilter()
intentFilter2.addAction("book.android.ch06_3.Broadcast")
intentFilter2.priority =200
```

运行结果如图 6-4 所示。

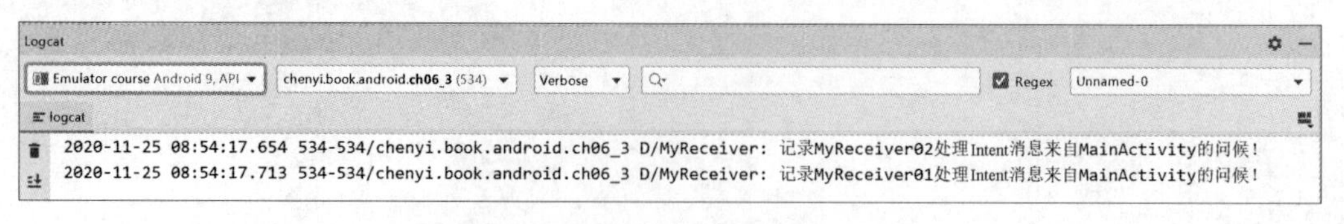

图 6-4　有序广播的运行结果(2)

运行修改后的代码，由于这时 intentFilter2 的优先级为 200 高于 intentFilter1 的优先级 100。使得 MyReceiver02 的 receiver02 的对象先执行 onReceive 方法。因为该方法并没有截断，使得 Intent 广播继续向后传播，使得 MyReceiver01 的 receiver01 的对象也可以接收到 Intent 广播并做出相应的处理，记录到日志中。

在广播接收器之间可以进行通信，实现数据的传递。这 BroadcastReceiver 对象中

getResultExtras(true)可以检索由上一个 BroadcastReceiver 组件发送的结果数据包，并发送到下一个接收器中，代码如下：

```
//检索上一个 BroadcastReceiver 发送的 ResultExtras 对象
val bundle1 =getResultExtras(true)
//获得从上一个 BroadcastReceiver 广播的信息
val data=bundle1.getString("key")
//定义数据包
val bundle2 =Bundle()
bundle2.putString("key","from MyReceiver02")
//设置向下广播的数据包
setResultExtras(bundle2)
```

例 6-4 有序广播并传播数据的示例。

定义 MyReceiver01，代码如下：

```
//模块 ch06_4 的广播接收器定义 MyReceiver01.kt
class MyReceiver01 : BroadcastReceiver() {
    override fun onReceive(context: Context, intent: Intent) {
        val data1 =intent.getStringExtra("frmMainActivity")
                                        //接收来自 Activity 的数据
        val receivedBundle =getResultExtras(true)
                                        //处理来自其他 BroadcastReceiver 的数据
        val data2 =receivedBundle.getString("frmReceiver")
                                        //处理来自其他 BroadcastReceiver 的数据
        Log.d("MyReceiver","MyReceiver01 来自 MainActivity 的信息: ${data1},
        来自其他 BroadcastReceiver 的信息: ${data2}")
                                        //记录到日志中
        val sendBundle =Bundle()        //发送数据
        sendBundle.putString("frmReceiver","来自 MyReceiver01 的问候!")
                                        //设置键值对
        setResultExtras(sendBundle)   //设置向下传播的数据
    }
}
```

定义 MyReceiver02，代码如下：

```
//模块 ch06_4 的定义 MyReceiver02.kt
class MyReceiver02 : BroadcastReceiver() {
    override fun onReceive(context: Context, intent: Intent) {
      val data1 =intent.getStringExtra("frmMainActivity")
                                        //接收来自 Activity 的数据
      val receivedBundle =getResultExtras(true)
                                        //处理来自其他 BroadcastReceiver 的数据
      val data2 =receivedBundle.getString("frmReceiver")
                                        //处理来自其他 BroadcastReceiver 的数据
     Log.d("MyReceiver","MyReceiver02 来自 MainActivity 的信息: ${data1},
```

```
来自其他 BroadcastReceiver 的信息: ${data2}")                //记录到日志中
      val sendBundle =Bundle()                                //发送数据
       sendBundle.putString("frmReceiver","来自 MyReceiver02 的问候!")
                                                              //设置键值对
      setResultExtras(sendBundle)                             //设置向下传播数据
    }
}
```

MainActivity 执行有序广播,代码如下:

```
//模块 ch06_4 定义 MainActivity.kt
class MainActivity : AppCompatActivity() {
    lateinit var receiver01: MyReceiver01
    lateinit var receiver02: MyReceiver02
    override fun onCreate(savedInstanceState: Bundle?) {
        super.onCreate(savedInstanceState)
        setContentView(R.layout.activity_main)
        receiver01 =MyReceiver01()                            //创建 receiver01 对象
        receiver02 =MyReceiver02()                            //创建 receiver02 对象
        val intentFilter1 =IntentFilter()                     //定义 IntentFilter 对象
        intentFilter1.addAction("book.android.ch06_4.Broadcast")  //增加动作
        intentFilter1.priority =200                           //设置优先级
        val intentFilter2 =IntentFilter()                     //创建 IntentFilter 对象
        intentFilter2.addAction("book.android.ch06_4.Broadcast")  //增加动作
        intentFilter2.priority =100                           //设置优先级
        registerReceiver(receiver01,intentFilter1)            //注册 receiver01 对象
        registerReceiver(receiver02,intentFilter2)            //注册 receiver02 对象
        sendBtn.setOnClickListener {
            val intent =Intent().apply {
                setPackage("chenyi.book.android.ch06_4")
                setAction("book.android.ch06_4.Broadcast")
                putExtra("frmMainActivity", "来自 MainActivity 的问候!")
            }
            sendOrderedBroadcast(intent,null)
        }
    }
    override fun onDestroy() {
        super.onDestroy()
        unregisterReceiver(receiver01)                        //取消注册
        unregisterReceiver(receiver02)                        //取消注册
    }
}
```

运行结果如图 6-5 所示。

在 MyReceiver01 和 MyReceiver02 中定义了类似的功能,要求处理从 MainActivity 接收的数据和从其他 BroadcastReceiver 中获得的数据,并将这些数据记录在日志中。同时,将字符串信息向下传播。

因为 MainActivity 设置 MyReceiver01 的 receiver01 对象的执行优先级高于 MyReceiver02

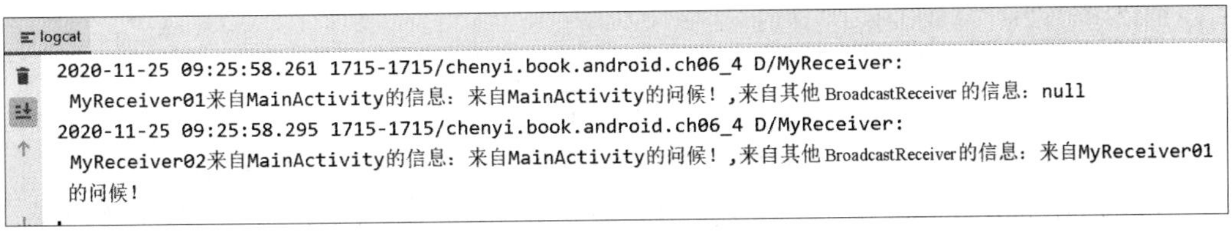

```
logcat
2020-11-25 09:25:58.261 1715-1715/chenyi.book.android.ch06_4 D/MyReceiver:
 MyReceiver01来自MainActivity的信息：来自MainActivity的问候！,来自其他 BroadcastReceiver 的信息：null
2020-11-25 09:25:58.295 1715-1715/chenyi.book.android.ch06_4 D/MyReceiver:
 MyReceiver02来自MainActivity的信息：来自MainActivity的问候！,来自其他 BroadcastReceiver的信息：来自MyReceiver01
 的问候！
```

图 6-5　数据传递的运行结果

的 receiver02 对象的执行优先级。MainActivity 发送 Intent 广播时采用有序广播的方式。因此，receiver01 对象可以接收 MainActivity 发送的 Intent 传播，并没有接收其他 BroadcastReceiver 传来的信息，receiver01 将 Intent 广播继续向后传递，MyReceiver02 的 receiver02 对象接收传来的 Intent 广播，以及上一个 MyReceiver01 发送的数据。

习　题　6

一、选择题

1. BroadcastReceiver 是 Android 的四大组件之一，静态注册该类型的组件需要在项目的________文件中进行配置，才可以使用。

A. build.gradle　　B. setting.properties
C. AndroidManifest.xml　　D. gradle.properties

2. 在定义 BroadcastReceiver 组件时，需要重写________方法，它可以接收指定 Intent 传递的广播消息。

A. onReceive　　B. sendBroadcast
C. onCreate　　D. onStart

3. 要使用 BroadcastReceiver 组件，也可以通过动态注册来实现。如果在一个 Activity 中动态注册 BroadcastReceiver 组件，就必须调用________方法来实现。

A. sendBroadcast　　B. registerReceiver
C. onReceive　　D. sendStickyBroadcast

4. 假设有一个 BroadcastReceiver 组件，要求在一个 Activity 中采用标准广播发送，这时需要调用________方法。

A. sendBroadcast　　B. sendStickyBroadcast
C. sendOrderedBroadcast　　D. 均不正确

5. 假设 Activity 中定义两个 BroadcastReceiver 组件对象分别是 myReceiver01 和 myReceiver02，注册它们的动作同为 test.ACTION，myReciver01 优先级别设置为 100，而 myReceiver02 的优先级别设置为 200。如果在活动采用有序广播方式，则________组件先接收到消息。

A. myReceiver01　　B. myReceiver02
C. 同时接收到消息　　D. 按照先注册的组件先接收消息

二、思考题

1. BroadcastReceiver 组件的静态注册如何实现？

2. BroadcastReceiver 组件的动态注册如何实现？

3. 发送广播有标准广播方式、有序广播方式和黏性广播方式 3 种方式，比较它们的异同。

三、上机实践题

1. 使用 BroadcastReceiver 组件实现对移动终端充电状态的检测，并显示当前的状态。

2. 使用 BroadcastReceiver 组件实现对移动终端联网状态的检测，并显示连接网络的状态。

3. 使用 BroadcastReceiver 组件实现对移动终端飞行模式的检测，并显示是否处于飞行模式状态。

第 7 章　Android 的 Service 组件

Service(服务)组件是 Android 的四大组件之一,是在后台运行的组件。Service 组件与 Activity 组件最大的不同在于,Service 组件没有界面,只在后台默默为移动应用提供支持。Service 组件不受 Activity 组件生命周期的限制,一般应用于运行时间长,可能需要重复执行的任务。Service 组件不是独立的,需要依赖创建它的移动应用进程,一旦移动应用的进程终止,则 Service 组件也会销毁。

7.1　Service 组件

Service 组件在后台执行移动应用指定的操作。应用 Service 组件时,首先要定义 Service 子类,然后才能在 AndroidManifest.xml 文件中进行配置,最后才可以在需要的上下文中启动。

1. Service 的定义

Service 组件必须是 android.app.Service 的子类。Service 类中定义一些回调函数,根据要求,对这些回调函数进行重写,赋予自定义服务组件的功能。这些回调函数如表 7-1 所示。

表 7-1　Service 组件的常见函数

函　　数	说　　明
onCreate()	Service 组件第一次创建后将立即回调该函数
onBind(Intent)	返回的 IBinder 应用程序与 Service 组件通信
onUnbind(Intent)	当 Service 组件上绑定的所有客户端都断开连接时将会回调该函数
onStartCommand(Intent,int,int)	调用 startService(Intent)方法启动 Service 组件时回调该函数
onDestroy()	在该 Service 被关闭之前会回调该函数

Service 的定义可以有两种形式。

方式 1:

```
class MyService : Service() {
    override fun onCreate() {
        super.onCreate()
    }
    override fun onStartCommand(intent: Intent?, flags: Int, startId: Int): Int {
        return super.onStartCommand(intent, flags, startId)
    }
    override fun onDestroy() {
        super.onDestroy()
```

```
    }
    override fun onBind(intent: Intent): IBinder {
        TODO("Return the communication channel to the service.")
    }
}
```

在这种方式定义的 Service 组件中必须重写 onStartCommand()函数。这是与通过调用 startService()函数启动这类服务组件的调用方式相关联的。

方式 2：

```
class MyService : Service() {
    override fun onCreate() {
        super.onCreate()
    }
    override fun onDestroy() {
        super.onDestroy()
    }
    override fun onBind(intent: Intent): IBinder {
        TODO("Return the communication channel to the service.")
    }
    override fun onUnbind(intent: Intent?): Boolean {
        return super.onUnbind(intent)
    }
}
```

第二种方式定义 Service 组件中没有 onStartCommand()函数，但是必须对 onBind()方法进行重写。这种方式创建的 Service 组件可以进行通信。在活动中必须通过 bindService 来启动这类 Service 组件。

2. 配置 Service

要让 Service 组件可以使用，就必须将其注册到 AndroidManifest.xml 文件，形式如下：

```
<service android: name=".MyService"
    android: enabled="true"
    android: exported="true" />
```

在上述配置中，android：enabled 表示允许本移动应用中使用 Service 组件，android：exported 则表示其他的移动应用也允许使用定义的 Service 组件。由于移动应用的资源相对有限。Android 系统进行内存管理配置时，对于一些优先级别较低的 Service 在资源不足的情况下会杀死。如果希望降低 Service 被销毁的可能性，可以在配置 Service 时，通过 android：priority 来提高 Service 的优先级。优先级的取值范围为－1000～1000。数字越高，优先级别越高，数字越低，优先级别越低，代码如下：

```
<service android: name=".MyService"
    android: enabled="true"
    android: priority="500"
    android: exported="true" />
```

3. 启动 Service

Service 由移动应用中的 Activity 组件或 BroadcastReceiver 组件等进行启动，也可以通过 startService 和 bindService 进行启动。这两种启动方式分别对应了 Service 的两种类型。

(1) 当通过 startService 启动 Service 时，会调用 Service 的 onStartCommand()函数。使用这种启动方式时，即使启动 Service 的 Activity 组件已经销毁，Service 组件仍然可以在后台独立运行。这种启动 Service 的方式并不鼓励，这是因为，即使移动应用的其他组件销毁了，但是后台仍占据存储空间并消耗资源。通过 startService 启动的 Service 可以通过 stopService 关闭 Service。也可调用 Service 的 stopSelf()函数关闭本身。

例 7-1 使用 startService 方式启动播放音乐的服务，代码如下：

```
<!--模块 ch07_1 自定义 MusicService.kt-->
class MusicService : Service() {
    lateinit var musicPlayer: MediaPlayer
    override fun onCreate() {
        super.onCreate()
        musicPlayer =MediaPlayer.create(this,R.raw.music) //创建音乐播放器
    }
    override fun onStartCommand(intent: Intent?, flags: Int, startId: Int): Int {
        musicPlayer.start()
        musicPlayer.setOnCompletionListener {
            musicPlayer.release()                    //释放与 musicPlayer 关联的资源
            stopSelf()                               //关闭当前 Service
        }
        return super.onStartCommand(intent, flags, startId)
    }
    override fun onDestroy() {
        super.onDestroy()
        if(musicPlayer.isPlaying) {
            musicPlayer.stop()                                   //停止播放
            musicPlayer.release()                                //释放资源
        }
    }
    override fun onBind(intent: Intent): IBinder {
        TODO("Return the communication channel to the service.")
    }
}
```

上述 MusicService 的 onCreate()函数通过 raw 目录的 music.mp3 音频文件创建了一个 MediaPlayer 对象。然后在 onStartCommand()函数中启动媒体播放器播放音频文件。监视 MediaPlayer 是否播放完毕，如果播放完毕，则调用 stopSelf()函数来结束当前的 Service。如果 Service 结束，会调用 onDestroy()函数，判断 MediaPlayer 对象检测是否播放完毕，如果没有播放完毕，则调用 MediaPlayer 对象 stop 方法停止播放，以及调用 release()函数释放空间。

```
<!--模块 ch07_01 启动服务的 MainActivity.kt-->
class MainActivity : AppCompatActivity() {
    override fun onCreate(savedInstanceState: Bundle?) {
        super.onCreate(savedInstanceState)
        setContentView(R.layout.activity_main)
        val intent =Intent(this,MusicService: : class.java)
        playBtn.setOnClickListener {                    //播放按钮单击事件处理
            startService(intent)                        //启动 Service
        }
        stopBtn.setOnClickListener {                    //停止按钮单击事件处理
            stopService(intent)                         //停止服务
        }
    }
}
```

运行结果如图 7-1 所示。

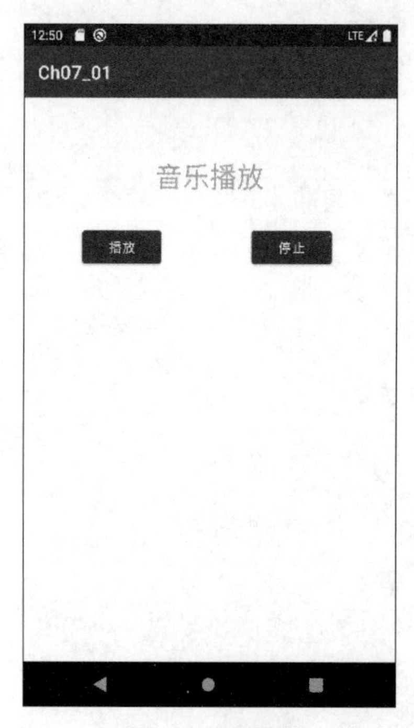

图 7-1　运行界面

运行上述模块 ch07_01。当单击“开始”按钮时，会播放音乐。这是因为，在单击按钮时，通过 startService 启动 Service，即调用了 Service 组件的 onStartCommand()函数，则开始执行音乐播放。当前正常退出音乐可以通过选择“停止”按钮来实现。在“停止”按钮的事件处理中，执行了关闭 Service 自身的操作。但是当音乐正在播放时，按用户手机终端的返回键，即使主活动已经退出，也可以听到播放的音乐。这说明 Service 仍在后台默默运行。这种类型的 Service 与 Activity 并没有太强的关联。

（2）当通过 bindService 启动 Service 时，启动 Service 的其他组件和 Service 组件就构成了一种“服务器-客户端”关联。绑定的 Service 提供“客户端-服务器”接口，使得其他组件与 Service 组件进行交互。一旦启动 Service 的其他组件销毁，Service 组件也会随之销毁，释放资源。这种启动方式，可以让 Service 组件与其他组件进行交互通信，进行数据的传递。通过 bindService()函数启动的 Service，可以通过 unBind()函数进行关闭。

例 7-2 使用 bindService 启动播放音乐的 Service，代码如下：

```
<!--模块 ch07_02 自定义 MusicService.kt-->
class MusicService : Service() {
    lateinit var mediaPlayer: MediaPlayer
    override fun onCreate() {
        super.onCreate()
        mediaPlayer =MediaPlayer.create(this,R.raw.music)
    }
    override fun onBind(intent: Intent): IBinder? {
        mediaPlayer.start()
        mediaPlayer.setOnCompletionListener {
            mediaPlayer.release()
        }
        return null
    }
    override fun onUnbind(intent: Intent?): Boolean {
        if(mediaPlayer!=null&&mediaPlayer.isPlaying) {
            mediaPlayer.stop()
            mediaPlayer.release()
        }
        return super.onUnbind(intent)
    }
}
```

同样，上述 MusicService 在 onCreate()函数中利用 values/raw 目录的 music.mp3 文件创建了一个 MediaPlayer 对象。onBind()函数中启动 MediaPlayer 实现音乐的播放。在 onUnbind()函数中进行解除绑定的处理。执行了对 MediaPlayer 对象状态的检测。如果仍处于播放音乐状态，则先停止播放，然后释放资源，代码如下：

```
<!--模块 ch07_02 启动服务的 MainActivity.kt-->
class MainActivity : AppCompatActivity() {
    override fun onCreate(savedInstanceState: Bundle?) {
        super.onCreate(savedInstanceState)
        setContentView(R.layout.activity_main)
        val intent =Intent(this,MusicService::class.java)
        val conn =object: ServiceConnection{           //构建与 Service 连接的对象
          override fun onServiceDisconnected(name: ComponentName?) {
          }
          override fun onServiceConnected(name: ComponentName?, service:
          IBinder?) {
          }
        }
        playBtn.setOnClickListener{
```

```
            bindService(intent,conn, Context.BIND_AUTO_CREATE)
                                                        //绑定 Service,自动创建 Service
        }
        stopBtn.setOnClickListener {
            unbindService(conn)                         //与 Service 解绑
        }
    }
}
```

运行上述模块 ch07_02。当单击“开始”按钮时,会播放音乐。这是因为单击按钮会调用 bindService 创建并启动 Service。但是当用户手机终端的“返回”键时,MainActivity 已经退出,音乐也会停止播放,说明 Service 也已经退出。在 MainActivity.kt 中定义的 conn 对象是 ServiceConnection 对象的实例,用于构建 MainActivity 与 Service 之间通信的中介。具体详细内容将在 7.3 节定义。

7.2 Service 的生命周期

每个 Service 具有生命周期。根据 Service 启动方式的不同,生命周期可分为两种类型。在图 7-2 中展示了 Service 组件的不同生命周期的过程。

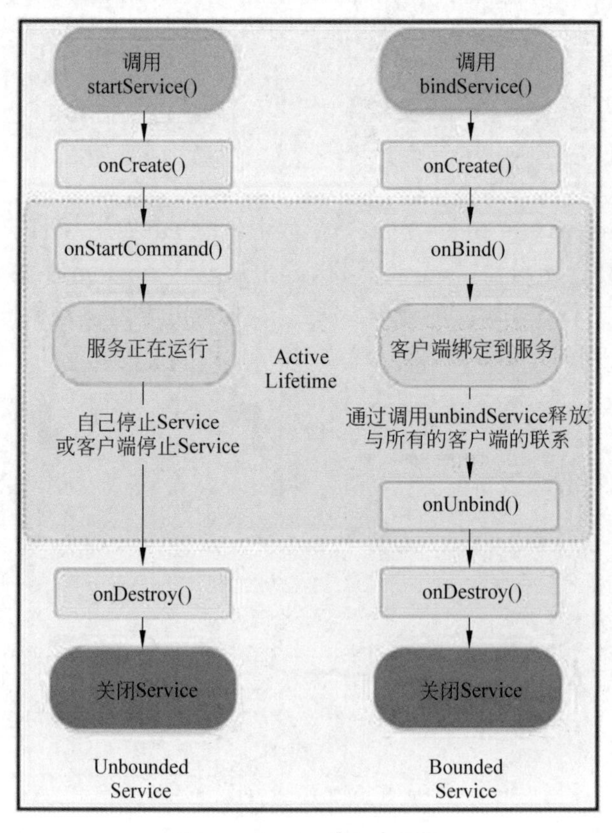

图 7-2　Service 的生命周期

当在上下文中通过 startService 启动 Service 时，Service 会调用 onCreate()函数，进行初始化操作，然后在 onStartCommand()函数中定义 Service 核心 Service 的处理，当前 Service 处理完毕后，会调用 onDestroy()函数关闭 Service。

如果在上下文(也是其他组件，也可以是使用 Service 的客户端)中通过 bindService 启动时，Service 会调用 onCreate()函数进行初始化操作。然后通过调用 onBind()函数使得客户端与 Service 绑定。当客户端请求 unBindService 时，会调用 Service 的 onUnbind()函数，然后再调用 onDestroy()函数关闭 Service。

7.3 Activity 和 Service 的通信

在例 7-2 中使用了 bindService 让 Activity 组件与 Service 组件构建了联系。但是它们并没有进行数据的传递。实际上，Activity 组件和 Service 组件是可以进行通信和数据的传递。之所以能实现通信，是因为 ServiceConnection 对象发挥了作用。ServiceConnection 对类有两个函数：onServiceConnected()和 onServiceDisConnected()。onServiceConnected()函数用于获得 IBinder 类型的对象，通过 IBinder 对象从 Service 中获取数据。

如图 7-3 所示，在 Service 中会定义一个 IBinder 对象，通过 IBinder 对象设置在 Service 中不断变更的数据。Android 的 Binder 类实现了 IBinder 接口，所以可以创建 Binder 子类对象实际上就是一个 IBinder 对象。ServiceConnection 是 Service 和上下文(例如 Activity 组件)之间的中介。Service 组件中包含了 ServiceConnection 的对象。ServiceConnection 对象可以获得 Service 中 IBinder 对象的数据，从而获取了 Service 对象的数据。

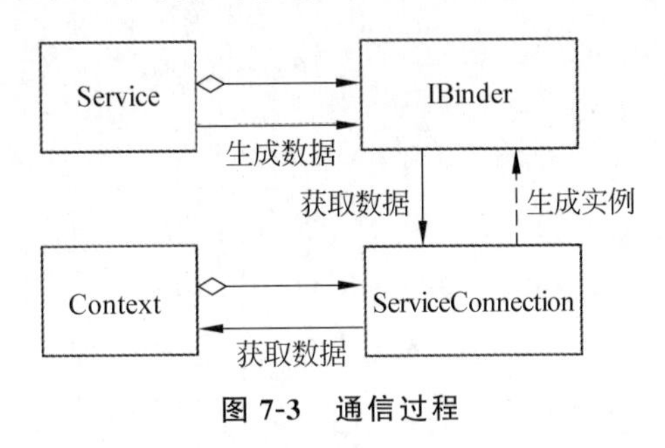

图 7-3 通信过程

例 7-3 音乐播放并显示音乐进度，代码如下：

```
<!--模块 ch07_03 音乐播放控制的 MusicService.kt-->
class MusicService : Service() {
    lateinit var mediaPlayer: MediaPlayer
    var running =true
    var time =0
var musicProgress =0
    inner class ProgressBinder(): Binder() {  //定义内部类记录音乐播放进度
        fun getMusicProgress() =musicProgress
                                              //获得音乐当前播放的进度,取值为 0~100
        fun getTime() =time                   //播放的时间
```

```
    }
    override fun onCreate() {
        super.onCreate()
    }
    override fun onBind(intent: Intent): IBinder {
        mediaPlayer =MediaPlayer.create(this,R.raw.music)
        mediaPlayer.start()
        mediaPlayer.setOnCompletionListener {
            mediaPlayer.release()
            time =0
        }
        thread{
            while(running){
                Thread.sleep(1000)            //休眠 1s
                time++                        //增加时间
            musicProgress =
                (100 * mediaPlayer.currentPosition)/mediaPlayer.duration
                                              //计算音乐播放进度
                if(musicProgress>=100)        //判断音乐是否已经播放完毕
                    running =false            //中断线程
            }
        }
        return ProgressBinder()
    }
    override fun onUnbind(intent: Intent?): Boolean {
        if(mediaPlayer.isPlaying){
            mediaPlayer.stop()
        }
        return super.onUnbind(intent)
    }
}
```

上述 MusicService 组件中,用 onBind()函数中创建并启动了一个线程。这个线程通过(100 * mediaPlayer.currentPosition)/mediaPlayer.duration 计算音乐播放的进度。并通过 ProgressBinder 获取音乐播放进度。通过这种方式,为 Activity 与 Service 之间数据通信提供了支持,代码如下:

```
<!--模块 ch07_03 MainActivity 对应的布局 activity_main.xml -->
<?xml version="1.0" encoding="utf-8"?>
<androidx.constraintlayout.widget.ConstraintLayout
    xmlns: android="http://schemas.android.com/apk/res/android"
    xmlns: app="http://schemas.android.com/apk/res-auto"
    xmlns: tools="http://schemas.android.com/tools"
    android: layout_width="match_parent"
    android: layout_height="match_parent"
    android: background="@android: color/holo_orange_light"
    tools: context=".MainActivity">
    <TextView android: id="@+id/textView"
        android: layout_width="wrap_content"
        android: layout_height="wrap_content"
```

```
        android: text="@string/title_music_player"
        android: textColor="@color/teal_200"
        android: textSize="@dimen/title_logo_text"
        app: layout_constraintBottom_toBottomOf="parent"
        app: layout_constraintEnd_toEndOf="parent"
        app: layout_constraintLeft_toLeftOf="parent"
        app: layout_constraintRight_toRightOf="parent"
        app: layout_constraintStart_toStartOf="parent"
        app: layout_constraintTop_toTopOf="parent"
        app: layout_constraintVertical_bias="0.08" />
    <SeekBar android: id="@+id/musicProgressbar"
        android: layout_width="match_parent"
        android: layout_height="wrap_content"
        app: layout_constraintBottom_toBottomOf="parent"
        app: layout_constraintEnd_toEndOf="parent"
        app: layout_constraintHorizontal_bias="0.5"
        app: layout_constraintStart_toStartOf="parent"
        app: layout_constraintTop_toBottomOf="@+id/textView"
        app: layout_constraintVertical_bias="0.147" />
    <TextView android: id="@+id/progressTxt"
        android: layout_width="wrap_content"
        android: layout_height="wrap_content"
        app: layout_constraintBottom_toTopOf="@+id/playBtn"
        app: layout_constraintEnd_toEndOf="parent"
        app: layout_constraintHorizontal_bias="1.0"
        app: layout_constraintStart_toStartOf="parent"
        app: layout_constraintTop_toBottomOf="@+id/musicProgressbar"
        app: layout_constraintVertical_bias="0.125" />
    <ImageButton android: id="@+id/playBtn"
        android: layout_width="wrap_content"
        android: layout_height="wrap_content"
        android: background="@android: color/transparent"
        app: layout_constraintBottom_toBottomOf="parent"
        app: layout_constraintEnd_toEndOf="parent"
        app: layout_constraintHorizontal_bias="0.25"
        app: layout_constraintStart_toStartOf="parent"
        app: layout_constraintTop_toBottomOf="@+id/musicProgressbar"
        app: layout_constraintVertical_bias="0.182"
        app: srcCompat="@android: drawable/ic_media_play" />
    <ImageButton android: id="@+id/stopBtn"
        android: layout_width="wrap_content"
        android: layout_height="wrap_content"
        android: background="@android: color/transparent"
        app: layout_constraintBottom_toBottomOf="parent"
        app: layout_constraintEnd_toEndOf="parent"
        app: layout_constraintHorizontal_bias="0.75"
        app: layout_constraintStart_toStartOf="parent"
        app: layout_constraintTop_toBottomOf="@+id/musicProgressbar"
        app: layout_constraintVertical_bias="0.182"
```

```
    app: srcCompat="@android: drawable/ic_media_pause" />
</androidx.constraintlayout.widget.ConstraintLayout>
```

在上述的 activity_main.xml 布局中,定义音乐的播放和停止按钮及 SeekBar(拖动条)组件。通过 ProgressBar 组件来显示音乐播放的进度,代码如下:

```
<!--模块 ch07_03 主活动 MainActivity.kt-->
class MainActivity : AppCompatActivity() {
    var musicProgress =0
    val handler =object: Handler(Looper.getMainLooper()){
                                        //handler 获得一个匿名对象处理接收的消息
        override fun handleMessage(msg: Message) {
            if(msg.what ==0x123){
                musicProgressbar.progress =msg.arg1
                                                  //修改音乐播放的进度
                progressTxt.text ="${msg.obj}"
            }
        }
    }
    override fun onCreate(savedInstanceState: Bundle?) {
        super.onCreate(savedInstanceState)
        setContentView(R.layout.activity_main)
        val conn =object: ServiceConnection{
          override fun onServiceConnected(name: ComponentName?, service:
           IBinder?) {                                //处理与 Service 连接的通信
              val binder =service as MusicService.ProgressBinder
              thread{
                  while(musicProgress<=100){
                      val msg =Message.obtain()
                      musicProgress =binder.getMusicProgress()
                      msg.what =0x123
                      msg.arg1 =musicProgress
                      msg.obj =convertStr(binder.getTime())
                      handler.sendMessage(msg)
                  }
              }
          }
          override fun onServiceDisconnected(name: ComponentName?) {
                                                  //Service 关闭连接
              TODO("Not yet implemented")
          }
        }
        val intent =Intent(this,MusicService::class.java)
        playBtn.setOnClickListener{
            bindService(intent,conn, Context.BIND_aUTO_cREATE)
                                                  //绑定 Service,自动创建 Service
        }
        stopBtn.setOnClickListener{
            unbindService(conn)                   //解绑 Service
        }
    }
    private fun convertStr(seconds: Int): String{    //将秒转换成字符串
```

```
        var m =seconds/60
        var s =seconds%60
        var ms =if (m<10) "0${m}" else "${m}"
        var ss =if(s<10) "0${s}" else "${s}"
        return "${ms}: ${ss}"
    }
}
```

运行结果如图 7-4 所示。

图 7-4　音乐播放运行界面

在 MainActivity 中定义了一个 ServiceConnection 对象。在这个 ServiceConnection 对象的 onServiceConnected( ) 函数中通过 service as MusicService. ProgressBinder 获得 MusicService.ProgressBinder 对象。通过这个对象的 getMusicProgress( ) 函数可以获取 MusicService 播放音乐的进度。得到进度数据后，结合 Handler 机制，将数据设置成 Message 的 arg1 属性，通过 Handler 对象将 Message 发送到队列中。当 UI 主线程的 Looper 从管理的 MessageQueue 将该 Message 出列后，就可以对 Message 进行处理，并修改 ProgressBar 对象的进度条，从而达到 Activity 与 Service 的通信，使得界面的 SeekBar (拖动条)伴随音乐的播放不断变更。

7.4　IntentService

IntentService 是一种简单的服务，通过 Intent 请求和处理主线程的异步任务。如果有多个消息请求，则将它们加入 IntentService 的 Intent 队列中，然后按照顺序执行。IntentService 的最大特点是，不需要进行 Service 关闭管理。

IntentService 通过创建单独的工作线程来处理所有的 Intent 请求。IntentService 创建单独的工作线程来处理 onHandleIntent()函数实现的代码，开发者无须处理多线程的 Service。当所有的请求处理完成后，IntentService 会自动停止。因此开发者无须调用 stopSelf()函数停止该 Service。为 Service 的 onBind()函数提供了默认实现，默认实现的 onBind()函数返回 null。为 Service 的 onStartCommand()函数提供了默认实现，该实现会将请求 Intent 添加到队列中。

IntentService 也可以与其他上下文(如 Activity)进行数据交换。ResultReceiver 是用于接收其他进程回调结果的通用接口。ResultReceiver 类只是用于执行通信的 Binder。此类的实例可以通过 Intent 传递，即通过创建子类并实现 onReceiveResult 来使用。发送方使用 send()函数将数据发送到接收方。

例 7-4 结合 IntentService 实现音乐的播放，代码如下：

```
//模块 Ch07_04 MainActivity.kt
class MainActivity : AppCompatActivity() {
    override fun onCreate(savedInstanceState: Bundle?) {
        super.onCreate(savedInstanceState)
        setContentView(R.layout.activity_main)
        playBtn.setOnClickListener {                        //播放音乐
            Log.d("MusicService","playing…")
            val intent =Intent(this,MusicService::class.java)
                                                  //定义访问 MusicService 组件的意图
            intent.putExtra("receiver", MusicReceiver(Handler()))     //设置键值对
            startService(intent)                            //启动 Service
        }
    }
    inner class MusicReceiver(handler: Handler?): ResultReceiver(handler) {
                                                        //处理音乐播放的进度内部类
        override fun onReceiveResult(resultCode: Int, resultData: Bundle) {
            super.onReceiveResult(resultCode, resultData)
            when (resultCode) {
                MusicService.RUNNING ->{                    //获得进度
                    progressBar.progress =resultData.getInt("progress")
                }
                MusicService.ERROR ->Toast.makeText(this@MainActivity,
                    "播放过程中出现错误!",Toast.LENGTH_lONG).show()
            }
        }
    }                                                   //结束内部类的定义
}
```

运行结果如图 7-5 所示。

在 MainActivity 中定义了一个内部类 MusicReceiver，它是 ResultReceiver 类的子类。MusicReceiver 用于接收音乐播放进度的消息。MainActivity 将 MusicReceiver 对象作为数据发送给 MusicService。MusicService 又利用 MusicReceiver 对象将音乐播放的进度发送给 MainActivity，实现了 Activity 与 IntentService 之间的数据传递。

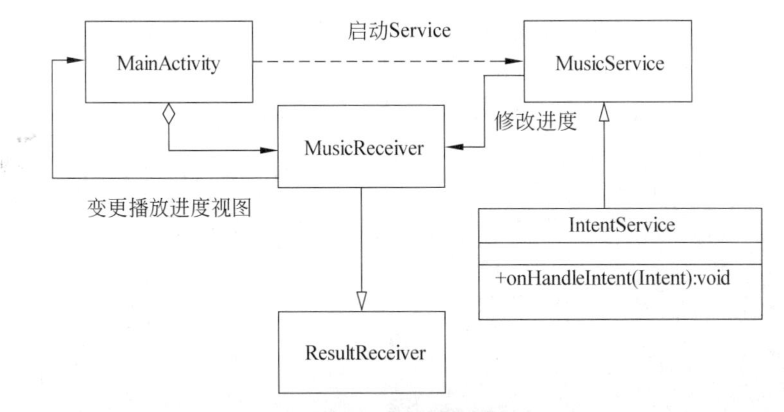

图 7-5　类之间的关系

```
//模块 Ch07_04 MusicService.kt
class MusicService : IntentService("MusicService") {
    private var musicLength =0
    private var musicProgress =0
    private lateinit var receiver: ResultReceiver
    companion object {                    //伴随对象中设置 3 个常量表示音乐播放的状态
        const val RUNNING =1
        const val FINISHED =2
        const val ERROR =3
    }
    override fun onHandleIntent(intent: Intent?) {
        val mediaPlayer: MediaPlayer =MediaPlayer.create(this, R.raw.music)
        musicLength =mediaPlayer.duration
        mediaPlayer.setOnCompletionListener {
            sendData(receiver , FINISHED)//音乐播放完毕,修改状态为 FINISHED
        }
        mediaPlayer.start()               //启动音乐
        receiver =intent!!.getParcelableExtra<ResultReceiver>("receiver")
                                          //获得数据
        if (intent !=null) {
            try {
                while (musicProgress <musicLength) {
                    Thread.sleep(1000)
                    musicProgress = mediaPlayer.currentPosition * 100 /musicLength
                    sendData(receiver, RUNNING)
                }
            } catch (e: InterruptedException) {
                sendData(receiver,ERROR)
            }
            finally {
                sendData(receiver, FINISHED)
            }
        }
    }
```

```
    override fun onDestroy() {
        super.onDestroy()
        Log.d("MusicService","onDestroy")
    }
    private fun sendData(receiver: ResultReceiver,resultCode: Int){
        val resultData =Bundle()
        resultData.putInt("progress", musicProgress)
        receiver.send(resultCode, resultData)
    }
}
```

运行结果如图 7-6 所示。

图 7-6　运行结果

上述定义的 MusicService 是 IntentService 的子类。MusicService 会创建一个工作线程处理 onHandleIntent()函数定义的任务。在 onHandleIntent()方法中利用 values/raw/目录的 music.mp3 创建 MediaPlayer 对象 mediaPlayer。启动音乐后，通过 mediaPlayer.currentPosition * 100 /musicLength 获得音乐播放的进度。然后将进度数据调用自定义函数 sendData()发送出去。sendData()函数本质上是创建了 Bundle 的数据包，在 Bundle 数据包的对象中设置键值对，再通过 ResultReceiver 发送给 Activity。Activity 通过 MusicService 可以获得音乐播放的进度。另外，MusicService 的伴随对象中定义了 RUNNING、FINISHED、ERROR 3 个状态值，分别表示了正在播放、已经播放完毕和播放存在错误。根据音乐播放的实际状态，作为 ResultReceiver 的 resultCode 结果编码，为 MainActivity.MusicReceiver 不同音乐播放情况的处理提供方便。

7.5　Notification 和前台服务

7.5.1　Notification

Notification(通知)是在移动应用的通知栏中提供给用户的消息提示。当移动应用不在运行时或者在后台状态时，可通过发布 Notification 的方式，提醒用户进行某些操作。在

图 7-7 中展示了 Notification 在顶部状态栏的情况。可以通过下拉操作显示具体内容，如图 7-8 所示。

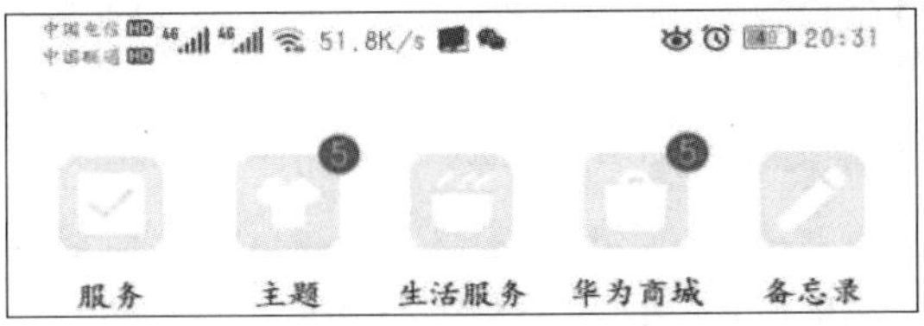

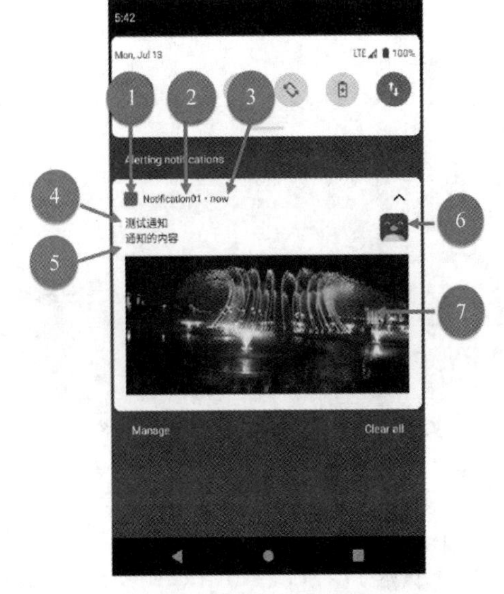

图 7-7　显示在通知栏中的通知

图 7-8　通知的下拉显示

由图 7-8 可知，Notification 一般由如下元素构成。

(1) 小图标：为必要图标，通过 setSmallIcon()设置。

(2) 应用名称：由系统提供。

(3) 时间戳：由系统提供，可以通过 setWhen()进行替换或使用 setShowWhen(false)将其隐藏。

(4) 标题：可选内容，通过 setContentTitle()设置。

(5) 文本：可选内容，通过 setContentText()设置。

(6) 大图标：可选图标(通常仅用于联系人照片)，通过 setLargeIcon 设置。

(7) 样式：通过样式设置大图片。

Android 8.0 提出了 NotificationChannel(通知渠道)的概念。NotificationChannel 可以理解 Notification 的类别，所有的 Notification 必须分配相应的 Channel。在移动应用每个 NotificationChannel 都有独一无二的标识。还需要定义 NotificationChannel 的名称和描述。将通知加入 NotificationChannel 进行分类管理。NotificationChannel 也可设定优先级别，根据优先级别的高低，对同一 Channel 的 Notification 进行不同的处理，如表 7-2 所示。

表 7-2　通知渠道的优先级

通知渠道的优先级	说　明
NotificationManager.IMPORTANCE_HIGH	紧急：发出声音并显示为提示通知
NotificationManager.IMPORTANCE_DEFAULT	高：发出声音
NotificationManager.IMPORTANCE_LOW	中等：没有声音
NotificationManager.IMPORTANCE_MIN	低：无声音并且不会出现在状态栏中

要创建 NotificationChannel，需要通过 NotificationManager（通知管理器）实现，代码如下：

```
//定义 NotificationManager
val notificationManager=getSystemService(Context.NOTIFICATION_SERVICE)
    as NotificationManager
//定义 NotificationChannel 的标识
val channelId ="chenyi.book.android.ch07"
//定义 NotificationChannel 的名称
val name ="Android 移动应用开发"
//定义 NotificationChannel
val channel =NotificationChannel(channelId,name,NotificationManager.
    IMPORTANCE_DEFAULT)
//定义 NotificationChannel 的描述
channel.description ="Android 移动应用开发的 NotificationManager"
//创建并配置 NotificationChannel
notificationManager.createNotificationChannel(channel)
```

在 NotificationChannel 的前提下，创建一个 Notification，需要设置标题、内容、时间、显示的图标，可以修改 Notification 显示的样式，也可以增加大图的显示或者文本的显示，参考代码如下：

```
//创建 Notification 对象
val notification =Notification.Builder(this,channelId).apply{
    setContentTitle("通知示例")                          //设置标题
    setContentText("欢迎使用通知!")                       //设置内容
    setWhen(System.currentTimeMillis())                 //设置时间
    setShowWhen(true)                                   //允许显示时间
    setSmallIcon(android.R.drawable.ic_Dialog_Info)               //设置小图标
    setStyle(Notification.BigPictureStyle()
    .bigPicture(BitmapFactory.decodeResource(resources,R.mipmap.scene)))
                                                        //设置样式为大图样式
    }.build()                                           //创建 Notification 对象
val notificationID =1                                   //定义 Notification 标识
notificationManager.notify(notificationID,notification)
                                                  //发布 Notification 到通知栏中
```

发布 Notification 到通知栏时，可以发现它的图标为灰色。即使设置的小图标原始图片为彩色，显示时也仍是灰色。这时因为从 Android 5.0 开始，对通知栏图标的设计规则进行了修改。所有应用程序的通知栏图标只支持带 alpha 图层的图片，不支持 RGB 图层。这使得通知栏图标失去了原本的色彩。如果希望保留色彩，可以进行设置，代码如下：

```
setColorized(true)                                      //可以设置彩色
setColor(getColor(R.color.teal_200))                    //设置指定的颜色
```

Notification 可以使用自定义布局进行显示，也可以通过特定的操作实现某些功能。这时可以结合 android.widget.RemoteViews 和 android.app.PendingIntent 实现。

RemoteViews 用于根据已经定义的布局文件来渲染和生成自定义视图，代码如下：

```
val normalView =RemoteViews("包名",R.layout.notification_layout)    //自定义视图
```

PendingIntent(待定意图)并不是意图 Intent 的子类,它表示执行 Intent 和目标动作的描述。PendingIntent 本身就是系统维护令牌(Token)的引用,该 Token 用于检索原始数据。这表明,即使所属的应用进程被终止,PendingIntent 也可以在已经为其分配的其他进程中继续使用。如果以后创建的应用程序重新检索同样类别的 PendingIntent(例如,同样的操作、同样的 Intent 动作、数据、类别和组件以及同样的标记),它将接收这个相同 Token 的 PendingIntent,也可以调用 cancel()函数删除它。PendingIntent 支持 3 种待定意图:启动 Activity,启动 Service 和发送广播。

(1) getActivity(context: Context!, requestCode: Int, intent: Intent!, flags: Int):返回 PendingIntent 对象,用于检索将启动新 Activity 的 PendingIntent。

(2) getService(context: Context!, requestCode: Int, intent: Intent, flags: Int):返回 PendingIntent 对象,检索将启动 Service 的 PendingIntent。

(3) getBroadcast(context: Context!, requestCode: Int, intent: Intent!, flags: Int):返回 PendingIntent 对象,检索将执行广播的 PendingIntent。

下面,以调用 PendingIntent.getActivity()函数从活动中获得一个 PendingIntent 的对象为例,来了解 PendingIntent 的使用,形式如下:

```
val intent =Intent(this,SomeActivity::class.java)            //某个意图对象
val pendingIntent = PendingIntent. getActivity (activity, requestCode, intent,
    flags)
```

生成 pendingIntent 对象的相关 4 个参数。

(1) activity:表示上下文。

(2) requestCode:表示请求码,用数字表示。

(3) intent:表示要加载的意图。

(4) flags:表示标记,可以取值为 FLAG_ONE_SHOT(获取的 PendingIntent 只能使用一次), FLAG_NO_CREATE(获取 PendingIntent,若描述的 Intent 不存在,则返回 NULL 值), FLAG_CANCEL_CURRENT(使用新的 Intent 取消当前的描述), FLAGUPDATE_CURRENT(使用新的 Intent,更新当前的描述)。

为自定义的 View 组件增加 setOnClickPendingIntent 的事件处理,将具体布局文件中的某个控件与 pendingIntent 对象描述的任务进行关联,并执行描述中指定的意图,形式如下:

```
normalView.setOnClickPendingIntent(R.id.nPlayBtn,pendingIntent)
```

7.5.2 前台服务

Service 在后台运行时,若系统资源不足,为了释放空间,就会被销毁,导致需要完成的任务提前结束,为了避免被提前销毁,可以使用以下 4 种方法。

1. 提高 Service 的优先级

在 AndroidManifest.xml 中设置 Service 的优先级(取值范围为−1000~1000)为较高

的数字，例如 android：priority="1000"，数字越大优先级别越大。

2. 设置 Service 为系统服务

在 AndroidManifest.xml 中设置 Service 组件的 android：persistent 属性为 true，配置 Service 为系统服务，则可使其在内存不足不被终止，形式如下：

```
<service android: name=".MusicService"
      android: enabled="true"
      android: exported="true"
      android: persistence="true"  />
```

这种做法不鼓励，这是因为，若自定义 Service 配置为系统服务太多，将严重影响系统的整体运行。同理，在应用中设置 android：persistent 属性为 true，则该应用为系统应用。应用程序通常不应设置此标志；持久模式仅适用于某些系统应用程序，形式如下：

```
<application android: fullBackupContent="true"
     android: icon="@mipmap/ic_launcher"
     android: label="@string/app_name"
     android: persistent="true"
     android: largeHeap="true"
     android: supportsRtl="true"
     android: theme="@style/AppTheme1">
</application>
```

3. 利用 Android 的系统广播

利用 Android 的 Intent.ACTION_TIME_TICK 系统广播检查 Service 的运行状态，如果 Service 被终止，就重新启动 Service 组件。系统广播可以每分钟发送一次，检查一次 Service 的运行状态，如果已经终止，就重新启动 Service。

以上 3 种方式都存在不足。最佳的处理方式是设置 Service 为前台服务。此时，会在状态栏显示一个 Notification。通知用户界面与 Service 进行关联。设置 Service 为前台服务时，需要在 Service 组件的定义中使用 startForeground(int，Notification)函数。如果不想显示 Notification，只要把参数里的 int 设为 0 即可。

从 Android 9.0 以后版本，Service 在前台运行时，必须在 AndroidManifest.xml 中进行权限声明，形式如下：

```
<use-permission android: name="android.permission.FOREGROUND_SERVICE" />
```

7.6 用 Service 前台控制歌曲专辑的播放

7.6.1 功能需求分析和设计

设计一个用于播放歌曲专辑的移动应用。具体功能如下。

(1) 只显示该专辑歌曲的列表，所有的数据定义在数组中，歌曲文件选择范围有限。

(2) 根据某个特定专辑的歌曲列表，选择一首歌曲进行播放，播放歌曲时可以显示

Notification 使得在 Notification 中控制歌曲的播放。在图 7-9 中展示了分析的用例图。

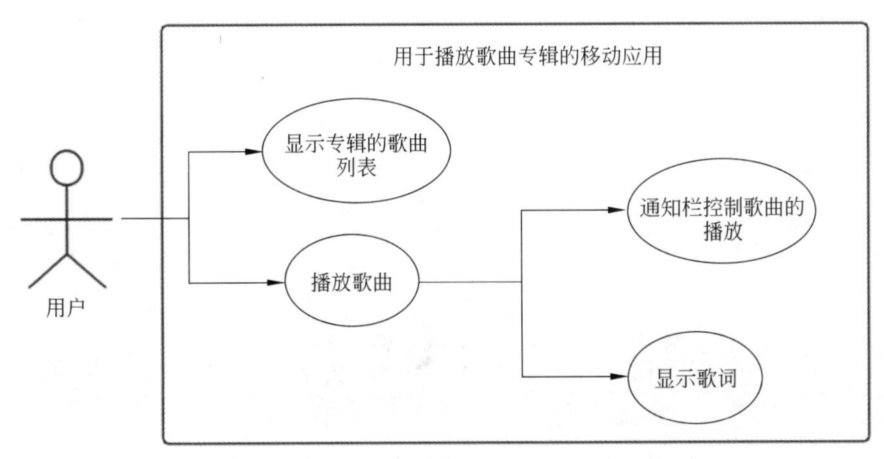

图 7-9　用于播放歌曲专辑的移动应用例图

在这个移动应用中，功能主要包括显示专辑的歌曲列表和播放歌曲。

1. 显示专辑的歌曲列表

当启动播放歌曲专辑的移动应用后，会显示这个专辑的歌曲列表供用户查看，为后续的歌曲选择和播放提供支持，如图 7-10 所示。

2. 播放歌曲

如图 7-11 所示，首先，显示专辑的歌曲列表。根据歌曲列表，用户可以选择某首歌曲。进入歌曲的播放界面，进行歌曲的播放操作。一旦歌曲播放开始，会按照歌曲播放的进度显示歌词，如果用户暂停播放，则暂停播放，歌词暂停更新；若停止播放，则退出。

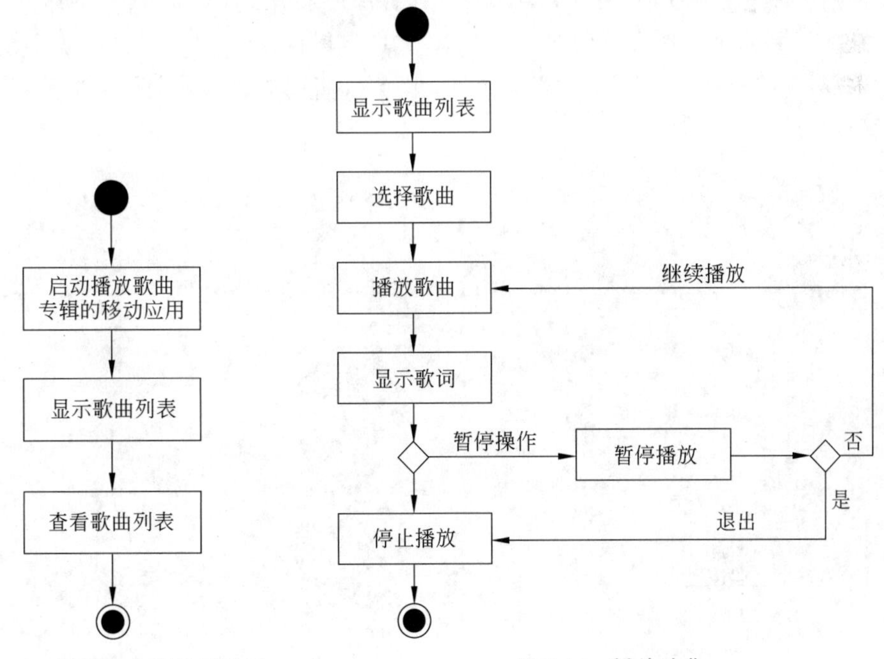

图 7-10　显示歌曲列表活动图　　**图 7-11　播放歌曲**

根据系统需求分析，设计如图 7-12 所示的类图。

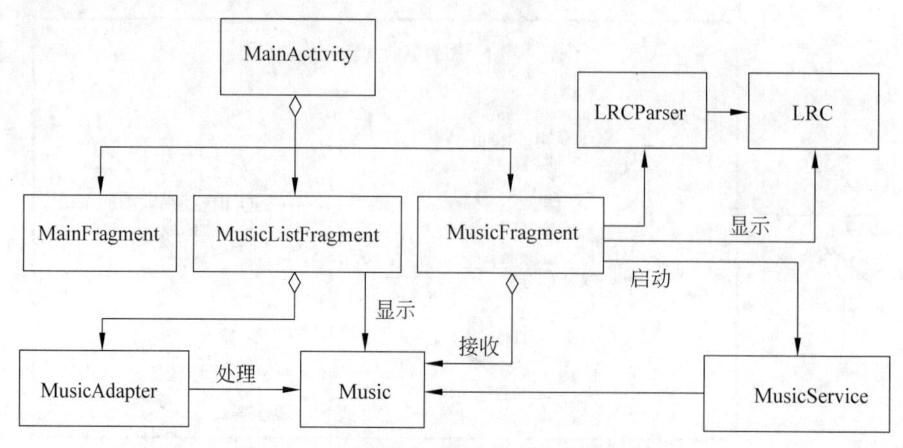

图 7-12　用于播放歌曲专辑的移动应用类图

MainActivity 类表示 MainActivity 界面。MainActivity 类中可以包含可以嵌入 3 个 Fragment：MainFragment、MusicListFragment 和 MusicFragment。它们分别表示了专辑的 Fragment、专辑中包含音乐列表的 Fragment，以及单个曲目的 Fragment。在 MusicListFragment 通过 MusicAdapter 处理数据并与 Music 数据绑定，达到显示 Music 的基本信息的目的，而在 MusicFragment 中可以处理 Music 中定义的相应资源信息，如果播放音乐。在 MusicFragment 中可以启动 MusicService 播放 Music。可以使用 LRCParser 来解析歌曲的歌词 LRC。

7.6.2　系统的实现

为了使用歌曲的资源文件，在 res 目录下创建资源目录 raw，然后将所有的歌曲的 MP3 文件保存在 raw 目录下。所有歌曲对应的 LRC 文件也保存在 raw 目录下。为了能方便地引用这些资源，在 res/values 目录创建 arrays.xml，将专辑中所有的歌曲以及对应的歌词资源地址进行设置，代码如下：

```
<!--  模块 MusicAlbumApp res/values/arrays.xml-->
<?xml version="1.0" encoding="utf-8"?>
<resources>
    <string-array name="songNames">
        <item>第一首歌</item>
        <item>第二首歌</item>
        …
    </string-array>
    <integer-array name="songs">
        <item>@raw/song</item>
        <item>@raw/song</item>
        …
    </integer-array>
    <string-array name="lrcs">
```

```
        <item>@raw/songlrc</item>
        <item>@raw/songlrc</item>
        …
    </string-array>
</resources>
```

为了能让 Service 在前台运行，必须设置移动应用系统配置 AndroidManifest.xml 文件，代码如下：

```
<!--模块 MusicAlbumApp AndroidManifest.xml-->
<?xml version="1.0" encoding="utf-8"?>
<manifest xmlns: android="http://schemas.android.com/apk/res/android"
    package="chenyi.book.android.musicalbumapp">
    <uses-permission android: name="android.permission.FOREGROUND_SERVICE" />
    <application …>
      <service android: name=".MusicService"
      android: enabled="true"
      android: exported="true" />
       …
    </application>
</manifest>
```

1. 定义歌曲的 Music 实体类

Music 类定义了歌曲的基本属性，包括歌曲对应的图片、曲名、歌曲资源、歌词资源。定义内容的显示，代码如下：

```
//模块 MusicAlbumApp Music 类
data class Music (val imageId: Int,val imageName: String,val songid: Int,
    val lrcId: Int)
```

2. 定义用于歌曲播放的 Service 组件

定义用于歌曲播放的 Service 组件的代码如下：

```
<!-- 模块 MusicAlbumApp 播放音乐的 Service 组件 MusicService.kt-->
class MusicService : Service() {
    lateinit var mediaPlayer: MediaPlayer
    lateinit var normalView: RemoteViews
    lateinit var music: Music
    var running =true
    var time =0
    var musicProgress =0
    inner class ProgressBinder(): Binder() {
        fun getMusicProgress()=musicProgress
                                                //获得歌曲的当前播放进度,取值 0~100
        fun getTime()=time                      //播放的时间
    }
    override fun onCreate() {
        super.onCreate()
        generateNotification()                  //生成通知
    }
```

```
    override fun onBind(intent: Intent): IBinder? {
    music =MusicListFragment.musics[MusicListFragment.currentSongIndex]
                                                      //根据索引修改歌曲列表进行处理
        playMusic(music)
        thread{                                       //创建并启动自定义线程
            while(running){
                Thread.sleep(1000)
                time ++
                musicProgress=(100 * mediaPlayer.currentPosition)/
                    mediaPlayer.duration      //修改歌曲的播放进度
                if(musicProgress>=100)
                        running =false
            }
        }
        return ProgressBinder()
    }
    override fun onUnbind(intent: Intent?): Boolean {
        if(mediaPlayer.isPlaying) {
            running =false
            mediaPlayer.stop()
            mediaPlayer.release()
        }
        return super.onUnbind(intent)
    }
    private fun generateNotification(){      //生成 NotificationManager 对象
      val manager=getSystemService(Context.NOTIFICATION_sERVICE)
          as NotificationManager
if(Build.VERSION.SDK_INT>=Build.VERSION_CODES.O) {
                                                      //检测 SDK 版本是否大于等于 Android 8
            val channel=NotificationChannel("music_service","影视音乐专辑",
                NotificationManager.IMPORTANCE_DEFAULT)
                                                      //创建 NotificationChannel
            manager.createNotificationChannel(channel)
        }
        normalView=RemoteViews(packageName,R.layout.notification_layout)
                                                      //自定义视图
        var music =MusicListFragment.musics[MusicListFragment.
            currentSongIndex]                         //设置自定义组件文本框和图片视图内容
        configNormalView(music)                       //配置自定义视图
        val intent=Intent(this,MainActivity::class.java)
    val pendingIntent=PendingIntent.getActivity(this,0,intent,
    PendingIntent.FLAG_UPDATE_CURRENT)
        val notification=NotificationCompat.Builder(this,"music_service").
        apply{                                        //创建 Notification
            setOngoing(true)
            setOnlyAlertOnce(true)
            setSmallIcon(R.mipmap.album)
            setContent(normalView)
```

```
            setContentIntent(pendingIntent)
            setColorized(true)
            setColor(resources.getColor(R.color.teal_200,null))
        }.build()
        startForeground(1,notification)        //启动前台 Service
    }
    private fun configNormalView(music: Music){
        normalView.setTextViewText(R.id.musicNameTxt,music.songName)
        normalView.setImageViewBitmap(R.id.posterImage,
            BitmapFactory.decodeResource(resources,music.imageId))
        val playPendingIntent =getPlayPendingIntent()
        normalView.setOnClickPendingIntent(R.id.playBtn,playPendingIntent)
        val stopPendingIntent =getStopPendingIntent()
        normalView.setOnClickPendingIntent(R.id.pauseBtn,stopPendingIntent)
    }
    private fun getPlayPendingIntent(): PendingIntent{
        val playIntentFilter =IntentFilter()
        playIntentFilter.addAction("PLAYACTION")            //播放动作处理
        //创建广播接收器匿名对象赋值给 playActionReceiver
        val playActionReceiver =object: BroadcastReceiver(){
            override fun onReceive(context: Context?, intent: Intent?) {
            music =MusicListFragment.getCurrentMusic()
                                                    //接收广播用于播放歌曲列表中的当前音乐
                playMusic(music)
            }
        }
        registerReceiver(playActionReceiver,playIntentFilter)
                                                    //动态注册 BroadcastReceiver 组件
        val playIntent =Intent("PLAYACTION")
        return PendingIntent.getBroadcast(this,0,playIntent,0)
                                                            //设置播放动作监听
    }
    private fun getStopPendingIntent(): PendingIntent{
        val stopIntentFilter =IntentFilter()
        stopIntentFilter.addAction("STOPACTION")           //停止播放动作处理
        val stopActionReceiver =object: BroadcastReceiver(){
            override fun onReceive(context: Context?, intent: Intent?) {
                if(mediaPlayer.isPlaying) {
                    running =false
                    mediaPlayer.stop()
                }
            }
        }
        registerReceiver(stopActionReceiver,stopIntentFilter)
                                                    //动态注册 BroadcastReceiver 组件
        val stopIntent =Intent("STOPACTION")
        return PendingIntent.getBroadcast(this,0,stopIntent,0)
                                                            //设置停止播放动作监听
    }
```

```
    private fun playMusic(music: Music){
        running =true
        mediaPlayer =MediaPlayer.create(this,music.songId)
        mediaPlayer.start()
        mediaPlayer.setOnCompletionListener {
            mediaPlayer.release()
        }
    }
}
```

在上述 MusicService 组件中,主要做了以下几方面任务。

(1) 通过调用 startForeground 函数指定 MusicService 为前台服务,MusicService 创建的通知可以在移动终端的状态栏进行显示。

(2) MusicService 创建的 Notification 是针对 Android 8.0 及以上版本的,为此创建了一个 NotificationChannel,然后在其下再创建 Notification。

(3) 创建的 Notification 利用自定义的 notification_layout.xml 创建了 RemoteView 自定义的 normalView,代码如下:

```
normalView =RemoteViews(packageName,R.layout.notification_layout)
```

(4) 这个 Notification 自定义的布局包含了两个按钮,分别用于开始歌曲和停止歌曲的播放。为了控制歌曲的播放,采用 PendingIntent 来实现。分别调用 getPlayPendingIntent()和 getStopPendingIntent()函数获得控制开始和停止播放歌曲的 PendingIntent。通过 PendingIntent 在本组件中激发其他组件如 BroadcastReceiver 组件对歌曲的播放进行控制,代码如下:

```
val playPendingIntent =getPlayPendingIntent()
normalView.setOnClickPendingIntent(R.id.playBtn,playPendingIntent)
val stopPendingIntent =getStopPendingIntent()
normalView.setOnClickPendingIntent(R.id.pauseBtn,stopPendingIntent)
```

(5) 在 MusicService 通过自定义线程对歌曲的播放进度进行计算,代码如下:

```
<!--模块 MusicAlbumApp 通知的布局文件 layout_notification.xml -->
<?xml version="1.0" encoding="utf-8"?>
<LinearLayout xmlns: android="http://schemas.android.com/apk/res/android"
    xmlns: app="http://schemas.android.com/apk/res-auto"
    android: background="@android: color/black"
    android: orientation="horizontal"
    android: layout_width="match_parent"
    android: layout_height="wrap_content">
    <ImageView android: id="@+id/posterImage"
        android: layout_width="wrap_content"
        android: layout_height="wrap_content"
        app: srcCompat="@mipmap/song" />
    <LinearLayout android: layout_width="wrap_content"
        android: layout_height="wrap_content"
```

```
            android: orientation="vertical">
            <TextView android: id="@+id/musicNameTxt"
                android: layout_height="wrap_content"
                android: layout_width="wrap_content"
                android: text="qum "
                android: textSize="@dimen/size_middle_text"
                android: textColor="@android: color/white" />
             <LinearLayout
                  android: layout_width="wrap_content"
                  android: layout_height="wrap_content"
                  android: orientation="horizontal">
                <!--播放按钮-->
                  <ImageButton android: id="@+id/playBtn"
                       android: layout_width="wrap_content"
                       android: layout_height="wrap_content"
                       android: background="@android: color/transparent"
                       android: src="@android: drawable/ic_media_play" />
                <!--暂停按钮-->
                  <ImageButton android: id="@+id/pauseBtn"
                       android: layout_width="wrap_content"
                       android: layout_height="wrap_content"
                       android: background="@android: color/transparent"
                       android: src="@android: drawable/ic_media_pause" />
             </LinearLayout>
        </LinearLayout>
    </LinearLayout>
```

对于通知自定义布局需要注意，只能使用基本布局，并不能使用 Material Design 中的高级布局，否则自定义布局无法渲染生成对应的视图组件。

3. 首页 MainFragment

定义首页 MainFragment 的代码如下：

```
<!--  模块 MusicAlbumApp fragment_main.xml 首页 MainFragment 布局-->
<?xml version="1.0" encoding="utf-8"?>
<androidx.constraintlayout.widget.ConstraintLayout
    xmlns: android="http://schemas.android.com/apk/res/android"
    xmlns: app="http://schemas.android.com/apk/res-auto"
    xmlns: tools="http://schemas.android.com/tools"
    android: layout_width="match_parent"
    android: layout_height="match_parent"
    android: background="@android: color/black"
    tools: context=".MainFragment">
    <TextView android: id="@+id/textView"
        android: layout_width="match_parent"
        android: layout_height="wrap_content"
        android: gravity="center"
        android: text="@string/title_film_songs"
        android: textColor="@android: color/holo_orange_light"
        android: textSize="@dimen/size_big_text"
```

```
        app: layout_constraintBottom_toBottomOf="parent"
        app: layout_constraintEnd_toEndOf="parent"
        app: layout_constraintHorizontal_bias="0.0"
        app: layout_constraintStart_toStartOf="parent"
        app: layout_constraintTop_toTopOf="parent"
        app: layout_constraintVertical_bias="0.161" />
    <ImageView android: id="@+id/imageView"
        android: layout_width="@dimen/size_poster"
        android: layout_height="@dimen/size_poster"
        android: src="@mipmap/album"
        app: layout_constraintBottom_toBottomOf="parent"
        app: layout_constraintEnd_toEndOf="parent"
        app: layout_constraintHorizontal_bias="0.498"
        app: layout_constraintStart_toStartOf="parent"
        app: layout_constraintTop_toBottomOf="@+id/textView"
        app: layout_constraintVertical_bias="0.141" />
</androidx.constraintlayout.widget.ConstraintLayout>
```

对应首页 MainFragment 的布局文件定义了 TextView 显示应用的名称，另外的 ImageView 用于显示歌曲专辑对应的图片，代码如下：

```
//模块 MusicAlbumApp 首页 MainFragment.kt
object MainFragment : Fragment() {
    override fun onCreate(savedInstanceState: Bundle?) {
        super.onCreate(savedInstanceState)
    }
    override fun onCreateView(inflater: LayoutInflater, container: ViewGroup?,
        savedInstanceState: Bundle?): View? {
            val view =inflater.inflate(R.layout.fragment_main, container, false)
            val imageView =view.findViewById<ImageView>(R.id.imageView)
            imageView.setOnClickListener {
                val activity =this@MainFragment.activity as MainActivity
                activity.replaceFragment(MusicListFragment)
                                         //替换 MainActivity 内嵌的 MainFragment
            }
            return view
    }
}
```

在 MainFragment 中对 ImageView 注册了 OnClickListener，可以对单击事件进行处理。当单击事件发生时，会修改 MainActivity 界面为包含歌曲列表界面的 MusicListFragment。

4. 歌曲列表 MusicListFragment

定义 MusicListFragment 对应的布局文件，代码如下：

```
<!--模块 MusicAlbumApp 对应歌曲列表 fragment_music_list.xml-->
<?xml version="1.0" encoding="utf-8"?>
<androidx.recyclerview.widget.RecyclerView android: id="@+id/albumRecyclerView"
```

```
    xmlns: android="http://schemas.android.com/apk/res/android"
    xmlns: tools="http://schemas.android.com/tools"
    android: layout_width="match_parent"
    android: layout_height="match_parent"
    tools: context=".MusicListFragment" />
```

定义歌曲列表中的单项布局，代码如下：

```
<!-- 模块 MusicAlbumApp 歌曲列表对应的单项布局 item_music.xml 的定义-->
<?xml version="1.0" encoding="utf-8"?>
<LinearLayout xmlns: android="http://schemas.android.com/apk/res/android"
    xmlns: app="http://schemas.android.com/apk/res-auto"
    xmlns: tools="http://schemas.android.com/tools"
    android: background="@android: color/black"
    android: orientation="horizontal"
    android: layout_width="match_parent"
    android: layout_height="wrap_content">
    <ImageView android: id="@+id/songImageView"
        android: layout_width="wrap_content"
        android: layout_height="wrap_content"
        android: layout_marginStart="16dp"
        app: layout_constraintStart_toStartOf="parent"
        app: srcCompat="@mipmap/song"
        tools: layout_editor_absoluteY="34dp" />
    <TextView android: id="@+id/songNameTxt"
        android: text="曲目曲目曲目曲"
        android: textSize="@dimen/size_middle_text"
        android: textColor="@android: color/holo_orange_light"
        android: layout_gravity="center"
        android: layout_width="wrap_content"
        android: layout_height="wrap_content" />
    <ImageButton android: id="@+id/songPlayBtn"
        android: layout_width="wrap_content"
        android: layout_height="wrap_content"
        android: layout_gravity="center_vertical|end"
        android: background="@android: color/transparent"
        app: srcCompat="@android: drawable/ic_media_play" />
</LinearLayout>
```

MusicAdapter 实现 Music 对象与歌曲列表的单项布局进行适配，将单项 Music 数据与单项 View 绑定，代码如下：

```
//模块 MusicAlbumApp 的 MusicAdapter.kt
class MusicAdapter(val musics: List<Music>):
RecyclerView.Adapter<MusicAdapter.ViewHolder>() {
lateinit var mContext: Context
//定义单项 View 的容器
    inner class ViewHolder(view: View): RecyclerView.ViewHolder(view){
```

```
        val songImageView =view.findViewById<ImageView>(R.id.songImageView)
        val songNameTxt =view.findViewById<TextView>(R.id.songNameTxt)
        val songPlayBtn =view.findViewById<ImageButton>(R.id.songPlayBtn)
    }
    override fun onCreateViewHolder(parent: ViewGroup, viewType: Int):
    ViewHolder {
        val view =LayoutInflater.from(parent.context).inflate(R.layout.item_
            music,parent,false)
        mContext =parent.context                    //RecyclerView所在的上下文
        return ViewHolder(view)
    }
    override fun getItemCount(): Int =musics.size
    override fun onBindViewHolder(holder: ViewHolder, position: Int) {
        var music =musics[position]
        holder.songNameTxt.text =music.songName
        holder.songImageView.setImageResource(music.imageId)
        holder.songPlayBtn.setOnClickListener {
            val activity =mContext as MainActivity
            activity.replaceFragment(MusicFragment())
            MusicListFragment.currentSongIndex =position
                                                    //修改当前的歌曲
        }
    }
}
```

歌曲列表 MusicListFragment 实现从歌曲专辑的相关资源数据，并显示歌曲列表，代码如下：

```
//模块 MusicAlbumApp 音乐列表 Fragment MusicListFragment.kt
object MusicListFragment : Fragment() {
    val musics =mutableListOf<Music>()                  //专辑中的歌曲列表
    var currentSongIndex =0                             //当前的歌曲索引
    override fun onCreate(savedInstanceState: Bundle?) {
        super.onCreate(savedInstanceState)
        initData()
    }
    private fun initData(){
        val songNames =resources.getStringArray(R.array.songNames)
                                                        //歌曲的名称
        val songResources =resources.obtainTypedArray(R.array.songs)
                                                        //歌曲的资源
        val lrcResources =resources.obtainTypedArray(R.array.lrcs)
                                                        //歌词的资源
        val imageResource =R.mipmap.song                //所有歌曲共用一个图片资源
        for(i in 0 until songNames.size){
            musics.add(Music(imageResource,
                songNames[i],
                songResources.getResourceId(i,R.raw.song),
                lrcResources.getResourceId(i,R.raw.songlrc)))
        }
    }
```

```
    override fun onCreateView(inflater: LayoutInflater, container: ViewGroup?,
        savedInstanceState: Bundle?
    ): View? {
        val view =inflater.inflate(R.layout.fragment_music_list, container,
            false)
        val albumRecyclerView =view.findViewById<RecyclerView>(R.id.
            albumRecyclerView)
        val adapter =MusicAdapter(musics)
        albumRecyclerView.adapter =adapter
        albumRecyclerView.layoutManager =LinearLayoutManager(requireContext())
        adapter.notifyDataSetChanged()
        return view
    }
    fun getCurrentMusic(): Music{
        return musics[currentSongIndex]
    }
    fun getNextMusic(): Music{
        if(currentSongIndex<musics.size-1)
            currentSongIndex =(currentSongIndex+1)%musics.size
        return musics[currentSongIndex]
    }
    fun getPreMusic(): Music{
        if(currentSongIndex>0)
            currentSongIndex =currentSongIndex-1
        return musics[currentSongIndex]
    }
    fun getFirstMusic(): Music{
        currentSongIndex =0
        return musics[0]
    }
    fun getLastMusic(): Music{
        currentSongIndex =musics.size-1
        return musics[currentSongIndex]
    }
}
```

5. 歌词解析

定义歌曲专辑实体类，并设置属性的初始值，代码如下：

```
//模块 MusicAlbumApp 的 LRC 歌词类 LRC.kt
package chenyi.book.android.musicalbumapp
class LRC{ var author: String =""                           //作者
    var title: String=""                                    //曲目
    var album: String=""                                    //专辑
    var by: String=""                                       //歌词的编辑者
    val lrcMap =mutableMapOf<Int,String>()
}

//歌词解析 LRCParser.kt
class LRCParser {
```

```
    companion object{
        fun loadLRCFile(context: Context,lrcId: Int): String{
                                                            //从指定上下文读取文件
            val inputStream =context.resources.openRawResource(lrcId)
            var bytes: ByteArray =ByteArray(inputStream.available())
            inputStream.read(bytes)
            val outputStream =ByteArrayOutputStream()
            outputStream.write(bytes)
            outputStream.close()
            inputStream.close()
            return outputStream.toString()
        }
        fun parse(context: Context,lrcId: Int): LRC{
            val lrc =LRC()
            val lrcContent =loadLRCFile(context,lrcId)
            val lines =lrcContent.split("\n")
            val reg =Regex("[\\[|\\]]")
            for(line in lines){
                var content =line.replace(reg," ").trim() //去掉中括号
                var info =content.split(" ")
                when{
                    "ti" in info[0]->lrc.title =if(info.size>=2) "${info[1]}"
                        else ""
                    "al" in info[0]->lrc.album =if(info.size>=2) "专辑: ${info
                        [1]}" else ""
                    "ar" in info[0] ->lrc.author =if(info.size>=2) "${info[1]}"
                        else ""
                    "by" in info[0]->lrc.by =if(info.size>=2) "歌词编辑: ${info
                        [1]}"else ""
                    else->lrc.lrcMap.put(convertLongTime(info[0]),info[1])
                }
            }
            return lrc
        }
        fun convertLongTime(timeStr: String): Int{          //将字符串转换成长时间
            var timeList =timeStr.replace(".",": ").split(": ")
            var first =Integer.valueOf(timeList[0])
            var second =Integer.valueOf(timeList[1])
            var third =Integer.valueOf(timeList[2])
            Log.d("MusicService","${first},${second},${third}")
            var result =first * 60 * 1000+second * 1000
            return result
        }
    }
}
```

6. 播放歌曲的 MusicFragment

定义播放歌曲的 MusicFragment 的代码如下：

```
<!--模块 MusicAlbumApp 歌曲播放 Fragment 布局 fragment_music.xml-->
<?xml version="1.0" encoding="utf-8"?>
```

```
<androidx.constraintlayout.widget.ConstraintLayout
    xmlns: android="http://schemas.android.com/apk/res/android"
    xmlns: app="http://schemas.android.com/apk/res-auto"
    xmlns: tools="http://schemas.android.com/tools"
    android: layout_width="match_parent"
    android: layout_height="match_parent"
    android: background="@android: color/black"
    tools: context=".MusicFragment">
    <TextView android: id="@+id/songNameTxt"
        android: layout_width="wrap_content"
        android: layout_height="wrap_content"
        android: layout_gravity="center_horizontal"
        android: text="曲目"
        android: textColor="@color/teal_200"
        android: textSize="@dimen/size_big_text"
        app: layout_constraintBottom_toTopOf="@+id/songImageView"
        app: layout_constraintEnd_toEndOf="parent"
        app: layout_constraintStart_toStartOf="parent"
        app: layout_constraintTop_toTopOf="parent" />
    <ImageView android: id="@+id/songImageView"
        android: layout_width="@dimen/size_small_poster"
        android: layout_height="@dimen/size_small_poster"
        android: src="@mipmap/album"
        app: layout_constraintBottom_toBottomOf="parent"
        app: layout_constraintEnd_toEndOf="parent"
        app: layout_constraintHorizontal_bias="0.496"
        app: layout_constraintStart_toStartOf="parent"
        app: layout_constraintTop_toTopOf="parent"
        app: layout_constraintVertical_bias="0.248" />
    <SeekBar android: id="@+id/musicProgressbar"
        android: layout_width="match_parent"
        android: layout_height="wrap_content"
        app: layout_constraintBottom_toBottomOf="parent"
        app: layout_constraintEnd_toEndOf="parent"
        app: layout_constraintHorizontal_bias="0.0"
        app: layout_constraintStart_toStartOf="parent"
        app: layout_constraintTop_toBottomOf="@+id/songImageView"
        app: layout_constraintVertical_bias="0.116" />
    <ImageButton android: id="@+id/nextBtn"
        android: layout_width="wrap_content"
        android: layout_height="wrap_content"
        android: background="@android: color/transparent"
        android: src="@android: drawable/ic_media_ff"
        app: layout_constraintBottom_toBottomOf="parent"
        app: layout_constraintEnd_toEndOf="parent"
        app: layout_constraintHorizontal_bias="0.746"
        app: layout_constraintStart_toStartOf="parent"
        app: layout_constraintTop_toBottomOf="@+id/songImageView"
        app: layout_constraintVertical_bias="0.202" />
```

```
<ImageButton android: id="@+id/pauseBtn"
    android: layout_width="wrap_content"
    android: layout_height="wrap_content"
    android: background="@android: color/transparent"
    android: src="@android: drawable/ic_media_pause"
    app: layout_constraintBottom_toBottomOf="parent"
    app: layout_constraintEnd_toEndOf="parent"
    app: layout_constraintHorizontal_bias="0.596"
    app: layout_constraintStart_toStartOf="parent"
    app: layout_constraintTop_toBottomOf="@+id/songImageView"
    app: layout_constraintVertical_bias="0.202" />
<ImageButton android: id="@+id/preBtn"
    android: layout_width="wrap_content"
    android: layout_height="wrap_content"
    android: background="@android: color/transparent"
    android: src="@android: drawable/ic_media_rew"
    app: layout_constraintBottom_toBottomOf="parent"
    app: layout_constraintEnd_toEndOf="parent"
    app: layout_constraintHorizontal_bias="0.295"
    app: layout_constraintStart_toStartOf="parent"
    app: layout_constraintTop_toBottomOf="@+id/songImageView"
    app: layout_constraintVertical_bias="0.202" />
<ImageButton android: id="@+id/playBtn"
    android: layout_width="wrap_content"
    android: layout_height="wrap_content"
    android: background="@android: color/transparent"
    android: src="@android: drawable/ic_media_play"
    app: layout_constraintBottom_toBottomOf="parent"
    app: layout_constraintEnd_toEndOf="parent"
    app: layout_constraintHorizontal_bias="0.445"
    app: layout_constraintStart_toStartOf="parent"
    app: layout_constraintTop_toBottomOf="@+id/songImageView"
    app: layout_constraintVertical_bias="0.202" />
<ImageButton android: id="@+id/firstBtn"
    android: layout_width="wrap_content"
    android: layout_height="wrap_content"
    android: background="@android: color/transparent"
    android: src="@android: drawable/ic_media_previous"
    app: layout_constraintBottom_toBottomOf="parent"
    app: layout_constraintEnd_toEndOf="parent"
    app: layout_constraintHorizontal_bias="0.145"
    app: layout_constraintStart_toStartOf="parent"
    app: layout_constraintTop_toBottomOf="@+id/songImageView"
    app: layout_constraintVertical_bias="0.202" />
<ImageButton android: id="@+id/lastBtn"
    android: layout_width="wrap_content"
    android: layout_height="wrap_content"
    android: background="@android: color/transparent"
    android: src="@android: drawable/ic_media_next"
    app: layout_constraintBottom_toBottomOf="parent"
```

```
        app: layout_constraintEnd_toEndOf="parent"
        app: layout_constraintHorizontal_bias="0.894"
        app: layout_constraintStart_toStartOf="parent"
        app: layout_constraintTop_toBottomOf="@+id/songImageView"
        app: layout_constraintVertical_bias="0.202" />
    <TextView android: id="@+id/lrcTxt"
        android: layout_width="match_parent"
        android: layout_height="wrap_content"
        android: lines="3"
        android: textColor="@color/teal_200"
        android: textSize="@dimen/size_middle_text"
        app: layout_constraintBottom_toBottomOf="parent"
        app: layout_constraintEnd_toEndOf="parent"
        app: layout_constraintHorizontal_bias="1.0"
        app: layout_constraintStart_toStartOf="parent"
        app: layout_constraintTop_toTopOf="parent"
        app: layout_constraintVertical_bias="0.905" />
</androidx.constraintlayout.widget.ConstraintLayout>
```

在上述的布局文件中定义了歌曲播放的控制按钮，如播放按钮 playBtn、停止按钮 pauseBtn、前一首按钮 preBtn、后一首按钮 nextBtn、第一首按钮和最后一首按钮 lastBtn。此外，定义的文本标签 lrcTxt 用于动态显示歌词，代码如下：

```
//模块 MusicAlbumApp 音乐播放片段定义 MusicFragment.kt
class MusicFragment : Fragment() {
    lateinit var conn: ServiceConnection
    lateinit var music: Music
    val songNumber =MusicListFragment.musics.size
    lateinit var songNameTxt: TextView
    lateinit var songProgressBar: SeekBar
    lateinit var playBtn: ImageButton
    lateinit var pauseBtn: ImageButton
    lateinit var preBtn: ImageButton
    lateinit var nextBtn: ImageButton
    lateinit var firstBtn: ImageButton
    lateinit var lastBtn: ImageButton
    var musicProgress =0
    val handler =object: Handler(){
        override fun handleMessage(msg: Message) {
            if(msg.what ==0x123){
                songProgressBar.progress =msg.arg1
                var lrcContent =msg.obj
                if(lrcContent!=null)
                    lrcTxt.text ="${msg.obj}"
            }
        }
    }
    override fun onCreate(savedInstanceState: Bundle?) {
```

```
        super.onCreate(savedInstanceState)
    }
    override fun onCreateView(inflater: LayoutInflater, container: ViewGroup?,
    savedInstanceState: Bundle?): View? {
        val view =inflater.inflate(R.layout.fragment_music, container, false)
        music =MusicListFragment.musics[MusicListFragment.currentSongIndex]
            initGui(view)
        songNameTxt.text =music.songName
        playBtn.setOnClickListener {
            playMusic()
        }
        pauseBtn.setOnClickListener {
            stopMusic()
        }
        nextBtn.setOnClickListener {
            nextMusic()
        }
        preBtn.setOnClickListener {
            preMusic()
        }
        firstBtn.setOnClickListener {
            firstMusic()
        }
        lastBtn.setOnClickListener {
            lastMusic()
        }
        return view
    }
    private fun initGui(view: View){
        songNameTxt =view.findViewById<TextView>(R.id.songNameTxt)
        songProgressBar =view.findViewById<SeekBar>(R.id.musicProgressbar)
        playBtn =view.findViewById<ImageButton>(R.id.playBtn)
        pauseBtn =view.findViewById<ImageButton>(R.id.pauseBtn)
        nextBtn =view.findViewById<ImageButton>(R.id.nextBtn)
        preBtn =view.findViewById<ImageButton>(R.id.preBtn)
        firstBtn =view.findViewById<ImageButton>(R.id.firstBtn)
        lastBtn =view.findViewById<ImageButton>(R.id.lastBtn)
    }
    private fun playMusic(){
        val intent =Intent(context,MusicService::class.java)
        conn =object: ServiceConnection{
            override fun onServiceConnected(name: ComponentName?,
            service: IBinder?) {
                                                    //处理与 Service 连接的通信
                val binder =service as MusicService.ProgressBinder
                                                    //获得 ProgressBinder 对象
                val lrcMap =LRCParser.parse(context!!,music.lrcId).lrcMap
                                                    //解析歌词获得歌词的映射
                    thread{
```

```
                while(musicProgress<=100){
                    val msg =Message.obtain()
                    musicProgress =binder.getMusicProgress()
                    msg.what =0x123
                    msg.arg1 =musicProgress
                    msg.obj=lrcMap[binder.getTime() * 1000]
                    handler.sendMessage(msg)
                }
            }
        }
        override fun onServiceDisconnected(name: ComponentName?) {
                                                          //Service 关闭连接
            TODO("Not yet implemented")
        }
    }
    context?.bindService(intent,conn,Context.BIND_AUTO_CREATE)
  }
  private fun stopMusic(){
      context?.unbindService(conn)
  }
  private fun nextMusic(){
      music =MusicListFragment.getNextMusic()
      songNameTxt.text =music.songName
  }
  private fun preMusic(){
      music =MusicListFragment.getPreMusic()
      songNameTxt.text =music.songName
  }
  private fun firstMusic(){
      music =MusicListFragment.getFirstMusic()
      songNameTxt.text =music.songName
  }
  private fun lastMusic(){
      music =MusicListFragment.getLastMusic()
      songNameTxt.text =music.songName
  }
}
```

播放歌曲的 MusicFragment 对歌曲播放的控制按钮进行处理。通过 MusicListFragment 来获得当前要处理的音乐。

7. 定义 MainActivity

定义 MainActivity 的代码如下：

```
<!--模块 MusicAlbumApp 的 MainActivity 布局文件 activity_main.xml -->
<?xml version="1.0" encoding="utf-8"?>
<FrameLayout xmlns:android="http://schemas.android.com/apk/res/android"
    xmlns:tools="http://schemas.android.com/tools"
    android:id="@+id/mainFrag"
```

```
        android: layout_width="match_parent"
        android: layout_height="match_parent"
        tools: context=".MainActivity" />

//模块 MusicAlbumApp 的 MainActivity MainActivity.kt
class MainActivity : AppCompatActivity() {
    override fun onCreate(savedInstanceState: Bundle?) {
        super.onCreate(savedInstanceState)
        setContentView(R.layout.activity_main)
        replaceFragment(MainFragment)
    }
    fun replaceFragment(fragment: Fragment){
        val transaction =supportFragmentManager.beginTransaction()
        transaction.replace(R.id.mainFrag, fragment)
        transaction.addToBackStack(null)
        transaction.commit()
    }
}
```

运行结果如图 7-13 所示。

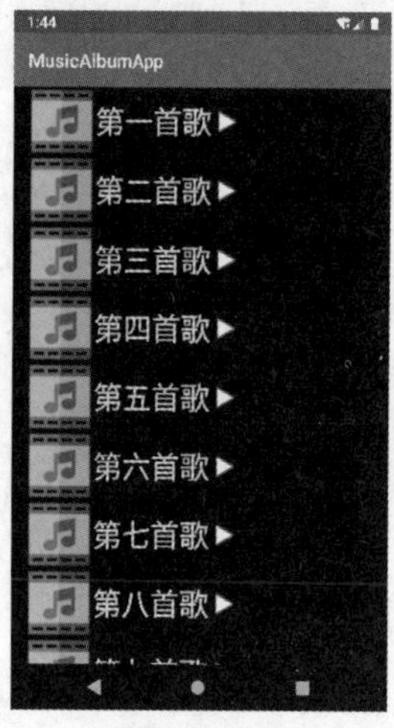

(a) 显示歌曲列表

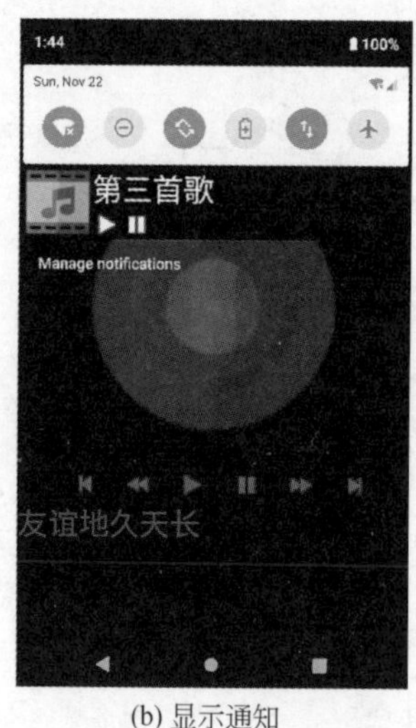

(b) 显示通知

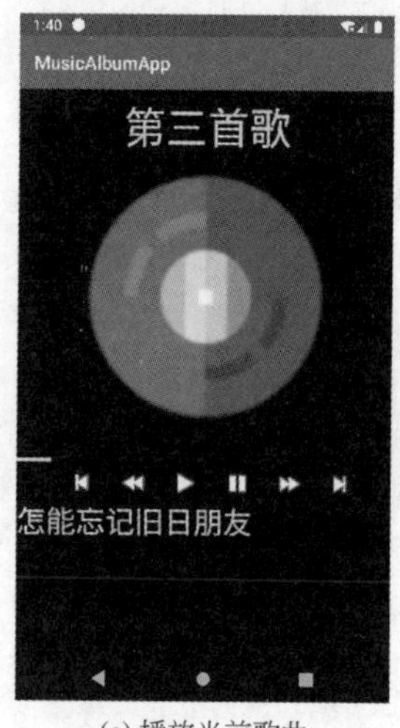

(c) 播放当前歌曲

图 7-13　前台服务播放歌曲

习　题　7

一、选择题

1. 自定义的 Service 组件必须在 AndroidManifest.xml 中进行配置，其中 service 元素设置________属性表示的含义是否可以让其他应用调用该组件。

   A. android：enabled　　　　B. android：exported

   C. android：priority　　　　D. android：name

2. 配置 Service 的优先级的取值范围是________。

A. －1000～1000　　B. 0～1000　　C. －100～100　　D. 0～100

3. 自定义服务组件是 Service 类的子类，________函数在 Service 组件第一次创建后会被立即调用。

A. onCreate()　　B. onStartCommand()

C. onBind()　　D. onUnbind()

4. 在 Activity 中通过________函数启动自定义 Service，该 Service 必须定义________方法。

A. startService onCreate()　　B. startService onStartCommand()

C. startService onBind()　　C. bindService onStartCommand()

5. 要实现 Service 组件和 Activity 组件通信，必须在 Activity 中调用________函数来启动 Service 组件。

A. startService()　　B. bindService()

C. sendService()　　D. 以上答案均不正确

6. Service 组件和 Activity 组件进行通信时，必须在 Activity 组件中创建________对象。

A. Ibinder　　B. Binder

C. ServiceConnection　　D. 以上答案均不正确

7. ________用于为用户提供消息提示，可以在移动系统的通知栏中显示。

A. Toast　　B. Notification　　C. Snackbar　　D. AlertDialog 前台

8. Service 必须在 AndroidManifest.xml 配置________权限。

A. android.permission.INTERNET

B. android.permission.WRITE_EXTERNAL_STORAGE

C. android.permission.READ_EXTERNAL_STORAGE

D. android.permission.FOREGROUND_SERVICE

二、填空题

1. Service 组件有两组生命周期。当在上下文中通过 startService 启动 Service 时，在 Service 第一次创建后，会调用________函数进行初始化操作，然后执行________函数进行定义。当前的 Service 处理完毕后会调用________函数关闭 Service。

2. 如果在上下文(也是其他组件，也可以是使用 Service 的客户端)中通过 bindService 启动 Service 时，在服务第一次创建后，会调用________函数进行初始化操作，然后执行________函数使得客户端与 Service 绑定，一旦客户端请求 unBindService，就会调用 Service 的________函数，然后调用________函数关闭 Service。

3. Service 在后台运行时，若系统资源不足，就会被销毁，释放空间。导致需要完成的任务提前结束。要避免 Service 被提前销毁，可以有 4 种方式进行解决这个问题：________、________、________和________。

三、上机实践题

自选一个歌曲专辑。设计一个可以播放该专辑的移动应用。具体功能如下。

(1) 只显示某个特定专辑的歌曲列表。

(2) 根据专辑的歌曲列表，选择一首歌曲进行播放，播放时显示 Notification 用于控制歌曲的播放。界面自行设计。

第 8 章 Android 的网络应用

目前,移动互联网已经可以提供高速的数据传输,这使得许多基于移动互联网的移动应用成为人们日常生活的必备,例如微信、支付宝、QQ、高德地图等。通过互联网,移动应用可以实现与云端的数据下载与上传,进行特定的数据访问和处理。Android 已内置了网络服务支持,可以方便地实现网络应用。Android 还提供了支持网络访问的 GUI 控件——WebView,以及 HttpURLConnection 用于 HTTP 访问方式支持,特别对云端的 XML、JSON 等多种格式的数据提供了解析和处理。有些第三方 Android 库(如 Retrofit 库)也对 HTTP 访问数据提供了支持。本章对基于 Android 的网络应用进行介绍。

8.1 网络访问相关配置

在开发基于互联网的移动应用时,只有在移动应用中设置相应的属性和取值,才能顺利访问网络。

1. 设置网络的访问权限

网络的访问权限一般在移动应用的系统配置清单文件 AndroidManifest.xml 中进行配置,形式如下:

```
<uses-permission android: name="android.permission.INTERNET" />
```

2. 设置明文访问

Android 9.0(Android API 28)以后,即使已经设置了网络访问权限,默认情况下也不能直接通过 URL 链接明文访问网络资源。Android 限制了明文流量的网络请求,对未加密流量不再信任,会被直接放弃。在进行访问时,会提示 net: ERR_CLEARTEXT_NOT_PERMITTED 错误。解决明文禁止访问,常见的方式有两种。

方式 1:在移动应用的系统配置文件 AndroidManifest.xml 中配置 application 元素增加 android: usesCleartextTraffic 属性,并设定该属性为 true,表示允许使用明文访问在线资源。形式如下:

```
<manifest …>
    <application …
        android: usesCleartextTraffic="true"
        …>
        ...
    </application>
</manifest>
```

方式 2:在移动应用项目的 res 目录下新建 xml 目录,然后创建一个 xml 文件,例如命名为 network_security_config.xml,指定文件的网络安全配置允许设计明文访问,形式如下：

```
<!--network_security_config.xml-->
<?xml version="1.0" encoding="utf-8"?>
<network-security-config>
    <base-config cleartextTrafficPermitted="true" />
</network-security-config>
```

为了让这个网络安全配置文件发挥作用，还需要在移动应用项目的系统配置文件 AndroidManifest.xml 中，将 android：networkSecurityConfig 配置指定为网络安全配置文件，代码如下：

```
<manifest …>
    <application …
        android: networkSecurityConfig="@xml/network_security_config"
        …>
        …
    </application>
</manifest>
```

上述两种方式都能实现让 Android 移动应用对网络进行明文访问。

8.2 WebView 组件

WebView 组件是一种基于 Android 的 Webkit 引擎展现 Web 页面的控件。通过 WebView 控件，可以方便地显示和渲染 Web 页面，直接使用 HTML 文件（网络上或本地 assets 中）作为显示的布局。通过 WebView 控件，还可以实现与 JavaScript 交互调用。在表 8-1 中列出了 WebView 常见的函数。

表 8-1 WebView 控件常见的函数

函　　数	说　　明
canGoBack()	加载的网页是否可以后退，是返回 true，否则返回 false
goBack()	后退网页
canGoForward()	加载的网页是否可以前进，是返回 true，否则返回 false
goForward()	前进网页
goBackOrForward(steps)	以当前的 index 为起始点前进或者后退到历史记录中指定的 steps
clearCache(true)	清除网页访问留下的缓存
clearHistory()	清除当前 WebView 组件访问的历史记录
clearFormData()	清除自动完成填充的表单数据
loadUrl(url)	加载 url 指定的页面
pauseTimers()	停止所有的布局、解析以及 JavaScript 计时器
resumeTimers()	恢复 pauseTimers 时的所有操作

要加载网页页面，并实现 JavaScript 与页面的交互，代码如下：

```
//WebView 必须设置支持 JavaScript
webView.settings.javaScriptEnabled =true
//创建 WebViewClient 实例,处理各种通知 & 请求事件
webView.webViewClient =WebViewClient()
//加载页面
webView.loadUrl(link)
```

例 8-1 WebView 控件的应用示例。通过 WebView 访问 www.baidu.com 网站。

首先用配置清单文件 AndroidManifest.xml 设置 Intent 访问权限,然后在 application 元素中用 android: networkSecurityConfig 属性指定网络安全配置属性引用 xml 目录的 network_security_config.xml 文件配置,即采用明文方式访问网络资源。具体内容同上。然后定义 MainActivity 对应的布局文件,在布局文件中加入 WebView 组件,代码如下:

```
<!--模块 ch08_1 的主活动对应的布局 activity_main.xml-->
<?xml version="1.0" encoding="utf-8"?>
<androidx.constraintlayout.widget.ConstraintLayout
    xmlns: android="http://schemas.android.com/apk/res/android"
    xmlns: app="http://schemas.android.com/apk/res-auto"
    xmlns: tools="http://schemas.android.com/tools"
    android: layout_width="match_parent"
    android: layout_height="match_parent"
    tools: context=".MainActivity">
<!--定义 WebView 组件展现 WEB 页面 -->
    <WebView android: id="@+id/webView"
        android: layout_width="match_parent"
        android: layout_height="match_parent"
        app: layout_constraintBottom_toBottomOf="parent"
        app: layout_constraintLeft_toLeftOf="parent"
        app: layout_constraintRight_toRightOf="parent"
        app: layout_constraintTop_toTopOf="parent" />
</androidx.constraintlayout.widget.ConstraintLayout>
```

对 MainActivity 中的 WebView 组件进行配置并加载 URL 连接,代码如下:

```
//模块 ch08_1 的主活动 MainActivity.kt
class MainActivity : AppCompatActivity() {
    override fun onCreate(savedInstanceState: Bundle?) {
        super.onCreate(savedInstanceState)
        setContentView(R.layout.activity_main)
        webView.settings.javaScriptEnabled =true          //允许使用 JavaScript
        webView.webViewClient =WebViewClient()            //设置客户端
        webView.loadUrl("http://www.baidu.com")           //加载百度网站
    }
}
```

如图 8-1 所示,在 WebView 控件中显示了百度的网站,通过百度首页提供的链接可以

进入下一个页面。当按模拟器的 Back 键时，人们期待是退回到百度的前一个页面，然而由于 Back 键的默认操作是执行 finish()操作，即从当前的 Activity 退出，因此想要按 Back 键后能退到上一个浏览的页面，可以在上述代码中增加回调函数 onKeyDown()的处理。这时修改的 MainActivity.kt，代码如下：

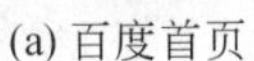
(a) 百度首页

(b) 单击链接进入下一个页面

图 8-1　WebView 的运行界面

```
<!--模块 ch08_1 修改后的 MainActivity.kt-->
class MainActivity : AppCompatActivity() {
    override fun onCreate(savedInstanceState: Bundle?) {
        …                                          //与上述的 MainActivity 定义相同
    }
    override fun onKeyDown(keyCode: Int, event: KeyEvent?): Boolean {
        if(keyCode ==KEYCODE_BACK&&webView.canGoBack()){
            webView.goBack()
        }
        return true
    }
}
```

如图 8-2 所示，在 Activity 中使用 WebView 控件时，一旦 Activity 启动调用 onResume()函数，WebView 就会进入活跃状态。WebView 控件可通过调用 pauseTimers()函数会暂停自己的时间状态（包括 WebView 的布局、解析和 JavaScript 的定时器），也可以通过 resumeTimers()函数实现恢复所有 pauseTimers()函数暂停的操作。当 Activity 暂停，这时 WebView 控件也进入暂停状态。只有提前销毁 WebView 控件，才能销毁 Activity 并释放空间。

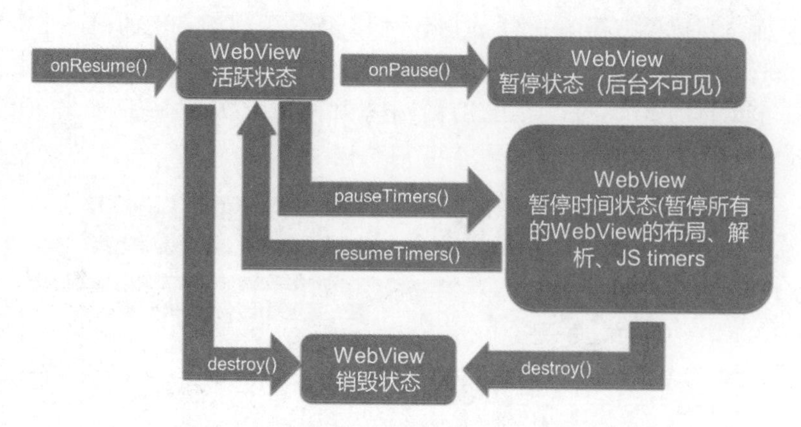

图 8-2 WebView 控件在 Activity 中的运行

8.3 使用 HttpURLConnection 访问网络资源

HttpURLConnection 是 Android 自带的一种使用 HTTP 访问网络资源的轻量级 API。通过它可以用比较简单的方式对网络资源进行访问。一般情况下，HttpURLConnection 基于 HTTP 对网络资源进行访问可分为 5 个步骤。

(1) 创建 HttpURLConnection 连接对象。

(2) 配置连接的相关参数，例如设置 HTTP 访问所使用方法的 GET(从指定的资源请求数据)或 POST(向指定的资源提交要处理的数据)方式，建立连接需要时间，读取在线资源的限定时间，等等。

(3) 根据连接对象的不同，创建当前连接的输入输出流对象。

(4) 通过输入输出流实现读取资源。

(5) 关闭连接。

代码如下：

```
var connection : HttpURLConnection? =null
val response =StringBuilder()
val url =URL(urlStr)                                    //创建 URL 连接对象
try{                                                    //1.创建连接
    connection =url.openConnection() as HttpURLConnection
    //2.配置连接
    connection.requestMethod ="GET"                     //设置请求方式为 GET
    connection.connectTimeout =8000                     //设置请求建立连接时间
    connection.readTimeout =8000                        //设置读取数据限定的时间
    //3.利用连接的输入流创建缓冲输入流对象
    val reader =BufferedReader(InputStreamReader(connection.inputStream))
    //4.读取资源操作
    reader.use {
        reader.forEachLine {                            //从输入流中读取每一行
            response.append(it)                         //加入动态字符串 response 中
```

```
            }
        }
        val result =response.toString()
    }catch(e: IOException){
          e.printStackTrace()
    }finally{                                                                //5.关闭连接
        connection?.disconnect()
    }
```

例 8-2 利用 HttpURLConnection 访问 QQ 新闻中关于新冠疫情的信息(https://view.inews.qq.com/g2/getOnsInfo?name=disease_h5)。

首先，在 AndroidManifest.xml 文件中配置 android.permission.INTERNET 访问权限；设置 application 的 android：userCleartextTraffic 属性为 true，指定采用明文方式访问在线资源；然后，定义通过基于 HTTP 访问在线资源的通用实用类，代码如下：

```
//模块 ch08_2 HttpUtils.kt
class HttpUtils {
    companion object{
        fun getWebContent(urlStr: String): String {
            lateinit var connection: HttpURLConnection
            lateinit var inputStream: BufferedReader
            val url =URL(urlStr)
            val response =StringBuilder()
            try {
                connection =url.openConnection() as HttpURLConnection
                                                                //1.创建连接
                connection.requestMethod ="GET"                 //2.配置连接
                connection.connectTimeout =8000
                connection.readTimeout =8000
                inputStream = BufferedReader(InputStreamReader(connection.
                    inputStream))                               //3.建立输入流
                    inputStream.use{                            //4.读取信息
                    it.forEachLine {                            //对每一行记录进行处理
                            response.append(it)
                            response.append("\n")
                    }
                }
            } catch (e: IOException) {
                e.printStackTrace()
            } finally {                                         //5.断开连接
                connection.disconnect()
            }
            return response.toString()
        }
    }
}
```

上述的 HttpUtils 类在伴随对象中定义了 getWebContent()函数，用于采用 GET 方式访问网络资源。使得可以通过类名直接访问伴随类内定义的方法。具体的操作步骤如下。

(1) 按照给定的 URL 创建 HttpURLConnection 对象。

(2) 配置连接，设置请求资源的方式采用 GET 方式，连接的时间限定为 8s，读取数据的时间限定为 8s。

(3) 创建输入流。首先从连接 HttpURLConnection 对象获得字节流，为了处理方便，最终打包成缓存字符输入流。

(4) 对字符输入流的每一行字符串进行处理并添加到 StringBuffer 对象中。

(5) 当访问结束后，调用连接对象的 disconnect()函数断开连接。

定义了一个通用的 HttpUtils 类，通过它实现对网络资源的获取。这样处理的好处可以重新反复使用这个类，即使访问的 URL 地址字符串不同，也可以访问网络资源，代码如下：

```
//模块 ch08_2 MainActivity.kt
class MainActivity : AppCompatActivity() {
    override fun onCreate(savedInstanceState: Bundle?) {
        super.onCreate(savedInstanceState)
        setContentView(R.layout.activity_main)
        getBtn.setOnClickListener {
            val job =Job()
            val scope =CoroutineScope(job)
            var data: String
            val urlStr ="https://view.inews.qq.com/g2/getOnsInfo?name=disease_h5"
            scope.launch {
                withContext(Dispatchers.IO){
                    data =HttpUtils.getWebContent(urlStr)
                }
                withContext(Dispatchers.Main){
                    dataTxt.text =data
                }
            }
        }
    }
}
```

运行结果如图 8-3 所示。

MainActivity 中的 HttpUtils 类通过调用 getWebContent(urlStr)函数，获得 urlStr 字符串指定的 url 连接的资源。由于访问在线资源有些耗时，所以采用了 Kotlin 协程的方式进行处理。首先通过 Dispatcher.IO 将协程处理访问网络资源发送给后台线程来执行。当访问资源成功后，再利用 Dispatcher.Main 将协程发送给 UI 主线程，让主线程执行修改 UI 界面的内容。最后实现在主线程中在文本标签中显示获取资源的内容。

上述的 HttpUtils 类定义了 HTTP 请求的 GET 方式访问网络资源。如果需要通过 HTTP 请求的 POST 方式提交表单信息，可以设置成如下形式：

```
//设置 HTTP 请求方式为 POST
connection.requestMethod ="POST"
//根据连接的输出流创建数据输出流对象(也可以其他输出流)
val writer =DataOutputStream(connection.outputStream)
//通过输出流写入数据
writer.writeBytes("username=guest&&password=123456")
```

例 8-3 应用 HttpURLConnection 实现用 HTTP POST 访问“知乎搜索”。“知乎搜

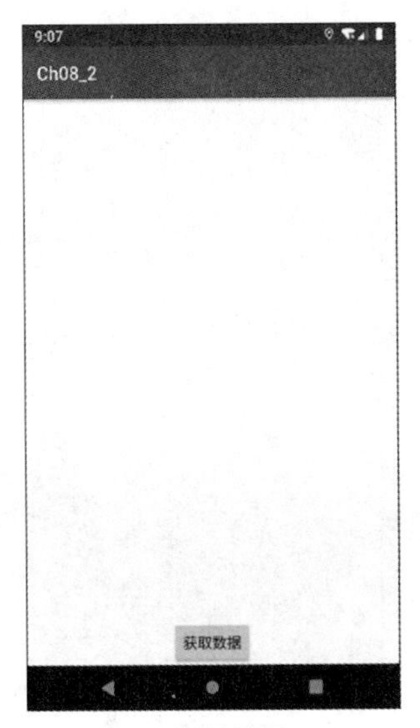

(a) 初始界面

(b) 单击按钮显示界面

图 8-3　获取内容

索”提供了检索关键词功能，检索连接形式为 https://www.zhihu.com/search?type=content&q=关键词。

(1) 网络配置，代码如下：

```
//模块 ch08_3 网络安全配置 res/xml/network_security_config.xml
<?xml version="1.0" encoding="utf-8"?>
<network-security-config>
    <base-config cleartextTrafficPermitted="true" />
</network-security-config>
```

为了能用明文访问在线资源，在 res 目录下创建 xml 目录，定义 net_security_config.xml 文件设置明文访问为 true，代码如下：

```
//模块 ch08_3 应用配置 AndroidManifest.xml
<?xml version="1.0" encoding="utf-8"?>
<manifest xmlns: android="http://schemas.android.com/apk/res/android"
    package="chenyi.book.android.ch08_3">
    <uses-permission android: name="android.permission.INTERNET" />
    <application android: allowBackup="true"
        android: icon="@mipmap/ic_launcher"
        android: label="@string/app_name"
        android: roundIcon="@mipmap/ic_launcher_round"
        android: supportsRtl="true"
        android: theme="@style/AppTheme"
        android: networkSecurityConfig="@xml/network_security_config">
        <activity android: name=".MainActivity"
            android: exported="true">
            <intent-filter>
```

```
                <action android: name="android.intent.action.MAIN" />
                <category android: name="android.intent.category.LAUNCHER" />
            </intent-filter>
        </activity>
    </application>
</manifest>
```

在 AndroidManifest.xml 中定义网络访问权限，并设置 android: networkSecurityConfig 属性为引用 xml 目录的 network_security_config.xml 文件，实现明文访问。

(2) POST 方式访问处理，代码如下：

```
//模块 ch08_3 HTTP 访问实用类 HttpUtils.kt
class HttpUtils {
    companion object{
        fun searchByPost(keyword: String): String{
            val url =URL("https: //www.zhihu.com/")
            val response =StringBuilder()
            lateinit var connection: HttpURLConnection
            try{ //1.创建连接
                connection =url.openConnection() as HttpURLConnection
                //2.配置连接
                connection.requestMethod ="POST"
                connection.connectTimeout =8000
                connection.readTimeout =8000
                //3.创建输入输出流
                val output =DataOutputStream(connection.outputStream)
                //4.写入数据
                output.writeBytes("search?type=content&q=${keyword}}")
                //5 发送数据给服务器
                val input =BufferedReader(InputStreamReader(connection.
                    inputStream))
                //6.接收从服务获取的信息
                input.use{
                    input.forEachLine {
                        response.append(it)
                        response.append("\n")
                    }
                }
            }catch (e: IOException){
                e.printStackTrace()
            }finally {
                //7.关闭连接
                connection.disconnect()
            }
            return response.toString()
        }
    }
}
```

上述的 HttpUtils 类是一个实用类，定义了采用 POST 方式访问在线资源。searchByPost()函数在伴随对象中定义，这样就可以通过类名直接进行访问。在对在线资源进行访问时，这个方法需要以下步骤进行定义。

(1) 通过 URL 创建连接。

(2) 对创建的连接进行配置，配置请求的方式为 POST，访问网络的实现限制为 8s，读取网络资源的时间限制为 8s。

(3) 利用连接 HttpURLConnection 创建输出流，为了写入数据方便，打包为数据字节输出流。

(4) 将需要提交给服务器的数据写入输出流。

(5) 利用连接 HttpURLConnection 对象获得输入的字节流，最后打包成缓冲字符输入流。

(6) 在字符输入流中逐行读取字符串，实现网络资源的获取。

(7) 一旦网络访问完成，调用连接对象的 disconnect()函数断开连接。

在 MainActivity 的布局中定义了文本输入框用于接收关键词的输入，定义了按钮用于提交网络访问请求，定义了文本标签用于显示最后的访问资源的结果。因为考虑数据量可能较大，将文本标签放置在 ScrollView(滚动视图)内，代码如下：

```
//模块 ch08_3 MainActivity.kt
class MainActivity :AppCompatActivity() {
    override fun onCreate(savedInstanceState: Bundle?) {
        super.onCreate(savedInstanceState)
        setContentView(R.layout.activity_main)
        searchBtn.setOnClickListener {                    //单击"检索"按钮
            var keyword:String
            val job =Job()
            val scope =CoroutineScope(job)
            scope.launch{
                withContext(Dispatchers.IO){
                keyword=searchTxt.text.toString()
                }
withContext(Dispatchers.Main){
contentTxt.text=HttpUtils.searchByPost(keyword)
                }
            }
        }
    }
}
```

运行结果如图 8-4 所示。

在 MainActivity 中调用 HttpUtils 的 searchByPost()函数获得访问在线资源。在 MainActivity 中采用了 Kotlin 的协程来实现资源的访问和显示。首先通过 Dispatchers.IO 执行协程中的发送关键字和获取在线资源的信息。然后再通过 Dispatchers.Main 执行协程中更新 UI 界面的操作。

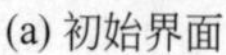
(a) 初始界面

(b) 单击“检索”按钮显示界面

图 8-4　以 HTTP POST 方式提交

8.4　JSON 数据的解析

如果只是显示网页的内容,可以采用 8.2 节介绍的 WebView 组件显示。但是在现实中,往往需要对获取的数据解析重组,再以自定义界面设计的方式重新展现,以适应不同终端的设计的要求。因此,需要在网络上传递中间格式的数据。在网络上传递数据的常见格式有 XML 和 JSON 两种格式。XML 格式的数据表达规范完整。与之相比,JSON 格式的表达形式灵巧简单、易于读写、占用的体积更小、节省带宽。因此,在许多网站中都采用 JSON 格式进行数据的传递。在本章中侧重 JSON 数据的解析处理。

8.4.1　JSON 格式

在 8.3 节中通过 https://view.inews.qq.com/g2/getOnsInfo?name=disease_h5 获取新冠疫情的最新数据。可以观察到返回的响应是 JSON 格式的数据。

JSON 数据的最大特点是采用键值对的方式,形式如下:

```
"关键字": "取值"
```

关键字是独一无二的,取值的数据类型可以是字符串、数字、数组、Boolean 布尔类型、对象 Object 和 null。JSON 的键值对可以构建成 JSON 对象和 JSON 数组对象这两种常见的数据形式。在下面的代码中展示一个简单的 JSON 对象,JSON 对象就是“键-值”构成的内容,形式如下:

```
{"name": "张三","gender": "男","age": 20}
```

JSON 数组可以表示一组 JSON 对象，形式如下：

```
[{"name": "张三","gender": "男","age": 20},
 {"name": "李四","gender": "男","age": 19},
 {"name": "王五","gender": "男","age": 20}
]
```

常见的 JSON 格式的数据往往用 JSON 对象和 JSON 数组组合表示，形式如下：

```
{"student": [
     {"name": "张三","gender": "男","age": 20},
     {"name": "李四","gender": "男","age": 19},
     {"name": "王五","gender": "男","age": 20}
 ],
 "teacher": [
     {"name": "张老师","gender": "男","age": 40,"major": "语文"},
     {"name": "吴老师","gender": "男","age": 31,"major": "数学"}
 ]
 }
```

JSON 数据作为一种中间数据，根据需求将 JSON 数据转换成多种不同形式，以满足不同的要求。例如 JSON 数据可以解析处理成 XHTML、HTML5 以及自定义格式的数据，通过不同的界面展示出来。

8.4.2 JSONObject 解析 JSON 数据

JSONObject 是 Android 系统官方解析 JSON 数据的 API，可根据不同类型的 JSON 数据提供不同的解析方式。可以通过 JSON 对象的 JSONObject 的 getXxx(key)函数进行解析。其中，key 表示关键字，getXxx(key)表示获取关键字所对应的值。在表 8-2 中展示了 JSONObject 常见的解析函数。

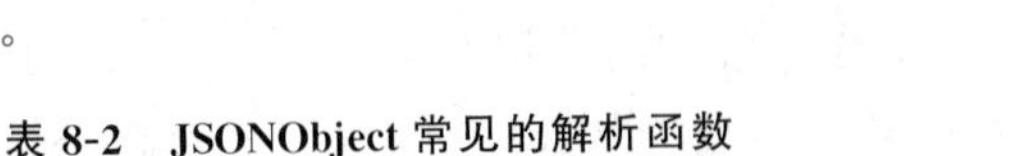

表 8-2 JSONObject 常见的解析函数

解析函数	说明
get(name: String)	返回 name 映射的值，返回的类型为 Any。如果映射不存在，则抛出异常
getBoolean(name: String)	返回 name 映射的 Boolean 值。如果映射不存在或映射的值不是布尔类型，则提示异常
getDouble(name: String)	返回 name 映射的 Double 值。如果映射不存在或映射的值不是 Double 类型，则提示异常
getInt(name: String)	返回 name 映射的 Int 值。如果映射不存在或映射的值不是整数类型，则提示异常
getLong(name: String)	返回 name 映射的 Long 值。如果映射不存在或映射的值不是长整数类型，则提示异常
getString(name: String)	返回 name 映射的 String 值。如果映射不存在或映射的值不是字符串类型，则提示异常
isNull(name: String)	如果 name 映射不存在或映射的值为 NULL，则返回 true，否则为 false

续表

解析函数	说明
getJSONArray(name: String)	返回 name 映射的 JSONArray 值。如果映射不存在或映射的值不是 JSONArray 类型，则提示异常
getJSONObject(name: String)	返回 name 映射的 JSONObject 值。如果映射不存在或映射的值不是 JSONObject 类型，则提示异常

在表 8-2 所列的解析函数中，通过 JSONObject 对象的 getJSONArray(key)函数可以获取到一个 JSONArray 对象，即获得 JSON 数组。JSONArray 对象包括了一组的数据，可以再调用 JSONArray 对象的 get(i)函数获取数组元素，其中 i 为数据的索引值。

例 8-4 要求在日志中记录 2000—2010 年中国肉类消费量(原始数据来源于经济合作与发展组织农业统计数据，并加工成 JSON 数据格式)。

首先将数据预处理成 JSON 数据格式，通过本地 Web 服务器 http://127.0.0.1:5000/json/meat_consumption.json 进行访问，在浏览器访问的 JSON 数据如图 8-5 所示。读者也可以自行利用 Python+Flask(默认为 5000 端口)或 Tomcat(默认为 8080 端口)或 nginx(默认为 80 端口)等来搭建本地 Web 服务器。

上述 JSON 数据包括了 JSON 对象和 JSON 的数组。在解析这样的 JSON 数据时，需要按照不同类型进行处理。另外，解析后的数据往往处理成具体的实体类对象，方便后续的操作和处理，代码如下：

```
//模块 ch08_4 实体类 MeatComption.kt
data class MeatConsumption(val location: String,
    val meatConsumptionList: List<MeatConsumptionData>) {
    data class MeatConsumptionData(val subject: String, val measure: String,
    val time: Int, val value: Double)
}
```

MeatConsumption 是一个数据实体类，定义了 location 属性表示国家和地区、meatConsumptionList 表示消费的从 2000—2010 年的肉类消费记录。每项肉类消费记录通过 MeatConsumption 类的内部定义 MeatConsumptionData 类来表示，具体的属性包括类型名称、重量单位、时间和肉类消费量，代码如下：

```
//模块 ch08_4 访问网络资源 HTTPUtils.kt
class HttpUtils {
    companion object{
        fun getWebContent(urlStr: String): String {
                                                //获取 urlStr 指定网址的内容
            lateinit var connection: HttpURLConnection
            lateinit var inputStream: BufferedReader
            val url =URL(urlStr)
            val response =StringBuilder()
```

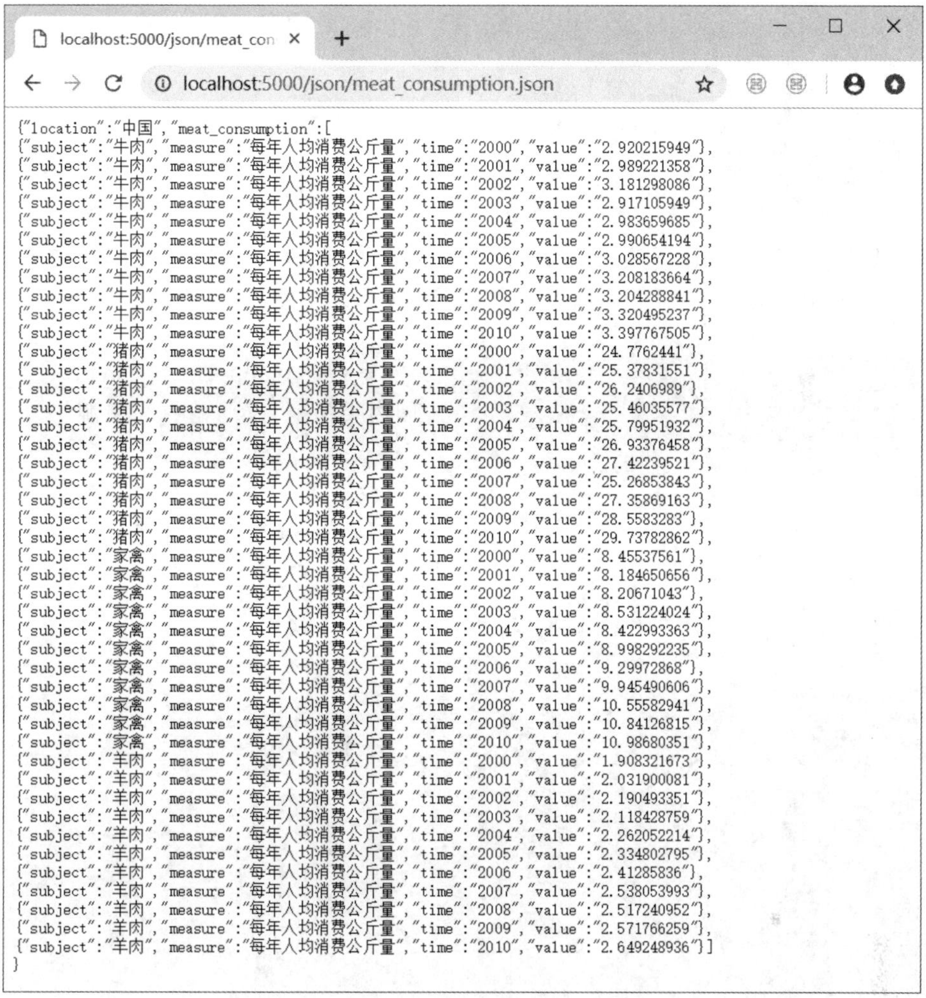

localhost:5000/json/meat_con

localhost:5000/json/meat_consumption.json


```
{"location":"中国","meat_consumption":[
{"subject":"牛肉","measure":"每年人均消费公斤量","time":"2000","value":"2.920215949"},
{"subject":"牛肉","measure":"每年人均消费公斤量","time":"2001","value":"2.989221358"},
{"subject":"牛肉","measure":"每年人均消费公斤量","time":"2002","value":"3.181298086"},
{"subject":"牛肉","measure":"每年人均消费公斤量","time":"2003","value":"2.917105949"},
{"subject":"牛肉","measure":"每年人均消费公斤量","time":"2004","value":"2.983659685"},
{"subject":"牛肉","measure":"每年人均消费公斤量","time":"2005","value":"2.990654194"},
{"subject":"牛肉","measure":"每年人均消费公斤量","time":"2006","value":"3.028567228"},
{"subject":"牛肉","measure":"每年人均消费公斤量","time":"2007","value":"3.208183664"},
{"subject":"牛肉","measure":"每年人均消费公斤量","time":"2008","value":"3.204288841"},
{"subject":"牛肉","measure":"每年人均消费公斤量","time":"2009","value":"3.320495237"},
{"subject":"牛肉","measure":"每年人均消费公斤量","time":"2010","value":"3.397767505"},
{"subject":"猪肉","measure":"每年人均消费公斤量","time":"2000","value":"24.7762441"},
{"subject":"猪肉","measure":"每年人均消费公斤量","time":"2001","value":"25.37831551"},
{"subject":"猪肉","measure":"每年人均消费公斤量","time":"2002","value":"26.2406989"},
{"subject":"猪肉","measure":"每年人均消费公斤量","time":"2003","value":"25.46035577"},
{"subject":"猪肉","measure":"每年人均消费公斤量","time":"2004","value":"25.79951932"},
{"subject":"猪肉","measure":"每年人均消费公斤量","time":"2005","value":"26.93376458"},
{"subject":"猪肉","measure":"每年人均消费公斤量","time":"2006","value":"27.42239521"},
{"subject":"猪肉","measure":"每年人均消费公斤量","time":"2007","value":"25.26853843"},
{"subject":"猪肉","measure":"每年人均消费公斤量","time":"2008","value":"27.35869163"},
{"subject":"猪肉","measure":"每年人均消费公斤量","time":"2009","value":"28.5583283"},
{"subject":"猪肉","measure":"每年人均消费公斤量","time":"2010","value":"29.73782862"},
{"subject":"家禽","measure":"每年人均消费公斤量","time":"2000","value":"8.45537561"},
{"subject":"家禽","measure":"每年人均消费公斤量","time":"2001","value":"8.184650656"},
{"subject":"家禽","measure":"每年人均消费公斤量","time":"2002","value":"8.20671043"},
{"subject":"家禽","measure":"每年人均消费公斤量","time":"2003","value":"8.531224024"},
{"subject":"家禽","measure":"每年人均消费公斤量","time":"2004","value":"8.422993363"},
{"subject":"家禽","measure":"每年人均消费公斤量","time":"2005","value":"8.998292235"},
{"subject":"家禽","measure":"每年人均消费公斤量","time":"2006","value":"9.29972868"},
{"subject":"家禽","measure":"每年人均消费公斤量","time":"2007","value":"9.945490606"},
{"subject":"家禽","measure":"每年人均消费公斤量","time":"2008","value":"10.55582941"},
{"subject":"家禽","measure":"每年人均消费公斤量","time":"2009","value":"10.84126815"},
{"subject":"家禽","measure":"每年人均消费公斤量","time":"2010","value":"10.98680351"},
{"subject":"羊肉","measure":"每年人均消费公斤量","time":"2000","value":"1.908321673"},
{"subject":"羊肉","measure":"每年人均消费公斤量","time":"2001","value":"2.031900081"},
{"subject":"羊肉","measure":"每年人均消费公斤量","time":"2002","value":"2.190493351"},
{"subject":"羊肉","measure":"每年人均消费公斤量","time":"2003","value":"2.118428759"},
{"subject":"羊肉","measure":"每年人均消费公斤量","time":"2004","value":"2.262052214"},
{"subject":"羊肉","measure":"每年人均消费公斤量","time":"2005","value":"2.334802795"},
{"subject":"羊肉","measure":"每年人均消费公斤量","time":"2006","value":"2.41285836"},
{"subject":"羊肉","measure":"每年人均消费公斤量","time":"2007","value":"2.538053993"},
{"subject":"羊肉","measure":"每年人均消费公斤量","time":"2008","value":"2.517240952"},
{"subject":"羊肉","measure":"每年人均消费公斤量","time":"2009","value":"2.571766259"},
{"subject":"羊肉","measure":"每年人均消费公斤量","time":"2010","value":"2.649248936"}]
}
```


图 8-5 在浏览器访问要处理的 JSON 数据

```
        try { connection =url.openConnection() as HttpURLConnection
                                                          //1.创建连接
            connection.requestMethod = "GET"              //2.配置请求方式
            connection.connectTimeout = 8000
            connection.readTimeout = 8000
        inputStream=BufferedReader(InputStreamReader(connection.
            inputStream))                                 //3.建立输入流
            inputStream.use{                              //4.读取信息
                it.forEachLine {                          //5.对每一行记录进行处理
                    response.append(it)
                    response.append("\n")
                }
            }
        } catch (e: IOException) {
            e.printStackTrace()
        } finally {                                       //6.关闭连接
```

```
                connection.disconnect()
            }
            return response.toString()
        }
    }
}
```

HttpUtils 处理了采用 GET 方式访问本地服务器的 JSON 数据。将 JSON 数据按行保存到 StringBuilder 对象中，最后返回包括所有 JSON 数据的字符串，代码如下：

```
//模块 ch08_4 JSON 解析的实用类 JSONUtils.kt
class JSONUtils {
    companion object{
        fun parseJSON(jsonData: String): MeatConsumption{
            val jsonObject =JSONObject(jsonData)
                                        //将 jsonData 字符串生成 JSONObject 对象
            val location =jsonObject.getString("location")
                                        //获得 location 关键字的值
            val meatConsumptionList =mutableListOf<MeatConsumption.
                MeatConsumptionData>()
                                        //创建保存 MeatConsumptionData 的列表
            val jsonArray =jsonObject.getJSONArray("meat_consumption")
                                        //获得 meat_consumption 关键字对应的数组
            for(i in 0 until jsonArray.length()){
                                        //对数组依次进行访问
                var jsonObj =jsonArray.getJSONObject(i)
                                        //获得索引为 i 的 JSONObject
                var subject =jsonObj.getString("subject")
                var measure =jsonObj.getString("measure")
                var time =jsonObj.getInt("time")
                var value =jsonObj.getDouble("value")
                meatConsumptionList.add(MeatConsumption.MeatConsumptionData(
                    subject,measure,time,value))
                                        //添加到肉类消费的列表中
            }
            return MeatConsumption(location,meatConsumptionList)
        }
    }
}
```

JSONUtils 类实现了 JSON 数据的解析。在 JSONUtils 的伴随对象中定义的 parseJSON()函数包含 JSON 数据的字符串解析成 JSON 对象。具体的做法是，结合 JSONObject 将 JSON 字符串生成 JSON 对象。因为对象 meat_comsumption 属性中包含了 JSON 数组，再通过 getJSONArray()函数把数组数据提取出来，按照数组的索引值，依次读取 JSON 数组的每个数据生成 MeatConsumption.MeatConsumptionData 对象，保存到列表中。通过这种函数，获得一个 MeatConsumption 对象，它包含国家地区名和一组肉类消费的记录。

```
//模块 ch08_4 使用解析后的数据 MainActivity.kt
class MainActivity : AppCompatActivity() {
    override fun onCreate(savedInstanceState: Bundle?) {
        super.onCreate(savedInstanceState)
        setContentView(R.layout.activity_main)
        thread{
            val jsonData =HttpUtils.getWebContent("http://10.0.2.2: 5000/json/
            meat_consumption.json")                         //获得 JSON 格式的数据字符串
            val meatConsumption =JSONUtils.parseJSON(jsonData)  //解析 jsonData
            Log.d("MainActivity",meatConsumption.location)      //记录到日志中
            val list =meatConsumption.meatConsumptionList
            list.forEach {
                Log.d("MainActivity",it.toString())
            }
        }
    }
}
```

用计算机的浏览器访问本地 Web 服务器的资源一般是通过 localhost 或 127.0.0.1 来实现的。Android 模拟器无法通过 localhost 或 127.0.0.1 来进行访问,这是因为 Android 模拟器将自己视为服务器,占用了 127.0.0.1 地址。如果 Android 模拟器要访问本地服务器,可通过 10.0.2.2 实现。MainActivity 调用 HttpUtils 的 getWebContent()函数访问 http://10.0.2.2: 5000/json/meat_consumption.json 获得 JSON 格式的数据字符串后,可借助 JSONUtils 实用类的 parseJSON()函数获得最后的 MeatConsumption 对象,即指定国家地区的一组肉类消费记录。最后遍历肉类消费记录,并输出到日志中,如图 8-6 所示。

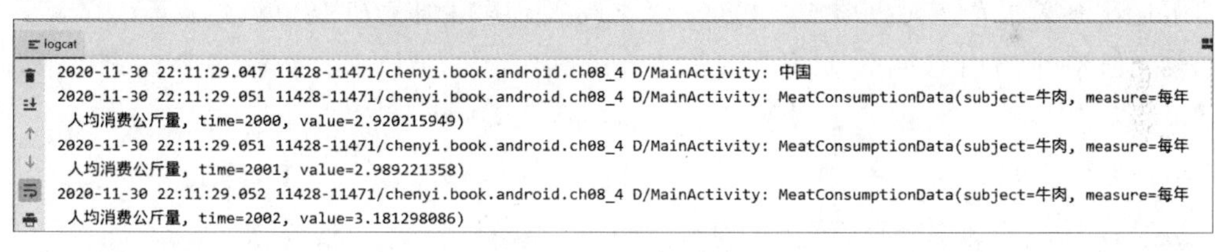

图 8-6 日志显示肉类消费量

8.4.3 GSON 解析 JSON 数据

GSON 库是解析 JSON 数据常用的开源 Java 库。用它可非常容易地实现对象的序列化和反序列化,即实现两个方向转换。它可以将 JSON 数据绑定成特定类型的对象,也可以将特定类型的数据转换成 JSON 数据。GSON 库提供了 fromJson()和 toJson()函数用于实现上述功能。这样就可按照参数规格要求进行调用,使操作简单便利。

假设有一个 JSON 数据如下所示:

```
{"id": "60001223","name": "张三","gender": "男","age": 20}
```

将 JSON 数据转换成对象的具体做法如下:

(1) 要使用 GSON 库,必须在模块的构建文件 build.gradle 中增加依赖:

```
dependencies {
    implementation 'com.google.code.gson: gson: 2.8.6'
}
```

使用 GSON 库时需要用到 Java 8 的一些特性，因此在 build.gradle 文件中还需要配置编译选项为 Java 8.0 版本，代码如下：

```
android{ …
  compileOptions{
      sourceCompatibility JavaVersion.VERSION_1_8
      targetCompatibility JavaVersion.VERSION_1_8
    }
}
```

(2) 定义与 JSON 数据对应的实体类 Student，形式如下：

```
data class Student(val id: String, val name: String, val gender: String, val age: Int)
```

注意：使用 GSON 解析成对应的实体对象的过程中，实体类的属性名必须与 JSON 关键字的名字保持一致。如果实体类的属性与 JSON 的关键字不一致，可以通过@SerializedName 标注该属性指定对应的 JSON 关键字。这时，可以写成

```
import com.google.gson.annotations.SerializedName
data class Student(@SerializedName("id") val no: String,
    val name: String, val gender: String, val age: Int)
```

上述代码表示在序列化和反序列化时采用 no 转换 id 对应的 JSON 数据。

(3) 创建并调用 GSON 对象的 fromJson() 函数将 JSON 数据转换生成对象，代码如下：

```
val gson = Gson()
val student = gson.fromJson(jsonData, Student: : class.java)
```

jsonData 为一个包含 JSON 数据的字符串，按照 Student 类的方式进行转换，可得到 student 对象。

如果 JSON 数据的形式比较复杂(例如 JSON 数组形式)，则包含一组数据。例如，JSON 数据如下所示：

```
[{"id": "60001223","name": "张三","gender": "男","age": 20},
 {"id": "60001224","name": "李四","gender": "男","age": 19},
 {"id": "60001113","name": "王五","gender": "男","age": 21}]
```

可以借助 TypeToken 进行数据转换。TypeToken 用于存储通用对象的类型，按照存储的数据类型进行转换，操作的代码可以写成下面形式：

```
val types = object: TypeToken<List<Student>>(){}.type
val students = gson.fromJson<List<Student>>(jsonData, types)
```

例 8-5 要求结合 GSON 库解析例 8-3 提供的 2000—2010 年中国肉类消费量的 JSON 数据(原始数据来源于经济合作与发展组织农业统计数据),并对数据格式加工处理。

因为要处理的 JSON 格式如下:


```
{"location": "中国","meat_consumption": [
    {"subject": "牛肉","measure": "每年人均消费公斤量","time": "2000",
"value": "2.920215949"},
    {"subject": "牛肉","measure": "每年人均消费公斤量","time": "2001",
"value": "2.989221358"},
    …]
}
```


上述的 JSON 数据包括了两个顶层的关键字 location 和 meat_consumption。

meat_consumption 关键字映射的是一个 JSON 数组,而且 meat_consumption 的命名不符合 Kotlin 的命名规范,需要使用@ SerializedName 进行标注序列化和反序列化要使用的名称,因此定义的实体类,形式如下:

```
//模块 ch08_5 定义实体类 MeatConsumption.kt
import com.google.gson.annotations.SerializedName
data class MeatConsumption(val location: String,@SerializedName("meat_consumption")
val meatConsumptionList: List<MeatConsumptionData>) {
    data class MeatConsumptionData(val subject: String,val measure: String,
    val time: Int,val value: Double) }
```

定义 JSON 数据解析的实用类代码如下:

```
//模块 ch08_5 定义解析 JSON 数据的实用类 JSONUtils.kt
class JSONUtils {
    companion object{
        fun parseJSONData(jsonData: String): MeatConsumption{
            val gson =Gson()
          val meatConsumption =gson.fromJson<MeatConsumption>(jsonData,
              MeatConsumption: : class.java)
                return meatConsumption
        }
    }
}
```

JSONUtils 采用了 GSON 库的 Gson 直接对 JSON 字符串进行解析生成对应的对象 MeatConsumption。与 Android 系统的 JSONObject API 相较,GSON 库处理的方式更加简洁,代码如下:

```
//模块 ch08_5 测试 MainActivity.kt
class MainActivity : AppCompatActivity() {
    override fun onCreate(savedInstanceState: Bundle?) {
        super.onCreate(savedInstanceState)
```

```
        setContentView(R.layout.activity_main)
         thread{
            val jsonData =HttpUtils.getWebContent("http://10.0.2.2: 5000/json/
            meat_consumption.json")
            val meatConsumption =JSONUtils.parseJSONData(jsonData)
            Log.d("MainActivity",meatConsumption.location)
            for (meatConsumptionData in meatConsumption.meatConsumptionList) {
                Log.d("MainActivity",meatConsumptionData.toString())
            }
         }
    }
}
```

运行结果如图 8-7 所示。

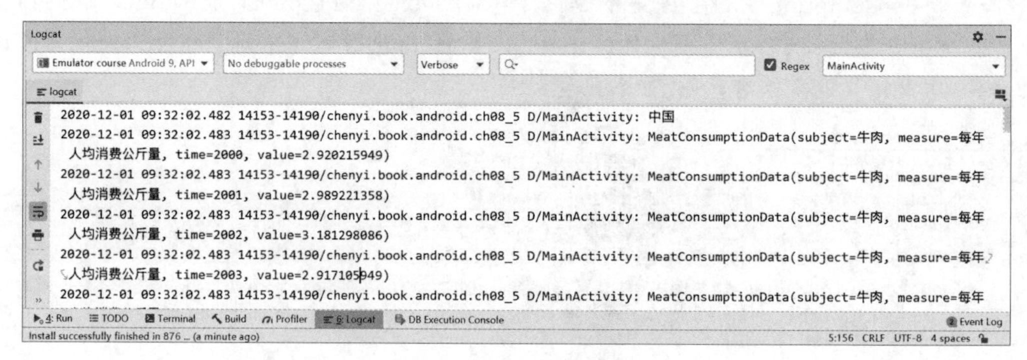

图 8-7　日志记录的结果

8.5　使用 Retrofit 库访问网络资源

在使用 Android 的 HttpURLConnection 访问网络资源时，往往需要处理过多网络通信细节，例如创建网络连接、设置访问的方式，连接的时间，读取数据的实现，甚至输入输出流的处理、关闭网络连接等操作。只要一个环节存在问题，就会导致网络访问资源出现问题。

Square 公司推出的 Retrofit 库(https://square.github.io/retrofit/)改变了网络访问的方式。它实现了网络请求的封装。Retrofit 库采用了回调处理方式，使用该方式就可通过接口提交请求和相应的参数配置获得对应的响应，并将响应获得的数据解析成其他特定的格式。例如，将 JSON 数据解析成对象。与 HttpURLConnection API 一样，只要进行网络访问，就需要设置网络访问权限和明文访问许可。具体操作参见 8.1 节。

要使用 Retrofit 库，就需要在模块的构建文件 build.gradle 增加依赖，代码如下：

```
dependencies {
    implementation 'com.squareup.retrofit2: retrofit: 2.9.0'
    implementation 'com.squareup.retrofit2: converter-gson: 2.9.0'
    ...
}
```

com.squareup.retrofit2：converter-gson 是 Retrofit 转换库，用于将 HTTP 请求获得 JSON 数据借助 GSON 自动解析并转换成对象。Retrofit 还有一些其他的转换库，用于将其他的数据转换成对象，如表 8-3 所示。在开发过程中，可根据需要自行添加。

表 8-3　Retrofit 转换库列表

库　　名	依　赖　库
Gson	com.squareup.retrofit2：converter-gson
Jackson	com.squareup.retrofit2：converter-jackson
Moshi	com.squareup.retrofit2：converter-moshi
Protobuf	com.squareup.retrofit2：converter-protobuf
Wire	com.squareup.retrofit2：converter-wire
Simple XML	com.squareup.retrofit2：converter-simplexml
JAXB	com.squareup.retrofit2：converter-jaxb
Scalars（基本类型、封装的、字符串）	com.squareup.retrofit2：converter-scalars

在依赖库的支持下，希望通过 HTTP 请求获得的响应，得到对应的对象数据。完成下列步骤。

（1）定义实体，将请求的数据转换成对象的实体对象。例如，要访问的网络资源是 http://127.0.0.1：5000/json/students.json，则数据格式如下：

```
[{"id": "60001223","name": "张三","gender": "男","age": 20},
 {"id": "60001224","name": "李四","gender": "男","age": 19},
 {"id": "60001113","name": "王五","gender": "男","age": 21}
]
```

可以将对应 JSON 数据的关键字定义为 Student 实体类，代码如下：

```
//模块 ch08_6 实体类 Student.kt
data class Student(val id: String,val name: String,val gender: String,
    val age: Int)
```

（2）创建 Service 的接口类，定义 Service 的主要方法，代码如下：

```
//模块 ch08_6 Service 接口类 StudentService.kt
/**定义 Service 接口 */
interface StudentService {
    @GET("students.json")
    fun getStudentList(): Call<List<Student>>
}
```

在上述的 Service 接口中，可以定义 Service 的各种形式的访问。StudentService 中通过@GET("students.json")设置请求访问服务器的 students.json 数据。getStudentList()函数的返回值 Call<List<Student>>，Call 表示向 Web 服务器发送请求获取响应的调用

方法，要求从指定服务器响应数据需要转换成 List<Student>的数据类型。

StudentService 接口只定义了 GET 的请求。访问网络还有多种形式，例如 POST、DELETE 等多种方式。这些不同的方式使得接口的访问地址会有所不同。表 8-4 对这些访问方式和接口访问地址做了总结归纳。表 8-4 中假设所访问的网络地址为 http://example.com/。

表 8-4　访问方式

方　式	接口定义样例	访问地址和说明

GET	interface StudentService{
	@GET("students.json")
	fun getStudent(): Call<Student>
	}
		http://example.com/students.json 的接口地址是静态的

	interface StudentService{
	@GET("{page}/students.json")
	fun getStudent(
	@Path("page" page: Int): Call<Student>
	}
		http://example.com/<page>/students.json 的接口地址是动态的。
		例如：
		http://example.com/1/students.json
		表示访问第一页的数据

	interface StudentService{
	@GET("{page}/students.json")
	fun getStudent(
	@Query("gender") gender: String,
	@Query("age") age: Int: Call<Student>
	}
		http://example.com/students.json?gender=<gender>&age=<age>的接口地址是动态的。
		例如：
		http://example. com/students. json? gender = "男"&age=20
		表示检索性别男，年龄为 20 的所有记录

DELETE	interface StudentService{
	@DELETE("{id}")
	fun delStudent(
	@Path("id")id: String): Call<ResponseBody>
	}
		执行格式：
		DELETE http://example.com/<id>
		例如：
		DELETE http://example.com/60001223
		表示请求删除 id=60001223 的记录。
		ResponseBody 表示服务器的响应

POST	interface StudentService{
	@POST("new")
	fun newStudent(
	@Body student: Student): Call<ResponseBody>
	}
		执行对应的格式：
		POSThttp://example.com/create
		{"id": "29","name": "刘柳","gender": "女","age": 20}
		表示当以 POST 方式提交数据给服务器，会将@Body 标注的 student 对象转换成 JSON 数据作为参数提交给服务器。服务器接收请求

	interface StudentService{
	@FormUrlEncoded
	@POST("update")
	fun updateStudent(@Field("name")
	name: String): Call<Student>
	}
		执行对应格式：
		POSThttp://example. com/update? name = <name>
		表示以 POST 提交表单数据给服务器

(3) 定义创建服务对象，代码如下：

```
//模块 ch08_6 创建 StudentServiceCreator.kt
object StudentServiceCreator {
    private val baseURL ="http://10.0.2.2: 5000/json/"    //访问网站的基址
    private val retrofit =Retrofit.Builder()              //创建 Retrofit 对象
      .baseUrl(baseURL)
      .addConverterFactory(GsonConverterFactory.create())
      .build()
    fun < T > createService ( serviceClass: Class < T >) = retrofit. create
(serviceClass)
}
```

因为在整个访问网络资源的过程中，只需要一个 Retrofit 对象来创建动态的 Service 代理。所以将 StudentServiceCreator 类定义为单例类，即该类只有一个对象就是它本身。通过 retrofit 对象来创建对应的 Service 实例对象。在 createService()函数中指定的是一个泛型类型参数，通过传递类型对象的实例，达到创建 Service 对象的目的。

(4) 为了让网络访问执行具有一定的可视性，定义对应 MainActivity 的布局文件，代码如下：

```
<!--模块 ch08_6 MainActivity 对应的布局文件 activity_main.xml -->
<?xml version="1.0" encoding="utf-8"?>
<androidx.constraintlayout.widget.ConstraintLayout
    xmlns: android="http://schemas.android.com/apk/res/android"
    xmlns: app="http://schemas.android.com/apk/res-auto"
    xmlns: tools="http://schemas.android.com/tools"
    android: layout_width="match_parent"
    android: layout_height="match_parent"
    tools: context=".MainActivity">
    <TextView android: id="@+id/contentTxt"
        android: layout_width="match_parent"
        android: layout_height="wrap_content"
        android: lines ="10"
        app: layout_constraintBottom_toBottomOf="parent"
        app: layout_constraintHorizontal_bias="0"
        app: layout_constraintLeft_toLeftOf="parent"
        app: layout_constraintRight_toRightOf="parent"
        app: layout_constraintTop_toTopOf="parent"
        app: layout_constraintVertical_bias="0.2" />
    <Button android: id="@+id/requestBtn"
        android: layout_width="wrap_content"
        android: layout_height="wrap_content"
        android: text="请求"
        app: layout_constraintBottom_toBottomOf="parent"
        app: layout_constraintEnd_toEndOf="parent"
        app: layout_constraintHorizontal_bias="0.5"
```

```
        app: layout_constraintStart_toStartOf="parent"
        app: layout_constraintTop_toBottomOf="@+id/contentTxt"
        app: layout_constraintVertical_bias="0.91" />
</androidx.constraintlayout.widget.ConstraintLayout>
```

(5) 定义 MainActivity,完成对网络资源的访问和数据的转换,代码如下:

```
//模块 ch08_6 MainActivity.kt
class MainActivity : AppCompatActivity() {
    val result =StringBuilder()
    override fun onCreate(savedInstanceState: Bundle?) {
        super.onCreate(savedInstanceState)
        setContentView(R.layout.activity_main)
        requestBtn.setOnClickListener {
            val creator =StudentServiceCreator.createService(StudentService: :
                class.java)
            creator.getStudentList().enqueue(object: Callback<List<Student>>{
                override fun onResponse(call: Call<List<Student>>,
                    response: Response<List<Student>>) {          //请求响应成功
                    val studentList =response.body()
                    studentList?.forEach {
                        result.append("学号: ${it.id} -姓名: ${it.name} -性别:
                            ${it.gender} -年龄: ${it.age}")
                        result.append("\n")
                    }
                    contentTxt.text =result.toString()
                }
                override fun onFailure(call: Call<List<Student>>
                    , t: Throwable) {
                                                                  //请求响应失败
                    t.printStackTrace()                           //输出错误的堆栈
                }
            })
        }
    }
}
```

运行结果如图 8-8 所示。

在 MainActivity 类的定义中,可以发现 requestBtn 实现了对网络的直接访问,并在主线程中直接修改了 contentTxt(文本标签)的内容。这与前面访问网络资源必须先定义一个新线程再结合消息处理机制更新 UI 形成了反差。

实际运行时,当调用 creator.getStudentList()函数时,返回 Call<List<Student>>对象,再调用这个对象的 enqueue()函数。在具体的执行过程时,在 Retrofit 请求标注中设置网址,并通过 HTTP 请求网络资源。当请求发生时,Retrofit 会自动开启内部的子线程完成网络请求,服务器做出的响应也会被回调到由 enqueue()函数传入的 Callback 中。对网络访问做出 onResponse(响应成功)或 onFailure(失败)的回调处理。然后,Retrofit 会自动切

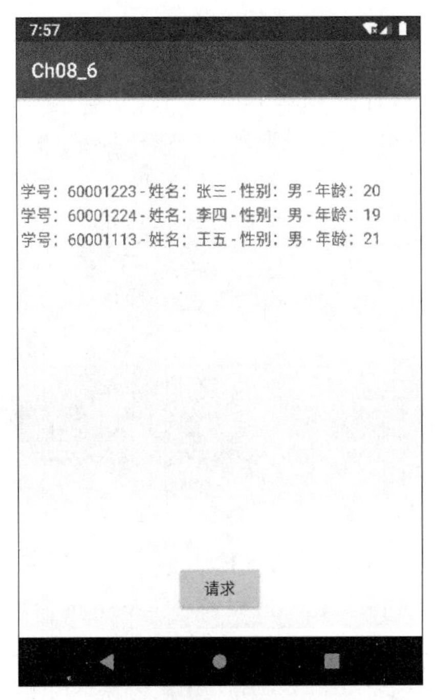

图 8-8　访问的运行结果

换成主线程。由于 Retrofit 将线程的自动切换进行了封装，因此在上述代码中，好似主线程承担了所有的任务。实际情况是，Retrofit 自动对多线程进行管理，完成了移动应用发起的 HTTP 请求、从服务器获得响应以及将响应的数据自动转换成列表对象等一系列操作。

例 8-6　以条状图的方式显示 2000—2010 年中国肉类消费量（原始数据来源于经济合作发展组织农业统计数据），并对数据加工处理。

JSON 数据可以从 http://127.0.0.1：5000/json/meat_consumption.json 本地服务器中获得，参见例 8-5。

因为本项目访问的是在线资源，因此必须在 AndroidManifest.xml 中配置网络访问权限和明文访问许可。本例使用了 Retrofit 库和 MPAndroidChart 库。其中，MPAndroidChart（https://github.com/PhilJay/MPAndroidChart）是图表库，服务于 Android 应用绘制图表。在模块的配置构建文件 build.gradle 增加相应的配置以及两个库的依赖，形式如下：

```
android {…
    repositories {              //增加下载的仓库，为下载 MPAndroidChart 提供服务
        maven { url 'https://jitpack.io' }
    }
    …
}
dependencies {  …
    //增加 Retrofit 库的支持
    implementation 'com.squareup.retrofit2: retrofit: 2.9.0'
```

```
    implementation 'com.squareup.retrofit2: converter-gson: 2.9.0'
    //增加 MPAndroidChart 库的支持
    implementation 'com.github.PhilJay: MPAndroidChart: v3.1.0'
}
```

处理的数据对应的实体类，代码如下：

```
//模块 ch08_7 定义实体类 MeatConsumption.kt
data class MeatConsumption(
val location: String,
@SerializedName("meat_consumption")meatConsumptionList: List<
MeatConsumptionData>) {
    data class MeatConsumptionData(val subject: String,val measure: String,val
    time: Int,val value: Double)
}
```

实体类属性定义与获取的 JSON 数据大体一致，只是对 JSON 关键字 meat_consumption 在类的属性中指定转换为 meatConsumption 以符合 Kotlin 的命名规范，代码如下：

```
//模块 ch08_7 定义 Service 接口 MeatConsumptionService.kt
interface MeatConsumptionService {
    @GET("meat_consumption.json")
    fun getMeatConsumptions(): Call<MeatConsumption>
}
```

定义网络访问服务构建器，代码如下：

```
//模块 ch08_7 定义 ConsumptionServiceCreator.kt
object ConsumptionServiceCreator {
    private val retrofit =Retrofit.Builder()
    .baseUrl("http://10.0.2.2: 5000/json/")
    .addConverterFactory(GsonConverterFactory.create()).build()
    fun <T>create(serviceClass: Class<T>): T =retrofit.create(serviceClass)
}
```

ConsumptionServiceCreator 定义成单一模式，是对象类。即该类只有一个对象。该类的构建了 Retrofit 对象 retrofit，指定访问网站的基址 http://10.0.2.2：5000/json，然后指定转换器为 GSON 转换器。ConsumptionServiceCreator 定义的 create 方法获得一个指定泛型类型的服务对象，代码如下：

```
/模块 ch08_7 定义 MainActivity 的布局文件 activity_main.xml
<?xml version="1.0" encoding="utf-8"?>
<androidx.constraintlayout.widget.ConstraintLayout
    xmlns: android="http://schemas.android.com/apk/res/android"
    xmlns: app="http://schemas.android.com/apk/res-auto"
    xmlns: tools="http://schemas.android.com/tools"
    android: layout_width="match_parent"
    android: layout_height="match_parent"
```

```
    tools: context=".MainActivity">
    <TextView android: id="@+id/titleTxt"
        android: layout_width="wrap_content"
        android: layout_height="wrap_content"
        android: text="@string/title_app_name"
        app: layout_constraintBottom_toBottomOf="parent"
        app: layout_constraintEnd_toEndOf="parent"
        app: layout_constraintLeft_toLeftOf="parent"
        app: layout_constraintRight_toRightOf="parent"
        app: layout_constraintStart_toStartOf="parent"
        app: layout_constraintTop_toTopOf="parent"
        app: layout_constraintVertical_bias="0.047" />
<!--定义 MPAndroidChart 绘制 BarChart -->
    <com.github.mikephil.charting.charts.BarChart
        android: id="@+id/barChart"
        android: layout_width="match_parent"
        android: layout_height="@dimen/size_chart_height"
        app: layout_constraintBottom_toTopOf="@+id/linearLayout"
        app: layout_constraintEnd_toEndOf="parent"
        app: layout_constraintStart_toStartOf="parent"
        app: layout_constraintTop_toBottomOf="@+id/titleTxt"
        app: layout_constraintVertical_bias="0.476" />
    <LinearLayout android: id="@+id/linearLayout"
        android: layout_width="match_parent"
        android: layout_height="wrap_content"
        android: gravity="center_horizontal"
        android: orientation="horizontal"
        app: layout_constraintBottom_toBottomOf="parent">
        <Button android: id="@+id/beefConBtn"
            android: layout_width="wrap_content"
            android: layout_height="wrap_content"
            android: text="@string/title_beef_consumption" />
        <Button android: id="@+id/pigConBtn"
            android: layout_width="wrap_content"
            android: layout_height="wrap_content"
            android: text="@string/title_pig_consumption" />
        <Button android: id="@+id/poultyConBtn"
            android: layout_width="wrap_content"
            android: layout_height="wrap_content"
            android: text="@string/title_poultry_consumption" />
        <Button android: id="@+id/sheepConBtn"
            android: layout_width="wrap_content"
            android: layout_height="wrap_content"
            android: text="@string/title_sheep_consumption" />
    </LinearLayout>
</androidx.constraintlayout.widget.ConstraintLayout>
```

在 activity_main.xml 中使用 MPAndroidChart 库的 BarChart 控件。要使用 BarChart 绘制柱状图,需要执行绘制柱状图的主要的过程如下。

(1) 创建 BarChart 对象,并初始化,设置相应的参数,代码如下:

```
barChart.setDrawBorders(false)                //不显示边框
val description =Description()               //右下角的描述内容不显示
description.isEnabled =false
barChart.description =description
```

(2) 创建一系列的 BarEntry 对象,此处添加 BarEntry 对象的(X,Y)值,代码如下:

```
var bar1=BarEntry(1+beefList.size.toFloat(),it.value.toFloat(),it.time)
val list =mutableListOf<BarEntry>()
list.add(bar1)
```

(3) 创建 BarDataSet 对象,将一组 BarEntry 对象添加到 BarDataSet 对象中,代码如下:

```
val dataSet =BarDataSet(list,"Label")
dataSet.color =resources.getColor(android.R.color.holo_blue_dark,null)
```

(4) 创建 BarData 对象,添加 BarDaraSet 对象,代码如下:

```
val data =BarData(dataSet)
```

(5) 显示柱状图,代码如下:

```
barChart.setData(data)
```

如果修改 barChart 界面,可以调用 barChart.invalidate()函数来实现,代码如下:

```
//模块 ch08_7 定义主活动 MainActivity.kt
package chenyi.book.android.ch08_7
class MainActivity : AppCompatActivity() {
    val beefList =mutableListOf<BarEntry>()                //定义一组牛肉的数据
    val pigList =mutableListOf<BarEntry>()                 //定义一组猪肉的数据
    val poultryList =mutableListOf<BarEntry>()             //定义一组家禽的数据
    val sheepList =mutableListOf<BarEntry>()               //定义一组羊肉的数据
    override fun onCreate(savedInstanceState: Bundle?) {
        super.onCreate(savedInstanceState)
        setContentView(R.layout.activity_main)
        barChart.setDrawBorders(false)                     //不显示边框
        val description =Description()                    //右下角的描述内容不显示
        description.isEnabled =false
        barChart.description =description
        initDataFrmHttp()
        beefConBtn.setOnClickListener {
            showData(beefList,"牛肉",android.R.color.holo_orange_dark)
                                                           //显示牛肉的人均消费
        }
        pigConBtn.setOnClickListener {
            showData(pigList,"猪肉",android.R.color.holo_red_light)
                                                           //显示猪肉的人均消费
```

```
        }
        poultyConBtn.setOnClickListener {
            showData(poultryList,"家禽",android.R.color.holo_green_light)
                                                        //显示家禽的人均消费
        }
        sheepConBtn.setOnClickListener {
            showData(sheepList,"羊肉",android.R.color.holo_blue_dark)
                                                        //显示羊肉的人均消费
        }
    }
    fun initDataFrmHttp(){                              //访问并解析网络数据
        val creator =ConsumptionServiceCreator.create(MeatConsumptionService:
            : class.java)
        creator.getMeatConsumptions().enqueue(object: Callback<
            MeatConsumption>{
            override fun onResponse(call: Call<MeatConsumption>,response: Response
            <MeatConsumption>) {
            val meatConsumption =response.body()
            meatConsumption?.meatConsumptionList?.forEach {
                when(it.subject){
                    "牛肉"->beefList.add(BarEntry(1+beefList.size.toFloat(),
                    it.value.toFloat(),it.time))
                    "猪肉"->pigList.add(BarEntry(1+pigList.size.toFloat(),
                    it.value.toFloat(),it.time))
                    "家禽"->poultryList.add(BarEntry(1+poultryList.size.
                    toFloat(),it.value.toFloat(),it.time))
                    "羊肉"->sheepList.add(BarEntry(1+sheepList.size.toFloat(),
                    it.value.toFloat(),it.time))
                }
            }
            showData(beefList,"牛肉",android.R.color.holo_orange_dark)
                                                        //显示牛肉的人均消费
            }
            override fun onFailure(call: Call<MeatConsumption>, t: Throwable) {
                t.printStackTrace()
            }
        })
    }
    private fun showData(list: MutableList<BarEntry>,title: String,color: Int){
                                                        //显示数据
        val dataSet =BarDataSet(list,title)             //定义柱状图
        dataSet.color =resources.getColor(color,null)   //设置颜色
        barChart.data =BarData(dataSet)
        barChart.notifyDataSetChanged()                 //通知数据发送变动
        barChart.invalidate()                           //刷新 barChart
    }
}
```

运行结果如图 8-9 所示。

上述 MainActivity 可通过按钮实现不同肉类消费人均水平的柱状图切换。

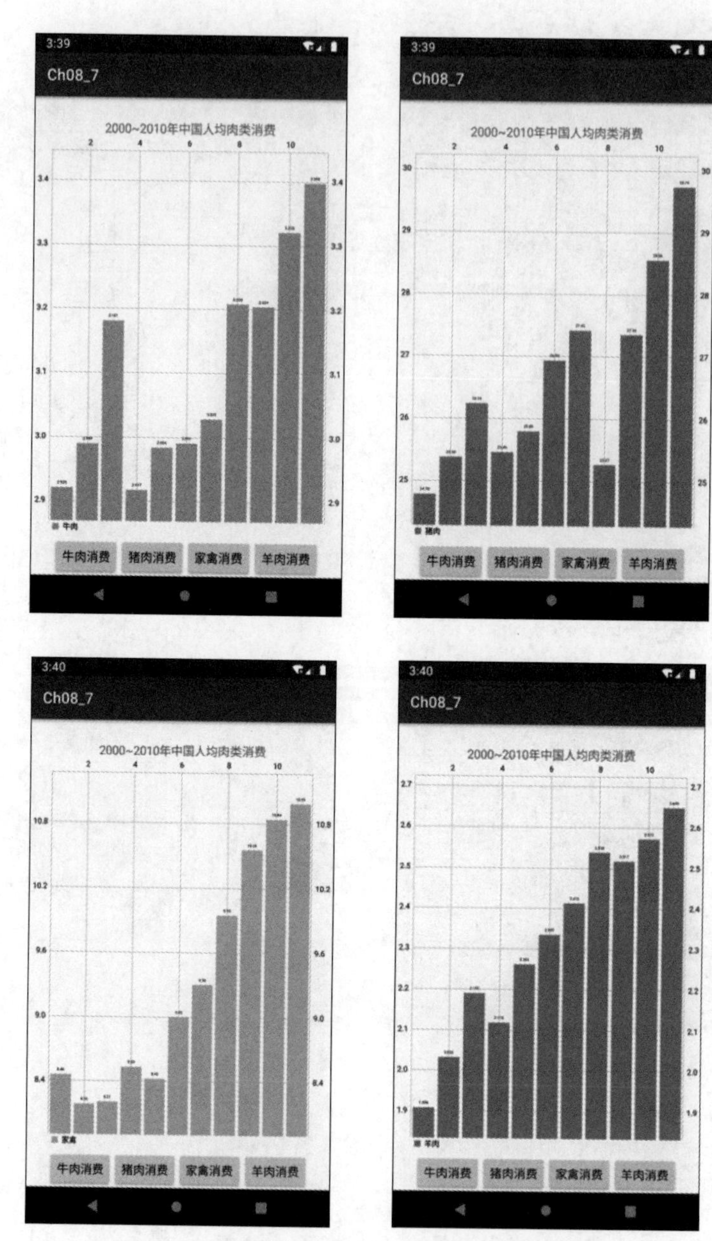

图 8-9　2000—2010 年肉类消费条状图显示结果

8.6　RxJava 库实现异步操作

ReactiveX(Reactive Extension)结合观察者模式、迭代器模式和函数式编程的编程接口,RxJava 是 ReactiveX 的 Java VM 实现。RxJava 库通过可观察序列来组成异步和基于事件的程序。RxJava 处理异步数据更方便。RxJava 不是网络访问库,也不是只能应用在网络访问中。由于 RxJava 结合 Retrofit 处理网络访问操作方便,因此本节介绍 RxJava 库。

8.6.1 Observer 模式

Observer(观察者)模式是理解 RxJava 的第一步。现实生活中存在很多多个对象依赖一个对象的行为,例如汽车"红灯停,绿灯行"、每日的报纸发放个订阅者。Observer 模式是为解决对象间存在一对多关系的处理方式。使得一个对象被修改时,则会自动通知依赖它的对象。如果对 Observer 模式有一定了解,可以跳过这一节。

如图 8-10 所示,Observer 模式中包含 Subject、ConcreteSubject、Observer 和 ConcreteObserver 4 种角色。

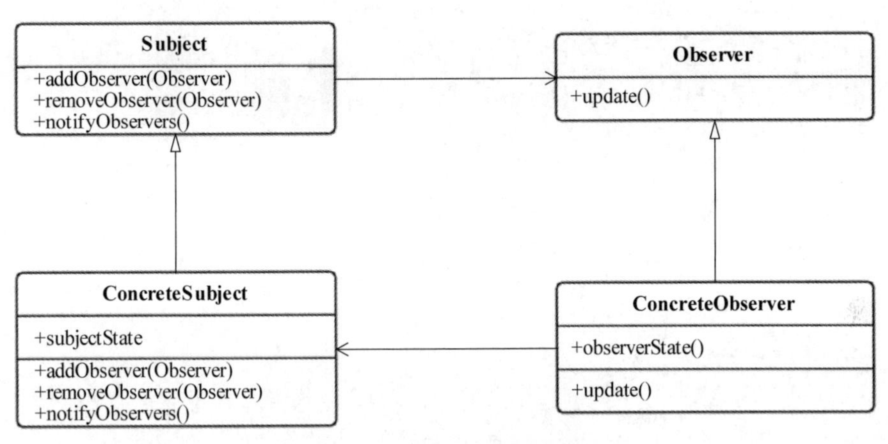

图 8-10 Observer 模式示意图

(1) Subject。该角色定义了抽象主题的接口,定义了对 Observer 的管理方法 addObserver()添加 Observer、removeObserver()删除 Observer 和 notifyObservers()通知 Observer 的方法。抽象主题可以包含多个 Observer 对象。

(2) ConcreteSubject。该角色定义了具体的主题,记录主题的相关状态,当主题发生变化时,会通知所有的 Observer 状态发生变化。

(3) Observer。该角色是抽象 Observer 接口,得到主题的通知后会更新自己。

(4) ConcreteObserver。该角色是抽象 Observer 接口的具体实现。当主题状态发生变化时,对应的 Observer 也会随之改变,以与主题的状态保持一致。使用 Observer 模式的代码如下:

```
//模块 ch08_8 定义抽象主题接口 Subject.kt
interface Subject {
    fun addObserver(observer: Observer)
    fun removeObserver(observer: Observer)
    fun notifyObservers(state: String)
}
```

定义 Observer 接口,代码如下:

```
//模块 ch08_8 定义 Observer 接口 Observer.kt
interface Observer {
```

```
    fun update(state: String)
}
```

定义 ConcreteSubject 类，代码如下：

```
//模块 ch08_8 定义具体主题 ConcreteSubject.kt
class ConcreteSubject:Subject{
    val observers =mutableListOf<Observer>()
    lateinitvar state:String
    override fun addObserver(observer: Observer) {
        println("观察者模式-添加观察者${observer.toString()}")
        observers.add(observer)
    }
    override fun removeObserver(observer: Observer) {
        println("观察者模式-移除观察者${observer.toString()}")
        observers.remove(observer)
    }
    override fun notifyObservers(state:String) {
        println("观察者模式-通知所有的观察者")
        observers.forEach {
            print("观察者模式-主题通知${it.toString()}")
            //观察者变更状态
            it.update(state)
        }
    }
    fun changeState(state:String){
        //修改状态
        this.state =state
        //通知所有的观察者状态变化
        notifyObservers(state)
    }
}
```

定义 ConcreteObserver 类，代码如下：

```
//模块 ch08_8 定义 ConcreteObserver.kt
data class ConcreteObserver(valname:String):Observer {
    override fun update(state: String) {
        println("观察者模式-观察者${name}接收到主题的${state}")
    }
}
//模块 ch08_8 测试文件 Test.kt
fun main(){
    val subject =ConcreteSubject()
    for(i in 1..3){
        val observer =ConcreteObserver("观察者${i}")
        subject.addObserver(observer)
    }
    subject.changeState("报纸订阅")
    subject.changeState("电子公告订阅")
}
```

运行结果如图 8-11 所示。

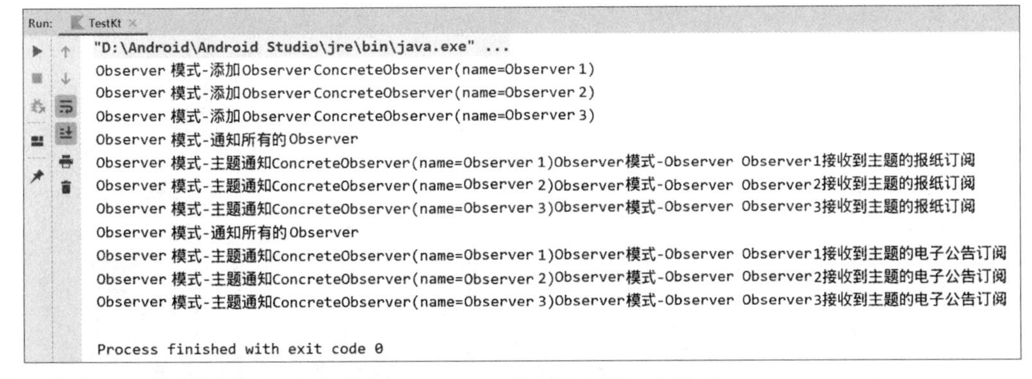

图 8-11　Observer 模式实例的运行结果

在上述的 Test.kt 测试代码中,定义了 3 个 Observer。当主题调用 changeState()函数状态发生变化时,通知所有的 Observer 请发生相应的变化,使得运行结果表现了这种变化。两次主题状态变更时,Observer 的两次的输出结果不一致。实现了多个对象对一个对象依赖的关系。

RxJava 基于 Observer 模式,但是与 Observer 模式的不同在于,RxJava 是基于异步的数据流实现的,而不是像 Observer 模式那样根据某些触发器对对象进行更改。发生更改时,将通知每个依赖于主题的 Observer。在 8.5.2 节将对 RxJava 做进一步介绍。

8.6.2　RxJava 的相关概念

要使用 RxJava 库需要在模块的 build.gradle 构建文件中增加依赖,代码如下:

```
dependencies {…
    //增加 RxJava 库的依赖
    implementation "io.reactivex.rxjava3: rxjava: 3.1.13"
    //增加在 Android 对 RxJava 库的支持
    implementation 'io.reactivex.rxjava3: rxandroid: 3.0.0'
}
```

首先,了解一下 RxJava 的几个基本概念:Observable(可观察)、Operator(操作符)、Observer(观察者)和 SubScriber(订阅者),如图 8-12 所示。

(1) Observable(可观察)。即被观察者,可以表示任何对象,可以从数据源中获得数据或者状态值。Observable 发送的是数据流。只要有 Observer 接收,Observable 就会发送数据流。Observable 可以有多个 SubScriber。它可以发出零个或多个数据,允许发送错误消息,可以在发出一组数据的同时控制其速度,可以发送有限或无限的数据。Observable 有两种执行类型:"非阻塞-异步执行"和阻塞式。"非阻塞-异步执行"的最大特点是,在整个事件流中可以取消订阅,这种方式更为灵活,较容易被接收。"阻塞式"所有的 Observer 的 onNext 调用都是同步的,而且在事件流的过程中不允许取消订阅。

(2) Operator(操作符)。Operator 承担了对 Observable 发出的事件进行修改和变换。实际上,每个 Operator 都是一个方法。作为输入参数,Observable 发送的数据都会在 Operator 的方法中应用,并以 Observable 的形式将结果返回。由于返回的是另外一个

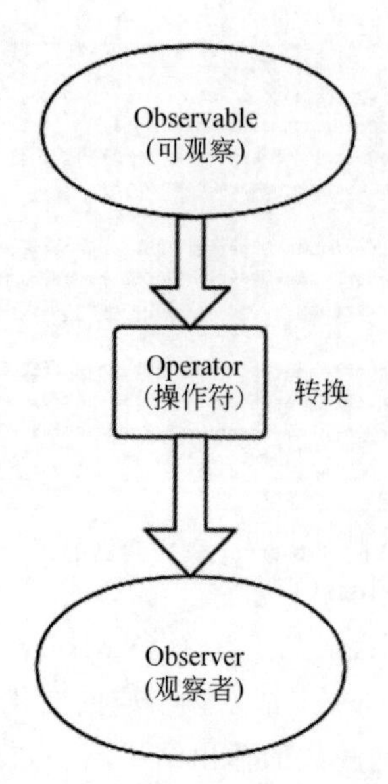

图 8-12 RxJava 中 Observable、Operator 和 Observer 之间的关系

Observable,所以这个 Observable 可以继续向后发送或结束。

(3) Observer(观察者)。Observer 用于订阅 Observable 的序列数据,并对 Observable 的每一项做出反应。Observer 负责处理事件,是事件的消费者。每当关联的 Observable 发送数据时,会通知 Observer,然后 Observer 一个接一个地处理数据。当关联的 Observable 发送数据项时,会激活每个 SubScriber 的 onNext()函数,执行某些特定的任务;当 Observable 完成一些事件处理时,会调用 Observer 的 onComplete()函数;当 Observable 发送的数据有错误时,会调用 Observer 组件的 onError()函数。

使用 RxJava 库时,Operator 可以有若干个,形式如下:

```
dataSource
    .operator1()
    .operator2()
    .operator3()
```

这些操作符之间构成了上下流的关系。

RxJava 中还有一些基本类必须了解,具体的介绍如表 8-5 所示。

表 8-5 RxJava 中进行可运算处理时常用的基本类

类	说　明
io.reactivex.rxjava3.core.Flowable	0..N 流,支持响应式流和背压。 按照 onSubscribe onNext (onError 或 onComplete)属性执行,其中 onNext 可以执行多次,onError 和 onComplete 是互斥的
io.reactivex.rxjava3.core.Observable	0..N 流,不支持背压。 按照 onSubscribe onNext (onError 或 onComplete)顺序执行,onNext 可以执行多次,onError 与 onComplete 是互斥的

续表

类	说　明
io.reactivex.rxjava3.core.Single	只有一项或一个错误的单个流。 按照 onSubscribe (onSuccess 或 onError) 顺序执行，其中，onSuccess 和 onError 是互斥的
io.reactivex.rxjava3.core.Completable	没有项目但有实现或错误的信号的流。 按照 onSubscribe (onError 或 onComplete)的顺序执行
io.reactivex.rxjava3.core.Maybe	没有项目、只有一项或一个错误的流按照顺序执行 onSubscribe (onSuccess 或 onError 或 onComplete)

Observable 与 Observer 往往在不同的线程处理数据，它们之间是异步的。具体执行线程的切换可以通过线程的 Schedulers(调度器)实现。在表 8-6 中定义了常见的线程调度。

表 8-6　线程调度

线 程 调 度	说　明
Schedulers.io()	适合输入输出操作和阻塞操作
Schedulers.single()	适合单一线程操作
Schedulers.computation()	适合运行在密集计算的操作
Schedulers. trampoline()	适合按照顺序执行的操作
Schedulers. newThread()	适合为每个任务创建新线程
AndroidSchedulers.mainThread()	Android 的主线程

不同线程中，处理问题所用的时间会随问题的复杂度不同有所变化，这将导致二者处理数据的速度不同步。如果 Observable 发送数据的速度远远快于 Observer 的数据处理速度，会将数据放入缓存中或者直接放弃。上述两种方法都有不妥之处，因此，需要制定背压(Back Pressure)策略来解决二者在异步时 Observable 发送数据和 Observer 处理数据速度不一致问题。通常所说的背压是在异步环境下，控制流速的一种策略。不同于 8.5.1 节介绍的 Observer 模式，采用 Observable 主动通知 Observer 数据发生了变化。在背压策略中，Observer 采用响应式拉取，会根据自身执行的实际情况按需抓取数据，而不是被动接收，间接地让 Observable 发送数据的速度有所减慢，最终到达控制上游 Observable 事件发送速度的目的，实现了背压策略。在 io.reactivex.rxjava3.core. BackpressureStrategy 枚举类中可以指定如表 8-7 所示背压策略。

表 8-7　背压策略

背 压 策 略	说　明
MISSING	表示通过 create 方法创建的 Flowable 没有指定背压策略，不会对通过 OnNext 发送的数据做缓存或丢弃处理，下游必须处理操作符
ERROR	发生背压时，会发送 MissingBackpressureException 信号，以免下游不能继续处理
BUFFER	发生背压时，会缓存数据，直至下游完成处理数据

续表

背压策略	说　明
DROP	发生背压时,如果下游不能继续处理数据,将最近发送的值丢弃
LATEST	发生背压时,会缓存最新的数据

例 8-7　RxJava 库的应用实例。动态显示 10 个数据。

(1) 配置 RxJava 库。需要在移动模块的配置构建文件 build.gradle 增加依赖,形式如下:

```
//增加 RxJava 库的依赖
implementation "io.reactivex.rxjava3: rxjava: 3.1.13"
implementation 'io.reactivex.rxjava3: rxandroid: 3.0.0'
…
```

(2) 定义 MainActivity,代码如下:

```
  <!--模块 ch08_9 MainActivity 的布局文件-->
  <?xml version="1.0" encoding="utf-8"?>
<androidx.constraintlayout.widget.ConstraintLayout
    xmlns: android="http://schemas.android.com/apk/res/android"
    xmlns: app="http://schemas.android.com/apk/res-auto"
    xmlns: tools="http://schemas.android.com/tools"
    android: layout_width="match_parent"
    android: layout_height="match_parent"
    tools: context=".MainActivity">
<!--  定义用于接收数据的文本标签 -->
    <TextView android: id="@+id/contentTxt"
        android: layout_width="wrap_content"
        android: layout_height="wrap_content"
        android: textColor="@color/colorAccent"
        android: textSize="28sp"
        app: layout_constraintBottom_toBottomOf="parent"
        app: layout_constraintEnd_toEndOf="parent"
        app: layout_constraintHorizontal_bias="0.498"
        app: layout_constraintLeft_toLeftOf="parent"
        app: layout_constraintRight_toRightOf="parent"
        app: layout_constraintStart_toStartOf="parent"
        app: layout_constraintTop_toTopOf="parent"
        app: layout_constraintVertical_bias="0.226" />
<!--  定义发送数据的按钮 -->
    <Button android: id="@+id/startBtn"
        android: layout_width="wrap_content"
        android: layout_height="wrap_content"
        android: layout_marginTop="192dp"
        android: text="@string/title_start_btn"
        app: layout_constraintBottom_toBottomOf="parent"
```

```
        app: layout_constraintEnd_toEndOf="parent"
        app: layout_constraintHorizontal_bias="0.498"
        app: layout_constraintStart_toStartOf="parent"
        app: layout_constraintTop_toBottomOf="@+id/contentTxt"
        app: layout_constraintVertical_bias="0.442" />
</androidx.constraintlayout.widget.ConstraintLayout>
//模块 ch08_9 MainActivity.kt
class MainActivity : AppCompatActivity() {
    override fun onCreate(savedInstanceState: Bundle?) {
        super.onCreate(savedInstanceState)
        setContentView(R.layout.activity_main)
        startBtn.setOnClickListener {
            Flowable.create<String>({ emitter ->
                for(i in 1..10) {
                    emitter.onNext("发送数据=>${i}")
                    Thread.sleep(1000)
                }
                emitter.onComplete()
            }, BackpressureStrategy.DROP)       //设置背压策略
              .subscribeOn(Schedulers.io())     //指定 Observable 的线程处理 I/O 操作
              .observeOn(AndroidSchedulers.mainThread())
                                                //指定 Observer 的线程为主线程
              .subscribe({ it: String ->contentTxt.text ="接收并显示: ${it}"
               }) { e: Throwable? ->
                   e?.printStackTrace()
               }
        }
    }
}
```

运行结果如图 8-13 所示。

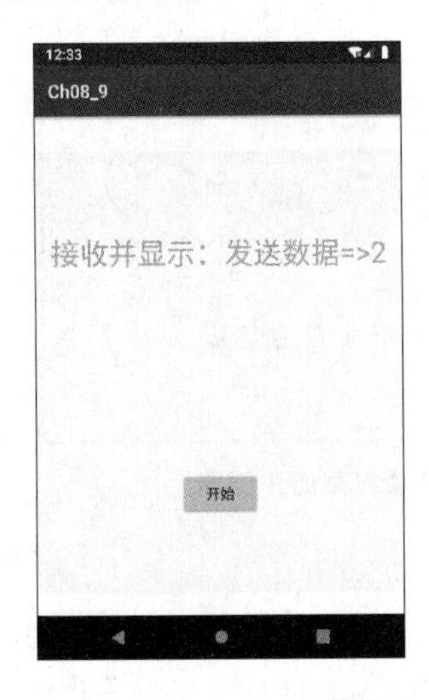

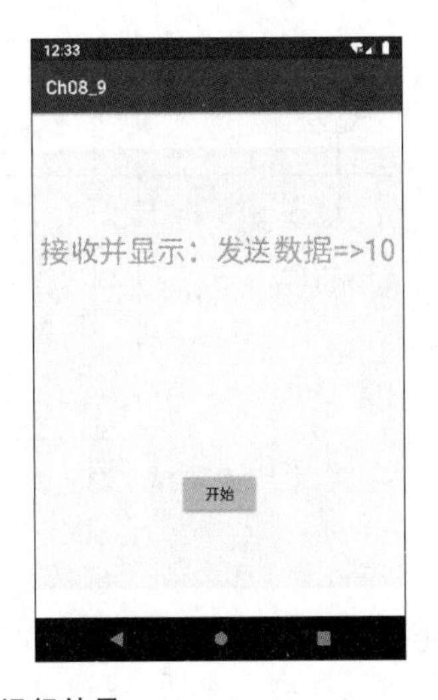

图 8-13　运行结果

通过测试上述的代码可以发现，单击“开始”按钮后，由 1～10 构成的字符串数据每秒依次发送一次，通过设定背压策略为 DROP，将处理背压的方式设置为丢弃最近发送的数据。subscribeOn()函数指定了 Observer 的线程，使用 Schedulers.io()线程的 Schedulers 进行线程切换。observeOn()函数指定了 Observer 的线程为 Android 主线程，即接收的数据。通过这样的异步处理，可使得生成数据在其他线程实现，显示数据在主线程实现。

8.7 智能聊天移动应用实例

8.7.1 功能需求分析和设计

智能聊天移动应用实例是结合在线聊天机器人的一个移动应用。它可以实现用户与机器人聊天并展示聊天的信息。当前，已有很多在线聊天机器人，“青云客网络”免费登录提供的人工智能聊天产品就是其中之一。“青云客网络”提供的接入人工智能聊天请求地址是 http://api.qingyunke.com/api.php，请求的方式是 GET 方式，需要提交的必选参数 key 设定为 free(表示免费)，appid 为对应的移动应用编号(是可选项，0 表示智能识别)，必选 msg 参数表示聊天的内容。

本智能聊天移动应用，是一款结合“青云客网络”的人工智能聊天机器人实现的应用。具体要求的功能如下。

(1) 实现基本的聊天功能。

(2) 可以定义本移动应用的帮助信息，可查看聊天机器人的基本介绍信息。

(3) 可以定义应用的功能配置，修改移动应用字体的大小和背景图片。

这个智能聊天移动应用的主要功能包括“智能聊天”“系统配置”和“查看帮助”。图 8-14 所示为用例图。

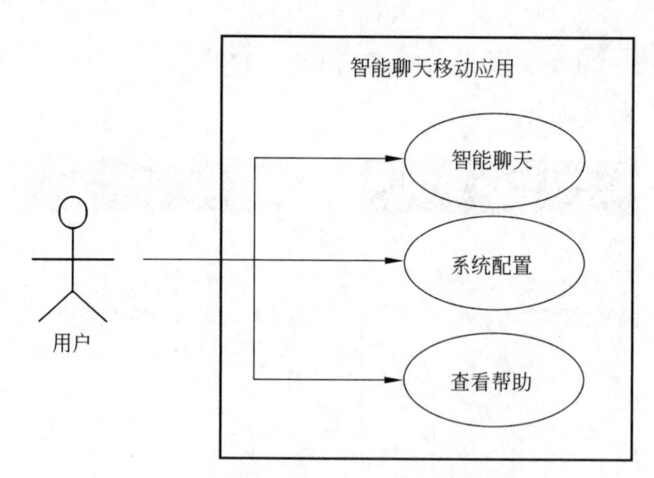

图 8-14 智能聊天移动应用的用例图

1. 智能聊天

智能聊天是本移动应用的核心功能。当启动智能聊天移动应用后，用户就可以通过智能聊天模块与智能聊天机器人对话。图 8-15 展示了智能聊天的时序图。

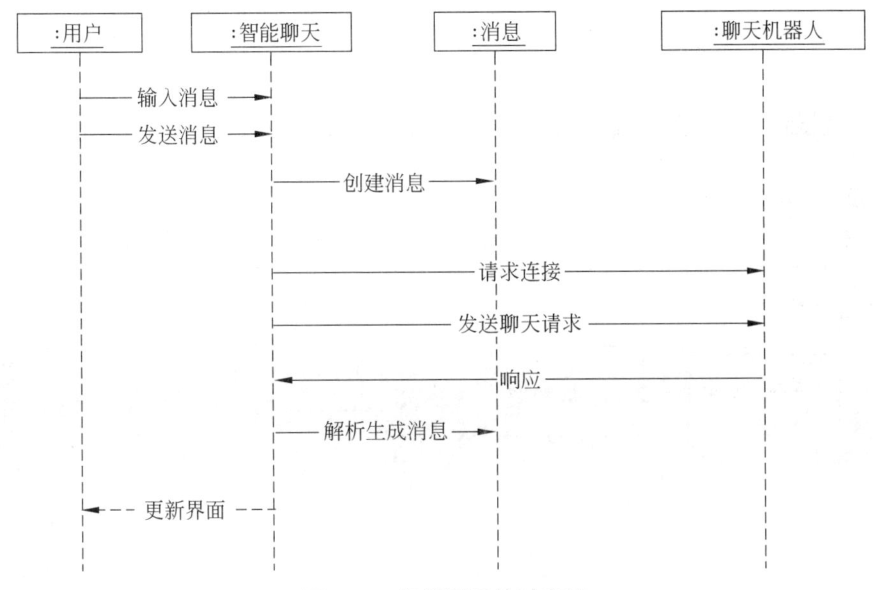

图 8-15　智能聊天的时序图

2. 系统配置

系统配置是对移动应用的界面进行配置，如图 8-16 所示。具体包括字体大小调整、背景图片选择等。

3. 查看帮助

查看帮助，主要用于为用户提供移动应用的使用说明和功能介绍，如图 8-17 所示。

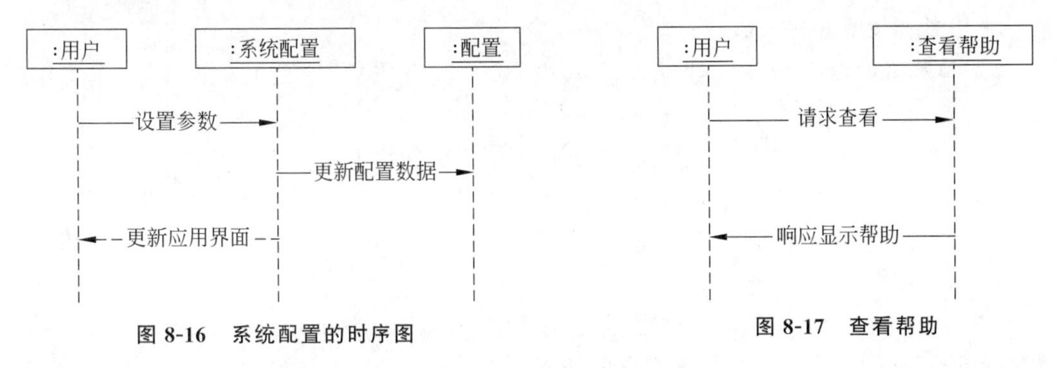

图 8-16　系统配置的时序图

图 8-17　查看帮助

4. 类设计

根据功能分析，可以设计出如图 8-18 所示的类图。

系统设计类图中各个类的说明如下。

(1) MainActivity 用于对移动应用的各个界面进行管理。主要处理界面的切换。

(2) MainFragment 是 Fragment 的子类，表示移动界面的首页，是嵌入 MainActivity 中的 Fragment。

(3) ChatterFragment 是 Fragment 的子类，用于移动界面的聊天界面，是嵌入 MainActivity 中的 Fragment，主要提供聊天界面的处理。

(4) Configuration 是一个单例类，表示配置信息，主要用于保持当前设置的背景图片和

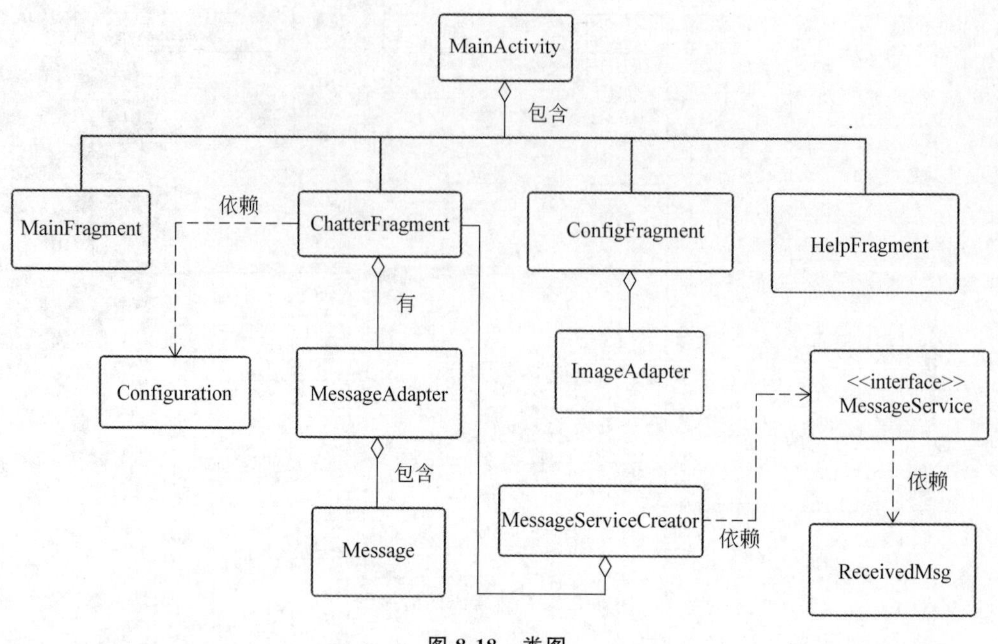

图 8-18 类图

字体。

(5) MessageAdapter 是一个适配器类,用于将聊天的信息与 ChatterFragment 聊天界面中的 RecyclerView 组件进行适配,使得聊天记录能以列表方式显示。

(6) Message 是一个数据类,用于记录聊天的基本信息。可根据聊天的类别分为发送的聊天信息和接收的聊天信息。

(7) MessageServiceCreator 是一个利用 Retrofit 2 库访问网络的单例类,用于网络访问。

(8) MessageService 是一个接口,用于定义网络访问请求。

(9) ReceivedMsg 是一个数据类,用于存放从网络中获得的机器人聊天数据。

(10) ConfigFragment 是 Fragment 的子类,用于配置移动应用的 Fragment,可以嵌入 MainActivity 中。

(11) ImageAdapter 是一个适配器类,用于 ConfigFragment 配置 Fragment 的背景图片资源及 RecyclerView 组件单项视图的适配。

(12) HelpFragment 是 Fragment 的子类,用于提供移动应用帮助的 Fragment,可以嵌入 MainActivity 中。

8.7.2 系统的实现

本系统是基于互联网的移动应用,所有的智能聊天数据都来自网络,因此需要配置相应的网络权限以及设置明文访问许可为“真”。在创建的 iChatter 模块中需要对项目配置清单 AndroidManifest.xml 进行系统配置网络权限和明文访问许可,参见 8.1 节。

本项目在开发的过程中使用了 Retrofit 框架,可实现基于 HTTP 访问在线资源,并结合 RxJava 框架实现并发处理。Retrofit 框架和 RxJava 需要与 JDK 8 兼容,以及对模块的构建配置文件 build.gradle 增加相应的依赖，形式如下：

```
implementation 'com.squareup.retrofit2: retrofit: 2.9.0'
implementation 'com.squareup.retrofit2: converter-gson: 2.9.0'
//增加 Retrofit 支持 RxJava3 的 CallAdapter
implementation 'com.squareup.retrofit2: adapter-rxjava3: 2.9.0'
//增加对 RxJava 库的依赖
implementation "io.reactivex.rxjava3: rxjava: 3.1.13"
implementation 'io.reactivex.rxjava3: rxandroid: 3.0.0'
```

本项目比较简单，主要有 4 个界面：首界面、“智能聊天”界面、“系统配置”界面和“查看帮助”界面。通过定义 MainActivity，将 4 个模块作为 Fragment 嵌入其中。

1. MainActivity 的定义

在 MainActivity 中嵌入不同的 Fragment，就能显示不同界面，处理不同功能模块。另外，在 MainActivity 中定义菜单，可实现对不同界面的切换和导航，代码如下：

```
<!--模块 ichatter 的 MainActivity 布局 activity_main.xml-->
<?xml version="1.0" encoding="utf-8"?>
<androidx.constraintlayout.widget.ConstraintLayout
    xmlns: android="http://schemas.android.com/apk/res/android"
    xmlns: app="http://schemas.android.com/apk/res-auto"
    xmlns: tools="http://schemas.android.com/tools"
    android: layout_width="match_parent"
    android: layout_height="match_parent"
    tools: context=".MainActivity">
<!--  定义工具条 -->
    <androidx.appcompat.widget.Toolbar
        android: id="@+id/toolBar"
        android: layout_width="match_parent"
        android: layout_height="?attr/actionBarSize"
        android: background="@color/colorGreen"
        app: layout_constraintBottom_toBottomOf="parent"
        app: layout_constraintEnd_toEndOf="parent"
        app: layout_constraintHorizontal_bias="0.0"
        app: layout_constraintStart_toStartOf="parent"
        app: layout_constraintTop_toTopOf="parent"
        app: layout_constraintVertical_bias="0.0" />
<!--  定义 Fragment 的容器 -->
    <FrameLayout android: id="@+id/mainFragment"
        android: layout_width="match_parent"
        android: layout_height="wrap_content"
        app: layout_constraintBottom_toBottomOf="parent"
        app: layout_constraintLeft_toLeftOf="parent"
        app: layout_constraintRight_toRightOf="parent"
        app: layout_constraintTop_toTopOf="parent" />
</androidx.constraintlayout.widget.ConstraintLayout>
```

```
//模块 ichatter 的 MainActivity.kt
class MainActivity : AppCompatActivity() {
    override fun onCreate(savedInstanceState: Bundle?) {
        super.onCreate(savedInstanceState)
        setContentView(R.layout.activity_main)
        setSupportActionBar(toolBar)
        replaceFragment(MainFragment)
    }
    //替换 Fragment 的处理
    fun replaceFragment(fragment: Fragment){
        val transaction =supportFragmentManager.beginTransaction()
        transaction.replace(R.id.mainFragment,fragment)
        transaction.addToBackStack(null)
        transaction.commit()
    }
    //结合 menu 目录的 menu.xml 创建菜单
    override fun onCreateOptionsMenu(menu: Menu?): Boolean {
        menuInflater.inflate(R.menu.menu,menu)
        return true
    }
    //选择菜单项的处理
    override fun onOptionsItemSelected(item: MenuItem): Boolean {
        when(item.itemId){
            R.id.chatterItem->replaceFragment(ChatterFragment)
            R.id.configItem ->replaceFragment(ConfigFragment)
            R.id.helpItem ->replaceFragment(HelpFragment)
            R.id.exitItem ->{
                AlertDialog.Builder(this).apply{            //对话框
                    setIcon(android.R.drawable.stat_sys_warning)
                    setTitle(resources.getString(R.string.app_name))
                    setMessage(resources.getString(R.string.title_exit_sys))
                    setPositiveButton(resources.getString(R.string.title_
                    confirm)) { _, _ ->
                        exitProcess(0)
                    }
                }.create().show()
            }
        }
        return true
    }
}
```

2. 定义 MainFragment

定义了主界面,是用户使用 iChatter 智能聊天移动应用的首界面。主要展示了移动应用 App 的 Logo 和一些时间版权信息,代码如下:

```
<!--模块 ichatter 的首界面的布局文件 fragment_main.xml-->
<?xml version="1.0" encoding="utf-8"?>
<androidx.constraintlayout.widget.ConstraintLayout
```

```
    xmlns: android="http://schemas.android.com/apk/res/android"
    xmlns: tools="http://schemas.android.com/tools"
    android: layout_width="match_parent"
    android: layout_height="match_parent"
    xmlns: app="http://schemas.android.com/apk/res-auto"
    tools: context=".MainFragment">
    <!--定义 Logo 图片 -->
    <ImageView android: id="@+id/logoView"
        android: layout_width="match_parent"
        android: layout_height="@dimen/size_logo_image"
        app: layout_constraintBottom_toBottomOf="parent"
        app: layout_constraintStart_toStartOf="parent"
        app: layout_constraintTop_toTopOf="parent"
        app: layout_constraintVertical_bias="0.292"
        app: srcCompat="@mipmap/ichatterlogo" />
    <!--定义版权信息的文本标签 -->
    <TextView android: id="@+id/copyrightTxt"
        android: layout_width="wrap_content"
        android: layout_height="wrap_content"
        android: gravity="center_horizontal"
        android: text="@string/title_copyright"
        android: textSize="@dimen/size_copyright_txt"
        android: textColor="@android: color/black"
        app: layout_constraintBottom_toBottomOf="parent"
        app: layout_constraintEnd_toEndOf="parent"
        app: layout_constraintStart_toStartOf="parent"
        app: layout_constraintTop_toBottomOf="@+id/logoView"
        app: layout_constraintVertical_bias="0.309" />
<!--定义发布时间的文本标签 -->
    <TextView android: id="@+id/timeTxt"
        android: layout_width="wrap_content"
        android: layout_height="wrap_content"
        android: text="@string/title_time"
        android: textColor="@android: color/black"
        app: layout_constraintBottom_toBottomOf="parent"
        app: layout_constraintEnd_toEndOf="parent"
        app: layout_constraintHorizontal_bias="0.498"
        app: layout_constraintStart_toStartOf="parent"
        app: layout_constraintTop_toBottomOf="@+id/copyrightTxt"
        app: layout_constraintVertical_bias="0.26" />
</androidx.constraintlayout.widget.ConstraintLayout>

//模块 ichatter 的首界面 MainFragment.kt
object MainFragment : Fragment() {
    override fun onCreate(savedInstanceState: Bundle?) {
        super.onCreate(savedInstanceState)
    }
    override fun onCreateView(inflater: LayoutInflater, container: ViewGroup?,
        savedInstanceState: Bundle?): View? {
        val view =inflater.inflate(R.layout.fragment_main, container, false)
```

```
        //单击 Logo 图片进入聊天界面的 Fragment
        val imageView =view.findViewById<ImageView>(R.id.logoView)
        imageView.setOnClickListener {
            val activity =activity as MainActivity
            activity.replaceFragment(ChatterFragment)
        }
        return view
    }
}
```

运行结果如图 8-19 所示。

图 8-19　首界面的运行结果

3. 智能聊天处理

本移动应用利用了“青云客网络”的人工智能聊天机器人，需要将聊天的信息以 HTTP 方式发送到“青云客网络”的服务器，然后根据响应反馈的 JSON 数据解析和处理成移动终端可以接收的消息对象，并在聊天界面中进行展示，代码如下：

```
//模块 ichatter 定义消息实体类 Message.kt
enum class MessageType{
    CLIENT_IN,                                                  //输入信息
    CLIENT_OUT                                                  //输出信息
}

/** name: 消息者的昵称
  * date: 消息创建的时间
  * type: 消息的类型
  * iconId: 消息发送者的图标
  */
```

```
data class Message(val name: String, val content: String,
var date: LocalDateTime,val type: MessageType,
var iconId: Int)
```

实体类 Message 在界面中需要按照 Message 定义的属性值进行展示,代码如下:

```
<!--模块 ichatter 定义智能聊天 UI Fragment fragment_chatter.xml-->
<?xml version="1.0" encoding="utf-8"?>
<androidx.constraintlayout.widget.ConstraintLayout
    xmlns:android="http://schemas.android.com/apk/res/android"
    xmlns:app="http://schemas.android.com/apk/res-auto"
    xmlns:tools="http://schemas.android.com/tools"
    android:layout_width="match_parent"
    android:layout_height="match_parent"
    android:id="@+id/chatterLayout"
    tools:context=".ChatterFragment">
<!--定义聊天列表 -->
    <androidx.recyclerview.widget.RecyclerView
        android:id="@+id/chatterRecyclerView"
        android:layout_width="match_parent"
        android:layout_height="@dimen/size_chatter"
        app:layout_constraintBottom_toBottomOf="parent"
        app:layout_constraintEnd_toEndOf="parent"
        app:layout_constraintHorizontal_bias="0.0"
        app:layout_constraintStart_toStartOf="parent"
        app:layout_constraintTop_toTopOf="parent"
        app:layout_constraintVertical_bias="0.5" />
<!--定义聊天对话框 -->
    <LinearLayout
        android:id="@+id/linearLayout"
        android:layout_width="match_parent"
        android:layout_height="@dimen/size_input_height"
        android:orientation="horizontal"
        android:gravity="center_horizontal"
        app:layout_constraintBottom_toBottomOf="parent"
        app:layout_constraintStart_toStartOf="parent"
        app:layout_constraintTop_toBottomOf="@+id/chatterRecyclerView"
        app:layout_constraintVertical_bias="1.0">
    <!--定义聊天对话框 -->
        <EditText
            android:id="@+id/inputTxt"
            android:layout_width="@dimen/size_input_text"
            android:layout_height="wrap_content" />
    <!--定义聊天发送按钮 -->
        <ImageButton
            android:id="@+id/sendBtn"
            android:layout_width="wrap_content"
            android:layout_height="wrap_content"
            android:text="@string/title_send_btn"
```

```
            android: textSize="@dimen/size_sendBtn_text"
            android: background="@color/colorGreen"
            app: srcCompat="@android: drawable/ic_menu_send"
            />
    </LinearLayout>
</androidx.constraintlayout.widget.ConstraintLayout>
```

定义的单项聊天信息的布局文件，代码如下：

```
<!--模块 ichatter 定义聊天单项的布局文件 message_item_layout.xml-->
<?xml version="1.0" encoding="utf-8"?>
<FrameLayout xmlns: android="http://schemas.android.com/apk/res/android"
    android: layout_width="match_parent"
    android: layout_height="wrap_content"
    xmlns: app="http://schemas.android.com/apk/res-auto"
    android: padding="@dimen/size_padding">
<!--定义接收聊天信息在左边显示 -->
    <LinearLayout android: id="@+id/leftLayout"
        android: layout_width="wrap_content"
        android: layout_height="wrap_content"
        android: orientation="horizontal"
        android: layout_gravity="left">
        <LinearLayout android: layout_width="wrap_content"
            android: layout_height="wrap_content"
            android: orientation="vertical">
        <!--提交聊天消息的 icon -->
            <ImageView android: id="@+id/leftImageView"
                android: background="@mipmap/facebg"
                android: layout_width="wrap_content"
                android: layout_height="wrap_content"
                app: srcCompat="@mipmap/robot" />
        <!--提交聊天消息的昵称 -->
            <TextView android: id="@+id/leftNameTxt"
                android: layout_width="wrap_content"
                android: layout_height="wrap_content"
                android: layout_gravity="center_horizontal" />
        </LinearLayout>
    <!--接收聊天消息 -->
        <TextView android: id="@+id/leftMessageTxt"
            android: layout_width="wrap_content"
            android: layout_height="wrap_content"
            android: background="@mipmap/left"
            android: textSize="@dimen/size_message_text" />
    </LinearLayout>
<!--定义发送聊天信息在右边显示 -->
    <LinearLayout android: id="@+id/rightLayout"
```

```
        android: layout_width="wrap_content"
        android: layout_height="wrap_content"
        android: orientation="horizontal"
        android: layout_gravity="right">
    <!--发送的聊天信息 -->
        <TextView android: id="@+id/rightMessageTxt"
            android: background="@mipmap/right"
            android: text="hello"
            android: layout_width="wrap_content"
            android: layout_height="wrap_content"
            android: textSize="@dimen/size_message_text" />
        <LinearLayout android: layout_width="wrap_content"
            android: layout_height="wrap_content"
            android: orientation="vertical">
          <!--发送信息的 icon -->
            <ImageView android: id="@+id/rightImageView"
                android: background="@mipmap/facegb"
                android: layout_width="wrap_content"
                android: layout_height="wrap_content"
                app: srcCompat ="@mipmap/person" />
          <!--发送方的昵称 -->
            <TextView android: id="@+id/rightNameTxt"
                android: layout_gravity="center_horizontal"
                android: layout_width="wrap_content"
                android: layout_height="wrap_content" />
        </LinearLayout>
    </LinearLayout>
</FrameLayout>
```

在聊天单项布局中定义了发送方聊天信息和接收方的聊天信息，在同一行中分别放到左右两边，代码如下：

```
//模块 ichatter 定义连接视图和数据的适配器 MessageAdapter.kt
class MessageAdapter(val messageList: List<Message>):
RecyclerView.Adapter<MessageAdapter.ViewHolder>() {
    /** 自定义 View 组件作为容器 */
    inner class ViewHolder(view: View): RecyclerView.ViewHolder(view){
        //左边消息的展示内容
        val leftLayout =view.findViewById<LinearLayout>(R.id.leftLayout)
        val leftImageView =view.findViewById<ImageView>(R.id.leftImageView)
        val leftMessageTxt =view.findViewById<TextView>(R.id.leftMessageTxt)
        val leftNameTxt =view.findViewById<TextView>(R.id.leftNameTxt)
        //右边消息的展示内容
        val rightLayout =view.findViewById<LinearLayout>(R.id.rightLayout)
        val rightImageView =view.findViewById<ImageView>(R.id.rightImageView)
        val rightMessageTxt =view.findViewById<TextView>(R.id.
        rightMessageTxt)
        val rightNameTxt =view.findViewById<TextView>(R.id.rightNameTxt)
```

```
    }
    override fun onCreateViewHolder(parent: ViewGroup, viewType: Int):
    ViewHolder {                                                    //创建视图
        val view =LayoutInflater.from(parent.context).inflate(R.layout.
            message_item_layout,parent,false)
        return ViewHolder(view)
    }
    override fun getItemCount(): Int =messageList.size  //获取项目的个数
    override fun onBindViewHolder(holder: ViewHolder, position: Int) {
                                                                    //将数据与视图绑定
        val message =messageList[position]
        when(message.type){
            MessageType.CLIENT_IN->{                                //处理接收的聊天信息
                holder.leftLayout.visibility =View.VISIBLE
                holder.rightLayout.visibility =View.INVISIBLE
                holder.leftImageView.setImageResource(message.iconId)
                holder.leftMessageTxt.setTextSize(TypedValue.COMPLEX_UNIT_
                SP,Configuration.fontSize)
                var timeStr ="${message.date.toLocalDate()}"+"${message
                    .date.hour}:${message.date.minute}:${message.date.
                second}"
                holder.leftMessageTxt.text ="${timeStr}\n${message.content}"
                holder.leftNameTxt.text =message.name
            }
            MessageType.CLIENT_OUT->{                               //处理发送的聊天信息
                holder.leftLayout.visibility =View.INVISIBLE
                holder.rightLayout.visibility =View.VISIBLE
                holder.rightImageView.setImageResource(message.iconId)
                var timeStr ="${message.date.toLocalDate()}"+
                    "${message.date.hour}:${message.date.minute}:
                    ${message.date.second}"
                holder.rightMessageTxt.setTextSize(TypedValue.COMPLEX_UNIT_SP,
                    Configuration.fontSize)
                holder.rightMessageTxt.text ="${timeStr}\n${message.content}"
                holder.rightNameTxt.text =message.name
            }
        }
    }
}
```

MessageAdapter类中可实现聊天数据与单项聊天布局的适配。在适配的过程中，根据聊天信息的类型进行判断。如果是接收的聊天信息，则在一行中将接收的聊天信息内容在左侧显示，将右侧发送的聊天信息内容隐藏；如果是发送的聊天信息，则将发送的聊天信息内容在右侧显示，将左侧接收的聊天信息内容隐藏。

接收服务器端的JSON数据格式如下：

```
{"result": 0,"content": "你好,我就开心了"}
```

为了方便解析接收的响应数据，定义了实体类ReceivedMsg，用于映射对应的JSON响应数据，代码如下：

```
//模块 ichatter 定义服务器响应的实体类 ReceivedMsg.kt
data class ReceivedMsg(
val result: Int,@SerializedName("content") val message: String
)
```

定义聊天消息服务访问接口，代码如下：

```
//模块 ichatter 定义服务访问的接口 MessageService.kt
interface MessageService {                                   //添加请求的头
    @Headers("Accept: application/json")
    @GET("api.php")
    fun getMessage(@Query("key") key: String, @Query("appid") appid: Int,
        @Query("msg") msg: String): Flowable<ReceivedMsg>
}
```

MessageService 接口中返回的数据是 Observable 的 Flowable 对象，代码如下：

```
//模块 ichatter 定义服务器访问创建者 MessageServiceCreator.kt
object MessageServiceCreator {
    private const val QINGYUNKE_URL = "http://api.qingyunke.com/"
    private val retrofit =Retrofit.Builder().baseUrl(QINGYUNKE_URL)
        .addConverterFactory(GsonConverterFactory.create())
        .addCallAdapterFactory(RxJava3CallAdapterFactory.create())
        .build()
    fun <T>createService(serviceClass: Class<T>): T =retrofit.create
        (serviceClass)
}
```

在上述代码中，除了利用 GsonConverterFactory.create()通过 GSON 处理将 JSON 字符串转换成实体对象 ReceivedMsg。还增加了 RxJava3CallAdapterFactory.create()处理将 ReceivedMsg 封装到 Flowable，获得 Flowable 实例对象，代码如下：

```
//模块 ichatter 定义智能聊天的 UI Fragment ChatterFragment.kt
object ChatterFragment : Fragment(){                          //聊天的 Fragment
    val messageList =mutableListOf<Message>()
    lateinit var adapter: MessageAdapter
    override fun onCreate(savedInstanceState: Bundle?) {
        super.onCreate(savedInstanceState)
    }
    override fun onCreateView(inflater: LayoutInflater, container: ViewGroup?,
            savedInstanceState: Bundle?): View? {
            val view =inflater.inflate(R.layout.fragment_chatter, container,
                false)
            val linearLayout =view.findViewById<LinearLayout>
                (R.id.linearLayout)
            val inputTxt =view.findViewById<EditText>(R.id.inputTxt)
```

```
            val sendBtn =view.findViewById<ImageButton>(R.id.sendBtn)
            val chatterRecyclerView =view.findViewById<RecyclerView>(R.id.
                chatterRecyclerView)
            if(Configuration.imageId !=0 ) {           //设置背景图片
                chatterRecyclerView.setBackgroundResource(Configuration.imageId)
                linearLayout.setBackgroundResource(Configuration.imageId)
            }
            adapter =MessageAdapter(messageList)
            chatterRecyclerView.adapter =adapter
            chatterRecyclerView.layoutManager =
                LinearLayoutManager(requireContext())
            sendBtn.setOnClickListener {               //发送聊天信息
            val message =Message("我",inputTxt.text.toString(),
                LocalDateTime.now(),MessageType.CLIENT_OUT, R.mipmap.person)
            messageList.add(message)
            listenNetwork(inputTxt.text.toString())
            chatterRecyclerView.scrollToPosition(messageList.size-1)
            }
            return view
    }
    fun listenNetwork(inputMsg: String) {              //监听并处理网络连接
        val service =MessageServiceCreator.createService(MessageService::
            class.java)
        val flowable =service.getMessage("free",0,inputMsg)
        flowable.subscribeOn(Schedulers.newThread())
            .observeOn(Schedulers.io())
            .doOnNext {
                val message =Message("青云客", it.message,
                    LocalDateTime.now(),MessageType.CLIENT_IN,R.mipmap.robot)
                messageList.add(message)
            }.observeOn(AndroidSchedulers.mainThread())
            .subscribe {
                adapter.notifyDataSetChanged()
            }
    }
}
```

上述定义中，listenNetwork()函数通过 HTTP 访问接口对网络资源进行访问，结合 Retrofit 2 获得 Flowable 对象。对这个 Observable 的对象创建线程实现对数据的解析，将生成的 Message 加入消息队列中。然后再到 Android 的主线程中通知适配器数据已发生变更，修改显示界面。通过这样的方式，网络处理、数据访问以及界面的更新变得更加流畅，更加简单方便，如图 8-20 所示。

4. 系统配置

本移动应用中实现了简易的字体大小变换和聊天背景切换功能。由于还没有涉及持久化处理，所以本模块只使用了 Configuration 来接收字体大小和背景图片资源编号的属性，代码如下：

```
//模块 ichatter 配置类 Configuration.kt
class Configuration{
```

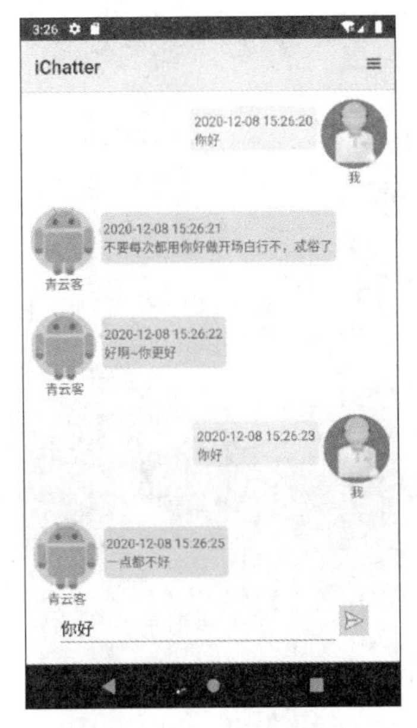

图 8-20　智能聊天界面

```
    companion object{
        var fontSize: Float =14.0f                          //定义字体
        var imageId: Int =0                                 //定义当前背景图片编号
    }
}

<!--模块 ichatter 定义系统配置界面 fragment_config.xml-->
<?xml version="1.0" encoding="utf-8"?>
<androidx.constraintlayout.widget.ConstraintLayout
    xmlns: android="http://schemas.android.com/apk/res/android"
    xmlns: app="http://schemas.android.com/apk/res-auto"
    xmlns: tools="http://schemas.android.com/tools"
    android: layout_width="match_parent"
    android: layout_height="match_parent"
    tools: context=".ConfigFragment">
    <TextView android: id="@+id/fontTxt"
        android: layout_width="wrap_content"
        android: layout_height="wrap_content"
        android: text="@string/title_font_size"
        android: textSize="@dimen/size_config_title"
        app: layout_constraintBottom_toBottomOf="parent"
        app: layout_constraintEnd_toEndOf="parent"
        app: layout_constraintHorizontal_bias="0.099"
        app: layout_constraintStart_toStartOf="parent"
        app: layout_constraintTop_toTopOf="parent"
```

```
        app: layout_constraintVertical_bias="0.127" />
<!--定义字体选择的单选按钮 -->
    <RadioGroup android: id="@+id/fontSizeGroup"
        android: layout_width="wrap_content"
        android: layout_height="wrap_content"
        android: orientation="horizontal"
        app: layout_constraintBottom_toTopOf="@+id/imageTxt"
        app: layout_constraintEnd_toEndOf="parent"
        app: layout_constraintStart_toStartOf="parent"
        app: layout_constraintTop_toBottomOf="@+id/fontTxt" >
        <RadioButton android: id="@+id/smallFontBtn"
            android: layout_width="wrap_content"
            android: layout_height="wrap_content"
            android: text="小号字体"
            android: textSize="14sp" />
        <RadioButton android: id="@+id/middleFontBtn"
            android: layout_width="wrap_content"
            android: layout_height="wrap_content"
            android: text="中号字体"
            android: textSize="20sp" />
        <RadioButton android: id="@+id/largeFontBtn"
            android: layout_width="wrap_content"
            android: layout_height="wrap_content"
            android: text="大号字体"
            android: textSize="24sp"/>
    </RadioGroup>
    <TextView android: id="@+id/imageTxt"
        android: layout_width="wrap_content"
        android: layout_height="wrap_content"
        android: text="@string/title_bg_images"
        android: textSize="@dimen/size_config_title"
        app: layout_constraintBottom_toBottomOf="parent"
        app: layout_constraintEnd_toEndOf="parent"
        app: layout_constraintHorizontal_bias="0.13"
        app: layout_constraintStart_toStartOf="parent"
        app: layout_constraintTop_toBottomOf="@+id/fontTxt"
        app: layout_constraintVertical_bias="0.244" />
<!--定义背景图片列表 -->
    <androidx.recyclerview.widget.RecyclerView
        android: id="@+id/imageRecyclerView"
        android: layout_width="match_parent"
        android: layout_height="wrap_content"
        app: layout_constraintBottom_toBottomOf="parent"
        app: layout_constraintStart_toStartOf="parent"
        app: layout_constraintTop_toBottomOf="@+id/imageTxt"
        app: layout_constraintVertical_bias="0.246" />
</androidx.constraintlayout.widget.ConstraintLayout>

//模块 ichatter 定义系统配置界面 UI Fragment ConfigFragment -->
/**配置移动应用的 ConfigFragment */
```

```
object ConfigFragment : Fragment() {
    lateinit var images: Array<Int>
    override fun onCreate(savedInstanceState: Bundle?) {
        super.onCreate(savedInstanceState)
        images =arrayOf<Int>(R.mipmap.bg1, R.mipmap.bg2, R.mipmap.bg3,
            R.mipmap.bg4,R.mipmap.bg5)          //定义保存背景图片资源的数组
    }
    override fun onCreateView(inflater: LayoutInflater, container: ViewGroup?,
        savedInstanceState: Bundle?): View? {
        val view=inflater.inflate(R.layout.fragment_config, container, false)
        val fontSizeGroup =view.findViewById<RadioGroup>(R.id.fontSizeGroup)
        fontSizeGroup.setOnCheckedChangeListener { group, checkedId ->
            when(checkedId){                     //字体的选择
                R.id.smallFontBtn ->Configuration.fontSize =14.0f
                R.id.middleFontBtn ->Configuration.fontSize =20.0f
                R.id.largeFontBtn ->Configuration.fontSize =24.0f
            }
        }

    val imageRecyclerView =
        view.findViewById<RecyclerView>(R.id.imageRecyclerView)
                                                 //背景图片的列表
    val adapter =ImageAdapter(images)            //定义背景图片的 ImageAdapter
    imageRecyclerView.adapter =adapter
    imageRecyclerView.layoutManager =GridLayoutManager(requireContext(),3)
                                                 //指定网格布局管理器,3 列
        return view
        }
}

//模块 ichatter 配置图片资源编号和图片视图的 ImageAdapter.kt
class ImageAdapter(val images: Array<Int>): RecyclerView.Adapter<
    ImageAdapter.ViewHolder>() {
    inner class ViewHolder(view: View): RecyclerView.ViewHolder(view){
        val imageView =view.findViewById<ImageView>(R.id.imageView)
    }
    override fun onCreateViewHolder(parent: ViewGroup, viewType: Int):
        ViewHolder {
        val view =LayoutInflater.from(parent.context).inflate(R.layout.image_
            item_layout,parent,false)
        return ViewHolder(view)
        }
        override fun getItemCount(): Int =images.size
        override fun onBindViewHolder(holder: ViewHolder, position: Int) {
            val imageId =images[position]
            holder.imageView.setImageResource(imageId)
            holder.imageView.setOnClickListener {
```

```
            Configuration.imageId = imageId
        }
    }
}
```

运行结果如图 8-21 所示。

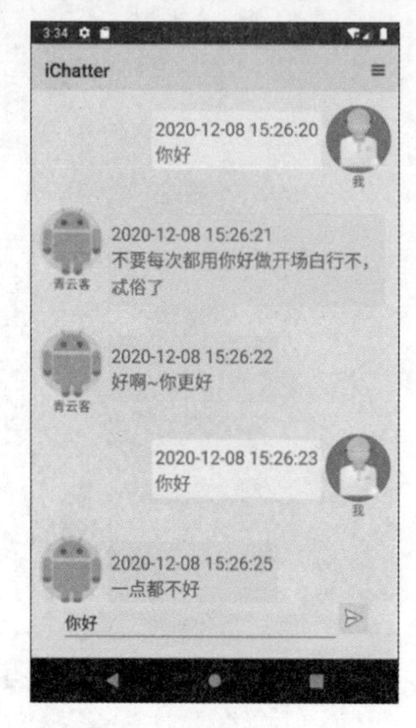

(a) 配置界面

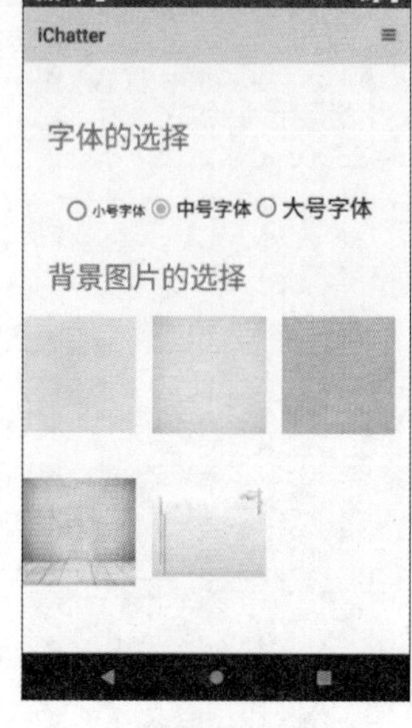

(b) 配置后的结果

图 8-21　系统配置

在 ImageAdapter 中将单项布局依次与数据进行绑定。并把所选的图片资源设置为当前显示背景。

5. 查看帮助

查看帮助可使用户了解移动应用和一些具体功能的使用，通过结合 WebView 组件直接加载本地的 raw 目录的 help.html 文件就可实现，代码如下：

```
<!--模块 ichatter 定义查看帮助界面 fragment_help.xml-->
<?xml version="1.0" encoding="utf-8"?>
<FrameLayout xmlns: android="http://schemas.android.com/apk/res/android"
    xmlns: tools="http://schemas.android.com/tools"
    android: layout_width="match_parent"
    android: layout_height="match_parent"
    tools: context=".HelpFragment">
    <WebView android: id="@+id/webView"
        android: layout_width="match_parent"
        android: layout_height="match_parent" />
</FrameLayout>

//模块 ichatter 定义查看帮助的 UI Fragment HelpFragment.kt
```

```kotlin
object HelpFragment : Fragment() {
    override fun onCreate(savedInstanceState: Bundle?) {
        super.onCreate(savedInstanceState)
    }
    override fun onCreateView(inflater: LayoutInflater, container: ViewGroup?,
    savedInstanceState: Bundle?): View? {
        val view =inflater.inflate(R.layout.fragment_help, container, false)
        val webView =view.findViewById<WebView>(R.id.webView)
        webView.webViewClient =WebViewClient()
        webView.loadUrl("file: ///android_res/raw/help.html")
        return view
    }
}
```

运行结果如图 8-22 所示。

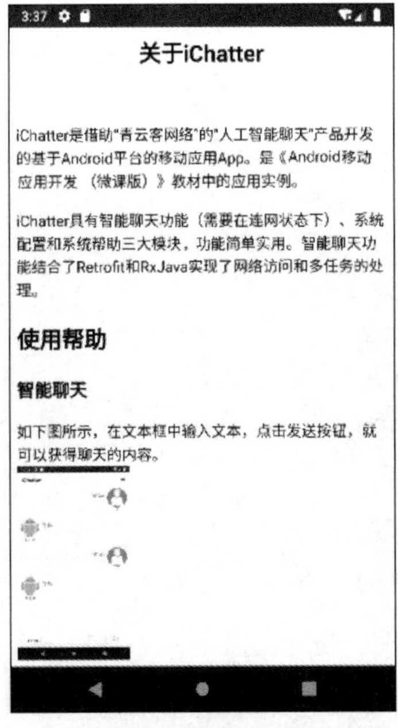

图 8-22 查看帮助

习 题 8

一、选择题

1. 在访问在线资源时，移动应用的 AndroidManifest.xml 必须配置________权限。
   A. android.permission.INTERNET
   B. android.permission.NETWORK
   C. android.permission.WIFI
   D. android.permission.WIRELESS
2. 可以通过在 AndroidManifest.xml 文件 application 元素增加________属性，并设置

为 true，实现在线资源的明文访问。

A. android：networkSecuriryConfig　　B. android：usesCleartextTraffic

C. cleartextTrafficPermitted　　D. android：cleartextTrafficPermitted

3. 可以使用________组件显示在线的 Web 页面。

A. VideoView　　B. WebView

C. TextView　　D. ImageView

4. 使用 HttpURLConnection 访问在线资源时，假设已知 HttpURLConnection 对象用 connection 方法访问网易网站，若要求请求方式为 GET，设置连接的时间为 5s，则下列代码正确的是________。

A.

```
connection.requestMethod = "GET"
connection.connectTimeOut=5
```

B.

```
connection.requestMethod = "GET"
connection.connectTimeOut=5000
```

C.

```
connection.requestMethod = "GET"
connection.readTimeOut=5
```

D.

```
connection.requestMethod = "GET"
connection.readTimeOut=5000
```

5. 已知字符串 jsonData = {"name"："张三","gender"："男","age"：20}，则利用 jsonData 生成 JSONObject 对象的正确表达是________。

A. JSONobject(jsonData)

B. JsonObject(jsonData)

C. JSONObject(jsonData)

D. JSONOBJECT(jsonData)

6. 已知字符串 jsonData = {"name"："张三","gender"："男","age"：20}，则利用 GSON 解析成实体类 Student 中的对象，可表示为________。其中，Student 类的定义如下：

```
data class Student(val name: String,val gender: String,val age: Int)
```

A.

```
val gson = Gson()
val student = gson.toJson(jsonData,Student::class.java)
```

B.

```
val gson = Gson(JSONObject(jsonData))
val student = gson.toJson(Student::class.java)
```

C.

```
val gson= Gson()
val student= gson.fromJson(jsonData,Student::class.java)
```

D.

```
val gson= Gson(JSONObject(jsonData))
val student= gson.fromJson(Student::class.java)
```

二、问答题

1. 叙述使用 HttpURLConnection 以 POST 方式访问在线资源的步骤。

2. 叙述使用 Retrofit 库访问网络资源的步骤。

三、上机实践题

1. 结合 WebView 组件，编程访问百度首页。

2. 使用 HttpURLConnection 方法访问在线资源 https://view.inews.qq.com/g2/getOnsInfo?name=disease_h5，将获取的数据转换为 JSON 格式并在日志中显示。

3. 结合 Retrofit 库和 RxJava 库，访问资源 https://view.inews.qq.com/g2/getOnsInfo?name=disease_h5，并将获取的数据转换为解析 JSON 格式，将其在合适的界面中显示。

4. 结合 Retrofit 库和 RxJava 库，利用“青云客”网址创建一个在线与机器人聊天的移动应用。

第 9 章　数据的持久化处理和 ContentProvider 组件

现实生活中，移动应用会对大量的数据进行处理，有时是读取外部存储器的文件、在线资源或在移动应用的运行过程中产生大量的数据，对这些数据进行本地存储和读取操作，可为移动应用功能的实现提供数据保证。在移动应用的运行过程中，历史数据从本地获取，比从互联网获取更加快捷、方便。因此，在移动应用中有必要对数据进行持久化处理。数据的持久化处理本质上就是将内存中的瞬时数据保存到本地存储设备，以保证在关机的情况下，数据不会丢失。这些被保存的数据所处的状态称为“永久状态”，如图 9-1 所示。

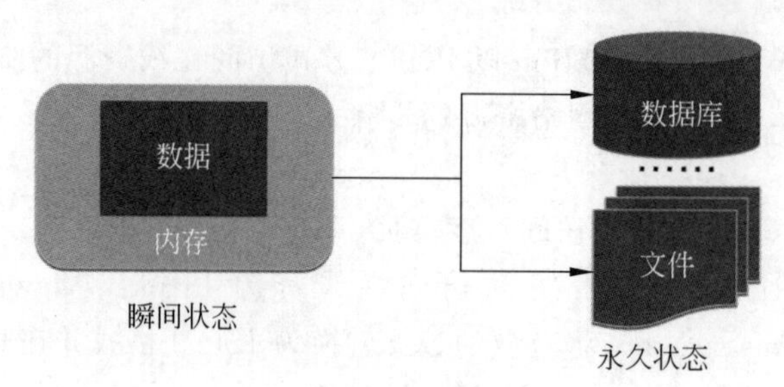

图 9-1　数据的持久化处理

本章介绍 3 种数据持久化处理的方式：SharedPreferences 存储处理、文件处理和 SQLite 数据库。

9.1　SharedPreferences 存储处理

SharedPreferences 是基于 Android 的一种轻量级数据存储方案，只在移动应用内部中使用，主要少量的数据进行处理。为了实现对数据的处理，SharedPreferences 以键值对的存储方式将数据存放在应用程序私有的文件夹下。通过 SharedPreferences 对象实现关键字读取对应的取值，也可以将数据的取值对应于特定的关键字。为方便操作，SharedPreferences 可处理的数据包括 Boolean、Int、Float、Long 以及 String 等简单数据类型。

要使用 SharedPreferences 进行存储，需要创建 SharedPreferences 对象。主要有两种创建方式。

(1) 通过 Context 创建移动应用的 SharedPreferences 对象。

(2) 通过 Activity 创建指定 Activity 的 SharedPreferences 对象。

1. 通过 Context 获取移动应用的 SharedPreferences 对象

Context.getSharedPreferences(String, Int)函数有两个参数：第一个参数表示保存键值对的 SharePreferences 文件的名称，第二个参数为整数，表示指定操作的模式。Android 6.0 以后的版本，只有 MODE_PRIVATE 一种操作模式，对应的常数为 0，表示创建的

SharedPreferences 文件只能由本应用程序调用。至于早期版本定义的 MODE_WORLD_READABLE、MODE_WORLD_WRITEABLE 和 MODE_MULTI_PROCESS,因为涉及安全问题,已经被弃用,在此不再介绍。

2. 通过 Activity 获取 SharePreferences 对象

Activity 类中提供的 getPreferences(Int)函数用于获得当前 Activity 对应 SharedPreferences 文件,其中 Int 表示操作模式,取值只能为 Context.MODE_PRIVAT ,表示当前应用对 SharedPreferences 文件进行读写。此时,SharedPreferences 文件名就是 Activity 的类名。

一旦获得了 SharedPreferences 对象,就可以向对应 SharedPreferences 文件进行读写操作,具体的步骤如下。

(1) 通过调用 SharedPreferences 对象的 edit()函数获得 SharedPreferences.Editor 对象,通过 SharedPreferences.Editor 对象实例对 SharedPreferences 存储的数据进行修改。

(2) 通过调用 SharedPreferences.Editor 对象提供的如表 9-1 所示的函数来修改数据。

表 9-1 SharedPreferences.Editor 对象修改数据的函数

函　　数	说　　明
putBoolean(String key, boolean value)	设置键值对,取值为布尔取值,直至调用 apply()或 commit()函数实现数据修改
putFloat(String key, float value)	设置键值对,取值为单精度实数,直至调用 apply()或 commit()函数实现数据修改
putInt(String key, int value)	设置键值对,取值为整数,直至调用 apply()或 commit()函数实现数据修改
putLong(String key, long value)	设置键值对,取值为长整数,直至调用 apply()或 commit()函数实现数据修改
putString(String key, String value)	设置键值对,取值为字符串,直至调用 apply()或 commit()函数实现数据修改
putStringSet(String key, Set<String> values)	设置关键字和字符串集合值构成的键值对,直至调用 apply()或 commit()函数实现数据修改
remove(String key)	标注删除指定关键值对应的键值对
clear()	标注清除所有的键值对

(3) 通过调用 SharedPreferences.Editor 对象的 apply()函数或 commit()函数提交修改的请求,完成创建或修改键值对。

(4) 一旦 SharedPreferences 文件创建或修改成功后,可以调用如表 9-2 所示的函数,根据关键值获得对应的取值。

表 9-2 SharedPreferences 对象的读取操作相关函数

函　　数	说　　明
getAll()	获得所有的键值对
getBoolean(key: String,defValue: Boolean)	获得关键字对应的布尔值,如果不存在关键字,则取默认值 defValue

续表

函　数	说　明
getFloat(key: String,defValue: Float)	获得关键字对应的单精度实数值,如果不存在关键字,则取默认值 defValue
getInt(key: String,defvalue: Int)	获得关键字对应的整数数值,如果不存在关键字,则取默认值 defValue
getString(key: String,defvalue: String)	获得关键字对应的字符串数值,如果不存在关键字,则取默认值 defValue
getStringSet(key: String, defValue: Set<String>)	检索关键字对应的一个字符串集合的一系列字符串,如果不存在关键字,则取默认字符串集合

例 9-1　创建一个简单的移动应用,可按照指定账号登录,为了方便下次登录,可以进行"记住密码"的配置。另外,该移动应用可设置背景音乐的开或关,当设置背景音乐为开时,播放背景音乐,设置背景音乐为关时,关闭背景音乐。同时,还可以设置背景音乐左右声道的音量。

定义 MainActivity 界面对应的布局,代码如下:

```
<!--模块 ch09_1 MainActivity 的布局 activity_main.xml-->
<?xml version="1.0" encoding="utf-8"?>
<FrameLayout android: id="@+id/mainLayout"
    xmlns: android="http://schemas.android.com/apk/res/android"
    xmlns: tools="http://schemas.android.com/tools"
    android: layout_width="match_parent"
    android: layout_height="match_parent"
    tools: context=".MainActivity" />
```

MainActivity 处理了 Fragment 的切换,并初始设置登录界面为首页,代码如下:

```
//模块 ch09_1 MainActivity.kt
class MainActivity : AppCompatActivity() {
    override fun onCreate(savedInstanceState: Bundle?) {
        super.onCreate(savedInstanceState)
        setContentView(R.layout.activity_main)
        replaceFragment(LoginFragment())        //设置登录界面的 UI Fragment
    }
    fun replaceFragment(fragment: Fragment) {      //定义替换 UI Fragment
        val manager =supportFragmentManager
        val transaction =manager.beginTransaction()
        transaction.replace(R.id.mainLayout,fragment)
        transaction.commit()
    }
}
```

定义登录界面 Fragment 的布局文件,代码如下:

```
<!--模块 ch09_1 登录 Fragment 的布局 fragment_login.xml-->
<?xml version="1.0" encoding="utf-8"?>
```

```
<androidx.constraintlayout.widget.ConstraintLayout
    xmlns:android="http://schemas.android.com/apk/res/android"
    xmlns:app="http://schemas.android.com/apk/res-auto"
    xmlns:tools="http://schemas.android.com/tools"
    android:layout_width="match_parent"
    android:layout_height="match_parent"
    android:background="@android:color/holo_blue_bright"
    tools:context=".LoginFragment">
      <TextView android:id="@+id/textView3"
          android:layout_width="match_parent"
          android:layout_height="wrap_content"
          android:gravity="center"
          android:text="@string/app_name"
          android:textSize="@dimen/size_big_lbl"
          app:layout_constraintBottom_toBottomOf="parent"
          app:layout_constraintEnd_toEndOf="parent"
          app:layout_constraintHorizontal_bias="0.0"
          app:layout_constraintStart_toStartOf="parent"
          app:layout_constraintTop_toTopOf="parent"
          app:layout_constraintVertical_bias="0.115" />
    <!--定义用户名输入文本框 -->
        <EditText android:id="@+id/userNameTxt"
            android:layout_width="409dp"
            android:layout_height="19dp"
            android:background="@android:color/white"
            android:contentDescription="@string/title_name"
            android:hint="@string/title_name"
            app:layout_constraintBottom_toBottomOf="parent"
            app:layout_constraintEnd_toEndOf="parent"
            app:layout_constraintHorizontal_bias="1.0"
            app:layout_constraintStart_toStartOf="parent"
            app:layout_constraintTop_toBottomOf="@+id/textView3"
            app:layout_constraintVertical_bias="0.119" />
    <!--定义密码输入文本框 -->
        <EditText android:id="@+id/passwordTxt"
            android:layout_width="match_parent"
            android:layout_height="wrap_content"
            android:background="@android:color/white"
            android:hint="@string/title_password"
            android:inputType="textPassword"
            app:layout_constraintBottom_toBottomOf="parent"
            app:layout_constraintEnd_toEndOf="parent"
            app:layout_constraintHorizontal_bias="1.0"
            app:layout_constraintStart_toStartOf="parent"
            app:layout_constraintTop_toTopOf="parent"
            app:layout_constraintVertical_bias="0.353" />
    <!--定义记住密码复选框 -->
        <CheckBox android:id="@+id/remberCheckbox"
            android:layout_width="wrap_content"
            android:layout_height="wrap_content"
            android:text="@string/title_remember_password"
            app:layout_constraintBottom_toTopOf="@+id/loginBtn"
```

```
            app: layout_constraintEnd_toEndOf="parent"
            app: layout_constraintHorizontal_bias="0.297"
            app: layout_constraintStart_toStartOf="parent"
            app: layout_constraintTop_toBottomOf="@+id/passwordTxt"
            app: layout_constraintVertical_bias="0.438" />
    <!--定义自动登录复选框 -->
        <CheckBox android: id="@+id/autoLoginCheckbox"
            android: layout_width="wrap_content"
            android: layout_height="wrap_content"
            android: text="@string/title_auto_login"
            app: layout_constraintBottom_toTopOf="@+id/button2"
            app: layout_constraintEnd_toEndOf="parent"
            app: layout_constraintHorizontal_bias="0.23"
            app: layout_constraintStart_toEndOf="@+id/remberCheckbox"
            app: layout_constraintTop_toBottomOf="@+id/passwordTxt"
            app: layout_constraintVertical_bias="0.438" />
    <!--定义登录按钮 -->
        <Button android: id="@+id/loginBtn"
            android: layout_width="wrap_content"
            android: layout_height="wrap_content"
            android: text="@string/title_login"
            app: layout_constraintBottom_toBottomOf="parent"
            app: layout_constraintEnd_toEndOf="parent"
            app: layout_constraintHorizontal_bias="0.297"
            app: layout_constraintStart_toStartOf="parent"
            app: layout_constraintTop_toBottomOf="@+id/passwordTxt"
            app: layout_constraintVertical_bias="0.418" />
    <!--定义注册按钮 -->
        <Button android: id="@+id/button2"
            android: layout_width="wrap_content"
            android: layout_height="wrap_content"
            android: layout_marginEnd="120dp"
            android: text="@string/title_register"
            app: layout_constraintBottom_toBottomOf="parent"
            app: layout_constraintEnd_toEndOf="parent"
            app: layout_constraintHorizontal_bias="0.273"
            app: layout_constraintStart_toEndOf="@+id/loginBtn"
            app: layout_constraintTop_toBottomOf="@+id/passwordTxt"
            app: layout_constraintVertical_bias="0.418" />
            </androidx.constraintlayout.widget.ConstraintLayout>
```

在上述布局文件 fragment_login.xml 界面定义了两个文本输入框，用于输入用户名和密码；此外，还定义了两个复选框，用于处理“记住密码”和“自动登录”，如图 9-2 所示。

定义登录界面的 LoginFragment，代码如下：

```
//模块 ch09_1 登录 LoginFragment.kt
class LoginFragment : Fragment() {
    private lateinit var activity: MainActivity
```

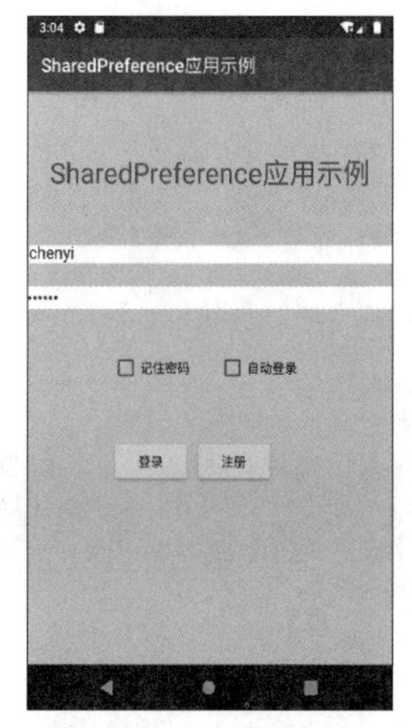

图 9-2　登录界面

```
    override fun onCreate(savedInstanceState: Bundle?) {
        super.onCreate(savedInstanceState)
        activity =context as MainActivity
    }
    override fun onCreateView(inflater: LayoutInflater, container: ViewGroup?,
        savedInstanceState: Bundle?): View? {
        val view =inflater.inflate(R.layout.fragment_login, container, false)
        //1.创建 Activity 的 SharedPreferences 对象
        val prefs =activity.getPreferences(Context.MODE_PRIVATE)
        //2.创建 SharedPreference.Editor 对象
        val editor =prefs.edit()
        //3.读取 SharedPreferences 对象的数据
        val isRemember =prefs.getBoolean("remember_password",false)
        val autoLogin =prefs.getBoolean("auto_login",false)
        if(isRemember){                              //记住密码
            view.remberCheckbox.isChecked =true
            //3.读取 SharedPreferences 对象的数据
            view.userNameTxt.setText(prefs.getString("user_name","游客"))
            view.passwordTxt.setText(prefs.getString("user_password",""))
        }else{
            //4.如果选择不记住密码,则清除 SharedPreferences 所有的键值对
            editor.clear()
        }
        if(autoLogin){                               //自动登录
            //3.读取 SharedPreferences 对象的数据
            val userName =prefs.getString("user_name","")
            val password =prefs.getString("user_password","")
            if(checkUser(userName,password))
```

```
            login()
        }
        view.loginBtn.setOnClickListener {                //登录
            val userName =view.userNameTxt.text.toString()
            val password =view.passwordTxt.text.toString()
            if(checkUser(userName,password)){
                //5.修改键值对
                editor.putString("user_name",userName)
                editor.putString("user_password",password)
                editor.putBoolean("remember_password",view.remberCheckbox.
                    isChecked)
                editor.putBoolean("auto_login",view.autoLoginCheckbox.
                    isChecked)
                //6.提交修改内容到 SharedPreferences 文件中
                editor.apply()
                login()
            }
        }
        view.autoLoginCheckbox.setOnCheckedChangeListener { _, isChecked ->
            if(isChecked){
                val userName =prefs.getString("user_name","")
                val password =prefs.getString("user_password","")
                if(checkUser(userName,password))
                    login()
            }
        }
        return view
    }
  private fun checkUser(userName: String?, password: String?): Boolean
      =userName=="chenyi"&&password =="123456"                    //验证用户账号
    private fun login(){                                    //登录成功跳转到配置界面
        activity.replaceFragment(ConfigFragment())
    }
}
```

在上述 LoginFragment 中，通过 MainActivity 的 getPrefrences()函数将键值对保存到 MainActivity.xml 文件中。在 Android Studio 的 Device File Explorer，data/data/chenyi.book.android.ch09/shared_prefs 目录下有一个 MainActivity.xml 文件。执行自动登录和保存密码，对应的 MainActivity.xml 文件和保存路径如图 9-3 所示。

定义 MainFragment 的布局，代码如下：

```
<!--模块 ch09_1 配置 MainFragment 的布局 fragment_config.xml-->
<?xml version="1.0" encoding="utf-8"?>
<androidx.constraintlayout.widget.ConstraintLayout
    xmlns:android="http://schemas.android.com/apk/res/android"
    xmlns:app="http://schemas.android.com/apk/res-auto"
    xmlns:tools="http://schemas.android.com/tools"
```

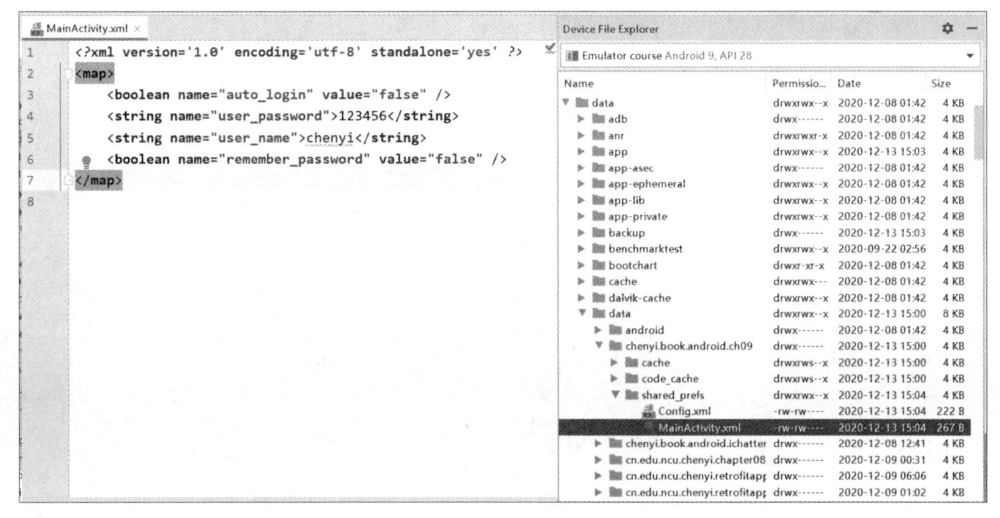

图 9-3　保存键值对对应的文件 MainActivity.xml 的路径和内容

```
    android: layout_width="match_parent"
    android: layout_height="match_parent"
    android: background="@android: color/holo_blue_dark"
    tools: context=".ConfigFragment">
        <TextView android: layout_width="wrap_content"
            android: layout_height="wrap_content"
            android: text="@string/title_config"
            android: textColor="@android: color/white"
            android: textSize="@dimen/size_big_lbl"
            app: layout_constraintBottom_toBottomOf="parent"
            app: layout_constraintEnd_toEndOf="parent"
            app: layout_constraintStart_toStartOf="parent"
            app: layout_constraintTop_toTopOf="parent"
            app: layout_constraintVertical_bias="0.06" />
        <LinearLayout android: layout_width="match_parent"
            android: layout_height="wrap_content"
            android: layout_margin="@dimen/size_margin"
            android: orientation="vertical"
            app: layout_constraintBottom_toBottomOf="parent"
            app: layout_constraintEnd_toEndOf="parent"
            app: layout_constraintHorizontal_bias="0.0"
            app: layout_constraintStart_toStartOf="parent"
            app: layout_constraintTop_toTopOf="parent"
            app: layout_constraintVertical_bias="0.235">
            <TextView android: id="@+id/textView"
                android: layout_width="wrap_content"
                android: layout_height="wrap_content"
                android: text="@string/title_bg_music"
                android: textColor="@android: color/white"
                android: textSize="@dimen/size_middle_lbl" />
```

```
        <!--定义音乐开关切换按钮 -->
            <Switch android: id="@+id/musicSwitch"
                android: layout_width="wrap_content"
                android: layout_height="wrap_content"
                android: layout_marginStart="50dp"
                android: textColor="@android: color/white"
                android: textOff="关闭"
                android: textOn="打开"
                android: textSize="@dimen/size_small_lbl" />
            <TextView android: layout_width="wrap_content"
                android: layout_height="wrap_content"
                android: text="@string/title_volume"
                android: textColor="@android: color/white"
                android: textSize="@dimen/size_small_lbl" />
            <TextView android: layout_width="wrap_content"
                android: layout_height="wrap_content"
                android: layout_marginStart="50dp"
                android: text="@string/title_left_volume"
                android: textColor="@android: color/white"
                android: textSize="@dimen/size_small_lbl" />
        <!--定义控制左声道-->
            <SeekBar android: id="@+id/leftVolumeSeekbar"
                android: layout_width="match_parent"
                android: layout_height="wrap_content"
                android: layout_marginStart="50dp"
                android: progress="50"
                android: thumb="@mipmap/duck" />
            <TextView android: layout_width="wrap_content"
                android: layout_height="wrap_content"
                android: layout_marginStart="50dp"
                android: text="@string/title_right_volume"
                android: textColor="@android: color/white"
                android: textSize="@dimen/size_small_lbl" />
        <!--控制右声道 -->
            <SeekBar android: id="@+id/rightVolumeSeekbar"
                android: layout_width="match_parent"
                android: layout_height="wrap_content"
                android: layout_marginStart="50dp"
                android: progress="50"
                android: thumb="@mipmap/duck" />
        </LinearLayout>
</androidx.constraintlayout.widget.ConstraintLayout>
```

在布局文件 fragment_config.xml 中定义了用于左右声道调整的 Seekbar 组件和控制音乐开关切换的 Switch 组件,对应的界面如图 9-4 所示。

配置 MainFragment ConfigFragment.kt 的代码如下:

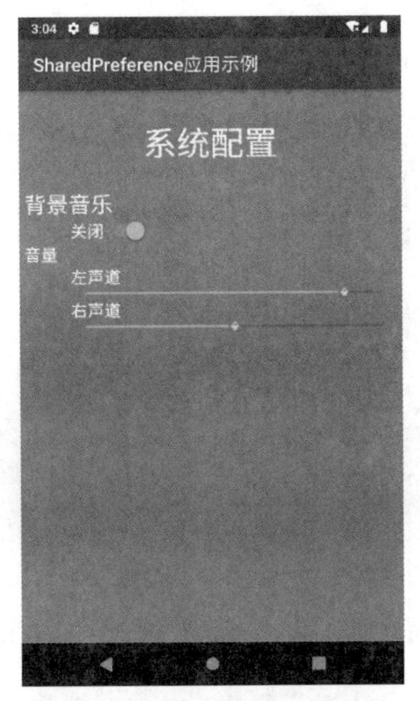

图 9-4　配置播放音乐的背景

```
//模块 ch09_1 配置 MainFragment ConfigFragment.kt
class ConfigFragment : Fragment() {
    private lateinit var prefs: SharedPreferences
    private lateinit var editor: SharedPreferences.Editor
    private var leftVolume: Float =0.5f
    private var rightVolume: Float =0.5f
    private lateinit var intent: Intent
    private lateinit var connection: ServiceConnection
    private var isBound: Boolean =false
    override fun onCreate(savedInstanceState: Bundle?) {
        super.onCreate(savedInstanceState)
        //1.通过 Context 上下文创建 SharedPreferences 对象
        prefs =context!!.getSharedPreferences("Config", Context.MODE_PRIVATE)
        //2.创建 SharedPreferences.Editor 对象
        editor =prefs.edit()
        //3.根据关键字获取 SharedPreferences 文件的取值
        val isPlayerMusic =prefs.getBoolean("play_music",false)
        if(isPlayerMusic)                              //判断是否可以播放音乐
            playMusic()
    }
    override fun onCreateView(inflater: LayoutInflater, container: ViewGroup?,
    savedInstanceState: Bundle?): View? {
        val view = inflater.inflate(R.layout.fragment_config, container, false)
        val musicSwitcher =view.musicSwitch
        val leftVolumeSeekbar =view.leftVolumeSeekbar
```

```
        val rightVolumeSeekbar =view.rightVolumeSeekbar
        //3.根据关键字获取 SharedPreferences 文件的取值
        val playMusic =prefs.getBoolean("play_music",false)
        val leftV = (prefs.getFloat("music_left_volume",0.5f) * 100).toInt()
        val rightV = (prefs.getFloat("music_right_volume",0.5f) * 100).toInt()
        if(playMusic){                          //可以播放音乐,设置文本提示为"开"
            musicSwitcher.text = context!!.resources.getString(R.string.
            title_open)
        }else {                                 //不可以播放音乐,设置文本提示为"关"
            musicSwitcher.text = context!!.resources.getString(R.string.title
            _close)
        }
        leftVolumeSeekbar.setProgress(leftV,true)
        rightVolumeSeekbar.setProgress(rightV,true)
        musicSwitcher.setOnCheckedChangeListener { _, _ ->
            //3.根据关键字获取 SharedPreferences 文件的取值
            var played=prefs.getBoolean("play_music",false)
            //4.修改键值对
            editor.putBoolean("play_music",!played)
            //5.提交修改
            editor.commit()
            if(!played){
                playMusic()                     //播放音乐
            }else{                              //停止播放
                stopMusic()
            }
        }
        leftVolumeSeekbar.setOnSeekBarChangeListener(object: SeekBar.
            OnSeekBarChangeListener{
        override fun onProgressChanged(seekBar: SeekBar?, progress: Int,
            fromUser: Boolean) {
                    leftVolume =progress.toFloat() / 100.0f
                }
                override fun onStartTrackingTouch(seekBar: SeekBar?) {
            }
            override fun onStopTrackingTouch(seekBar: SeekBar?) {
                //4.修改键值对,修改左声道的配置
                editor.putFloat("music_left_volume",leftVolume)
                //5.提交修改请求
                editor.commit()
            }
        })
        rightVolumeSeekbar.setOnSeekBarChangeListener(
object: SeekBar.OnSeekBarChangeListener{
        override fun onProgressChanged(seekBar: SeekBar?, progress: Int,
        fromUser: Boolean) {
                rightVolume =progress.toFloat() / 100.0f
            }
            override fun onStartTrackingTouch(seekBar: SeekBar?) {
            }
```

```
            override fun onStopTrackingTouch(seekBar: SeekBar?) {
                //4.修改键值对
                editor.putFloat("music_right_volume",rightVolume)
                //5.提交修改请求
                editor.commit()
            }
        })
        return view
    }
    private fun playMusic(){                    //播放音乐
        intent =Intent(context, MusicService::class.java)
        connection =getConn()
        isBound =context!!.bindService(intent,connection,
        Context.BIND_AUTO_CREATE)
    }
    private fun stopMusic(){                    //停止播放
        if(isBound) { context!!.unbindService(connection)
                isBound =false
        }
    }
    private fun getConn() : ServiceConnection=object: ServiceConnection{
                                                //创建 ServiceConnection 对象
        override fun onServiceDisconnected(name: ComponentName?) {
        }
        override fun onServiceConnected(name: ComponentName?, service: IBinder?) {
            val binder=service as MusicService.MusicBinder
        }
    }
}
```

上面代码中,ConfigFragment 类的所有键值对是通过 Context 的 getSharedPreferences()函数保存到 Config.xml 文件中的。打开 Android Studio 的 Device File Explorer,在 data/data/chenyi.book.android.ch09/shared_prefs 目录下有一个 Config.xml 文件。通过 music_left_volume 和 music_right_volume 关键字对应的数值配置左右声道的音量,通过设置 play_music 关键字进行背景音乐的播放设置,如果设置为 true,则播放音乐,否则停止播放。配置对应的 Config.xml 文件和保存路径如图 9-5 所示。

背景音乐的 Service MusicService.kt 的代码如下:

```
//模块 ch09_1 背景音乐的 Service MusicService.kt
class MusicService : Service() {
    private var mediaPlayer: MediaPlayer? =null
    private val musicBinder =MusicBinder()
    inner class MusicBinder : Binder(){
        fun getTime(): Int =mediaPlayer!!.duration          //返回当前播放的时间
    }
    override fun onCreate() {
        super.onCreate()
        mediaPlayer =MediaPlayer.create(this, R.raw.bgmusic)
```

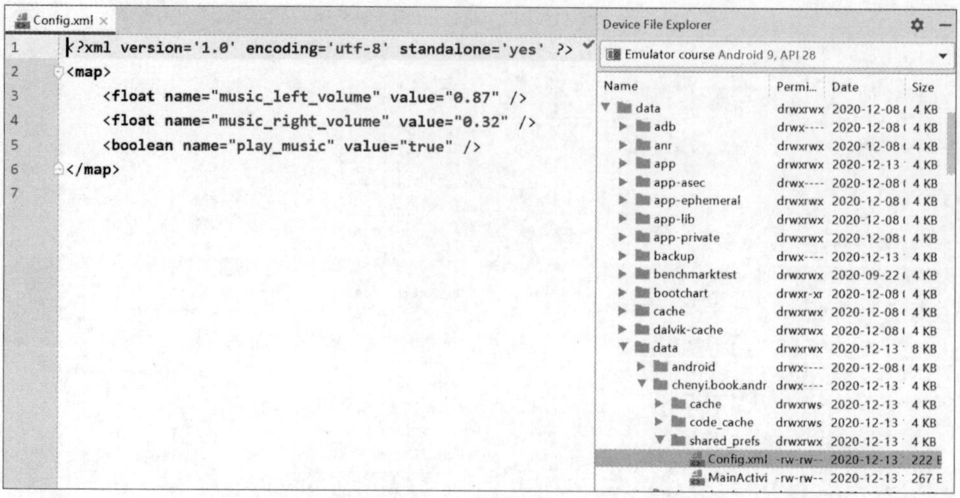

```xml
<?xml version='1.0' encoding='utf-8' standalone='yes' ?>
<map>
    <float name="music_left_volume" value="0.87" />
    <float name="music_right_volume" value="0.32" />
    <boolean name="play_music" value="true" />
</map>
```

图 9-5　Config.xml 文件的内容和保存路径

```kotlin
    }
    override fun onUnbind(intent: Intent): Boolean {
        mediaPlayer!!.stop()
        return super.onUnbind(intent)
    }
    override fun onDestroy() {
        super.onDestroy()
        mediaPlayer!!.stop()
    }
    override fun onBind(intent: Intent): IBinder? {
                                          //使用 onBind 取代 onStartCommand 启动音乐
        mediaPlayer!!.start()
        val prefs = getSharedPreferences("Config", Context.MODE_PRIVATE)
        val leftV = prefs.getFloat("music_left_volume", 0.5f)
        val rightV = prefs.getFloat("music_right_volume", 0.5f)
        setVolume(leftV, rightV)
        prefs.registerOnSharedPreferenceChangeListener { sharedPreferences,
            key ->
            if(key == "music_left_volume" || key == "music_right_volume") {
                val leftVolume = sharedPreferences.getFloat("music_left_
                    volume", 0.5f)                //获取左声道的音量值
                val rightVolume = sharedPreferences.getFloat("music_right_
                    volume", 0.5f)                //获取右声道的音量值
                setVolume(leftVolume, rightVolume) }
        }
        return musicBinder
    }
    private fun setVolume(leftVolume: Float, rightVolume: Float) {
        mediaPlayer!!.setVolume(leftVolume, rightVolume)
    }
}
```

上面代码中，在 MusicService 类中定义的 MusicBinder 用于获取音乐播放的时间。在 onBind 函数中，定义了 leftV 和 rightV 变量，分别通过 SharedPreferences 对象 prefs 从 Config.xml 文件中获取左右声道的音量值。对 prefs 注册了 SharedPreferences ChangeListener。一旦 prefs 对象对应的 Config.xml 文件数据发生了变化，就会执行获取 music_left_volume 和 music_right_volume 关键字对应的音量值，如果获取失败，则得到默认的值 0.5f，即音量为 50%。最后，根据得到的音量值设置 MediaPlayer 对象的音量，实现对音量的控制。

9.2 文件处理

Android 提供了文件的读取和存储功能。在前几章的应用示例中，有对文件的简单应用。例如，使用了 HTML 文件作为系统应用的帮助文件，以及播放 raw 目录下的 MP4 音频文件。因此有必要了解如何进行文件处理。文件处理涉及输入输出流对文件的读取和存储，主要分成以下 3 种情况。

第一种情况是文件放在应用程序的 res/raw 目录下，这些文件在编译的时候和其他文件一起被打包。可以通过输入流直接读取 res/raw 目录下的资源文件，也可以通过资源的编号例如 R.raw.file 来读取资源文件，代码如下：

```
val in: InputStream =getResources().openRawResource(R.raw.file)
```

或

```
val in: InputStream =resources.openRawResource(R.raw.file)
```

第二种情况是文件放在应用程序的 assets 目录下。在系统编译时，assets 目录下的文件不会被编译，而是与移动应用直接打包在一起。可以通过输入流直接读取 assets 目录中的资源文件。值得注意的是，来自 res/raw 和 assets 中的文件只可以读取而不能进行写入操作，代码如下：

```
val in: InputStream =getResources().getAssets().open(fileName)
```

或

```
val in =resources.assets.open(fileName)
```

上述两种表达方式完全等价。resouces 在此处等价于 getResources()函数，assets 等价于 getAssets()函数。

此外，可以通过上下文的 Context.getAssets()（或写成 Context.assets()）函数来获得 assets 目录的访问。

例 9-2 已知有 cities.csv 文件（基本格式如图 9-6 所示）记录了大部分地区，保存在模块的 assets 目录，请读取该文件，并根据选择的直辖市或省份或自治区，将下级的城市或地区读取出来。

北京市,北京市,东城区
北京市,北京市,西城区
北京市,北京市,崇文区
北京市,北京市,宣武区
北京市,北京市,朝阳区
北京市,北京市,丰台区
北京市,北京市,石景山区
北京市,北京市,海淀区
北京市,北京市,门头沟区
北京市,北京市,房山区
北京市,北京市,通州区
北京市,北京市,顺义区
北京市,北京市,昌平区
北京市,北京市,大兴区
北京市,北京市,平谷区
北京市,北京市,怀柔区
北京市,北京市,密云县
北京市,北京市,延庆县
天津市,天津市,和平区
天津市,天津市,河东区

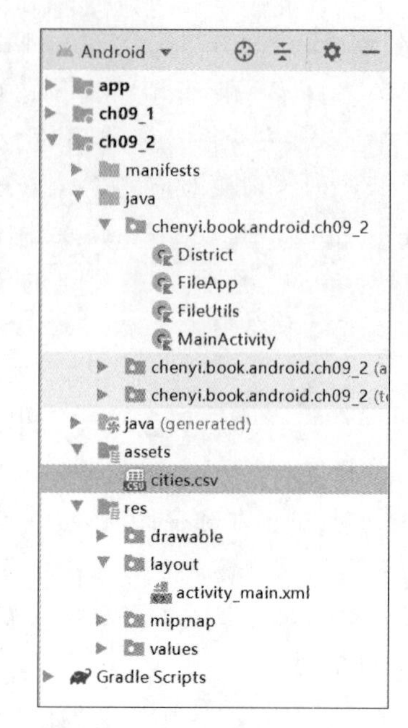

图 9-6　cities.csv 文件格式和保存的位置

为了方便对读取的文件进行数据处理,定义了数据类 District,代码如下:

```
//模块 ch09_2 District.kt
/** 定义实体类 District 表示地方
 * state: 表示直辖市或省
 * city: 表示城市或地区或自治州
 * county: 表示地区或县
 */
data class District(val state: String, val city: String, val county: String)
```

读取 assets 目录下的文件往往需要通过上下文实现,为了更方便地获得移动应用的上下文,定义一个 Application 的子类 FileApp,并在 AndroidManifest.xml 设置为移动应用。当移动应用启动时,系统会自动将这个类初始化。通过此方式,可使得获得移动应用的上下文更加方便。在下列的代码中定义了一个 Context 对象,它实际对应的是 applicationContext 的上下文,全局都可以使用。因为 Application 对象在整个运行期间只有唯一的一个对象实例,这使得 Context 也具有唯一性,不会产生内存泄漏,代码如下:

```
//模块 ch09_2 FileApp.kt
class FileApp: Application() {
    companion object{
        @SuppressLint("StaticFieldLeak")
                                            //忽略 Lint 检查静态数据域的内存泄漏
        lateinit var context: Context       //定义移动应用的上下文
    }
    override fun onCreate() {
        super.onCreate()
        context =applicationContext        //将整个移动应用的上下文赋值给变量 context
    }
}
```

为了让 FileApp 应用类发挥作用，需要在 application 元素中设置 android：name=".FileApp"属性，使得 AndroidManifest.xml 指定 FileApp 类为系统的应用。配置如下：

```
<!--模块 ch09_2 AndroidManifest.xml -->
<?xml version="1.0" encoding="utf-8"?>
<manifest xmlns: android="http://schemas.android.com/apk/res/android"
    package="chenyi.book.android.ch09_2">
    <application …
        android: name=".FileApp">
        …
    </application>
</manifest>
```

在此前提下，可以定义一个处理文件的实用类 FileUtils，通过 FileUtils 类可以获得 assets 目录下保存的文件数据，以获取各个目录下保存的字符串列表，代码如下：

```
//模块 ch09_2 FileUtils.kt
class FileUtils {
    companion object{
        val districtList =getDistricts()
        fun getDistricts(): List<District>{    //读取文件获得地点列表
          val list =mutableListOf<District>()//定义保存地区的列表
          val context =FileApp.context         //获得移动应用的上下文
          val inputStream =context.assets.open("cities.csv")
                                    //读 assets 目录 cities.csv 文件获得输入流
        val inputReader =inputStream.bufferedReader(Charsets.UTF_8)
                                               //打包成 UTF-8 缓冲字符输入流
           inputReader.use{
               it.lines().forEach {line: String->//对输入流逐行进行处理
                 val content =line.split(",") //将每行字符按照","进行分隔成字符
                                               //串数组
                 list.add(District(content[0],content[1],content[2]))
                                                 //将创建 District 对象加入列表中
               }
           }
           return list
        }
        fun getStates(): List<String>{          //获得所有的直辖市和省的名称
           val stateList =mutableListOf<String>()
           districtList.forEach {districit: District->
               if(districit.state !in stateList)
                  stateList.add(districit.state)
           }
           return stateList
        }
        fun getCities(state: String): List<String>{
                                    //获得特定直辖市或省的下级自治州或城市或地区
```

```
            val citieList =mutableListOf<String>()
             districtList.forEach {district: District->
                 if(state ==district.state && district.city !in citieList){
                     citieList.add(district.city)
                 }
             }
             return citieList
        }
    fun getCounties(state: String,city: String): List<String>{
                                                                    //获得县级地区列表
             val countyList =mutableListOf<String>()
             districtList.forEach {district: District->
                 if(state ==district.state && city ==district.city && district.
                     county !in countyList)
                     countyList.add(district.county)
             }
             return countyList
        }
    }
}
```

可以在 Activity 中调用 FileUtils 读取 cities.csv 以获得地区的信息。在下列 MainActivity 中,定义了 3 个列表,通过三级联动的处理,实现选择"直辖市/省/自治区",再选择"城市或自治州或地区",最后选择"县或地区或自治县",代码如下:

```
<!--模块 ch09_2 MainActivity 对应的布局文件 activity_main.xml-->
<?xml version="1.0" encoding="utf-8"?>
<androidx.constraintlayout.widget.ConstraintLayout
    xmlns: android="http://schemas.android.com/apk/res/android"
    xmlns: app="http://schemas.android.com/apk/res-auto"
    xmlns: tools="http://schemas.android.com/tools"
    android: layout_width="match_parent"
    android: layout_height="match_parent"
    tools: context=".MainActivity">
    <TextView android: id="@+id/textView"
        android: layout_width="wrap_content"
        android: layout_height="wrap_content"
        android: text="@string/title_app"
        android: textColor="@color/colorAccent"
        android: textSize="@dimen/size_title"
        app: layout_constraintBottom_toBottomOf="parent"
        app: layout_constraintEnd_toEndOf="parent"
        app: layout_constraintLeft_toLeftOf="parent"
        app: layout_constraintRight_toRightOf="parent"
        app: layout_constraintStart_toStartOf="parent"
        app: layout_constraintTop_toTopOf="parent"
        app: layout_constraintVertical_bias="0.099" />
<!--定义对应直辖市或省的下拉列表 -->
```

```
    <Spinner android:id="@+id/stateSpinner"
        android:layout_width="@dimen/size_spinner"
        android:layout_height="wrap_content"
        app:layout_constraintBottom_toBottomOf="parent"
        app:layout_constraintEnd_toEndOf="parent"
        app:layout_constraintHorizontal_bias="0.5"
        app:layout_constraintStart_toStartOf="parent"
        app:layout_constraintTop_toBottomOf="@+id/textView"
        app:layout_constraintVertical_bias="0.090" />
<!--定义对应城市或地区的下拉列表 -->
    <Spinner android:id="@+id/citySpinner"
        android:layout_width="@dimen/size_spinner"
        android:layout_height="wrap_content"
        app:layout_constraintBottom_toBottomOf="parent"
        app:layout_constraintEnd_toEndOf="parent"
        app:layout_constraintHorizontal_bias="0.5"
        app:layout_constraintStart_toStartOf="parent"
        app:layout_constraintTop_toBottomOf="@+id/stateSpinner"
        app:layout_constraintVertical_bias="0.090" />
    <!--定义对应县或地区的下拉列表 -->
    <Spinner android:id="@+id/countySpinner"
        android:layout_width="@dimen/size_spinner"
        android:layout_height="wrap_content"
        app:layout_constraintBottom_toBottomOf="parent"
        app:layout_constraintEnd_toEndOf="parent"
        app:layout_constraintHorizontal_bias="0.5"
        app:layout_constraintStart_toStartOf="parent"
        app:layout_constraintTop_toBottomOf="@+id/citySpinner"
        app:layout_constraintVertical_bias="0.090" />
    <TextView android:id="@+id/districtTxt"
        android:layout_width="@dimen/size_spinner"
        android:layout_height="wrap_content"
        android:textSize="@dimen/size_title"
        android:textColor="@color/colorAccent"
        android:visibility="invisible"
        app:layout_constraintBottom_toBottomOf="parent"
        app:layout_constraintEnd_toEndOf="parent"
        app:layout_constraintHorizontal_bias="0.495"
        app:layout_constraintStart_toStartOf="parent"
        app:layout_constraintTop_toBottomOf="@+id/citySpinner"
        app:layout_constraintVertical_bias="0.251" />
</androidx.constraintlayout.widget.ConstraintLayout>
```

MainActivity 实现三级地区选择的动作处理，并显示最终选中的地区，代码如下：

```
//模块 ch09_2 定义 MainActivity.kt
class MainActivity : AppCompatActivity() {
```

```
    val cities =mutableListOf<String>()
    val counties =mutableListOf<String>()
    var state ="北京市"
    var city ="北京市"
    override fun onCreate(savedInstanceState: Bundle?) {
        super.onCreate(savedInstanceState)
        setContentView(R.layout.activity_main)
        val states =FileUtils.getStates()                   //获得所有的直辖市/省/自治区
        configStates(states)                                //配置 stateSpinner
        configCities()                                      //配置 citySpinner
        configCounties()                                    //配置 countySpinner
    }

    private fun configStates(states: List<String>) {
        val stateAdapter =ArrayAdapter<String>(this, android.R.layout.simple_
            spinner_item, states)
        stateAdapter.setDropDownViewResource(android.R.layout.simple_spinner_
            dropdown_item)
        stateSpinner.adapter =stateAdapter
        stateAdapter.setDropDownViewResource(android.R.layout.simple_spinner_
            dropdown_item)
        stateSpinner.setSelection(0)
        stateSpinner.onItemSelectedListener = object: AdapterView.
        OnItemSelectedListener{
            override fun onNothingSelected(parent: AdapterView< * >?) {}
            override fun onItemSelected( parent: AdapterView< * >?, view: View?,
                position: Int, id: Long) {
                districtTxt.visibility =View.GONE
                state =stateSpinner.selectedItem as String
                cities.clear()
                cities.addAll(FileUtils.getCities(state))
                (citySpinner.adapter as BaseAdapter).notifyDataSetChanged()
                                                    //刷新 citySpinner 的数据
                counties.clear()
                counties.addAll(FileUtils.getCounties(state,cities[0]))
            (countySpinner.adapter as BaseAdapter).notifyDataSetChanged()
                                                    //刷新 countySpinner 的数据
                stateSpinner.setSelection(position)
                citySpinner.setSelection(0)
            }
        }
    }
    private fun configCities(){
        val cityAdapter =ArrayAdapter<String>(this,android.R.layout.simple_
            spinner_item,cities)
        cityAdapter.setDropDownViewResource(android.R.layout.simple_spinner_d
            ropdown_item)
        citySpinner.adapter =cityAdapter
        citySpinner.setSelection(0)
```

```
        citySpinner.onItemSelectedListener =
        object: AdapterView.OnItemSelected-
        Listener{
            override fun onNothingSelected(parent: AdapterView< * >?) {
            }
            override fun onItemSelected(parent: AdapterView< * >?,view: View?,
                position: Int, id: Long ) {
                city =citySpinner.selectedItem as String
                counties.clear()
                counties.addAll(FileUtils.getCounties(state,city))
                (countySpinner.adapter as BaseAdapter).notifyDataSetChanged()
                                                    //刷新 countySpinner 的数据
                citySpinner.setSelection(position)
                countySpinner.setSelection(0)
            }
        }
    }
    private fun configCounties(){
        val countyAdapter =ArrayAdapter<String>(this,android.R.layout.simple_
            spinner_item,counties)
        countyAdapter.setDropDownViewResource(android.R.layout.simple_
        spinner_dropdown_item)
        countySpinner.adapter =countyAdapter
        countySpinner.onItemSelectedListener =
            object: AdapterView.OnItemSelected-Listener{
            override fun onNothingSelected(parent: AdapterView< * >?) {
            }
            override fun onItemSelected(parent: AdapterView< * >?,view: View?,
                position: Int,id: Long) {
                val county =(view as TextView).text.toString()
                val content ="${state}-${city}-${county}"
                districtTxt.visibility =View.VISIBLE
                districtTxt.text =content
            }
        }
    }
}
```

运行结果如图 9-7 所示。

第三种情况是，可以结合 FileInputStream 文件，按输入字节流和 FileOutputStream 文件输出字节流，对移动应用私有文件夹中的 data（数据）进行读写操作。可以通过 FileOutputStream 类的 openFileOutput(name：String，mode：Int)函数打开相应的输出流，通过 FileInputStream 类的 openFileInput(name：String)函数打开相应的输入流，形式如下：

```
val outputStream: FileOutputStream =Context.openFileOutput(fileName,mode)
                                                    //创建文件输出字节流
val inputStream: FileInputStream =Context.openFileInput(fileName)
                                                    //创建文件输出字节流
```

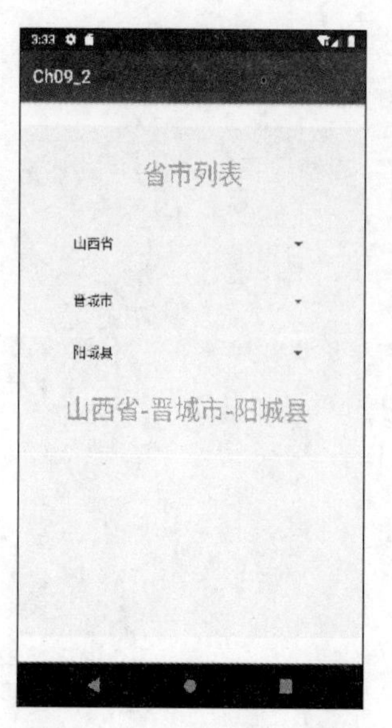

图 9-7　地区选择运行结果

其中，参数 mode 表示打开文件的模式，可以取值为 MODE_PRIVATE 和 MODE_APPEND：MODE_PRIVATE 只能被当前程序读写，MODE_APPEND 可以用追加方式打开文件。

默认情况下，使用输入输出流保存文件仅对当前应用程序可见，对于其他应用程序不可见，不能访问其中的数据。如果用户卸载了该移动应用，则保存数据的文件也会被一起删除。

例 9-3　访问百度的在线 LOGO 图片（网址：https://www.baidu.com/img/flexible/logo/pc/result.png），将图片保存到本地移动终端中，然后生成并显示副本图片。

因为本例需要访问在线资源，因此需要定义模块构建文件 build.gradle，配置 Retrofit、RxJava 框架。因为 Glide 库可以直接加载在线的图片资源，模块构建文件 build.gradle 中也增加了 Glide 库的依赖，代码如下：

```
    ...
    //增加 RxJava 库的依赖
    implementation "io.reactivex.rxjava3: rxjava: 3.1.13"
    implementation 'io.reactivex.rxjava3: rxandroid: 3.0.0'
    //增加 Retrofit 库的支持
    implementation 'com.squareup.retrofit2: retrofit: 2.9.0'
    implementation 'com.squareup.retrofit2: converter-gson: 2.9.0'
    //增加 Retrofit 支持 RxJava3 的 CallAdapter
    implementation 'com.squareup.retrofit2: adapter-rxjava3: 2.9.0'
    //增加 Glide 库的支持
    implementation 'com.github.bumptech.glide: glide: 4.11.0'
    annotationProcessor 'com.github.bumptech.glide: compiler: 4.11.0'
...
```

可以通过上下文来获得文件的输入输出流。在本例中，定义了一个 Application 的子类

FilApp 用于获得整个移动应用的上下文。为了让 FileApp 发挥作用，在 AndroidManifest.xml 的应用配置文件中设置它为应用程序，使得移动应用启动后就可以加载它，代码如下：

```
//模块 ch09_3 生成移动应用 FileApp.kt
class FileApp: Application() {
    companion object{
        @SuppressLint("StaticFieldLeak")  //忽略 Lint 检查静态数据域的内存泄漏
        lateinit var context: Context     //定义移动应用的上下文
    }
    override fun onCreate() {
        super.onCreate()
        context =applicationContext      //将整个移动应用的上下文赋值给 context 变量
    }
}
```

本移动应用的用途是从指定网址下载百度 LOGO 图片，结合 Retrofit 库实现对网络资源的访问，因此需要定义一个获得访问资源的接口 DownloadService，代码如下：

```
//模块 ch09_3 下载的 Service 接口 DownloadService.kt
interface DownloadService {
    @GET("result.png")
    fun getImage(): Flowable<ResponseBody>
}
```

将下载的文件写入本地移动应用的私有目录 files 中。为了方便后续加载图片，将私有目录 files 的文件读取称为 Bitmap 对象。下面是文件实用类 FileUtils 的定义，代码如下：

```
//模块 ch09_3 文件实用类 FileUtils.kt
object FileUtils {
    fun downloadFile(responseBody: ResponseBody, fileName: String){
                                                    //将 responseBody 写入文件中
        var outputStream =context.openFileOutput(fileName, Context.MODE_
            PRIVATE)
        try{val fileReader =ByteArray(1024)
            var fileSizeDownloaded: Long =0
            val inputStream =responseBody.byteStream()
            outputStream.use{
                while (true) {    //从响应中获得的输入流读取字节数组到 fileReader 中
                    val read: Int =inputStream.read(fileReader)
                    if (read ==-1) {                   //读取失败，结束
                        break
                    }
```

```
                outputStream.write(fileReader, 0, read)
                                                    //将读取的字节数组写入文件输出流
                }
                outputStream.flush()
                inputStream.close()
            }
        }catch (e: IOException){
            e.printStackTrace()
        }
    }
    fun readImageFile(fileName: String): Bitmap? {
        var bitmap: Bitmap? =null
        if(isFileExist(fileName)) {
            try {val inputStream =context.openFileInput(fileName)
                                                    //创建文件输入流
                inputStream.use {                   //将文件输入流写入 Bitmap 对象
                    bitmap =BitmapFactory.decodeStream(inputStream)
                }
            } catch (e: IOException) {
                e.printStackTrace()
            }
        }
        return bitmap
    }
    private fun isFileExist(fileName: String): Boolean{
                                                    //判断文件是否存在
        val files =context.fileList()               //获得指定目录下的文件名
        files.forEach {
            if(it.contains(fileName))
                return true
        }
        return false
    }
}
```

MainActivity 定义了两个 ImageView 组件，一个用于显示在线图片，一个用于显示复制的图片；另外，通过按钮实现下载业务的调用，将图片下载到本地并复制，代码如下：

```
//模块 ch09_3 MainActivity.kt
class MainActivity : AppCompatActivity() {
    val base_url ="https: //www.baidu.com/img/flexible/logo/pc/"
    override fun onCreate(savedInstanceState: Bundle?) {
        super.onCreate(savedInstanceState)
        setContentView(R.layout.activity_main)
```

```
        Glide.with(this).load("${base_url}result.png").into(srcImageView)
                                                    //加载并显示在线图片
        cloneBtn.setOnClickListener {               //复制图片的按钮动作处理
            copyImages()
        }
    }
    private fun copyImages(){
        val retrofit =Retrofit.Builder().baseUrl(base_url)
          .addCallAdapterFactory(RxJava3CallAdapterFactory.create()).build()
        val service =retrofit.create(DownloadService: : class.java)
        val data =service.getImage()
        data.subscribeOn(Schedulers.newThread()).observeOn(Schedulers.io()).
            doOnNext{
            FileUtils.downloadFile(it,"image.png")      //下载文件
            }.observeOn(AndroidSchedulers.mainThread()).subscribe {
                val image =FileUtils.readImageFile("image.png")       //读取文件
                copyImageView.setImageBitmap(image!!)                 //显示文件
            }
    }
}
```

运行结果如图 9-8 所示。

观察运行结果可以发现，下载的图片经过复制后保存到了 data/data/ chenyi.book.android.ch09_3/files 目录下。本移动应用通过文件输入流可以将一个图片文件转换成 Bitmap 对象，并显示在 ImageView 组件中。在实际的应用中，往往需要将在线的资源缓存到本地，通过 Java 的 IO 流库可以非常方便地实现这样的应用需求。

图 9-8　运行结果

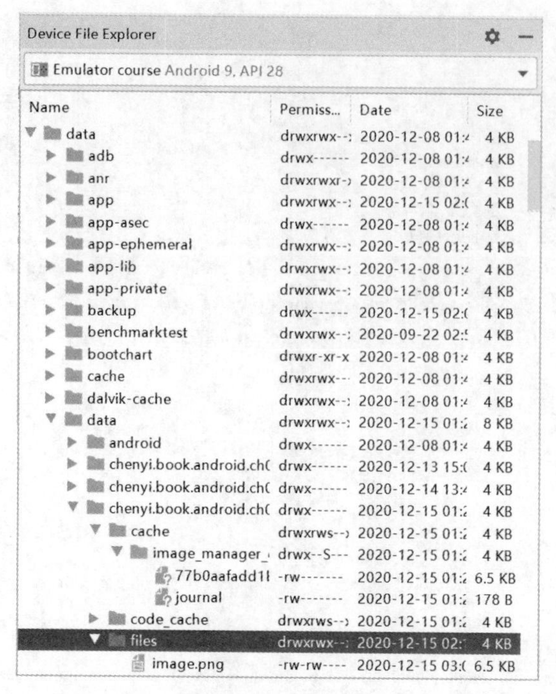

图 9-8 （续）

9.3 SQLite 数据库

在实际的移动应用中，往往需要处理大量的数据。这些数据的结构复杂多样。针对此问题，Android 提供了内置的 SQLite 数据库。SQLite 是一个基于 C 的轻量级数据库引擎，用于在资源有限的设备，进行适量的数据存取。从本质上说，保存数据的 SQLite 只是一个文件，其内部只支持 NULL、INTEGER、REAL、TEXT 和 BLOB 这 5 种数据类型，可以接收 varchar(n)、char(n)、decimal(p，s)等数据类型。SQLite 在运算或保存数据时会转换成上述 5 种类型。如果要存储布尔类型的数据，可以存储为 Integer，0 表示 false，1 表示 true。SQLite 是使用 SQL 命令的完整的关系型数据库。每个使用 SQLite 的移动应用都有一个该数据库的实例，并且在默认情况下仅限当前移动应用使用。

可在 Android Studio 使用 Database Navigator 插件查看 SQLite 数据库中的内容。如果 Android Studio 没有安装 Database Navigator，可以通过 Files|Setting 进入配置界面，选择 Plugin 选项，然后在搜索栏中输入 Database Navigator 进行检索。如果已经安装，则会显示如图 9-9 所示的 installed 效果；如果没有安装，则选择 Install 进行安装。成功后，菜单选项会显示 DB Navigator 的菜单项。可以选择 Database Browser 查看数据库。

Android 提供了对 SQLite 数据库的支持。SQLite 数据库的常用操作如下。

（1）创建或更新数据库。

（2）打开数据库。

（3）创建数据库中的数据表。

（4）对数据表进行创建、修改、删除、检索等操作。

图 9-9 Database Navigator 插件

（5）对数据库进行关闭。

要实现这些对数据库的操作，需要结合表 9-3 所示的类和接口来完成。

表 9-3 操作 SQLite 数据库的类和接口

名 称	说 明
android.database.sqlite.SQLiteDatabase	用于管理和操作数据库的类
android.database.sqlite.SQLiteOpenHelper	用于创建和更新数据库对数据库进行版本管理的帮助程序抽象类
android.database.sqlite.SQLiteDatabase.CursorFactory	允许 Cursor 调用查询时返回子类
android.database.Cursor	对数据库查询返回的结果集的随机读写访问的接口
android.database.sqlite.SQLiteDatabase.OpenParams	用于设置打开数据库配置的包装类
android.database.DatabaseErrorHandler	当数据库崩溃时需要处理的动作的接口
android.content.ContentValues	存储可以处理的一组值
android.content.ContentResolver	提供了对数据模型的访问

9.3.1 创建和升级 SQLite 数据库

1. SQLite 数据库的创建

创建数据库是对数据库进行操作的第一步。创建数据库可以借助帮助程序类 SQLiteOpenHelper。它对数据库的创建和更新提供支持。在实际应用过程中，需要创建一个 SQLiteOpenHelper 子类，可以覆盖以下 3 种构造函数来实现对数据库的创建、版本管理、打开以及管理数据库。

方法 1：

```
SQLiteOpenHelper(val context: Context, val name: String,
    val factory: SQLiteDatabase.CursorFactory, val version: Int)
```

方法 2：

```
SQLiteOpenHelper(val context: Context, val name: String, val factory:
    SQLiteDatabase.CursorFactory,
    val version: Int, val errorHandler: DatabaseErrorHandler)
```

方法 3：

```
SQLiteOpenHelper(val context: Context, val name: String, val version: Int,
    val openParams: SQLiteDatabase.OpenParams)
```

在上述的几种构造函数中，参数 context 表示创建数据库的上下文，name 表示数据库的名称，version 表示数据库的版本。这 3 个参数是公共的必备参数，描述了数据库的基本特征。方法 1 是常见的处理方式；方法 2 调用 factory 表示在创建 Cursor 对象时，使用了工厂类；方法 3 中的 openParams 表示打开数据库的配置参数。

DatabaseOpenHelper 子类提供了 getReadableDatabase()函数和 getWritableDatabase()函数，用于在数据库不存在时创建新的数据库，或打开一个已有的数据库，并返回的 SQLiteDatabase 对象可以对数据库进行操作。getReadableDatabase()函数与 getWritableDatabase()函数的最主要区别是，getWritableDatabase()函数具有实现对记录的读写操作，而 getReadableDatabase()函数并不具有这样的读写处理功能。

下面，创建一个 district.db 数据库，并在 district.db 数据库中创建一个数据表 city，用于存放省市区的相关数据。数据表 city 的结构如下：

```
create table city(id integer primary key autoincrement, state text, city text,
county text)
```

其中，id 表示唯一编码，integer 表示整数，primary key 表示关键字，autoincrement 表示自动增加操作，state、city 和 county 表示地点，text 表示字符串。用于创建和更新数据库的代码如下：

```
//模块 ch09_4 DistrictDBHelper.kt
class DistrictDBHelper(val context: Context, val name: String,
    val version: Int): SQLiteOpenHelper(context,name,null,version) {
    private val createSQL="create table city id integer primary key autoincrement,
    state text city text, county text)"           //定义创建数据表的 SQL 语句字符串
    override fun onCreate(db: SQLiteDatabase?) { //创建数据库
        db?.execSQL(createSQL)
    }
    override fun onUpgrade(db: SQLiteDatabase?, oldVersion: Int,
        newVersion: Int) {
                                                  //升级数据库
    }
}
```

其中，DistrictDBHelper 是一个数据库的帮助类。定义的 MainActivity 调用 DistrictDBHelper 类实现对数据库的操作，MainActivity 布局文件 activity_main.xml 用于定义创建数据库的按钮 createDBBtn，单击该按钮就可实现数据库的创建，并结合 Snackbar 交互信息提示操作的结果。MainActivity 类的定义如下：

```
//模块 ch09_4 MainActivity.kt
class MainActivity : AppCompatActivity() {
    override fun onCreate(savedInstanceState: Bundle?) {
        super.onCreate(savedInstanceState)
        setContentView(R.layout.activity_main)
        val dbHelper =DistrictDBHelper(this,"district.db",1)
                                                        //创建数据库帮助类对象
        createDBBtn.setOnClickListener {
            dbHelper.writableDatabase                   //创建数据库
            Snackbar.make(mainLayout,"创建数据库成功!",
            Snackbar.LENGTH_LONG).show()
                                                        //定义交互信息提示
        }
    }
}
```

运行结果如图 9-10 所示。

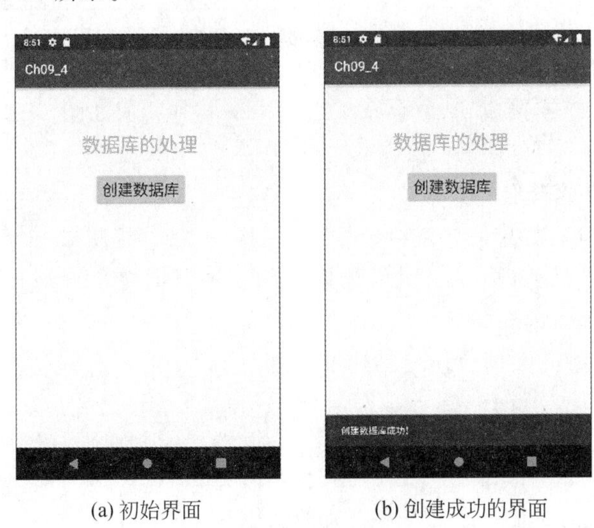

(a) 初始界面　　(b) 创建成功的界面

图 9-10　创建数据库的界面

数据库一旦创建成功，就会在 data/data/包名/databases 目录中创建对应数据库文件，如图 9-11 所示，在 Device Explorer 中的 data/data/ chenyi.book.android.ch09/databases 目录中创建了 3 个数据库文件：district.db、district.db-shm 和 district.db-wal。district.db-shm 和 district.db-wal 是数据库处理需要的临时文件，district.db 需要通过 Database Navigator 查看，需要将 3 个文件另存到移动应用的外部目录，然后在 Android Studio 中选择 DB Navigator|DB Browser 选项，启动 DB Browser 并单击 + 按钮，新建一个 SQLite 数

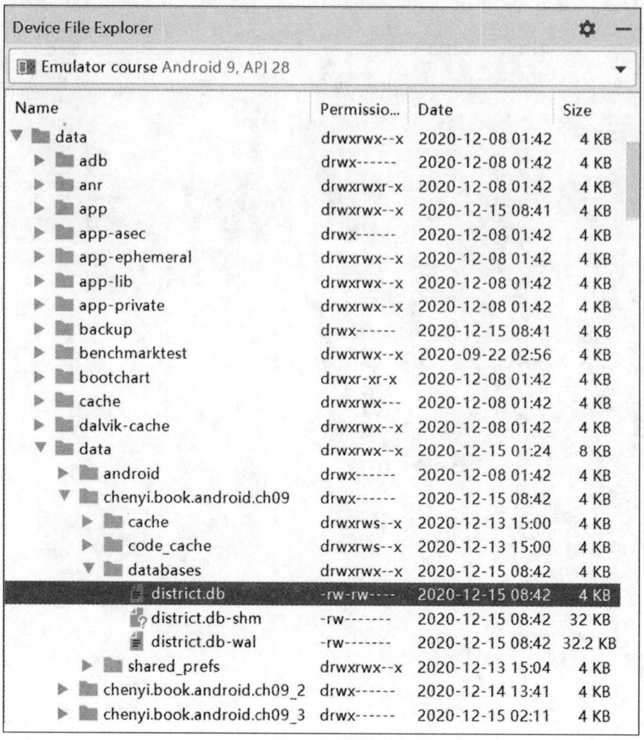

Device File Explorer

Emulator course Android 9, API 28

Name	Permissio...	Date	Size
▼ data	drwxrwx--x	2020-12-08 01:42	4 KB
▶ adb	drwx------	2020-12-08 01:42	4 KB
▶ anr	drwxrwxr-x	2020-12-08 01:42	4 KB
▶ app	drwxrwx--x	2020-12-15 08:41	4 KB
▶ app-asec	drwx------	2020-12-08 01:42	4 KB
▶ app-ephemeral	drwxrwx--x	2020-12-08 01:42	4 KB
▶ app-lib	drwxrwx--x	2020-12-08 01:42	4 KB
▶ app-private	drwxrwx--x	2020-12-08 01:42	4 KB
▶ backup	drwx------	2020-12-15 08:41	4 KB
▶ benchmarktest	drwxrwx--x	2020-09-22 02:56	4 KB
▶ bootchart	drwxr-xr-x	2020-12-08 01:42	4 KB
▶ cache	drwxrwx---	2020-12-08 01:42	4 KB
▶ dalvik-cache	drwxrwx--x	2020-12-08 01:42	4 KB
▼ data	drwxrwx--x	2020-12-15 01:24	8 KB
▶ android	drwx------	2020-12-08 01:42	4 KB
▼ chenyi.book.android.ch09	drwx------	2020-12-15 08:42	4 KB
▶ cache	drwxrws--x	2020-12-13 15:00	4 KB
▶ code_cache	drwxrws--x	2020-12-13 15:00	4 KB
▼ databases	drwxrwx--x	2020-12-15 08:42	4 KB
district.db	-rw-rw----	2020-12-15 08:42	4 KB
district.db-shm	-rw-------	2020-12-15 08:42	32 KB
district.db-wal	-rw-------	2020-12-15 08:42	32.2 KB
▶ shared_prefs	drwxrwx--x	2020-12-13 15:04	4 KB
▶ chenyi.book.android.ch09_2	drwx------	2020-12-14 13:41	4 KB
▶ chenyi.book.android.ch09_3	drwx------	2020-12-15 02:11	4 KB

图 9-11　数据库的位置

据库连接。一旦数据库连接成功，就会在 DB Browser 中显示如图 9-12 所示的数据库的相关信息。

2. SQLite 数据库的升级

创建数据库成功后，如果需要升级数据库。当然可以直接将 data/data/包名/databases 目录下的数据删除，然后修改代码，实现数据库的变更。但是，Android 提供了一个更为可靠的方法，即通过 DatabaseOpenHelper 子类中的 onUpdate()函数实现数据库更新。例如，将 district.db 数据库中的数据表 city 结构变更如下：

```
create table city(id integer primary key autoincrement, state text, city text,
county text,code text,demo text)
```

这时需要对 DistrictDBHelper 类进行如下修改：

```
//模块 ch09_4 修改后的 DistrictDBHelper.kt
class DistrictDBHelper(val context: Context, val name: String, val version: Int)
    : SQLiteOpenHelper(context,name,null,version) {
        private val createSQL ="create table city(id integer primary
            key autoincrement,state text, city text," +
        "county text," +
        "code text," +
        "demo text)"                                   //定义创建数据表的 SQL 语句字符串
```

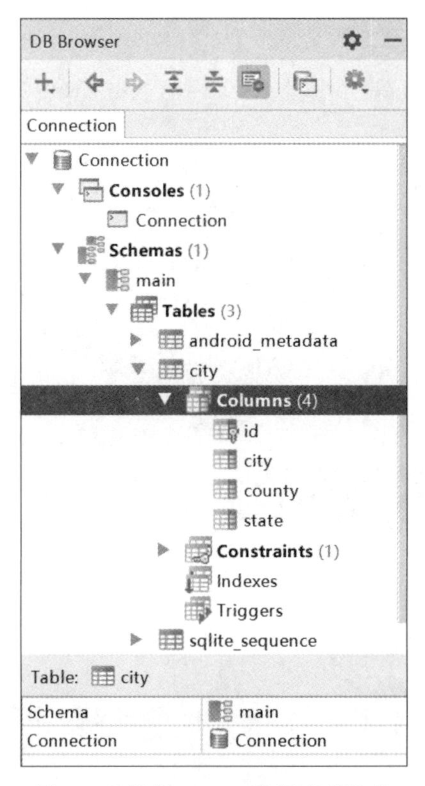

图 9-12 连接 SQLite 数据库的信息

```
    private val dropSQL ="drop table if exists city"
    override fun onCreate(db: SQLiteDatabase?) {                //创建数据库
        db?.execSQL(createSQL)
    }
    override fun onUpgrade(db: SQLiteDatabase?, oldVersion: Int, newVersion:
        Int) {                                                   //升级数据库
        db?.execSQL(dropSQL)
        onCreate(db)
    }
}
```

在对应的 MainActivity 布局文件 activity_main.xml 中增加一个升级按钮,同时,在 MainActivity 中修改数据库的版本(只需要比上一个版本加 1 即可)。定义升级按钮动作处理的代码如下:

```
//模块 ch_09_4 MainActivity.kt
class MainActivity : AppCompatActivity() {
    override fun onCreate(savedInstanceState: Bundle?) {
        super.onCreate(savedInstanceState)
        setContentView(R.layout.activity_main)
        val dbHelper =DistrictDBHelper(this,"district.db",2)
```

```
        createDBBtn.setOnClickListener {            //创建数据库
            dbHelper.writableDatabase
            Snackbar.make(mainLayout,"创建数据库成功!",
                Snackbar.LENGTH_LONG).show()
        }
        updateDBBtn.setOnClickListener {            //升级数据库
            dbHelper.writableDatabase
            Snackbar.make(mainLayout,"变更数据库成功!",
                Snackbar.LENGTH_LONG).show()
        }
    }
}
```

运行结果如图 9-13 所示。

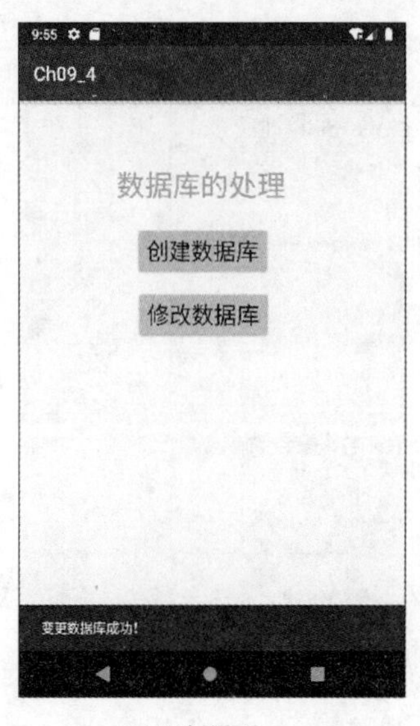

(a) 运行界面

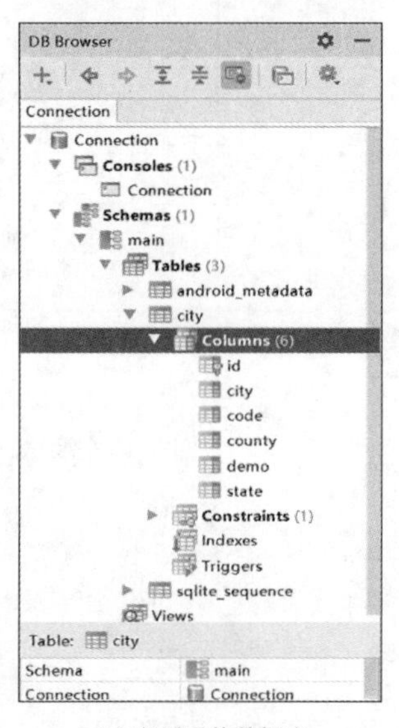

(b) 变更后的数据库

图 9-13 运行结果

9.3.2 执行 SQL 操作

数据库创建成功后,可以对表中的记录进行 Create(创建)、Update(修改)、Drop(删除)操作,这些操作简称为 CRUD 操作。除此之外,还有一个非常重要的查找操作,用于检索数据库中的信息。对于数据库的操作,可以通过 DatabaseOpenHelper 对象的 getReadableDatabase()或 getWritableDatabase()函数获得 SQLiteDatabase 对象达到操作数据的目的。SQLiteDatabase 对象提供了一些常用函数,用于实现检索和 CRUD 操作,如表 9-4 所示。

表 9-4 SQLiteDatabase 对象常用的函数

函　　数	说　　明
insert(String, String,ContentValues)	插入数据库数据表的一行记录
insertOrThrow(String,String,ContentValues)	插入数据库数据表的一行记录

续表

函　　数	说　　明
replace(String, String,ContentValues)	替换数据库数据表中的一行记录
update(String, ContentValues, String, String[])	用 ContentValue 的数据更新满足特定条件的记录
delete(String, String, String[])	删除数据库数据表的满足条件的记录
execSQL(String)	执行 SQL 脚本的操作
query (String, String [ ], String, String [ ], String, String, String, String,String)	按照设置的条件检索指定的数据表,返回带有结果集的 Cursor 对象
query (String, String [ ], String, String [ ], String, String, String)	按照设置的条件检索指定的数据表,返回带有结果集的 Cursor 对象
rawQuery(String, String[], CancellationSignal)	执行 SQL 检索记录,返回带有结果集的 Cursor 对象
beginTransaction()	开始事务
endTransaction()	结束事务
inTransaction()	如果当前上下文处于事务中,则返回 true;否则返回 false
setTransactionSuccessful()	设置事务的标志

1. 插入记录

SQLiteDatabase 对象提供的 insert()函数,可以实现数据记录的插入。insert()函数的完整结构如下:

```
insert(table: String, nullColumnHack: String, values: ContentValues)
```

其中,table 表示插入的数据表的名称,nullColumnHack 是可选项,表示对于未指定的取值,用 null 替代数据表的内容。values 是 ContentValues 对象,表示要处理的数据,包含存储了一组要插入的值,包含该行的初始列值。在 ContentValues 提供了一系列的 put()函数将键值对映射到数据集合中。例如:

```
val dbHelper =DistrictDBHelper(context,"district.db",2) //获得自定义的数据库的
                                                        //帮助类对象,见 9.3.1 节
val db =dbHelper.writableDatabase                       //获得数据库对象
val values =ContentValues().apply{
    put("state",state)
    put("city",city)
    put("county",county)
}                                                       //创建保存一组记录的
                                                        //ContentValues 对象
db.insert("city",null,values)                           //执行插入操作
```

在具体操作中,考虑到一些程序员习惯使用 SQL 操作关系数据库,Android 提供了 execSQL 用于对数据库直接进行处理。上述的操作,也可以通过 execSQL()函数的调用实现,对应的处理如下:

```
val dbHelper =DistrictDBHelper(context,"district.db",2)
val db =dbHelper.writableDatabase
val sql ="insert into city (state,city,county) values (?,?,?)"
db.execSQL(sql,arrayOf(state,city,county))
```

2. 删除记录

通过 SQLiteDatabase 类提供的 delete()函数可以对记录进行删除操作。delete()函数的表达形式如下：

```
delete(table: String, whereClause: String, whereArgs: String[])
```

其中，table 表示要处理的数据表表名，whereClause：表示可选 WHERE 条件子句，如果没有设置，表示删除所有的行记录。如果在 whereClause 设置了"?"占位符，whereArgs 按照顺序将传递具体的值给 whereClause 占位符。whereClause 和 whereArgs 都用于设置控制条件。delete()函数返回执行删除的行数。如果删除的是所有行，返回 1，如果没有删除，则返回 0。

假设要删除在 9.3.1 节定义 district.db 数据库中数据表 city 的特定记录，则需要执行如下代码：

```
val dbHelper =DistrictDBHelper(context,"district.db",2)
                                     //获得自定义的数据库的帮助类对象,见 9.3.1 节
val db =dbHelper.writableDatabase    //获得数据库
val result =db.delete("city","state=? and city =? and county =?",arrayOf(state,
    city,county))                    //删除记录
```

也可以通过调用 execSQL()函数直接进行删除操作，与上述代码同样的删除处理过程可以写成如下形式：

```
val dbHelper =DistrictDBHelper(DBApp.context,"district.db",2)
val db =dbHelper.writableDatabase
db.delete("city","state=? and city=? and county=?",arrayOf(state,city,
    county))
```

3. 修改记录

通过 SQLiteDatabase 类提供的 update()函数可以进行数据更新操作，update()函数的定义如下：

```
update(table: String, values: ContentValues, whereClause: String,
    whereArgs: String[])
```

其中，table 为要更新记录的数据表名，values 是一个 ContentValues 的对象，保存了要修改一行记录的数据。whereClause 和 whereArgs 一起构成要修改记录的条件。可以在 whereClause 使用占位符"?"表示条件，whereArgs 参数可以用具体的值指定"?"占位符应该取得的值。更新数据表 city 的代码如下：

```
val dbHelper =DistrictDBHelper(context,"district.db",2)        //获得自定义的数据库的
                                                               //帮助类对象,参见 9.3.1 节
val db =dbHelper.writableDatabase                              //获得数据库
val values =ContentValues().apply{
    put("state",state)
    put("city",city)
    put("county",county)
}                                                              //创建要更新的一行记录
db.update("city",values,"id =?",arrayOf(id.toString()))        //设定条件
```

对应的修改记录也可以通过调用 execSQL()函数实现对 SQL 语句的操作,具体的做法如下:

```
val db =dbHelper.writableDatabase
val sql ="update city set state =? , city =? , county =? where id=?"
db.execSQL(sql,arrayOf(state,city,county,"${id}"))
```

4. 检索记录

检索记录获得存储在数据库的数据是移动应用常见的操作。SQLiteDatabase 类提供了一系列的 query()函数实现对数据的检索。常用的 query 的重载方法有两种,具体结构如下。

方法 1:

```
query(table: String, columns: String[], selection: String, String[],
    selectionArgs: String, groupBy: String, having: String, orderBy: String,
    limit: String)
```

方法 2:

```
query(table: String, columns: String[], selection: String, selectionArgs:
    String[], groupBy: String, having: String, orderBy: String)
```

相对其他方法而言,query()函数的参数较多。上述两种 query()函数的参数说明如下。

(1) table 表示要检索的数据表表名。

(2) columns 表示查询映射的列名。

(3) selection 表示设置检索条件的 where 子句,在 selection 中可以使用“?”表示占位符,用于接收参数 selectionArgs 传递的值。

(4) selectionArgs 表示选择条件的取值。

(5) groupBy 表示需要 group 的列名进行分组。

(6) having 表示根据指定的条件过滤分组,往往与 groupBy 结合使用。

(7) orderBy 指定排序的方式。

(8) limit 表示约束结果集中的行数。

如果要检索 district.db 数据库数据表 city 中指定省份的所有记录,可以写成如下形式:

```
val db =dbHelper.readableDatabase
//检索记录返回 Cursor 游标对象                                  //打开数据库
val cursor =db.query("city",arrayOf("state","city","county"),"state =?",
    arrayOf(state),null,null,"city"))
    if(cursor.moveToFirst()){                                   //判断并将游标指向第一条记录
    do{                                                         //获取指定列的取值
        val state=cursor.getString(cursor.getColumnIndex("state"))
        val city=cursor.getString(cursor.getColumnIndex("city"))
        val county=cursor.getString(cursor.getColumnIndex("county"))
        Log.d("DB","${state}-${city}-${county}")
    }while(cursor.moveToNext())                                 //游标向下移动直至结束
    cursor.close()
}
```

检索操作往往需要获得结果集,因此在使用 SQL 的 SELECT 语句进行检索操作,不是调用 execSQL()函数,而是调用 rawQuery()函数实现的。具体的执行过程如下:

```
val db =dbHelper.readableDatabase                               //打开数据库
val sql ="select state,city,county from city where state =
    ? order by county"                                          //定义 SQL 语句
val cursor =db.rawQuery(sql,arrayOf(state))
if(cursor.moveToFirst()){                                       //判断并将游标指向第一条记录
    do{                                                         //获取指定列的取值
        val state =cursor.getString(cursor.getColumnIndex("state"))
        val city =cursor.getString(cursor.getColumnIndex("city"))
        val county =cursor.getString(cursor.getColumnIndex("county"))
        Log.d("DB","${state}-${city}-${county}")
    }while(cursor.moveToNext())                                 //游标向下移动直至结束
    cursor.close()
}
```

上述两种方法的检索功能完全一致。在具体的选择过程中,并没有强制性的规定,选择自己习惯的操作方法即可。

5. 事务处理

事务处理是将多个 CRUD 操作、检索操作或者命令一起执行,所有命令全部执行成功才意味着该事务执行成功,任何一个命令失败都意味着该事务执行的失败。一旦失败,就会发生回滚操作,恢复未执行事务前的状态。

事务处理的代码如下:

```
val dbHelper =DistrictDBHelper(context,"district.db",2)
                                    //获得自定义数据库的 dbHelper 对象,参见 9.3.1 节
val db =dbHelper.writableDatabase   //获得数据库
db.beginTransaction();
try{…                               //执行 DML 语句(insert/update/delete)
    db.setTransactionSuccessful()   //调用该方法设置事务成功
}finally{                           //根据事务的标志决定是提交事务还是回滚事务
    db.endTransaction();
    }
```

例 9-4 将 9.2 节保存的 cities.csv 文件中的记录保存到数据库 district.db 的数据表 city 中，然后测试插入记录、删除记录、修改记录以及利用事务实现批量插入的操作，代码如下：

```
//模块 ch09_4 创建移动应用 DBApp.kt
class DBApp: Application() {
    companion object{
        @SuppressLint("StaticFieldLeak")  //忽略 Lint 检查静态数据域的内存泄漏
        lateinit var context: Context      //定义移动应用的上下文
    }
    override fun onCreate() {
        super.onCreate()
        context =applicationContext       //将整个移动应用的上下文赋值给 context 变量
    }
}
```

DBApp 的伴随对象定义了 context，它在 onCreate()方法中获得了整个应用的上下文 applicationContext。因为 applicationContext 在整个移动应用中是唯一的，就使得 context 也具有唯一性，所以不会发生内存泄漏。在 AndroidManifest.xml 配置文件中设置 application 的 android：name 为 DBApp，使得加载移动应用后会创建一个数据库的应用实例。从而获得应用的上下文。

District 类是实体类，用于记录单个直辖市或省的记录，代码如下：

```
//模块 ch09_4 定义实体类 District.kt
/**定义实体类 District 表示地方
 * state: 表示直辖市或省
 * city: 表示城市或地区或自治州
 * county: 表示地区或县 */
data class District(val id: Int, val state: String, val city: String,
   val county: String,val code: String?=null, val describe: String?=null)
```

FileUtils 是一个实用类，用它的 getDistricts()函数从 assets 目录的 cities.csv 文件中读取数据，然后将数据分隔生成多个 District 对象保存到列表中，代码如下：

```
//模块 ch09_4 读取 assets 目录的文件处理实用类 FileUtils.kt
package chenyi.book.android.ch09
object FileUtils{
    fun getDistricts(): List<District>{                        //读取文件获得地点列表
        val list =mutableListOf<District>()
        val context =DBApp.context                             //获得移动应用的上下文
        val inputStream =context.assets.open("cities.csv")
        val inputReader =inputStream.bufferedReader(Charsets.UTF_8)
        inputReader.use{
            var index =1
            it.lines().forEach {line: String->
```

```
            val content =line.split(",")
            list.add(District(index++,content[0],content[1],content[2]))
        }
        return list
    }
}
//模块 ch09_4 数据库的帮助类 DistrictDBHelper.kt
class DistrictDBHelper(val context: Context, val name: String,
    val version: Int): SQLiteOpenHelper(context,name,null,version) {
    //定义创建数据表的 SQL 语句字符串
    private val createSQL ="""create table city(id integer primary key
    autoincrement, state text,city text, county text,code text, demo text) """
    private val dropSQL ="drop table if exists city"
    override fun onCreate(db: SQLiteDatabase?) {                      //创建数据库
        db?.execSQL(createSQL)
    }
    override fun onUpgrade(db: SQLiteDatabase?, oldVersion: Int,
        newVersion: Int) {                                            //更新数据库
         db?.execSQL(dropSQL)
         onCreate(db)
     }
}
```

定义一个通用的数据库处理的实用类 DBUtils,实现数据库的相关操作,代码如下：

```
//模块 ch09_4 数据库操作的实用类 DBUtils.kt
object DBUtils {
    val dbHelper =DistrictDBHelper(DBApp.context,"district.db",2)
                                                   //生成 DistrictDBHelper 对象
    fun insertRecord(state: String,city: String,county: String){
                                                   //插入记录
        val db =dbHelper.writableDatabase          //获得数据库
        val values =ContentValues().apply{         //生成 ContentValues 对象
            put("state",state)
            put("city",city)
            put("county",county)
        }
        db.insert("city",null,values)              //插入数据库数据表 city 中
    }
    fun insertRecordBySQL(state: String,city: String,county: String){
                                                   //使用 SQL 实现记录的插入
        val db =dbHelper.writableDatabase          //获得数据库
        val sql ="insert into city (state,city,county) values (?,?,?)"
                                                   //定义插入的 sql 字符串
```

```
    db.execSQL(sql,arrayOf(state,city,county)) //执行 SQL 的插入操作
}
fun deleteRecord(state: String,city: String,county: String){
                                                    //删除记录
    val db=dbHelper.writableDatabase               //获得数据库
        db.delete("city","state=? and city=? and county=?",arrayOf(state,
            city,county))          //删除指定 state、city 和 county 变量一致的记录
}
fun deleteRecordBySQL(state: String,city: String,county: String){
                                                    //利用 SQL 删除语句删除记录
    val db=dbHelper.writableDatabase               //获取数据库
    val sql="delete from city where state=? and city=? and county=?"
                                                    //创建 SQL 删除字符串
    db.execSQL(sql,arrayOf(state,city,county)) //执行 SQL
}
fun updateRecordById(id: Int,state: String,city: String,county: String){
                                                    //修改记录
    val db=dbHelper.writableDatabase               //获得数据库
    val values=ContentValues().apply{              //创建 Contentvalues 对象
        put("state",state)
        put("city",city)
        put("county",county)
    }
    db.update("city",values,"id=?",arrayOf(id.toString()))
                                                    //使用 ContentValues 对象
                                                    //values 来修改数据库数据表
                                                    //city 对应的记录
}
fun updateRecordBySQL(id: Int,state: String,city: String,county: String){
                                                    //使用 SQL 来修改记录
    val db=dbHelper.writableDatabase
    val sql="update city set state =? , city =? , county =? where id=?"
    db.execSQL(sql,arrayOf(state,city,county,"${id}"))
}
fun getRecordsNumber(): Int{                        //获得记录的总数
    val db=dbHelper.readableDatabase
    val cursor=db.query("city",null,null,null,null,null,null)
    val result=cursor.count
    cursor.close()
    return result
}
fun queryRecordsByState(state: String): List<District>{   //检索记录
    val districtList=mutableListOf<District>()
    val db=dbHelper.readableDatabase                //打开数据库
                                                    //检索记录返回 Cursor 游标对象
    val cursor=
        db.query("city",arrayOf("id","state","city","county"),"state =?",
        arrayOf(state),null,null,"county")
    if(cursor.moveToFirst()){                       //判断并将游标指向第一条记录
        do{                                         //获取指定列的取值
            val id=cursor.getInt(cursor.getColumnIndex("id"))
```

```
                val state =cursor.getString(cursor.getColumnIndex("state"))
                val city =cursor.getString(cursor.getColumnIndex("city"))
                val county =cursor.getString(cursor.getColumnIndex("county"))
                districtList.add(District(id,state,city,county))
            }while(cursor.moveToNext())                    //游标向下移动直至结束
            cursor.close()
        }
        return districtList
    }
    fun queryRecordsBySQL(state: String): List<District>{ //利用 SQL 检索记录
        val districtList =mutableListOf<District>()
        val db =dbHelper.readableDatabase                  //打开数据库
        val sql ="select id,state,city,county from city where state =? order by
            county"                                        //定义 SQL 语句
        val cursor =db.rawQuery(sql,arrayOf(state))
        if(cursor.moveToFirst()){                          //判断并将游标指向第一条记录
            do{                                            //获取指定列的取值
                val id =cursor.getInt(cursor.getColumnIndex("id"))
                val state =cursor.getString(cursor.getColumnIndex("state"))
                val city =cursor.getString(cursor.getColumnIndex("city"))
                val county =cursor.getString(cursor.getColumnIndex("county"))
                districtList.add(District(id,state,city,county))
            }while(cursor.moveToNext())                    //游标向下移动直至结束
            cursor.close()
        }
        return districtList
    }
    fun insertByBatch(districts: List<District>){   //事务处理进行批量插入
        val db =dbHelper.writableDatabase                  //打开数据库
        db.beginTransaction()
        try{
            districts.forEach {d: District->
                var values =ContentValues().apply{
                    put("state",d.state)
                    put("city",d.city)
                    put("county",d.county) }
                db.insert("city",null,values)
            }
        db.setTransactionSuccessful()
    }finally {
        db.endTransaction()
    }
}
```

MainActivity 对应的布局文件,代码如下:

```
<!--模块 ch09_4 定义 MainActivity 的布局文件 activity_main.xml-->
<?xml version="1.0" encoding="utf-8"?>
```

```
<androidx.constraintlayout.widget.ConstraintLayout
    android:id="@+id/mainLayout"
    xmlns:android="http://schemas.android.com/apk/res/android"
    xmlns:app="http://schemas.android.com/apk/res-auto"
    xmlns:tools="http://schemas.android.com/tools"
    android:layout_width="match_parent"
    android:layout_height="match_parent"
    tools:context=".MainActivity">
    <TextView android:id="@+id/textView"
        android:layout_width="wrap_content"
        android:layout_height="wrap_content"
        android:text="@string/title_app"
        android:textColor="@color/colorAccent"
        android:textSize="30dp"
        app:layout_constraintBottom_toBottomOf="parent"
        app:layout_constraintEnd_toEndOf="parent"
        app:layout_constraintLeft_toLeftOf="parent"
        app:layout_constraintRight_toRightOf="parent"
        app:layout_constraintStart_toStartOf="parent"
        app:layout_constraintTop_toTopOf="parent"
        app:layout_constraintVertical_bias="0.047" />
    <!--定义创建数据库的按钮 -->
    <Button android:id="@+id/createDBBtn"
        android:layout_width="wrap_content"
        android:layout_height="wrap_content"
        android:text="@string/title_create_db"
        android:textSize="24dp"
        app:layout_constraintBottom_toBottomOf="parent"
        app:layout_constraintEnd_toEndOf="parent"
        app:layout_constraintHorizontal_bias="0.466"
        app:layout_constraintStart_toStartOf="parent"
        app:layout_constraintTop_toBottomOf="@+id/textView"
        app:layout_constraintVertical_bias="0.049" />
  <!--定义升级数据库的按钮 -->
    <Button android:id="@+id/updateDBBtn"
        android:layout_width="wrap_content"
        android:layout_height="wrap_content"
        android:text="@string/title_update_db"
        android:textSize="24dp"
        app:layout_constraintBottom_toBottomOf="parent"
        app:layout_constraintEnd_toEndOf="parent"
        app:layout_constraintHorizontal_bias="0.468"
        app:layout_constraintStart_toStartOf="parent"
        app:layout_constraintTop_toBottomOf="@+id/textView"
        app:layout_constraintVertical_bias="0.171" />
  <!--定义批量拆入记录的按钮 -->
    <Button android:id="@+id/insertBatchRecordBtn"
        android:layout_width="wrap_content"
        android:layout_height="wrap_content"
        android:text="@string/title_insert_batch"
        android:textSize="24dp"
        app:layout_constraintBottom_toBottomOf="parent"
```

```
        app: layout_constraintEnd_toEndOf="parent"
        app: layout_constraintHorizontal_bias="0.195"
        app: layout_constraintStart_toStartOf="parent"
        app: layout_constraintTop_toBottomOf="@+id/textView"
        app: layout_constraintVertical_bias="0.312" />
    <!--定义插入记录的按钮 -->
    <Button android: id="@+id/insertRecordBtn"
        android: layout_width="wrap_content"
        android: layout_height="wrap_content"
        android: text="@string/title_insert_record"
        android: textSize="24dp"
        app: layout_constraintBottom_toBottomOf="parent"
        app: layout_constraintEnd_toEndOf="parent"
        app: layout_constraintHorizontal_bias="0.793"
        app: layout_constraintStart_toStartOf="parent"
        app: layout_constraintTop_toBottomOf="@+id/textView"
        app: layout_constraintVertical_bias="0.312" />
    <!--定义删除记录的按钮 -->
    <Button android: id="@+id/deleteRecordBtn"
        android: layout_width="wrap_content"
        android: layout_height="wrap_content"
        android: text="@string/title_delete_record"
        android: textSize="24dp"
        app: layout_constraintBottom_toBottomOf="parent"
        app: layout_constraintEnd_toEndOf="parent"
        app: layout_constraintHorizontal_bias="0.195"
        app: layout_constraintStart_toStartOf="parent"
        app: layout_constraintTop_toBottomOf="@+id/textView"
        app: layout_constraintVertical_bias="0.442" />
<!--定义修改记录的按钮 -->
    <Button android: id="@+id/updateRecordBtn"
        android: layout_width="wrap_content"
        android: layout_height="wrap_content"
        android: text="@string/title_update_record"
        android: textSize="24dp"
        app: layout_constraintBottom_toBottomOf="parent"
        app: layout_constraintEnd_toEndOf="parent"
        app: layout_constraintHorizontal_bias="0.793"
        app: layout_constraintStart_toStartOf="parent"
        app: layout_constraintTop_toBottomOf="@+id/textView"
        app: layout_constraintVertical_bias="0.441" />
    <LinearLayout android: id="@+id/linearLayout"
        android: layout_width="match_parent"
        android: layout_height="wrap_content"
        android: orientation="horizontal"
        app: layout_constraintBottom_toTopOf="@+id/scrollView"
        app: layout_constraintEnd_toEndOf="parent"
        app: layout_constraintHorizontal_bias="0.166"
```

```
        app: layout_constraintStart_toStartOf="parent"
        app: layout_constraintTop_toBottomOf="@+id/deleteRecordBtn"
        app: layout_constraintVertical_bias="0.2">
        <!--直辖市或省的输入文本框 -->
        <EditText android: id="@+id/stateTxt"
            android: layout_width="@dimen/size_txt"
            android: layout_height="wrap_content" />
        <!--城市或地区的输入文本框 -->
        <EditText android: id="@+id/cityTxt"
            android: layout_width="@dimen/size_txt"
            android: layout_height="wrap_content" />
        <!--县或地区的输入文本框 -->
        <EditText android: id="@+id/countyTxt"
            android: layout_width="@dimen/size_txt"
            android: layout_height="wrap_content" />
    </LinearLayout>
    <!--检索记录按钮 -->
    <Button android: id="@+id/queryRecordBtn"
        android: layout_width="wrap_content"
        android: layout_height="wrap_content"
        android: text="@string/title_query_record"
        android: textSize="24dp"
        app: layout_constraintBottom_toBottomOf="parent"
        app: layout_constraintEnd_toEndOf="parent"
        app: layout_constraintHorizontal_bias="0.498"
        app: layout_constraintStart_toStartOf="parent"
        app: layout_constraintTop_toBottomOf="@+id/linearLayout"
        app: layout_constraintVertical_bias="0.059" />
    <ScrollView android: id="@+id/scrollView"
        android: layout_width="match_parent"
        android: layout_height="@dimen/size_txt"
        app: layout_constraintBottom_toBottomOf="parent"
        app: layout_constraintEnd_toEndOf="parent"
        app: layout_constraintHorizontal_bias="0.0"
        app: layout_constraintStart_toStartOf="parent"
        app: layout_constraintTop_toBottomOf="@+id/updateDBBtn"
        app: layout_constraintVertical_bias="1.0">
        <TextView android: id="@+id/queryTxt"
            android: layout_width="match_parent"
            android: layout_height="wrap_content" />
    </ScrollView>
</androidx.constraintlayout.widget.ConstraintLayout>
```

MainActivity 对应的代码如下：

```
//模块 ch09_4 定义 MainActivity.kt
class MainActivity : AppCompatActivity() {
    override fun onCreate(savedInstanceState: Bundle?) {
        super.onCreate(savedInstanceState)
        setContentView(R.layout.activity_main)
        val dbHelper =DistrictDBHelper(this,"district.db",2)
```

```
        createDBBtn.setOnClickListener {
            dbHelper.writableDatabase
            Snackbar.make(mainLayout,"创建数据库成功!",Snackbar.LENGTH_LONG).
            show()
        }
        updateDBBtn.setOnClickListener {
            dbHelper.writableDatabase
            Snackbar.make(mainLayout,"变更数据库成功!",Snackbar.LENGTH_LONG).
            show()
        }
        insertBatchRecordBtn.setOnClickListener {              //批量插入记录
            val districtList =FileUtils.getDistricts()
            DBUtils.insertByBatch(districtList)
            queryTxt.text ="插入结果: 数据过于庞大: ${DBUtils.getRecordsNumber()}"
        }
        insertRecordBtn.setOnClickListener {                   //插入记录
            val state =stateTxt.text.toString()
            val city =cityTxt.text.toString()
            val county =countyTxt.text.toString()
            DBUtils.insertRecord(state,city,county)
            val districtList =DBUtils.queryRecordsByState(state)
            queryTxt.text ="插入结果: ${districtList}"
        }
        deleteRecordBtn.setOnClickListener {                   //删除记录
            val state =stateTxt.text.toString()
            val city =cityTxt.text.toString()
            val county =countyTxt.text.toString()
            DBUtils.deleteRecord(state,city,county)
            val districtList =DBUtils.queryRecordsByState(state)
            queryTxt.text ="删除结果: ${districtList.isEmpty()}"
        }
        updateRecordBtn.setOnClickListener {                   //修改记录
            val state =stateTxt.text.toString()
            val districtList =DBUtils.queryRecordsByState(state)
            if(!districtList.isEmpty()){
                val id =districtList[0].id
                DBUtils.updateRecordById(id,"江西省","南昌市","青山湖区")
                val districtList =DBUtils.queryRecordsByState(state)
                queryTxt.text ="修改结果: ${districtList.isEmpty()}"
            }
        }
        queryRecordBtn.setOnClickListener {                    //检索记录
            val state =stateTxt.text.toString()
            val districtList =DBUtils.queryRecordsByState(state)
            queryTxt.text ="检索结果: ${districtList}"
        }
    }
}
```

运行结果如图 9-14 所示。

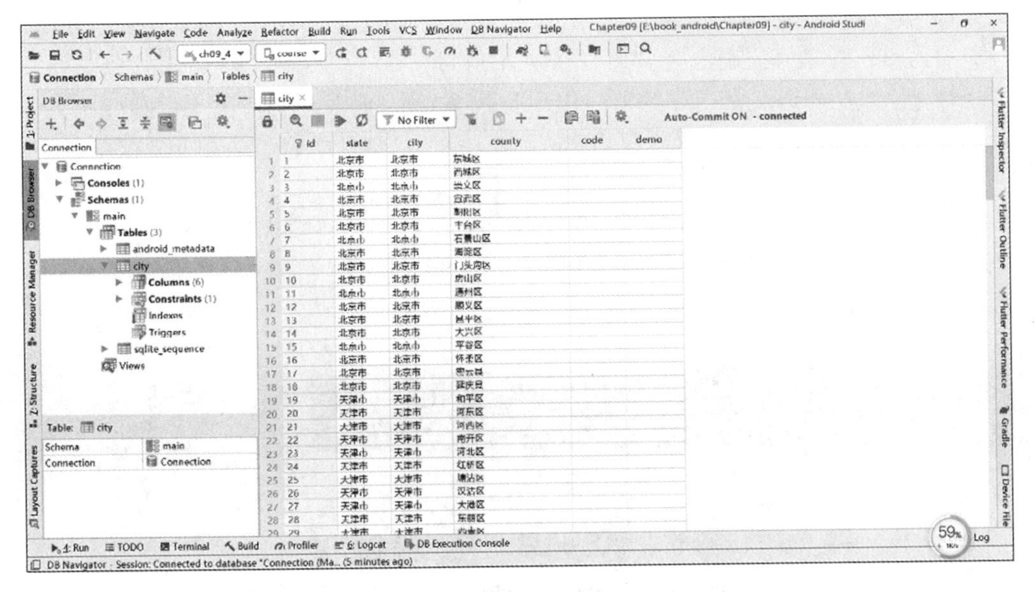

(a) 批量插入记录

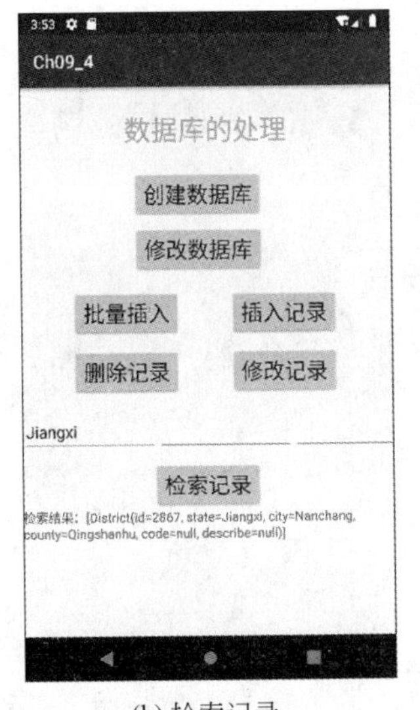

(b) 检索记录

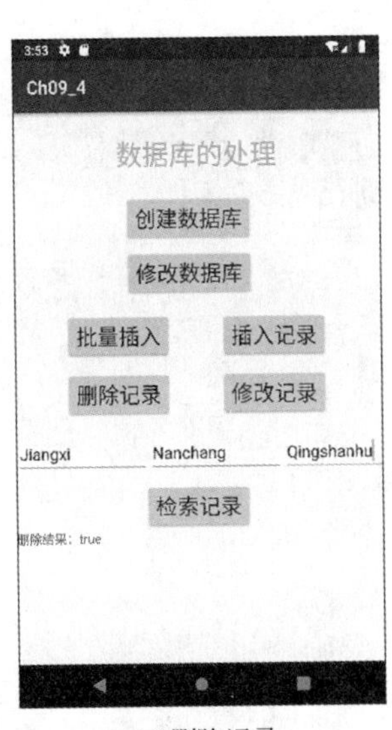

(c) 删除记录

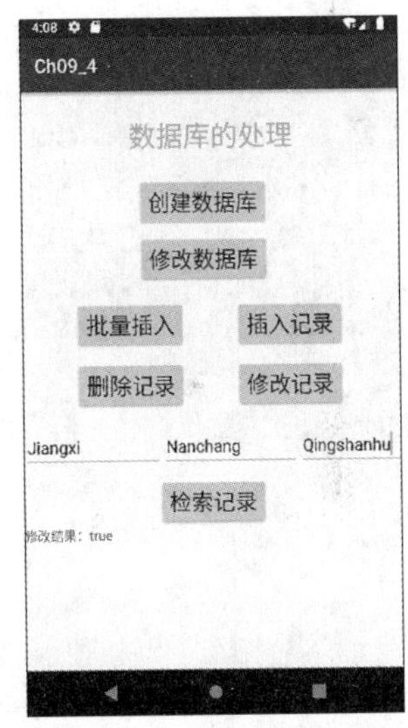

(d) 修改记录

图 9-14　运行结果

9.4　ContentProvider 组件

移动应用之间常常需要共享数据，例如通讯录、媒体库、短信、地理位置等数据都可以在第三方移动应用之间共享。Android 提供的 ContentProvider 组件可以实现数据的共享。ContentProvider 组件的主要功能是为移动应用提供内容数据。这些内容数据可以从文件、数据库或云端的网络资源中获得，ContentProvider 组件将数据封装，并提供访问数据的标准方式，然后通过不同应用的 ContentResolver 对象根据特定的内容 URI 访问 ContentProvider 组件

封装的数据,将获得的数据提供给移动应用使用。通过 ContentProvider 组件,实现了数据与应用界面的代码分离,在不同的移动应用共享数据的目的。

实际上,ContentProvider 在不同的应用程序共享数据才能发挥更大的作用。图 9-15 展示了 ContentProvider 组件的数据共享情况。

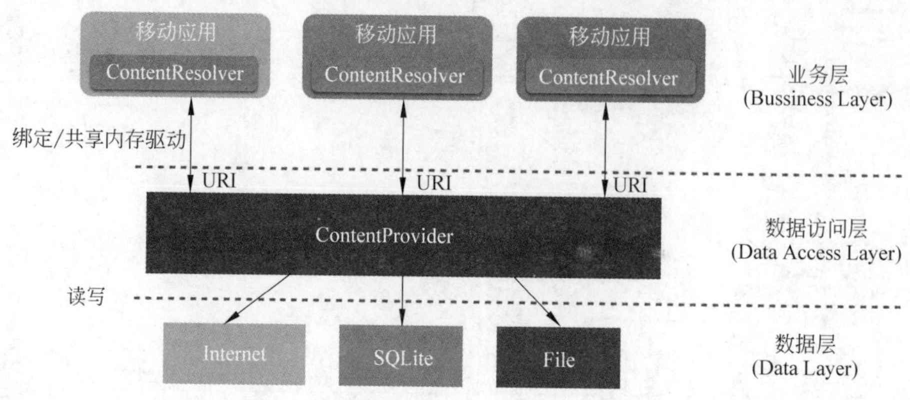

图 9-15　ContentProvider 组件的数据共享

9.4.1　创建 ContentProvider 组件

要创建一个 ContentProvider 组件实现跨应用共享数据,必须先将其定义为 ContentProvider()类的子类,形式如下:

```
class MyContentProvider : ContentProvider() {
    override fun onCreate(): Boolean {
        TODO("Implement this to initialize your content provider on startup.")
    }
    override fun getType(uri: Uri): String? {
        TODO("Implement this to handle requests for the MIME type of the data at
        the given URI")
    }
    override fun insert(uri: Uri, values: ContentValues?): Uri? {
        TODO("Implement this to handle requests to insert a new row.")
    }
    override fun delete(uri: Uri, selection: String?, selectionArgs: Array<
    String>?): Int {
        TODO("Implement this to handle requests to delete one or more rows")
    }
    override fun update(uri: Uri, values: ContentValues?, selection: String?,
    selectionArgs: Array<String>?): Int {
        TODO("Implement this to handle requests to update one or more rows.")
    }
    override fun query(uri: Uri, projection: Array<String>?, selection:
        String?,
    selectionArgs: Array<String>?, sortOrder: String?): Cursor? {
    TODO("Implement this to handle query requests from clients.")
    }
}
```

自定义的 ContentProvider 组件需要用到 ContentProvider()类的 6 个函数。

(1) onCreate()函数。该函数用于 ContentProvider 组件的初始化,如果初始化成功,则返回 true,如果初始化失败,则返回 false。

(2) getType(uri: Uri)函数。该函数根据传入的内容 URI 返回相应的 MIME 类型,给定内容 URI 的数据类型。

(3) insert(uri: Uri, values: ContentValues?)函数。该函数用于向 ContentProvider 组件插入数据。数据的内容被封装在 ContentValues 对象中,会根据 URI 指定的访问协议和权限插入指定的表中。

(4) delete(uri: Uri, selection: String?, selectionArgs: Array<String>?)函数。该函数用于按照设置的选择条件,删除 URI 指定的表或记录。

(5) update(uri: Uri, values: ContentValues?, selection: String?, selectionArgs: Array<String>?)函数。该函数用于按照设置的条件和提供数据的 ContentValues 对象,更新 ContentProvider 组件的数据。

(6) query(uri: Uri, projection: Array<String>?, selection: String?, selectionArgs: Array<String>?, sortOrder: String?)函数。该函数用于按照设置的条件,检索相应的记录。

在 ContentProvider 组件的 6 个函数定义中都涉及了 Uri 变量。Uri 变量是内容 URI 统一资源标识符,是 ContentProvider 组件提供的标准访问方式。ContentProvider 组件提供的内容 URI 具有如下的形式:

```
schema://authority/path/id
```

其中参数说明如下。

(1) schema: 表示访问协议,使用 ContentProvidere 组件时,访问协议为 content,表示提供内容。

(2) authority: 表示访问权限,用于指定 ContentProvider 组件的唯一的名称,与配置清单文件 AndroidManifest.xml 指定 provider 元素的 android: authorities 配置一致,用来区分不同的 ContentProvider 组件,通常结尾会使用 Provider 表示。

(3) path: 指定 ContentProvider 组件提供的数据类型。

(4) id: 表示特定记录时才会使用的数。值得注意的是,id 是一个可选项,一旦内容 URI 出现 id 的设置,表示它是基于 ID 的内容 URI,用于访问特定记录的数据;如果没有 id 值,则表示它是基于目录的 URI,用于访问特定目录/表(访问数据表针对 SQLite 数据库)下的数据。

内容 URI 与 ContentProvider 组件的 getType()函数有着千丝万缕的联系。getType()函数返回的是内容 URI 对应的 MIME 类型。MIME 类型即接收数据的格式类型,通过 MIME 类型,可以适当地处理数据。常见的 MIME 类型有表示纯文本的 text/plain、表示 JSON 数据的 application/json。在 Android 移动应用中定义的 MIME 类型所用的格式由两部分构成:

```
类型.子类型/有 ContentProvider 权限的特定内容
```

Android 的移动应用中规定 MIME 类型为 vnd，表示 MIME 不是官方的 IETF MIME 类型，而是“供应商前缀”，数据格式是由供应商自定义的。其子类型主要有两种形式：

形式 1：

```
android.cursor.item
```

表示 URI 模式用于一行。

形式 2：

```
android.cursor.dir
```

表示 URI 模式用于多行。

如果将自定义的 ContentProvider 权限设置为 chenyi.book.android.ch09.provider，且这个自定义 ContentProvider 公开的是 city 表，则访问 cities 表的 MIME 类型如下。

（1）vnd.android.cursor.item/chenyi.book.android.ch09.provider.city：表示访问一行。

（2）vnd.android.cursor.dir/chenyi.book.android.ch09.provider.city：表示访问多行。

在 getType()函数中，需要对内容 URI 对象进行匹配，获得指定的 MIME 类型。这可以通过调用 android.content.UriMatcher 对象的 match()函数实现与 uri 的匹配。

例 9-5 定义如图 9-16 所示的 ContentProvider 应用架构。利用数据库 district.db 实现共享国内主要城市的信息。district.db 中定义了数据表 city，保存了各个省市地区的基本信息。

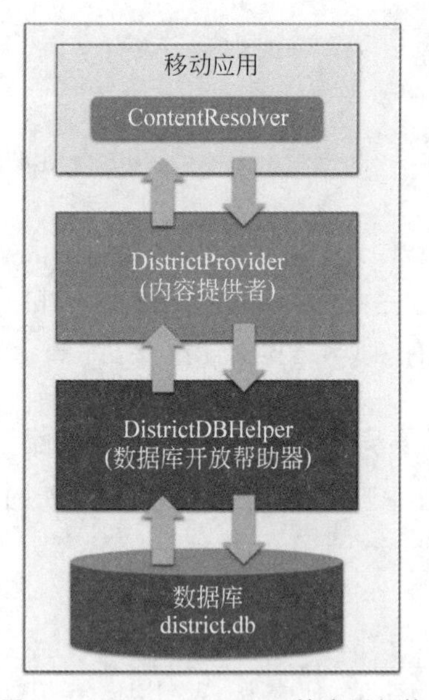

图 9-16 ContentProvider 的应用架构

在这个例子中应用的是本地的 district.db 数据库。具体的做法是定义 ContentProvider 组件，在本例中定义为 DistrictProvider。移动应用通过 Context 对象的 getContentResolver()函数获得 ContentResolver 对象，再通过 ContentResolver 对象来获得 DistrictProvider；DistrictProvider

通过 SQLiteOpenHelper 的子类 DistrictDBHelper 对象来访问数据库。

为了便于在数据库中进行数据的交互，定义了实体类 District，代码如下：

```
//模块 ch09_5 实体类 District.kt
/**定义实体类 District 表示地方
  * state: 表示直辖市或省
  * city: 表示城市或地区或自治州
  * county: 表示地区或县 * /
data class District(val id: Int, val state: String, val city: String,
    val county: String)
```

定义的数据库帮助类 DistrictDBHelper 是 SQLiteOpenHelper 的子类，用于创建数据库和升级数据库，代码如下：

```
//模块 ch09_6 数据库帮助类 DistrictDBHelper.kt
class DistrictDBHelper(val context: Context, val dbName: String,
     val version: Int)
     : SQLiteOpenHelper(context,dbName,null,version){
     private val createSQL="""create table city(id integer primary
         key autoincrement,)state text, city text,
          county text, code text, demo text) """
     private val dropSQL ="drop table if exists city"
     override fun onCreate(db: SQLiteDatabase?) {            //创建新的数据库
             db?.execSQL(createSQL)
     }
     override fun onUpgrade(db: SQLiteDatabase?, oldVersion: Int, newVersion: Int) {
                                                             //升级数据库
     }
}
```

定义一个 ContentProvider 组件（本例中定义为 DistrictProvider），实现对数据的封装，并提供 uri 的接口，方便按照指定的访问格式对数据进行读取和写入，代码如下：

```
//模块 ch09_5 内容提供者组件的定义 DistrictProvider.kt
class DistrictProvider : ContentProvider() {
     private val TAG="DistrictProvider"                //定义日志的标记
     private lateinit var dbHelper: DistrictDBHelper
                                                       //数据库帮助类
                                                       //DistrictDBHelper 对象
     private val cityDir =0                            //定义 cities 表的多行
     private val cityItem =1                           //定义 citites 表的单行
     private val authority ="chenyi.book.android.ch09.provider"
                                                       //定义 ContentProvider 的权限
     private val uriMatcher: UriMatcher =UriMatcher(UriMatcher.NO_MATCH)
     init{
         uriMatcher.addURI(authority,"city",cityDir)
         uriMatcher.addURI(authority,"city/#",cityItem)
```

```
    }
    override fun onCreate(): Boolean =context?.let { //初始化 MyContentProvider
        Log.d(TAG,"调用 MyContentProvider: onCreate()函数")
        dbHelper =DistrictDBHelper(it,"district.db",1)
                                                //it 表示 DistrictProvider 的 Context
        true                                    //创建成功
    }?: false                                   //如果 Context 创建失败,返回 false
    override fun getType(uri: Uri): String? {       //返回 MIME 类型
        Log.d(TAG,"调用 MyContentProvider: getType(${uri})函数")
        when(uriMatcher.match(uri)){                //匹配内容 URI,返回 MIMI 对象
          cityDir->return "vnd.android.cursor.dir/chenyi.book.android.ch09.
              provider.city"
           cityItem-> return "vnd.android.cursor.item/chenyi.book.android.
               ch09.provider.city"
        }
        return null
    }
    override fun delete(uri: Uri, selection: String?, selectionArgs: Array<
        String>?): Int {                            //删除数据
        Log.d(TAG,"调用 MyContentProvider: delete($uri,$selection,
            $selectionArgs)函数")
        val db =dbHelper.writableDatabase          //获得数据库实例
        val deleteRows =when(uriMatcher.match(uri)) {
                                                    //删除并记录删除记录的行数
            cityDir->{
                db.delete("city",selection,selectionArgs)      //删除多行记录
            }
            cityItem->{
                val id =uri.pathSegments[1]        //删除一行记录,获得编号
                db.delete("city","id =?",arrayOf(id))
            }
            else->0
        }
        return deleteRows
    }
    override fun insert(uri: Uri, values: ContentValues?): Uri? {       //插入数据
        Log.d(TAG,"调用 MyContentProvider: insert($uri,$values)函数")
        val db =dbHelper.writableDatabase          //获得数据库实例
        val returnedUri =when(uriMatcher.match(uri)) {
            cityDir,cityItem ->{
                val id =db.insert("city",null,values)
                Uri.parse("content://$authority/city/$id")
            }
            else ->null
        }
        return returnedUri
    }
override fun update(uri: Uri, values: ContentValues?, selection: String?,
    selectionArgs: Array<String>?): Int {          //修改数据
        Log.d(TAG,"调用 MyContentProvider: update($uri,$values,$selection,
            $selectionArgs)函数")
```

```
        val db =dbHelper.writableDatabase                    //获得数据库实例
        val updateRows =when(uriMatcher.match(uri)) { //修改并记录修改记录的行数
          cityDir->{
            db.update("city",values,selection,selectionArgs)
                                                             //修改多行记录
            }
            cityItem->{
               val id =uri.pathSegments[1]                   //修改单行记录
               db.update("city",values,"id =?",arrayOf(id))
            }
            else->0
        }
        return updateRows
    }
    override fun query(uri: Uri, projection: Array<String>?,
        selection: String?,
        selectionArgs: Array<String>?, sortOrder: String?): Cursor? {
                                                             //检索数据
        Log.d(TAG,"调用 MyContentProvider: query($uri,$projection,$selection,
        $selectionArgs,$sortOrder)函数")
        val db =dbHelper.readableDatabase                    //获得数据库实例
        val cursor =when(uriMatcher.match(uri)) {
            cityDir->db.query("city",projection,selection,selectionArgs,
               null,null,sortOrder)
            cityItem->{
               val id =uri.pathSegments[1]
               db.query("city",projection,"id =?",arrayOf(id),null,null,
                  sortOrder)
            }
            else->null
        }
        return cursor
    }
}
```

在模块的应用配置清单文件 AndroidManifest.xml 中会出现 DistrictProvider 类的配置。若将配置文件 android：enabled 设置为 true，表示可以使用这个组件；若将 android：exported 设置为 true，表示支持其他应用调用这个组件，可以让其他的移动应用共享其中封装的数据，代码如下：

```
<!--模块 ch09_5 系统配置 AndroidManifest.xml-->
<?xml version="1.0" encoding="utf-8"?>
<manifest xmlns: android="http://schemas.android.com/apk/res/android"
    package="chenyi.book.android.ch09_5">
    <application…>
        <provider android: name=".DistrictProvider"
            android: authorities="chenyi.book.android.ch09.provider"
            android: enabled="true"
            android: exported="true" />
```

```
        ...
    </application>
</manifest>
```

要让自定义的 DistrictProvider 可用，必须要将 DistrictProvider 加载到移动终端。因此，需要运行模块 ch09_5，使 DistrictProvider 加载并保存到移动终端中。

9.4.2 使用 ContentProvider 组件

要使用 ContentProvider 组件，需要通过调用 Context（上下文）对象的 getContentResolver()函数获得 ContentResolver 对象。通过 ContentResolver 对象调用对应的函数，对指定的内容提供者封装的数据共享和修改。ContentResolver 对象提供的对 ContentProvider 组件共享和修改数据的常用方法如表 9-5 所示。

表 9-5 ContentResolver 对象访问 ContentProvider 的常见函数

函　数	说　明
insert(Uri, ContentValues)	在给定的 URI 中插入一行，返回新插入行的 Uri
update(Uri, ContentValues, String, String[])	修改内容 URI 中的行
delete(Uri, String, String[])	删除由内容 URI 指定的行
query(Uri, String[], String, String[], String)	查询给定的 URI，返回带有结果集 Cursor 对象
query(Uri, String[], Bundle, CancellationSignal)	查询给定的 URI，返回一个支持取消的结果集的 Cursor 对象
getType(Uri)	返回给定内容 URL 的 MIME 类型

例 9-6 使用例 9-5 定义的 DistrictProvider 实现选择地区的操作。

在例 9-5 中，虽然运行模块 ch09_5，加载了 DistrictProvider 到移动终端中，但是并没有对数据库做任何处理。新建一个模块 ch09_6，与例 9-5 的模块不同。本例通过模块 ch09_6 实现对数据库的数据的变更。提供一个 cities.csv（数据格式同例 9-2）放置在模块 ch09_6 的 assets 目录中，将文件中的数据保存到数据库中。通过检索，生成地区联动可选择控件。

（1）定义数据库处理的实用类 DBUtils，代码如下：

```
//模块 ch09_6 访问 ContentProvider 组件的实用类 DBUtils.kt
class DBUtils(val context: Context){
    fun writeToDB(){                    //将 assets 文件的记录写入数据库 district.db
        val inputStream =context.assets.open("cities.csv")
        val inputReader =inputStream.bufferedReader(Charsets.UTF_8)
        val contentResolver =context.contentResolver
        val uri =Uri.parse("content://chenyi.book.android.ch09.provider/city")
        inputReader.use{
            it.lines().forEach {line: String->
            val content =line.split(",")
            val values =contentValuesOf("state" to content[0],
                "city" to content[1], "county" to content[2])
                contentResolver.insert(uri,values)
```

```
            }
        }
    }
    fun getStates(): List<String>{
        val states=mutableListOf<String>()
        val uri = Uri.parse ( " content://chenyi. book. android. ch09. provider/
        city")
        val contentResolver =context.contentResolver
        val cursor =contentResolver.query(uri,arrayOf("state"),
            null,null,null)                    //获得数据表 city 中所有 state 字段的值
        cursor?.apply{
            while(moveToNext()){
                val stateValue =getString(getColumnIndex("state"))
                if(stateValue !in states){
                    states.add(stateValue)
                }
            }
            close()                            //关闭游标
        }
        return states
    }
    fun getCities(state: String): List<String>{
        val cities =mutableListOf<String>()
        val uri = Uri. parse ( " content://chenyi. book. android. ch09. provider/
            city")
        val contentResolver =context.contentResolver
                                               //获得 contentResolver 对象
        val cursor= contentResolver. query (uri, arrayOf ( " city")," state = ?",
            arrayOf(state),null)
                                               //获得指定 state 的所有 city 字段
        cursor?.apply{
            while(moveToNext()){
                val cityValue=getString(getColumnIndex("city"))
                if(cityValue !in cities)
                    cities.add(cityValue)
            }
            close()
        }
        return cities
    }
fun getCounties(state: String,city: String): List<String>{
    val counties=mutableListOf<String>()
    val uri=Uri.parse("content://chenyi.book.android.ch09.provider/city")
    val contentResolver =context.contentResolver
    val cursor =contentResolver.query(uri,arrayOf("county"),
        "state=? and city=?",arrayOf(state,city),null)
                                               //获得指定 state 的所有 city 字段
        cursor?.apply{
            while(moveToNext()){
```

```
                val countyValue =getString(getColumnIndex("county"))
                 if(countyValue !in counties )
                     counties.add(countyValue)
            }
            close()
        }
        return counties
    }
}
```

(2) MainActivity 对应的布局文件 activity_main.xml 提供了 3 个 Spinner(下拉列表)组件,分别用于选择不同级别的地区,以及选择后显示地区的文本标签,代码如下:

```
<?xml version="1.0" encoding="utf-8"?>
<androidx.constraintlayout.widget.ConstraintLayout
    xmlns: android="http://schemas.android.com/apk/res/android"
    xmlns: app="http://schemas.android.com/apk/res-auto"
    xmlns: tools="http://schemas.android.com/tools"
    android: layout_width="match_parent"
    android: layout_height="match_parent"
    tools: context=".MainActivity">
    <TextView android: id="@+id/titleTxt"
        android: layout_width="wrap_content"
        android: layout_height="wrap_content"
        android: text="@string/title_district"
        android: textSize="30sp"
        app: layout_constraintBottom_toBottomOf="parent"
        app: layout_constraintEnd_toEndOf="parent"
        app: layout_constraintLeft_toLeftOf="parent"
        app: layout_constraintRight_toRightOf="parent"
        app: layout_constraintStart_toStartOf="parent"
        app: layout_constraintTop_toTopOf="parent"
        app: layout_constraintVertical_bias="0.1" />
    <Spinner android: id="@+id/stateSpinner"
        android: layout_width="@dimen/size_spinner"
        android: layout_height="wrap_content"
        android: textSize="@dimen/size_spinner_txt"
        app: layout_constraintBottom_toBottomOf="parent"
        app: layout_constraintEnd_toEndOf="parent"
        app: layout_constraintHorizontal_bias="0.05"
        app: layout_constraintStart_toStartOf="parent"
        app: layout_constraintTop_toBottomOf="@+id/titleTxt"
        app: layout_constraintVertical_bias="0.12" />
    <Spinner android: id="@+id/citySpinner"
        android: layout_width="@dimen/size_spinner"
        android: layout_height="wrap_content"
        app: layout_constraintBottom_toBottomOf="parent"
        app: layout_constraintEnd_toEndOf="parent"
        app: layout_constraintHorizontal_bias="0.2"
```

```
        app: layout_constraintStart_toEndOf="@+id/stateSpinner"
        app: layout_constraintTop_toBottomOf="@+id/titleTxt"
        app: layout_constraintVertical_bias="0.12" />
    <Spinner android: id="@+id/countySpinner"
        android: layout_width="@dimen/size_spinner"
        android: layout_height="wrap_content"
        app: layout_constraintBottom_toBottomOf="parent"
        app: layout_constraintEnd_toEndOf="parent"
        app: layout_constraintHorizontal_bias="0.70"
        app: layout_constraintStart_toEndOf="@+id/citySpinner"
        app: layout_constraintTop_toBottomOf="@+id/titleTxt"
        app: layout_constraintVertical_bias="0.12" />
    <TextView android: id="@+id/districtTxt"
        android: layout_width="match_parent"
        android: layout_height="wrap_content"
        android: textColor="@color/colorAccent"
        android: textSize="@dimen/size_title"
        app: layout_constraintBottom_toBottomOf="parent"
        app: layout_constraintEnd_toEndOf="parent"
        app: layout_constraintHorizontal_bias="0.5"
        app: layout_constraintStart_toStartOf="parent"
        app: layout_constraintTop_toBottomOf="@+id/citySpinner"
        app: layout_constraintVertical_bias="0.128" />
</androidx.constraintlayout.widget.ConstraintLayout>
```

(3) MainActivity 定义 Spinner 选择操作的动作处理,利用 DBUtils 实现对数据库的访问和操作,代码如下:

```
//模块 ch09_6 MainActivity.kt
class MainActivity : AppCompatActivity() {
    val cities =mutableListOf<String>()
    val counties =mutableListOf<String>()
    var state ="北京市"
    var city ="北京市"
    lateinit var dbUtils: DBUtils
    override fun onCreate(savedInstanceState: Bundle?) {
        super.onCreate(savedInstanceState)
        setContentView(R.layout.activity_main)
        dbUtils =DBUtils(this)              //创建 DBUitls 对象
        if(!existDB("district.db"))
            dbUtils.writeToDB()             //将 cities.csv 数据写入数据库
        configStates(dbUtils.getStates())
        configCities()
        configCounties()
    }
    private fun existDB(fileName: String): Boolean{
                                            //判断数据库文件是否存在,若存在,则返
                                            //回 true
        this.baseContext.databaseList().forEach {
            if(fileName.equals(it))
```

```
            return true
        }
        return false
    }
    private fun configStates(states: List<String>) {
        val stateAdapter =ArrayAdapter<String>(
            this,android.R.layout.simple_spinner_item, states
        )
        stateAdapter.setDropDownViewResource(android.R.layout.simple_spinner_
            dropdown_item)
        stateSpinner.adapter =stateAdapter
        stateAdapter.setDropDownViewResource(android.R.layout.simple_spinner_
            dropdown_item)
        stateSpinner.setSelection(0)
        stateSpinner.onItemSelectedListener =object: AdapterView.
            OnItemSelectedListener{
                override fun onNothingSelected(parent: AdapterView< * >?) {}
                override fun onItemSelected(parent: AdapterView< * >?,view:
                    View?, position: Int, id: Long) {
                    districtTxt.visibility =View.GONE
                    state =stateSpinner.selectedItem as String
                    cities.clear()
                    cities.addAll(dbUtils.getCities(state))
                    (citySpinner.adapter as BaseAdapter).notifyDataSetChanged()
                                                    //刷新 citySpinner 的数据
                    counties.clear()
                    counties.addAll(dbUtils.getCounties(state,cities[0]))
                    (countySpinner.adapter as BaseAdapter).
                    notifyDataSetChanged()
                                                    //刷新 countySpinner 的数据
                    stateSpinner.setSelection(position)
                    citySpinner.setSelection(0)
                }
        }
    }
    private fun configCities(){
        val cityAdapter =ArrayAdapter<String>(this,android.R.layout.simple_
            spinner_item,cities)
        cityAdapter.setDropDownViewResource(android.R.layout.simple_spinner_
            dropdown_item)
        citySpinner.adapter =cityAdapter
        citySpinner.setSelection(0)
        citySpinner.onItemSelectedListener =object: AdapterView.OnItemSelecte-
            dListener{
            override fun onNothingSelected(parent: AdapterView< * >?) {}
            override fun onItemSelected(parent: AdapterView< * >?,view: View?,
            position: Int, id: Long) {
                city =citySpinner.selectedItem as String
                counties.clear()
                counties.addAll(dbUtils.getCounties(state,city))
            (countySpinner.adapter as BaseAdapter).notifyDataSetChanged()
                                                    //刷新 countySpinner 的数据
```

```
                citySpinner.setSelection(position)
                countySpinner.setSelection(0)
            }
        }
    }
    private fun configCounties(){
        val countyAdapter =ArrayAdapter<String>(this,android.R.layout.simple_
            spinner_item,counties)
        countyAdapter.setDropDownViewResource(android.R.layout.simple_spinner_
            dropdown_item)
        countySpinner.adapter =countyAdapter
        countySpinner.onItemSelectedListener = object: AdapterView.
            OnItemSelectedListener{
            override fun onNothingSelected(parent: AdapterView< * >?) {
            }
            override fun onItemSelected(parent: AdapterView< * >?, view: View?,
                position: Int, id: Long) {
                val county =(view as TextView).text.toString()
                val content ="${state}-${city}-${county}"
                districtTxt.visibility =View.VISIBLE
                districtTxt.text =content
            }
        }
    }
}
```

运行结果如图 9-17 所示。

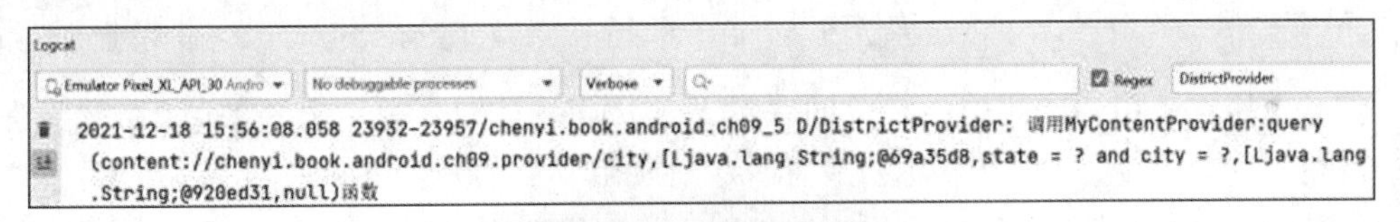

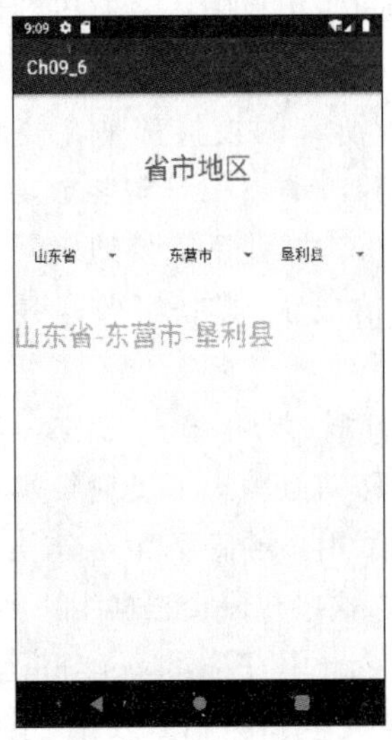

图 9-17 调用共享数据

观察运行结果，可以发现在日志记录了用模块 DistrictProvider 实现在数据库 district.db 的数据表中插入数据和检索记录的信息。此时，模块 ch09_6 的省市选择界面将地区的名称在下拉列表中显示。这说明模块 ch09_6 成功调用了 DistrictProvider 的共享数据。

9.5 调用相机和媒体库

调用移动终端的摄像头拍摄照片或视频是非常常见的。通常情况下，拍摄的照片和视频会保存到 Android 的媒体库中。微信、学习通等很多移动应用中都可进行拍摄照片和录制视频的分享，或者直接调用媒体库中的图片或视频进行分享。本节将介绍如何利用摄像头拍摄图片或视频以及如何分享调用媒体库中的资源。

9.5.1 运行时权限

权限并不是一个陌生概念。前几章已经介绍了如何通过设置，让移动应用具有某些权限。例如，要访问互联网，就需要在应用配置 AndroidManifest.xml 中设置网络访问权限，形式如下：

```
<uses-permission android: name="android.permission.INTERNET" />
```

如果使用前台服务，就需要配置 AndroidManifest.xml 文件设置前台服务许可权限，形式如下：

```
<uses-permission android: name="android.permission.FOREGROUND_SERVICE" />
```

移动应用在使用移动终端中存放的联系人、媒体库、摄像头等敏感资源时，都需要获得用户授权。这是因为，这些资源并不是当前移动应用专属的资源和硬件设备。为了保护用户的隐私，移动应用必须申请相应的使用权限。只有得到用户同意授权，才可以使用这些资源和硬件设备。

Android 6.0 以前的移动终端，所有的授权都是在安装时处理的。如果要安装移动应用，用户就必须许可移动应用的授权申请。一旦安装成功，移动应用就获得了所有的权限。这就导致一些移动应用滥用权限申请，即使不需要的权限，也强行在安装时获取权限。这使得一些移动应用在用户不知情的情况下，具备了收集用户隐私信息的能力，会导致安全隐患。

Android 6.0 以后，提出了运行时权限的概念。用户不需要在安装移动应用时进行授权也可以成功安装移动应用，只要在移动应用为了实现某些功能而需要某些权限时，进行动态授权即可。这样一来，极大地保障了用户的隐私和安全。

Android 中预定义的权限很多。这些权限会根据用户隐私信息的敏感性区分为普通权限(Normal Permission)、签名权限(Signature Permission)和运行时权限(Runtime Permission)。对于普通权限并不会威胁到用户的安全和隐私的权限，系统可以自动授予使用权限。签名权限是需要与应用相同的证书进行签名时系统才会授予的权限。但是一些权限严重影响了用户的隐私安全。例如，获得用户的隐私数据和设备的控制权等，需要在运行时请求用户授予这些权限。这些必须在运行时由用户授予的权限称为运行时权限,因为这些权限涉及用户隐私安全,故又称为危险权限(Dangerous Permission)。这些危险权限必须经过用户同意授权才可以使用。表 9-6 展示了 Android 10 的主要危险权限。

表 9-6　Android 10 的主要危险权限

危险权限组	危险权限名
CONTACTS (通讯录权限组)	android.permission.WRITE_CONTACTS(写入联系人)
	android.permission.GET_ACCOUNTS(查找设备上的账户)
	android.permission.READ_CONTACTS(读取联系人)
ACTIVITY_RECOGNITION (活动识别权限组)	android.permission.ACTIVITY_RECOGNITION (用于需要检测用户的步数或对用户的身体活动)
PHONE (通信权限组)	android.permission.READ_CALL_LOG(读取通话记录)
	android.permission.READ_PHONE_STATE(读取电话状态)
	android.permission.CALL_PHONE(拨打电话)
	android.permission.WRITE_CALL_LOG(修改通话记录)
	android.permission.USE_SIP SIP (视频服务)
	android.permission.PROCESS_OUTGOING_CALLS (修改或放弃拨出电话)
	com.android.voicemail.permission.ADD_VOICEMAIL (加到系统的语音邮件)
CALENDAR (日历权限组)	android.permission.READ_CALENDAR (读取日历)
	android.permission.WRITE_CALENDAR (修改日历)
CAMERA(照相机权限组)	permission:android.permission.CAMERA(拍照权限)
SENSORS (传感器权限组)	android.permission.BODY_SENSORS (允许应用程序访问用户用来测量身体内部情况的传感器数据)
LOCATION (位置权限组)	android.permission.ACCESS_COARSE_LOCATION(通过 WiFi 和移动基站获取定位权限)
	android.permission.ACCESS_FINE_LOCATION(通过 GPS 获取定位权限)
	android.permission.ACCESS_BACKGROUND_LOCATION(允许应用程序后台访问位置)
STORAGE (储存权限组)	android.permission.READ_EXTERNAL_STORAGE (读取内存卡)
	android.permission.WRITE_EXTERNAL_STORAGE (写内存卡)
	android.permission.ACCESS_MEDIA_LOCATION(访问媒体位置)
MICROPHONE (麦克风权限组)	android.permission.RECORD_AUDIO(录音权限)

续表

危险权限组	危险权限名
SMS （通信服务权限组）	android.permission.READ_SMS（读取短信）
	android.permission.RECEIVE_WAP_PUSH（接收 WAP PUSH 信息）
	android.permission.RECEIVE_MMS(接收彩信)
	android.permission.RECEIVE_SMS（接收短信）
	permission：android.permission.SEND_SMS（发送短信）
	android.permission.READ_CELL_BROADCASTS（获取小区广播）

在使用蓝牙或照相机等硬件时需要设置应用权限。如果需要使用这些权限，还需要在移动应用的系统配置文件 AndroidManifest.xml 中增加<uses-feature>元素的配置，例如：

```
<uses-feature android: name="
android.hardware.camera" android: required="false" />
```

若属性 android：required 设置为 true，则表示当前的移动应用运行时必须使用这些硬件特征，如果没有则无法工作；若它的设置为 false，则表示应用在运行时需要用到硬件特征；若没有，则应用可能会有一部分功能受到影响，但大部分功能还是可以正常工作。例如，若设置照相机为 false，则表示没有该特征，移动应用会有一部分功能受到限制。

从 Android 11(API 30 级)以后，提出了单次授权的概念。每当移动应用请求与地理位置信息、传声器(俗称麦克风)或照相机相关的权限时，面向用户权限的对话框会包含“仅限这一次”的选项。在用户选择这一选项的情况下，Android 会向该移动应用临时授权单次许可，使得在一段时间内可以访问和使用相关资源。当用户下次启动该移动应用时，会提示用户再次授权给移动应用。如果要在移动应用中使用表 9-6 所示的危险权限，那么需要在执行这些权限之前检查是否具有权限，检查权限的代码类似如下：

```
when {                                                    //在指定的上下文中检查权限
    ContextCompat.checkSelfPermission(CONTEXT, Manifest.permission.REQUESTED_
        PERMISSION)==PackageManager.PERMISSION_GRANTED ->{  // 如果授予权限成功
        …                                                 //执行操作
    }
shouldShowRequestPermissionRationale                      ( //获取显示请求权限的界面
Manifest.permission.REQUESTED_PERMISSION) ->{
      …                                                   //调用显示为什么要调用该权限
                                                          //的界面的提示代码片段
}
else ->{                                                  //在指定的上下文中请求权限
  requestPermissions(arrayOf(Manifest.permission.REQUESTED_PERMISSION),
      REQUEST_CODE)
    }
}
```

ContextCompat.checkSelfPermission()函数可以用于检查权限，返回 PackageManager.PERMISSION_GRANTED 表示授权成功，如果返回 PackageManager.PERMISSION_DENIED，表示授权失败。

shouldShowRequestPermissionRationale()函数返回一个布尔值，表示是否要求显示请求权限的基本原理，如果为真，则需要定义并调用显示请求权限理由的 GUI 界面进行处理。

requestPermissions()函数用于执行请求权限的操作。

一旦用户响应了请求的权限，就会调用 onRequestPermissionsResult()函数实现权限响应后的处理。处理的代码与如下内容相似：

```
override fun onRequestPermissionsResult(requestCode: Int,permissions: Array<
String>, grantResults: IntArray) {
    when (requestCode) {              //根据请求码进行判断
        PERMISSION_REQUEST_CODE ->{ //如果授权请求成功,获得请求的结果数组是非空的
            if ((grantResults.isNotEmpty() &&grantResults[0] ==
                PackageManager.PERMISSION_GRANTED)) {
                              // 授权成功,继续后续的工作流程
             …
            } else {          //授权请求取消获得请求的结果数组为空
             …                //处理提示用户授权失败的操作
        }
          return
        }
            …                 //处理其他的请求
            else ->{
            …                 // 忽视所有的请求.
          }
    }
}
```

例 9-7 在移动应用中内置发送短信功能。

首先，在应用配置清单文件 AndroidManifest.xml 中设置发送短信的权限，代码如下：

```
<uses-permission android: name="android.permission.SEND_SMS" />
```

然后，在布局文件 activity_main.xml 定义发送短信的界面，代码如下：

```
//模块 ch09_7 MainActivity 的布局文件 activity_main.xml
<?xml version="1.0" encoding="utf-8"?>
<androidx.constraintlayout.widget.ConstraintLayout
    xmlns: android="http://schemas.android.com/apk/res/android"
    xmlns: app="http://schemas.android.com/apk/res-auto"
    xmlns: tools="http://schemas.android.com/tools"
    android: layout_width="match_parent"
    android: layout_height="match_parent"
    tools: context=".MainActivity">
    <!--联系人文本输入框 -->
    <EditText android: id="@+id/whoTxt"
        android: layout_width="match_parent"
        android: layout_height="wrap_content"
```

```
        android: hint="联系人"
        android: inputType="textMultiLine"
        android: textColor="@color/colorAccent"
        android: textSize="30sp"
        app: layout_constraintBottom_toBottomOf="parent"
        app: layout_constraintEnd_toEndOf="parent"
        app: layout_constraintHorizontal_bias="1.0"
        app: layout_constraintLeft_toLeftOf="parent"
        app: layout_constraintRight_toRightOf="parent"
        app: layout_constraintStart_toStartOf="parent"
        app: layout_constraintTop_toTopOf="parent"
        app: layout_constraintVertical_bias="0.085" />
    <!--短信文本输入框 -->
    <EditText android: id="@+id/smsTxt"
        android: layout_width="match_parent"
        android: layout_height="wrap_content"
        android: hint="短信"
        android: inputType="textMultiLine"
        android: textColor="@color/colorAccent"
        android: textSize="30sp"
        app: layout_constraintBottom_toBottomOf="parent"
        app: layout_constraintEnd_toEndOf="parent"
        app: layout_constraintHorizontal_bias="1.0"
        app: layout_constraintLeft_toLeftOf="parent"
        app: layout_constraintRight_toRightOf="parent"
        app: layout_constraintStart_toStartOf="parent"
        app: layout_constraintTop_toTopOf="parent"
        app: layout_constraintVertical_bias="0.225" />
    <!--发送短信按钮 -->
    <Button android: id="@+id/sendBtn"
        android: layout_width="wrap_content"
        android: layout_height="wrap_content"
        android: text="@string/title_send"
        app: layout_constraintBottom_toBottomOf="parent"
        app: layout_constraintEnd_toEndOf="parent"
        app: layout_constraintHorizontal_bias="0.498"
        app: layout_constraintStart_toStartOf="parent"
        app: layout_constraintTop_toBottomOf="@+id/smsTxt"
        app: layout_constraintVertical_bias="0.186" />
</androidx.constraintlayout.widget.ConstraintLayout>
```

MainActivity 对发送短信的动作进行处理，代码如下：

```
//模块 ch09_7 MainActivity.kt
class MainActivity : AppCompatActivity() {
    private val REQUEST_SEND_SMS_CODE = 0x111
    override fun onCreate(savedInstanceState: Bundle?) {
        super.onCreate(savedInstanceState)
        setContentView(R.layout.activity_main)
        sendBtn.setOnClickListener {            //发送按钮
            when{                               //在指定的上下文中检查发送短信权限
                    ContextCompat.checkSelfPermission(this,
                            Manifest.permission.SEND_SMS) ==
                        PackageManager.PERMISSION_GRANTED ->{        //发送消息
```

```
                    sendMessage()
                }
            shouldShowRequestPermissionRationale(Manifest.
                permission.SEND_SMS) ->{            //获取显示请求权限界面
                    showOPMessage("设置权限","发送短信必须设置短信发送权限!")
                                //调用显示为什么要调用该权限的界面的提示代码片段
        }
        else ->{                                    //在指定的上下文中请求权限
          requestPermissions(arrayOf(Manifest.permission.SEND_SMS),
              REQUEST_SEND_SMS_CODE)
        }
        }
    }
}
fun sendMessage(){                                  //发送短信
    val who =whoTxt.text.toString()
    val content =smsTxt.text.toString()
    val smsManager =SmsManager.getDefault()
    var sendSMSPI: PendingIntent =
        PendingIntent.getActivity(this@MainActivity,0,Intent(),0)
    smsManager.sendTextMessage(who,null,content,sendSMSPI,null)
        showOPMessage("操作","发送短信成功")
}
override fun onRequestPermissionsResult(requestCode: Int, permissions:
    Array<out String>,grantResults: IntArray) {
        //请求访问权限后的结果处理=
        super.onRequestPermissionsResult(requestCode, permissions, grantResults)
    if(requestCode==REQUEST_SEND_SMS_CODE)
            sendMessage()                               //发送短信
}
private fun showOPMessage(title: String,info: String){     //显示提示对话框
    AlertDialog.Builder(this).apply{
        setTitle(title)
        setMessage(info)
        setPositiveButton("知道了",null)
        create()
    }.show()
}
}
```

运行结果如图 9-18 所示。

图 9-18 中展示了在移动终端上发送短信的界面。注意,在测试时会产生短信服务费。

9.5.2 拍照和显示媒体库的图片

使用照相机拍照并把照片保存到媒体库,或者从媒体库中调用图片,是移动应用常用的功能。在本节中将介绍如何实现拍照功能以及调用媒体库中的图片。

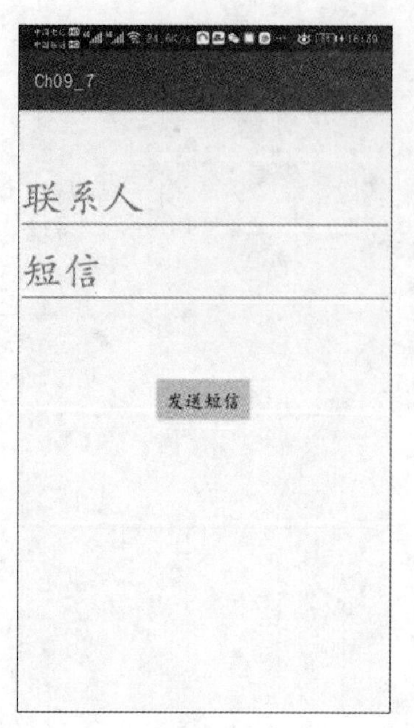

(a) 运行界面

(b) 运行时申请权限

图 9-18　在移动终端上发送短信的运行界面

1. 权限处理

因为拍照时不但需要使用照相机，并将拍下的图片保存到媒体库中，而且还需要从媒体库中调出图片进行查看，因此在创建的项目中的应用配置清单文件 AndroidManifest.xml 中增加如下权限设置：

```
<!--设置使用照相机许可权限-->
<uses-permission android: name="android.permission.CAMERA"/>
<uses-feature android: name="android.hardware.camera"/>
<!--设置读取外部存储的访问权限 -->
<uses-permission android: name="android.permission.READ_EXTERNAL_STORAGE" />
<!--设置写入存储的访问权限-->
<uses-permission android: name="android.permission.WRITE_EXTERNAL_STORAGE" />
```

MainActivity 可以嵌入不同的 Fragment，可以处理 Fragment 切换的操作。此外，即使在 AndroidManifest.xml 申明要使用这些权限，仍需要在移动应用的运行时需要申请使用权限。因此，在本项目中，在 MainActivity 定义权限的申请，代码如下：

```
//模块 ch09_8 MainActivity.kt
class MainActivity : AppCompatActivity() {
    val REQUEST_MEDIASTORE =0x111
    override fun onCreate(savedInstanceState: Bundle?) {
        super.onCreate(savedInstanceState)
        setContentView(R.layout.activity_main)
        checkPermission()                                    //检测权限
    }
    fun replaceFragment(fragment: Fragment){                 //替换 Fragment
```

```
        val transaction =supportFragmentManager.beginTransaction()
         transaction.replace(R.id.mainFragment,fragment)
         transaction.addToBackStack(null)
         transaction.commit()
    }
private fun checkPermission(){                                    //检查权限
         if(ContextCompat.checkSelfPermission(this,
            android.Manifest.permission.READ_EXTERNAL_STORAGE) ==
            PackageManager.PERMISSION_GRANTED &&
            ContextCompat.checkSelfPermission(this,
            android.Manifest.permission.CAMERA)
            ==PackageManager.PERMISSION_GRANTED &&
            ContextCompat.checkSelfPermission(this,
            android.Manifest.permission.WRITE_EXTERNAL_STORAGE)
            ==PackageManager.PERMISSION_GRANTED){
            replaceFragment(CameraFragment)
         }else{                                                   //请求权限
               requestPermissions(arrayOf(
               android.Manifest.permission.READ_EXTERNAL_STORAGE,
               android.Manifest.permission.CAMERA,
               android.Manifest.permission.WRITE_EXTERNAL_STORAGE),
               REQUEST_MEDIASTORE)
         }
    }
    override fun onRequestPermissionsResult(requestCode: Int,
    permissions: Array<out String>,
         grantResults: IntArray ) {                               //处理请求权限的结果
         super.onRequestPermissionsResult(requestCode, permissions,
            grantResults)
         if(requestCode ==REQUEST_MEDIASTORE &&
               grantResults[0]==PackageManager.PERMISSION_GRANTED){
               replaceFragment(CameraFragment)
         }
    }
}
```

本移动应用中需要申请的运行时权限如下。

（1）android.Manifest.permission.READ_EXTERNAL_STORAGE：读取应用外部存储权限。

（2）android.Manifest.permission.CAMERA：拍照权限。

（3）android.Manifest.permission.WRITE_EXTERNAL_STORAGE：写入应用外部存储权限。

通过设置这些权限，实现拍照、将图片保存到媒体库和浏览媒体库。

2. 拍照和浏览媒体库中的图片

本移动应用中，分别定义 CameraFragment 实现拍照和访问媒体库中图片的功能，DisplayFragment 处理显示特定图片的作用，对应的布局文件如下：

```
<!--模块 ch09_8 定义 CameraFragment 的布局文件 fragment_camera.xml-->
<?xml version="1.0" encoding="utf-8"?>
<androidx.constraintlayout.widget.ConstraintLayout
    xmlns:android="http://schemas.android.com/apk/res/android"
    xmlns:app="http://schemas.android.com/apk/res-auto"
    xmlns:tools="http://schemas.android.com/tools"
    android:layout_width="match_parent"
    android:layout_height="match_parent"
    tools:context=".CameraFragment">
    <androidx.recyclerview.widget.RecyclerView
    android:id="@+id/recyclerView"
        android:layout_width="match_parent"
        android:layout_height="@dimen/size_images_height"
        android:layout_marginTop="4dp"
        android:text="@string/hello_blank_fragment"
        app:layout_constraintStart_toStartOf="parent"
        app:layout_constraintTop_toTopOf="parent" />
    <ImageButton android:id="@+id/takePicBtn"
        android:layout_width="wrap_content"
        android:layout_height="wrap_content"
        android:src="@android:drawable/ic_menu_camera"
        app:layout_constraintBottom_toBottomOf="parent"
        app:layout_constraintEnd_toEndOf="parent"
        app:layout_constraintStart_toStartOf="parent"
        app:layout_constraintTop_toBottomOf="@+id/recyclerView" />
</androidx.constraintlayout.widget.ConstraintLayout>
```

上述布局定义显示了媒体库中图片列表的 RecyclerView 组件，需要定义对应的列表单项的布局，单线布局包括了显示图片 ImageView 和图片信息的 TextView 组件，代码如下：

```
<!--模块 ch09_8 定义的图片列表的单项布局 item_images.xml-->
<?xml version="1.0" encoding="utf-8"?>
<LinearLayout xmlns:android="http://schemas.android.com/apk/res/android"
    android:layout_width="wrap_content"
    android:layout_height="wrap_content"
    android:orientation="vertical">
    <ImageView android:id="@+id/imageView"
        android:layout_height="@dimen/size_image_height"
        android:layout_width="@dimen/size_image_width"
        android:padding="@dimen/size_padding"/>
    <TextView android:id="@+id/imageTxt"
        android:text="pic"
        android:layout_width="wrap_content"
        android:layout_height="wrap_content"
        android:layout_gravity="center_horizontal"/>
</LinearLayout>
```

同时需要定义对应图片基本信息的实体类 MediaEntity，代码如下：

```
//模块 ch09_8 实体类 MediaEntity.kt 定义保存图片基本信息的实体类
data class MediaEntity(val imageId: Long,                //定义图片的资源编号
    val imageName: String,                               //定义图片名
    val uri: Uri                                         //定义图片地址
)
```

ImageAdapter 是适配器类，实现单项图片数据 MediaEntity 与单项列表视图适配的 Adapter 类，代码如下：

```
//模块 ch09_8 Adapter 类 ImageAdapter.kt
class ImageAdapter(var images: List<MediaEntity>):
RecyclerView.Adapter<ImageAdapter.ViewHolder>(){
    inner class ViewHolder(view: View): RecyclerView.ViewHolder(view){
        val imageView =view.findViewById<ImageView>(R.id.imageView)
        val imageTxt =view.findViewById<TextView>(R.id.imageTxt)
    }
    override fun onCreateViewHolder(parent: ViewGroup, viewType: Int): ViewHolder {
        val view =LayoutInflater.from(parent.context).inflate(R.layout.item_
            images,parent,false)
        return ViewHolder(view)
    }
    override fun getItemCount(): Int =images.size
    override fun onBindViewHolder(holder: ViewHolder, position: Int) {
        val image =images[position]
        holder.imageTxt.text =image.imageName
        holder.imageView.setImageURI(image.uri)
        holder.imageView.setOnClickListener {
            val activity =it.context as MainActivity
            activity.replaceFragment(DisplayFragment(image))
                                        //MainActivity 切换 DisplayFragment
        }
    }
}
```

CameraFragment 实现了拍照和对相册的调用，代码如下：

```
//模块 ch09_8 拍照和显示媒体库的 Fragment CameraFragment.kt
object CameraFragment : Fragment() {
    val TAKE_PICTURE_REQUEST =0x123
    lateinit var adapter: ImageAdapter
    lateinit var images: MutableList<MediaEntity>
    override fun onCreate(savedInstanceState: Bundle?) {
        super.onCreate(savedInstanceState)
    }
    override fun onCreateView(inflater: LayoutInflater, container: ViewGroup?,
        savedInstanceState: Bundle?): View? {
        val view =inflater.inflate(R.layout.fragment_camera, container, false)
        val takePicBtn =view.findViewById<ImageButton>(R.id.takePicBtn)
        takePicBtn.setOnClickListener {                    //拍照
            takePictures()
        }
        val recyclerView =view.findViewById<RecyclerView>(R.id.recyclerView)
        images =getImagesFrmMedias()                       //获得媒体库中所有的图片
        adapter =ImageAdapter(images)
        recyclerView.adapter =adapter
        recyclerView.layoutManager =GridLayoutManager(requireContext(),2)
```

```
        return view
    }
    private fun takePictures(){                                  //拍照
        val values =ContentValues()
        val photoUri =context?.contentResolver?.insert(
            MediaStore.Images.Media.EXTERNAL_CONTENT_URI, values)
                                                                 //获得图片的 URI
        val intent =Intent(MediaStore.ACTION_IMAGE_CAPTURE) //定义执行拍照的意图
        intent.putExtra(MediaStore.EXTRA_OUTPUT, photoUri)
                                                                 //将拍照的图片保存到
                                                                 //photoUri 指定的位置
        startActivityForResult(intent, TAKE_PICTURE_REQUEST)    //执行拍照
    }
    private fun getImagesFrmMedias(): MutableList<MediaEntity>{
                                                        //从媒体库中获得所有的图片
        val projections =arrayOf(MediaStore.Images.ImageColumns._ID,
            MediaStore.Images.ImageColumns.DISPLAY_NAME)
        val contentResolver =requireContext().contentResolver
                                                        //创建 contentResolver 对象
        val cursor =contentResolver.query(MediaStore.Images.Media.EXTERNAL_
            CONTENT_URI,projections, null, null,
            MediaStore.Images.ImageColumns.DATE_MODIFIED +"  desc")
                                                        //检索媒体库的图片
        val imageList =mutableListOf<MediaEntity>()
        cursor?.apply{                                  //将检索的结果保存到列表中
            while(moveToNext()){
                val imageId =getLong(getColumnIndex(MediaStore.Images.
                    ImageColumns._ID))                  //获得图片的编号
                val imageName =
                    getString(getColumnIndex(MediaStore.Images.ImageColumns.
                        DISPLAY_NAME))                  //获得图片的名称
                val imageUri =ContentUris.withAppendedId(MediaStore.Images.Media.
                    EXTERNAL_CONTENT_URI,imageId)       //获得图片的访问的内容 URI
                imageList.add(MediaEntity(imageId,imageName,imageUri)
                                            //创建 MediaEntity 对象,并加入到图片列表中
                )
            }
        }
        return imageList
}

    override fun onActivityResult(requestCode: Int, resultCode: Int, data:
        Intent?) {
        super.onActivityResult(requestCode, resultCode, data)
        if(requestCode ==TAKE_PICTURE_REQUEST &&
            resultCode ==Activity.RESULT_OK){
            images =getImagesFrmMedias()                //获得图片列表
            adapter.images =images                      //修改 adapter 的图片列表
```

```
                adapter.notifyDataSetChanged()          //通知 adapter 数据发生了变化
            }
        }
    }
```

3. 显示图片

定义的 DisplayFragment 会将整图进行显示，代码如下：

```
<!--模块 ch09_8 定义 DisplayFragment 的布局 fragment_display.xml-->
<?xml version="1.0" encoding="utf-8"?>
<ImageView android: id="@+id/wholeImageView"
    xmlns: android="http://schemas.android.com/apk/res/android"
    xmlns: tools="http://schemas.android.com/tools"
    android: layout_width="match_parent"
    android: layout_height="match_parent"
    tools: context=".DisplayFragment"/>
```

DisplayFragment 显示从媒体库选中的图片，代码如下：

```
//模块 ch09_8 DisplayFragment.kt
class DisplayFragment(val image: MediaEntity): Fragment() {
    override fun onCreate(savedInstanceState: Bundle?) {
        super.onCreate(savedInstanceState)
    }
    override fun onCreateView(inflater: LayoutInflater, container: ViewGroup?,
        savedInstanceState: Bundle?): View? {
        val view =inflater.inflate(R.layout.fragment_display, container, false)
            val  wholeImageView  =  view. findViewById < ImageView > ( R. id.
wholeImageView)
        wholeImageView.setImageURI(image.uri)
        return view
    }
}
```

运行结果如图 9-19 所示。

9.5.3 访问媒体库中的视频

访问媒体库中视频的操作流程与访问媒体库中图片的操作流程一样，也需要设置访问权限。一方面，在系统应用配置 AndroidManifest.xml 文件中；另一方面，需要在程序代码中设置运行时访问权限，具体的设置同 9.5.2 节。

媒体库中的文件主要分为 3 种类型。

(1) MediaStore.Images：图片集合。

(2) MediaStore.Video：视频集合。

(3) MediaStore.Audio：音频集合。

可以通过内容 URI 来分别访问它们。

图片集合的图片文件通过 MediaStore.Images.Media.EXTERNAL_CONTENT_URI。

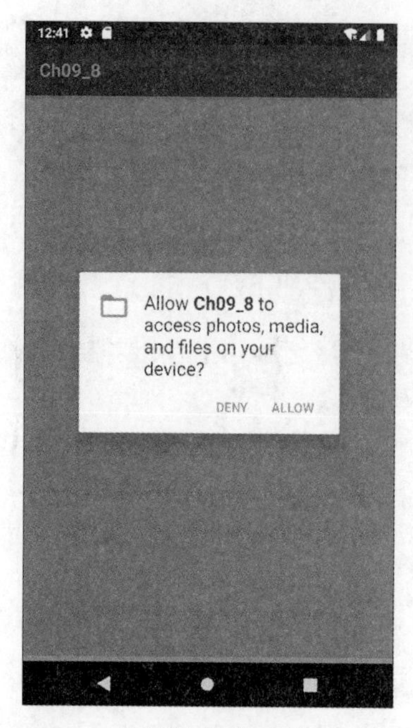

(a) 运行时权限申请

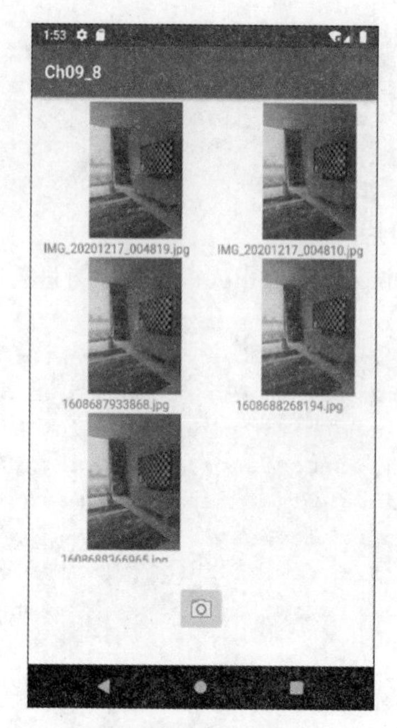

(b) 浏览媒体库中的图片

图 9-19　拍照和浏览媒体库中的图片

视频集合的视频文件通过 MediaStore.Video.Media.EXTERNAL_CONTENT_URI。

音频集合中音频文件通过 MediaStore.Audio.Media.EXTERNAL_CONTENT_URI。

在访问媒体库的视频时，也需要通过 ContentResolver 对象对媒体库的视频进行检索以及查看，代码如下：

```
val projection =arrayOf(MediaStore.Video.Media._ID,                //视频的编号
    MediaStore.Video.Media.DISPLAY_NAME,                           //视频的名称
    MediaStore.Video.Media.DURATION,                               //视频的播放时间
    MediaStore.Video.Media.SIZE)                                   //视频文件的大小
```

project 直接量表示映射存储集合对象的字段或者对应为表的列名，代码如下：

```
val cursor=ContentResolver.query(
     MediaStore.Video.Media.EXTERNAL_CONTENT_URI,     //定义媒体库的视频位置
     projection,                                      //定义媒体库中视频的投影字段
     selection,                                       //selection 定义选择条件
     selectionArgs,                                   //定义选择参数
     sortOrder)                                       //定义排序的顺序
```

Cursor 可通过 ContentResolver 对象的 query 检索方法获得。在 query()函数中定义的 MediaStore.Video.Media.EXTERNAL_CONTENT_URI 表示定义媒体库中视频的位置，project 执行投影操作，映射到特定的字段(表的字段)，selection 表示选择条件，通常使用“?”表示占位符，接收选择 selectionArgs 传递的参数。例如：

```
selection="MediaStore.Video.Media._ID =? ",selectionArgs=1234L
```

表示检索视频编号 MediaStore.Video.Media._ID 为 1234 的视频。

sortOrder 表示检索的结果按照特定的顺序进行，例如：

```
sortOrder ="${MediaStore.Video.Media.DURATION } ASC"
```

表示按照视频播放时间从小到大进行排序。

对检索的结果集通过游标 Cursor 对象依次进行遍历来获得，代码如下：

```
cursor?.use { c->
    while (c.moveToNext()) {
        val id =cursor.getLong(c.getColumnIndex (MediaStore.Video.Media._ID))
                                                        //获得视频编号
        val name =cursor.getString(c.getColumnIndex (MediaStore.Video.Media.
            DISPLAY_NAME))                              //获得视频名称
        val duration =cursor.getInt(c.getColumnIndex (MediaStore.Video.Media.
            DURATION))                                  //获得视频的播放时间
        val size =cursor.getInt(c.getColumnIndex (MediaStore.Video.Media.
            SIZE))                                      //获得视频的大小
       val uri: Uri = ContentUris. withAppendedId (MediaStore. Video. Media.
       EXTERNAL_CONTENT_URI, id)                        //将内容 URI 与 id 编号连接在一起生
                                                        //成新的内容 uri
    }
}
```

例 9-8 创建移动应用浏览并选择播放媒体库中的视频。

在配置清单文件 AndroidManifest.xml 中设置读取外部存储的访问权限，代码如下：

```
<!--设置读取外部存储的访问权限 -->
<uses-permission android: name="android.permission.READ_EXTERNAL_STORAGE" />

<!--模块 ch09_8 MainActivity 的布局文件 activity_main.xml-->
<?xml version="1.0" encoding="utf-8"?>
<FrameLayout android: id="@+id/mainFragment"
    xmlns: android="http://schemas.android.com/apk/res/android"
    xmlns: app="http://schemas.android.com/apk/res-auto"
    xmlns: tools="http://schemas.android.com/tools"
    android: layout_width="match_parent"
    android: layout_height="match_parent"
    tools: context=".MainActivity" />

//模块 ch09_8 MainActivity.kt
class MainActivity : AppCompatActivity() {
    private val READ_VIDEO_REQUEST =0x111
    override fun onCreate(savedInstanceState: Bundle?) {
        super.onCreate(savedInstanceState)
        setContentView(R.layout.activity_main)
        checkPermission()
```

```
    }
    /** 检查权限 */
    fun checkPermission(){
        if(ContextCompat.checkSelfPermission(this@MainActivity,
            Manifest.permission.READ_EXTERNAL_STORAGE)==PackageManager.
            PERMISSION_GRANTED){
            replaceFragment(VideoListFragment)
        }else{                                                     //请求权限
             requestPermissions(arrayOf(Manifest.permission.READ_EXTERNAL_
             STORAGE),READ_VIDEO_REQUEST)
        }
    }
    /** 请求权限的处理 */
    override fun onRequestPermissionsResult(
        requestCode: Int,
        permissions: Array<out String>,
        grantResults: IntArray
    ) {
        super.onRequestPermissionsResult(requestCode, permissions, grantResults)
        if(requestCode==READ_VIDEO_REQUEST && grantResults[0]==
            PackageManager.PERMISSION_GRANTED)
            replaceFragment(VideoListFragment)
    }
    /** 替换 Fragment */
    fun replaceFragment(fragment: Fragment){
        val transaction=supportFragmentManager.beginTransaction()
        transaction.replace(R.id.mainFragment,fragment)
        transaction.addToBackStack(null)
        transaction.commit()
    }
}
```

```
<!--模块 ch09_9 媒体库中视频浏览的 Fragment 布局文件 fragment_video_list.xml -->
<?xml version="1.0" encoding="utf-8"?>
<androidx.recyclerview.widget.RecyclerView
    android:id="@+id/videoRecyclerView"
    xmlns:android="http://schemas.android.com/apk/res/android"
    xmlns:tools="http://schemas.android.com/tools"
    android:layout_width="match_parent"
    android:layout_height="match_parent"
    tools:context=".VideoListFragment" />
```

fragment_video_list.xml 定义视频列表布局文件。因此将 RecyclerView 组件直接作为顶层的根元素，代码如下：

```
<!--模块 ch09_8 RecyclerView 组件对应的单项布局 item_video.xml -->
<?xml version="1.0" encoding="utf-8"?>
<LinearLayout xmlns:android="http://schemas.android.com/apk/res/android"
```

```
    android: layout_width="wrap_content"
    android: layout_height="wrap_content"
    android: layout_gravity="center_horizontal"
    android: orientation="vertical">
    <ImageView android: id="@+id/videoImageView"
        android: layout_width="@dimen/size_image_width"
        android: layout_height="@dimen/size_image_height"
        android: layout_gravity="center_horizontal" />
    <TextView android: id="@+id/videoNameTxt"
        android: layout_width="wrap_content"
        android: layout_height ="wrap_content"
        android: layout_gravity="center_horizontal" />
    <TextView android: id="@+id/durationTxt"
        android: layout_width="wrap_content"
        android: layout_height ="wrap_content"
        android: layout_gravity="center_horizontal" />
    <TextView android: id="@+id/sizeTxt"
        android: layout_width="wrap_content"
        android: layout_height ="wrap_content"
        android: layout_gravity="center_horizontal" />
</LinearLayout>
```

在 item_video.xml 布局文件中定义视频列表的单项布局，具体包括视频的缩略图、视频名称、视频播放的时间和视频文件的大小对应组件的定义，代码如下：

```
//模块 ch09_8 媒体库视频浏览的 Fragment VideoListFragment.kt
object VideoListFragment : Fragment() {
    override fun onCreate(savedInstanceState: Bundle?) {
        super.onCreate(savedInstanceState)
    }
    override fun onCreateView(inflater: LayoutInflater, container: ViewGroup?,
        savedInstanceState: Bundle?): View? {
        val view =inflater.inflate(R.layout.fragment_video_list,
            container, false)
        val videoRecyclerView =
        view.findViewById<RecyclerView>(R.id.videoRecyclerView)
        val videoList =getVideoList()
        val adapter =VideoAdapter(videoList)
        videoRecyclerView.adapter =adapter
        videoRecyclerView.layoutManager =GridLayoutManager(requireContext(),2)
        return view
    }
    fun getVideoList(): List<VideoEntity>{
        val resultList =mutableListOf<VideoEntity>()
        //获得 ContentResolver 对象
        val resolver =context?.contentResolver
        val project =arrayOf(MediaStore.Video.Media._ID,
            MediaStore.Video.Media.DISPLAY_NAME,
            MediaStore.Video.Media.DURATION,
            MediaStore.Video.Media.SIZE)
```

```
    Log.d("MainActivity","${MediaStore.Video.Media.DATA}")
val cursor =resolver?.query(MediaStore.Video.Media.EXTERNAL_CONTENT_URI,
    project,null,null,null)
    cursor?.use{it: Cursor->
            while(it.moveToNext()){
                //获得视频编号
                val id =it.getLong(it.getColumnIndex(MediaStore.Video.Media._ID))
                //获得视频名称
                val name =it.getString(it.getColumnIndex(MediaStore.Video.
                    Media.DISPLAY_NAME))
                //获得视频的播放时间
                 val duration = it.getInt(it.getColumnIndex(MediaStore.Video.
                 Media.DURATION))
                //获得视频的大小
                val size =it.getInt(it.getColumnIndex(MediaStore.Video.
                    Media.SIZE))
                //获得视频的内容 uri
                val uri =ContentUris.withAppendedId(MediaStore.Video.Media.
                    EXTERNAL_CONTENT_URI,id)
                //获得视频的缩略图
                val thumnail =resolver?.loadThumbnail(uri, Size(200,160),null)
                Log.d("MainActivity","${id}-${name}-${duration}-${size}-
                    ${uri}")
                resultList.add(VideoEntity(uri,thumnail,name,duration,size))
            }
        }
        return resultList
}

<!--模块 ch09_8 播放已选的视频 Fragment 布局文件 fragment_video.xml-->
<?xml version="1.0" encoding="utf-8"?>
<VideoView android: id="@+id/videoView"
    xmlns: android="http://schemas.android.com/apk/res/android"
    xmlns: tools="http://schemas.android.com/tools"
    android: layout_width="match_parent"
    android: layout_height="match_parent"
    tools: context=".VideoFragment" />

//模块 ch09_8 播放选择的视频 Fragment VideoFragment.kt
class VideoFragment(val video: VideoEntity) : Fragment() {
    override fun onCreate(savedInstanceState: Bundle?) {
        super.onCreate(savedInstanceState)
    }
    override fun onCreateView(
        inflater: LayoutInflater, container: ViewGroup?,
            savedInstanceState: Bundle? ): View? {
            val view =inflater.inflate(R.layout.fragment_video, container, false)
            val videoView =view.findViewById<VideoView>(R.id.videoView)
```

```
        videoView.setMediaController(MediaController(requireContext()))
                                                //设置媒体控制
        videoView.setVideoURI(video.uri)        //设置视频源
        videoView.start()                       //播放视频
        return view
    }
}
```

习　题　9

一、选择题

1. 通过 Context 的 Context.getSharedPreferences(String, Int)和通过 Activity 的 getPreferences(Int)函数都可以创建指定 Activity 的 SharedPreferences 对象。在这两个函数中,Int 参数表示指定操作的模式,则它可以取值为________。

A. MODE_PUBLIC　　　　B. MODE_PRIVATE

C. MODE_WORLD_READABLE　　　　D. MODE_WORLD_WRITEABLE

2. 根据 res/raw 目录下的资源文件 file.csv,创建读取文件的字节输入流操作正确的是________。

A. val in=getResources().openResource(R.raw.file)

B. val in=resources.openRawResource(R.raw.file)

C. val in=getResources().openAssetsResource(R.raw.file)

D. 以上答案均不正确

3. 根据 assets 目录下的资源文件 file.csv,创建读取文件的字节输入流操作正确的是________。

A. val in=resources.getAssets().openAssetsFile("file.csv")

B. val in=resources.assets.openAssetsFile(R.assets.file)

C. val in=resources.assets.open("file.csv")

D. 以上答案均不正确

4. 已知自定义 ContentProvider 组件为 MyProvider,如果要让其他的应用可以调用 MyProvider,需要在 AndroidManifest.xml 文件配置 MyProvider 并设置属性________为 true。

A. android: name　　　　B. android: enabled

C. android: exported　　　　D. android: authorities

5. ________是一个帮助程序类,用于对数据库的创建和更新提供帮助。

A. SQLiteOpenHelper　　　　B. DBHelper

C. SQLiteDatabase　　　　D. 以上答案均不正确

6. 可以调用 SQLiteDatabase 的________函数来直接执行数据库中 SQL 字符串表示的插入操作。

A. insert()　　　　B. execSQL()

C. insertSQL()　　　　D. exectRawSQL()

7. 已知要插入的记录保存在 ContentValues 对象中,可以调用 SQLiteDatabase 的________函数利用这个 ContentValues 执行插入操作。

A. insertRecord()　　B. insertValues()

C. insert()　　D. execSQL()

8. 已知要修改的记录保存在 ContentValues 对象中,可以调用 SQLiteDatabase 的________函数利用 ContentValues 对类执行修改记录操作。

A. updateRecord()　　B. updateValues()

C. update()　　D. execSQL()

9. 可以通过调用 Context 对象的________函数获得 ContentResolver 对象。

A. content()　　B. getResolver()

C. getContent()　　D. getContentResovler()

10. 已知 android.permission.WRITE_CONTACTS 用于设置写入联系人权限,它属于________。

A. 普通权限　　B. 签名权限

C. 危险权限　　D. 以上说法均不正确

二、问答题

1. 什么是 SharePreferences 概念? 它是如何实现数据保存的?

2. 说明如何结合文件输入输出流实现对文件进行持久化处理。

3. 结合实例说明如何升级 SQLite 数据库。

4. 结合实例说明如何对 SQLite 数据库执行检索操作。

5. 解释说明运行时权限。

三、上机实践题

1. 编写一个移动应用,能够浏览和选择媒体库中的视频。

2. 编写一个移动应用,能够浏览和选择媒体库中的音频。

3. 编写一个移动应用,能够拍照、将照片保存到媒体库,以及浏览媒体库的图片。

4. 编写一个移动应用,能够写日记、将所写的日记保存到数据库中,以及按照日期检查和阅读数据库中当日的日记。

第 10 章　Android JetPack

Android JetPack 是谷歌公司于 2018 年推出的一款移动应用开发套件。它由多个库构成,可帮助开发者遵循最佳的开发方法和规范,确保各种库在不同的版本中运行方式一致,达到更容易构建移动应用的目的。

10.1　Android JetPack 概述

Android JetPack 由多个库构成,按照功能的不同,可分为 4 类:Foundation(基础)、Architecture(架构)、Behavior(行为)、UI(界面),如图 10-1 所示。

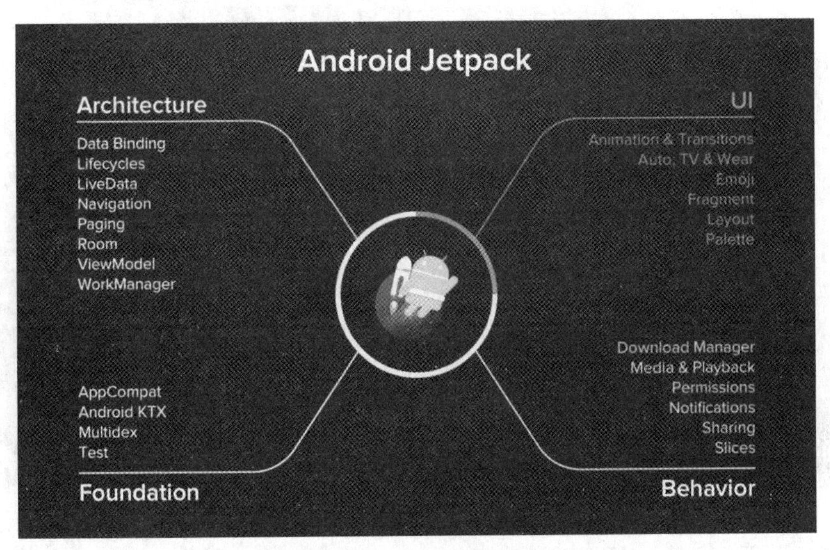

图 10-1　Android JetPack 的结构

(1) Foundation(基础)组件包括 AppCompat 库、Android KTX 库、Multidex 库和 Test 库。AppCompat 库支持使用 Material Design 材质设计的用户界面,包括 Toolbar、NavigationView 等;此外,它还支持权限设置、基于 XML 格式的各种资源的调用。KTX 是 Kotlin Extensions 的英文缩写,是 Kotlin 的扩展的集合,主要处理 Kotlin 开发 Android 应用程序时用于编写简洁的代码。Test 库用于 UI 元素测试的 Espresso UI 测试框架和单元测试的 Android JUnitRunner。Multidex 中的 DEX 是指在 Android Dalvik 虚拟机上运行的可执行 DEX 文件。Multidex 库用于 DEX 文件的处理,包括拆分 DEX 文件、支持 DEX 文件集合等。

(2) Architecture(架构)组件包括 Data Binding(数据绑定)、Lifecycles(生命周期)、LiveData、Navigation(导航)、Paging(分页)、ViewModel(视图模型)、Room、WorkManager,如图 10-2 所示。这些 Architecture 组件可让移动应用实现 MVVM 架构结构。ViewModel

保存了 View(视图)中的 LiveData 组件的数据。ViewModel 组件会检查 View 的生命周期,如果发现 Android 生命周期事件状态发生了变化,则将变化的状态通知给 Observer(观察者),并通过 DataBinding 组件与 UI 的 View 进行数据交换。在这里,UI Controller 一般为 Activity 或 UI Fragment。ViewModel 和 LiveData 组件中的数据可以通过 Room 组件映射 SQLite 数据库、文件或互联网中的数据。Paging 组件用于组织数据分页显示。WorkManager 组件用于管理 Android 的后台任务,并跟踪任务及其状态,确保向后兼容。

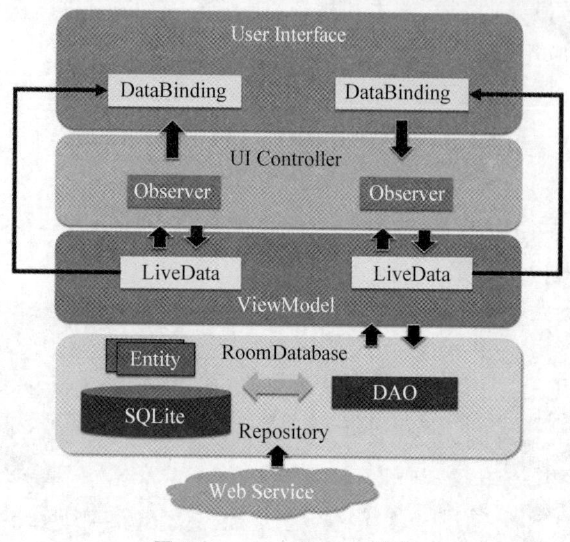

图 10-2　Architecture 组件

(3) Behavior(行为)组件包括 DownloadManager(下载管理)、Media & Playback(媒体和播放)、Permissions(检查和请求权限)、Notification(通知)、实现不同应用之间的分享和接收数据的共享(Sharing),用于创建灵活的 UI 元素和共享数据 Fragment 的 Slice(切片)。Behavior 组件涵盖的库用于 UI 与应用程序之间的交互。这些库构成了 Android 常见的标准服务。

(4) UI(界面)组件包括 Animations & Transactions(动画和过渡),以及用于开发 Android TV 应用和可穿戴 Android 设备应用的 Auto、TV & Wear 组件、Emoji(表情符号)、Fragment(碎片)、Layout(布局)和 Palette(调色板)。

Android JetPack 并不是一个全新的内容,其中包括了前面已经学习过的库。本章将重点介绍 Android JetPack 中 Architecture 架构组件的核心内容。

10.2　ViewModel 组件

UI Controller(界面控制器)由 Activity 和 Fragment 构成。在这些 UI Controller 中往往存在丢失临时性数据的问题。例如,在横纵屏幕切换时,往往会导致屏幕临时性数据的丢失。虽然可以通过 Activity 的 onSavedInstanceState()函数从 onCreate()函数绑定的 Bundle(包)对象恢复数据,但是恢复的数据也十分有限。在 Activity 或 Fragment 发生异步处理的情况下,一些异步调用的结果需要一段时间才能返回,为了避免内存泄漏,需要大量的管理性的工作,导致 UI Controller 的任务负担过重。基于这些原因,通过 ViewModel 组件保存视图中需要的数据。ViewModel 组件将与用户界面相关的数据模型和应用程序逻辑与负责实际显示和管理 UI 以及与操作系统交互的代码分离开,用于 UI 管理数据。ViewModel 组件在整个 Activity 或 Fragment 的生命周期都会存在,在这些 UI Controller 的生命周期中,不会发生数据的丢失,如图 10-3 所示。

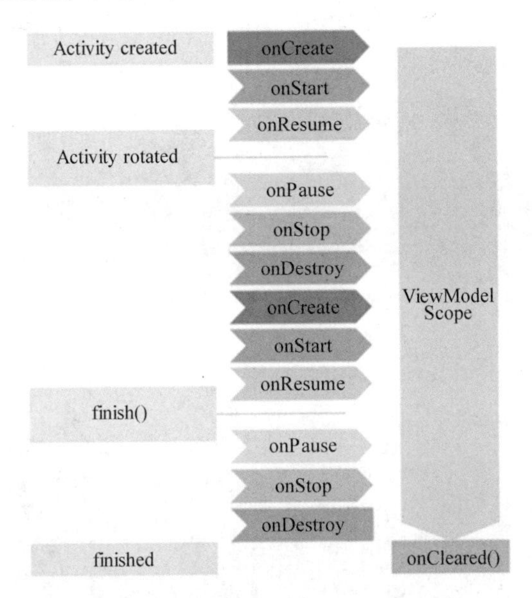

图 10-3　Activity 中 ViewModel 的范围

下面介绍一下 ViewModel 组件的用法。

要使用 ViewModel 组件,需要先定义 ViewModel 类的子类。形式如下:

```
class MyViewModel : ViewModel() {
…          //定义状态
}
```

例 10-1　输入一个百分制成绩,并判断成绩的等级。如果是 90～100 分,则等级为"优秀",如果是 80～89 分,则等级为"良好",如果是 70～79 分,则等级为"中等",如果是 60～69 分,则等级为"及格",如果是 60 分以下,则等级为"不及格",若输入其他的数字则提示"输入成绩有误"。

要使用 ViewModel 组件,必须在模块中对应的构建配置文件 build.gradle 中增加依赖,代码如下:

```
//添加 Lifecycle 的依赖项
implementation 'androidx.lifecycle: lifecycle-extensions: 2.2.0'
//增加 Lifecycle 集成 ViewModel 的依赖项
implementation 'androidx.lifecycle: lifecycle-viewmodel-ktx: 2.2.0'
```

定义一个 MainActivity,可嵌入 GradeFragment。GradeFragment 是用于表示成绩的等级判断的界面,是一个 Fragment 的子类。GradeFragment 对应的布局文件如下:

```
<!--模块 10_01 成绩 UI Fragment 布局 fragment_grade.xml -->
<?xml version="1.0" encoding="utf-8"?>
<androidx.constraintlayout.widget.ConstraintLayout
    android:id="@+id/grade"
    xmlns:android="http://schemas.android.com/apk/res/android"
    xmlns:app="http://schemas.android.com/apk/res-auto"
    xmlns:tools="http://schemas.android.com/tools"
    android:layout_width="match_parent"
    android:layout_height="match_parent"
    tools:context=".ui.grade.GradeFragment">
<!--定义标题-->
    <TextView android:id="@+id/message"
        android:layout_width="wrap_content"
        android:layout_height="wrap_content"
        android:text="@string/title_app_name"
        app:layout_constraintBottom_toBottomOf="parent"
        app:layout_constraintEnd_toEndOf="parent"
        app:layout_constraintStart_toStartOf="parent"
        app:layout_constraintTop_toTopOf="parent"
        app:layout_constraintVertical_bias="0.088" />
    <TextView android:id="@+id/textView"
        android:layout_width="wrap_content"
        android:layout_height="wrap_content"
        android:text="@string/title_input_score"
        app:layout_constraintBottom_toBottomOf="parent"
        app:layout_constraintEnd_toEndOf="parent"
        app:layout_constraintHorizontal_bias="0.136"
        app:layout_constraintStart_toStartOf="parent"
        app:layout_constraintVertical_bias="0.061"
        app:layout_constraintTop_toBottomOf="@+id/message"/>
<!--定义成绩输入文本框 -->
    <EditText android:id="@+id/scoreEditTxt"
        android:layout_width="wrap_content"
        android:layout_height="wrap_content"
        android:ems="10"
        android:inputType="number"
        app:layout_constraintBottom_toBottomOf="parent"
        app:layout_constraintEnd_toEndOf="parent"
        app:layout_constraintHorizontal_bias="0.268"
        app:layout_constraintStart_toEndOf="@+id/textView"
        app:layout_constraintTop_toBottomOf="@+id/message"
        app:layout_constraintVertical_bias="0.043" />
<!--定义成绩计算成绩等级按钮 -->
    <Button android:id="@+id/getGradeBtn"
        android:layout_width="wrap_content"
        android:layout_height="wrap_content"
        android:text="@string/title_get_level"
        app:layout_constraintVertical_bias="0.073"
        app:layout_constraintBottom_toBottomOf="parent"
        app:layout_constraintStart_toStartOf="parent"
```

```
            app: layout_constraintEnd_toEndOf="parent"
            app: layout_constraintHorizontal_bias="0.498"
            app: layout_constraintTop_toBottomOf="@+id/scoreEditTxt" />
    <!--定义成绩等级文本 -->
        <TextView android: id="@+id/gradeTxt"
            android: layout_width="wrap_content"
            android: layout_height="wrap_content"
            app: layout_constraintBottom_toBottomOf="parent"
            app: layout_constraintEnd_toEndOf="parent"
            app: layout_constraintHorizontal_bias="0.497"
            app: layout_constraintStart_toStartOf="parent"
            app: layout_constraintVertical_bias="0.097"
            app: layout_constraintTop_toBottomOf="@+id/getGradeBtn"/>
</androidx.constraintlayout.widget.ConstraintLayout>
```

为了保存 GradeFragment 中的数据,需要定义 ViewModel 组件(名为 GradeViewModel)。GradeViewModel 实现了根据输入的成绩计算对应的成绩等级的作用。代码如下:

```
//模块 10_01 ViewModel 组件定义 GradeViewModel.kt
class GradeViewModel : ViewModel() {
    lateinit var grade: String
    fun judge(scoreTxt: String){                    //根据成绩换算对应的成绩等级
        val score =scoreTxt.toInt().div(10)     //置换成十分制的成绩
        grade =when(score){
            10,9->"优秀"
            8->"良好"
            7->"中等"
            6->"及格"
            5,4,3,2,1,0->"不及格"
            else->"输入的成绩有误"
        }
    }
}
```

GradeViewModel 是 ViewModel 的子类,该类中保存 grade 字符串保存成绩等级的数据。定义 judge()函数,对接收传递的成绩字符串做出等级判断。GradeFragment 通过 GradeViewModel 组件获取 grade 成绩等级的信息,代码如下:

```
//模块 10_01 成绩 Fragment GradeFragment.kt
class GradeFragment : Fragment() {
    companion object {
        fun newInstance()=GradeFragment()
    }
    private lateinit var viewModel: GradeViewModel
    override fun onCreate(savedInstanceState: Bundle?) {
        super.onCreate(savedInstanceState)
        viewModel=ViewModelProvider(this).get(GradeViewModel::class.java)
    }
    override fun onCreateView(inflater: LayoutInflater, container: ViewGroup?,
        savedInstanceState: Bundle?): View {
```

```
        val binding=GradeFragmentBinding.inflate(inflater,container,false)
         binding.getGradeBtn.setOnClickListener {
            viewModel.judge(binding.scoreEditTxt.text.toString())
                                                                    //判断等级
            binding.gradeTxt.text ="成绩等级是: ${viewModel.grade}"    //修改成绩等级
         }
         return binding.root
    }
}
```

上述代码采用 ViewModelProvider(this).get(GradeViewModel::class.java)函数获得一个 GradeViewModel 对象实例。得到这个对象实例后就可以对 GradeViewModel 对象的 viewModel 进行处理，例如调用 viewModel.judge(scoreEditTxt.text.toString())函数进行成绩等级转换处理，再通过 viewModel.grade 获取成绩等级。

运行结果如图 10-4 所示。

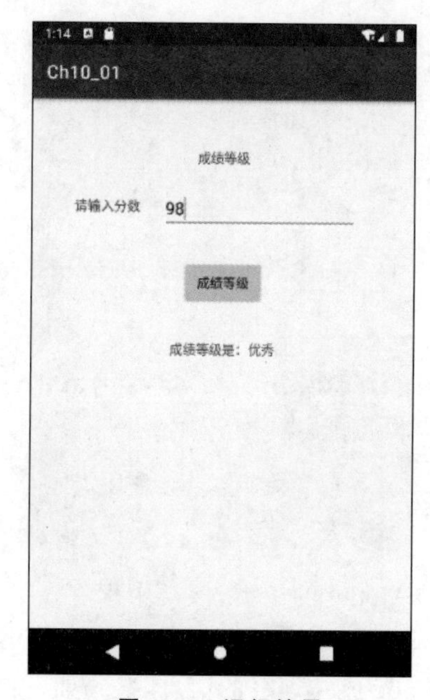

图 10-4 运行结果

10.3 Lifecycle 组件

UI Controller 为 Activity 或 Fragment 提供了相应的 Lifecycle(生命周期)函数，可对 Lifecycle 的不同状态进行处理。但是这又会带来一些问题：UI Controller 承担了 Lifecycle 变化处理任务，增加了它们的负担。在 Lifecycle 状态变化过程中产生的对象数据往往在不同的类中存在，这会导致 Controller 的代码十分复杂，不得不额外管理和处理 Lifecycle 状态变化产生的对象数据。

如图 10-5 所示，LifecycleOwner(生命周期拥有者)是指拥有 Lifecycle 组件，一般是有

LifecycleOwner 接口的对象。Activity 和 Fragment 都是 LifecycleOwner。因为它们本身具有了 Lifecycle，所以可以对 Lifecycle 进行管理。

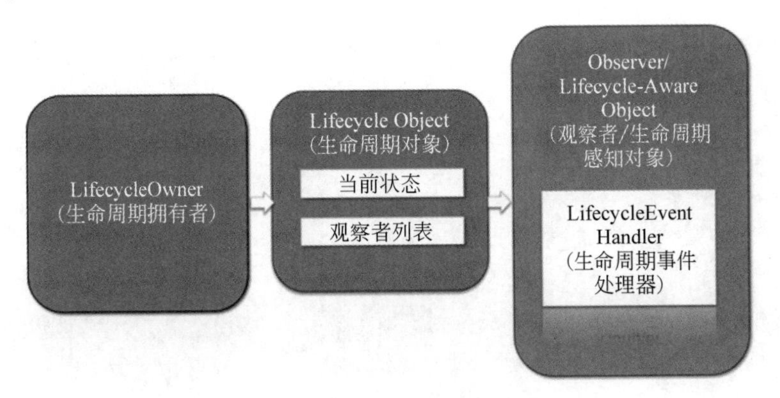

图 10-5　Lifecycle 组件的构成

如图 10-6 所示，LifecycleOwner 拥有 Lifecycle 对象。一旦 LifecycleOwner 的状态发生变化，它的 Lifecycle 的状态也会发生相应的变化，具体如下。

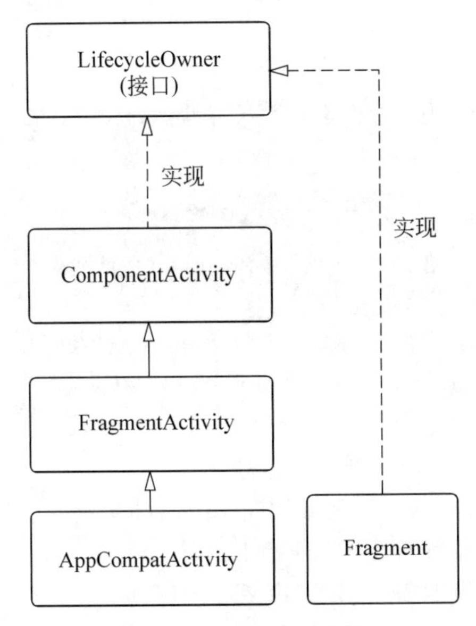

图 10-6　LifecycleOwner

（1）Lifecycle.State.INITIALIZED：初始化状态。

（2）Lifecycle.State.CREATED：创建状态。

（3）Lifecycle.State.STARTED：启动运行状态。

（4）Lifecycle.State.RESUMED：恢复运行状态。

（5）Lifecycle.State.DESTROYED：销毁状态。

通过 Lifecycle 对象，LifecycleOwner 不但保存了当前的状态，而且可以管理 LifecycleOwner 列表或 Lifecycle 感知对象列表。一旦 Lifecycle 的 Lifecycle 对象的状态发生了变化，就会让 LifecycleOwner 通知 LifecycleObserver（生命周期观察者）列表或

Lifecycle 感知对象列表的所有成员，当前状态已经发生变换，可以随之也发生变化，代码如下：

```
public abstract class Lifecycle {
  @MainThread
  public abstract void addObserver(@NonNull LifecycleObserver observer);
                                                        //增加 LifecycleObserver
  @MainThread
  public abstract void removeObserver(@NonNull LifecycleObserver observer);
                                                        //删除 LifecycleObserver
  @MainThread
  @NonNull
  public abstract State getCurrentState();              //获得当前状态
}
```

在 Lifecycle 事件切换的过程中，Lifecycle 对象的状态会发生变化，如图 10-7 所示。

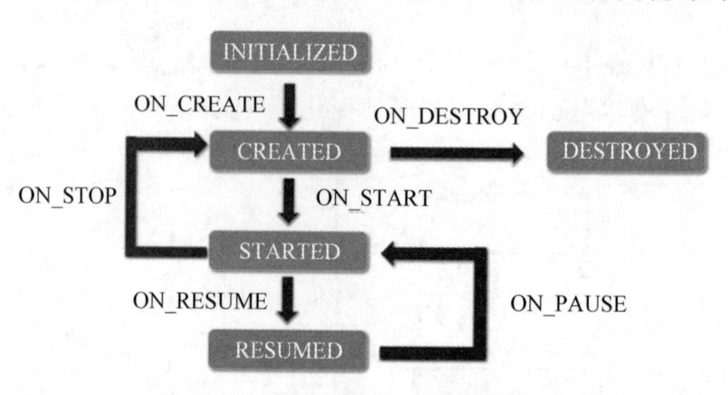

图 10-7　LifecycleEvent 中状态的变化

Lifecycle 对象会触发事件给加入到 LifecycleObserver 列表中任何一个 LifecycleObserver 对象。LifecycleObserver 也称为 Lifecycle Aware Component(生命周期感知组件)。用于检测和响应移动应用中其他对象的 Lifecycle 状态变化。任何一个类实现接口 LifecycleObserver 可以视之为感知 Lifecycle 组件。LifecycleObserver 需要实现如下事件。

(1) Lifecycle.Event.ON_CREATE：创建 Lifecycle。

(2) Lifecycle.Event.ON_START：开始 Lifecycle。

(3) Lifecycle.Event.ON_RESUME：恢复 Lifecycle。

(4) Lifecycle.Event.ON_PAUSE：暂停 Lifecycle。

(5) Lifecycle.Event.ON_STOP：停止 Lifecycle。

(6) Lifecycle.Event.ON_DESTROY：销毁。

(7) Lifecycle.Event.ON_ANY：可以表示上述的任意一个状态，由当时的运行情况决定。

10.3.1　生命周期的实现

在上例的基础上，新建一个 LifecycleObserver 类实现 LifecycleObserver 接口，代码如下：

```
//模块 10_03 GradeObserver.kt
class GradeObserver : LifecycleObserver {
```

```
    companion object {
        private const val TAG ="GradeObserver"
    }
    @OnLifecycleEvent(Lifecycle.Event.ON_CREATE)
    fun onCreate() {
        Log.i(TAG, "onCreate: ")
    }
    @OnLifecycleEvent(Lifecycle.Event.ON_START)
    fun onStart() {
        Log.i(TAG, "onStart: ")
    }
    @OnLifecycleEvent(Lifecycle.Event.ON_RESUME)
    fun onResume() {
        Log.i(TAG, "onResume: ")
    }
    @OnLifecycleEvent(Lifecycle.Event.ON_PAUSE)
    fun onPause() {
        Log.i(TAG, "onPause: ")
    }
    @OnLifecycleEvent(Lifecycle.Event.ON_STOP)
    fun onStop() {
        Log.i(TAG, "onStop: ")
    }
    @OnLifecycleEvent(Lifecycle.Event.ON_DESTROY)
    fun onDestroy() {
        Log.i(TAG, "onDestroy: ")
    }
}
```

OnLifecycleEvent 定义了具体的状态值。可以在对应的 Fragment 中将 GradeObserver 加入 Lifecycle 对象的 LifecycleObserver 列表中，代码如下：

```
//模块 10_03 GradeFragment.kt
class GradeFragment : Fragment() {
    companion object {
        fun newInstance() =GradeFragment()
    }
    private lateinit var viewModel: GradeViewModel
    override fun onCreateView(inflater: LayoutInflater, container: ViewGroup?,
        savedInstanceState: Bundle?): View {
        return inflater.inflate(R.layout.grade_fragment, container, false)
    }
    override fun onActivityCreated(savedInstanceState: Bundle?) {
        super.onActivityCreated(savedInstanceState)
        viewModel =ViewModelProvider(this).get(GradeViewModel::class.java)
        lifecycle.addObserver(GradeObserver())
    }
}
```

在上述代码中，GradeFragment 可直接获得 lifecycle，然后将 GradeObserver 加入

LifecycleObserver 队列。当 GradeFragment 的 Lifecycle 状态发生变化时，会通知 Lifecycle 对象中维护的 LifecycleObserver 列表中所有的成员。这时，GradeObserver 就会根据 LifecycleEvent 的状态调用不同的日志。不同 Lifecycle 状态的日志如图 10-8 所示。

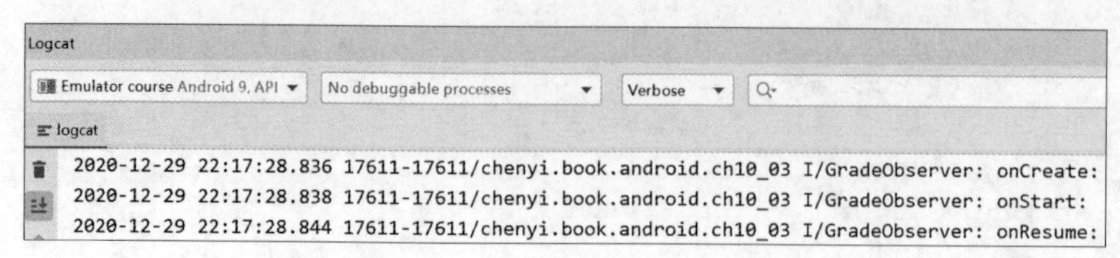

图 10-8　Lifecycle 状态的日志记录

如果只需要对特定 LifecycleEvent 进行处理，也可以通过自定义的 LifecycleOwner 完成。需要实现 LifecycleOwner 接口的对象即可。在下列代码中定义了一个 GradeOwner 作为 LifecycleOwener 类：

```
//模块 10_03 GradeOwner.kt
class GradeOwner: LifecycleOwner {
    private val lifecycleRegistry: LifecycleRegistry
                                          //LifecycleRegistry 是 Lifecycle 的子类
    init{ lifecycleRegistry =LifecycleRegistry(this)
                                          //获得生命周期对象
        lifecycle.addObserver(GradeObserver())}
                                          //lifecycle 从 getLifecycle()函数中获得
        override fun getLifecycle(): Lifecycle =lifecycleRegistry
    fun startOwner(){
        lifecycleRegistry.handleLifecycleEvent(Lifecycle.Event.ON_START)
    }
    fun stopOwner(){
        lifecycleRegistry.handleLifecycleEvent(Lifecycle.Event.ON_STOP)
    }
}
```

在上述代码中，作为 LifecycleObserver，GradeOwner 定义了一个 LifecycleRegistry，用于管理多个 LifecycleObserver。在此处，一个 GradeObserver 增加到 LifecycleRegistry 维护的 LifecycleObserver 列表中。如果需要 GradeOwner 发挥作用，需要如下代码：

```
//模块 ch10_03 GradeOwner.kt
class GradeFragment : Fragment() {
    companion object {
        fun newInstance() =GradeFragment()
    }
    private lateinit var viewModel: GradeViewModel
    override fun onCreateView(inflater: LayoutInflater, container: ViewGroup?,
        savedInstanceState: Bundle?): View {
        return inflater.inflate(R.layout.grade_fragment, container, false)
    }
    override fun onActivityCreated(savedInstanceState: Bundle?) {
        super.onActivityCreated(savedInstanceState)
```

```
        viewModel =ViewModelProvider(this).get(GradeViewModel::class.java)
        val owner =GradeOwner()
        owner.startOwner()
        owner.stopOwner()
    }
}
```

这时,GradeOwner 会监视 LifecycleEvent 的状态变化。观察的日志参见图 10-9。

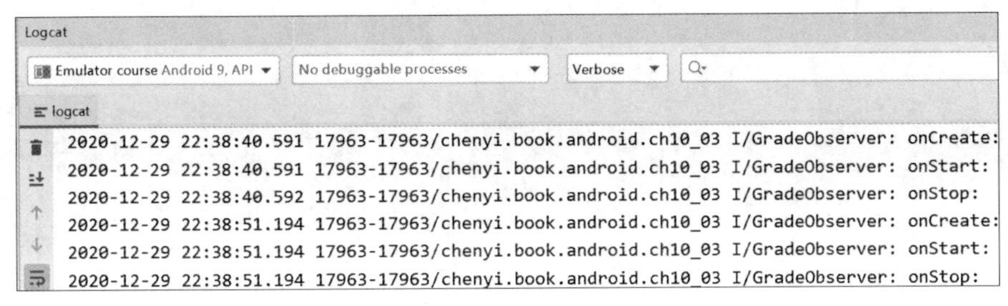

图 10-9　日志记录

10.3.2　LiveData 在生命周期中的应用

LiveData 是存放在 ViewModel 组件内的一个保存数据的容器。它管理的数据是可观察的,一旦 ViewModel 组件中的数据发生变化,可以通知 UI Controller 发生变化。LiveData 一般定义为可变的集合,使得 LiveData 管理的数据更新更为方便。通过 LiveData 可以观察到 UI Controller(如 Activity 或 Fragment)变化,并根据它们的变化而做出调整。

在例 10-1 提供的代码的基础上进行修改。作为 ViewModel 组件,GradeViewModel 中增加了 LiveData 用于保存成绩等级,代码如下:

```
//模块 ch10_04 ViewModel 组件 GradeViewModel.kt
class GradeViewModel : ViewModel() {
    private var gradeLiveData =MutableLiveData<String>()
    fun judge(scoreTxt: String){                          //接收成绩的字符串
        val score =scoreTxt.toInt().div(10)               //置换成十分制的成绩
        gradeLiveData.value =when(score){
            10,9->"优秀"
            8->"良好"
            7->"中等"
            6->"及格"
            5,4,3,2,1,0->"不及格"
            else->"输入的成绩有误"
        }
    }
    fun getGrade()=gradeLiveData
}
```

若 GradeViewModel 的定义发生变化,则对应的 GradeFragment 也要修改,具体如下:

```
//模块 ch10_04 UI Fragment 即 UI Controller GradeFragment.kt
class GradeFragment : Fragment() {
    lateinit var observer: Observer<String>
    companion object {
        fun newInstance() =GradeFragment()
    }
    private lateinit var viewModel: GradeViewModel
    override fun onCreateView(inflater: LayoutInflater, container: ViewGroup?,
        savedInstanceState: Bundle?): View {
        val view=inflater.inflate(R.layout.grade_fragment, container, false)
        observer=Observer<String>{                        //定义 LifecycleObserver
          view.gradeTxt.text ="成绩等级是: ${it}"        //观察的数据发生变化,修改
                                                          //gradeTxt 的文本内容
        }
        view.getGradeBtn.setOnClickListener {            //判断等级
            viewModel.judge(view.scoreEditTxt.text.toString())
        }
        return view
    }
    override fun onActivityCreated(savedInstanceState: Bundle?) {
        super.onActivityCreated(savedInstanceState)
        viewModel =ViewModelProvider(this).get(GradeViewModel: : class.java)
        viewModel.getGrade().observe(this as LifecycleOwner,observer)
    }
}
```

作为 UI Controller,GradeFragment 的 observer 是一个 LifecycleObserver,如果观察的数据发生变化,则修改成绩等级文本标签 gradeTxt 的文本信息。

在 onActivityCreated()函数中 viewModel.getGrade()函数返回的是一个 MutableLiveData <String>对象实例 gradeLiveData,保存了成绩等级的字符串数据。这个 LiveData 本质上就是 LifecycleObserver,用于生命周期感知组件。感知 Lifecycle 的变化是通过调用 observe()函数实现的,它将 observer 加入当前 LifecycleOwner 的 LifecycleObserver 列表中。这个 LifecycleObserver 观察 LifecycleOwner(即 this)的状态是否发生变化,一旦当前的 GradeFragment 进入 RESUME 状态,就进入活跃状态,LiveData 会将数据发送给 Observer,Observer 会根据数据的不同随之发生改变。

10.4 ViewBinding

在前面的章节中,有两种方式可以获得 View(视图)组件:第一种方式是利用 findViewById 获得对应布局的 View 组件;第二种方式是通过 kotlin-android-extensions 插件实现对布局 View 组件的直接引用。这两种方法都存在不足,findViewById 需要引用资源,如果引用资源的编号错误,将无法生成对应的 View 组件。对于使用 kotlin-android-extensions 插件,首次访问 View 组件是利用 findViewById 引用的,会生成 View 组件的缓存,下次引用时,会直接从缓存中提取。如果第一次读取错误,会导致对该 View 组件的后续操作出现问题。此外,kotlin-android-extensions 对 Java 的支持不好,也无法跨模块应用。

因此，Android JetPack 推出了视图绑定工具——ViewBinding。通过 ViewBinding 可以更加方便地实现与界面交互。通过 ViewBinding 可以对模块中的 XML 布局文件生成一个绑定的类，并通过它的对象实例实现对应布局中带有“@+id/”的 View 组件的引用。

1. 配置 ViewBinding

要使用 ViewBinding，需要在模块的构建配置 build.gradle 文件中设置，代码如下：

```
android { …
    viewBinding{
    enabled=true
    }
}
```

如果希望能忽略某个 XML 布局文件，不生成对应的绑定类，需要在指定的布局文件的根元素下添加属性 tools: viewBindingIgnore="ture"，使得对应的布局文件不再生成对应的绑定类，代码如下：

```
<androidx.constraintlayout.widget.ConstraintLayout …
    tools: viewBindingIgnore="true" >
      …
</ androidx.constraintlayout.widget.ConstraintLayout >
```

2. 在 Activity 中使用 ViewBinding

假设 MainActivity 对应的布局文件是 activity_main.xml，代码如下：

```
<?xml version="1.0" encoding="utf-8"?>
<androidx.constraintlayout.widget.ConstraintLayout
    xmlns: android="http://schemas.android.com/apk/res/android"
    xmlns: app="http://schemas.android.com/apk/res-auto"
    xmlns: tools="http://schemas.android.com/tools"
    android: layout_width="match_parent"
    android: layout_height="match_parent"
    tools: context=".MainActivity">
    <TextView android: id="@+id/textView"
        android: layout_width="wrap_content"
        android: layout_height="wrap_content"
        android: text="Hello World!"
        app: layout_constraintBottom_toBottomOf="parent"
        app: layout_constraintEnd_toEndOf="parent"
        app: layout_constraintHorizontal_bias="0.498"
        app: layout_constraintLeft_toLeftOf="parent"
        app: layout_constraintRight_toRightOf="parent"
        app: layout_constraintStart_toStartOf="parent"
        app: layout_constraintTop_toTopOf="parent"
        app: layout_constraintVertical_bias="0.183" />
    <ImageView android: id="@+id/imageView"
        android: layout_width="wrap_content"
        android: layout_height="wrap_content"
        app: layout_constraintBottom_toTopOf="@+id/clickBtn"
```

```
        app: layout_constraintEnd_toEndOf="parent"
        app: layout_constraintStart_toStartOf="parent"
        app: layout_constraintTop_toBottomOf="@+id/textView"
        app: srcCompat="@mipmap/ic_launcher_round" />
    <Button android: id="@+id/clickBtn"
        android: layout_width="match_parent"
        android: layout_height="wrap_content"
        android: layout_marginBottom="196dp"
        android: text="Click Me"
        app: layout_constraintBottom_toBottomOf="parent"
        app: layout_constraintEnd_toEndOf="parent"
        app: layout_constraintTop_toBottomOf="@+id/textView"
        app: layout_constraintVertical_bias="0.804" />
</androidx.constraintlayout.widget.ConstraintLayout>
```

系统会根据这个布局文件生成对应的绑定类 MainActivityBinding。然后，通过 MainActivityBinding 的 inflate()方法生成 MainActivitynBinding 的对象实例。这个视图绑定对象 root 就是根视图的引用。如果需要布局中的 View 组件访问，只需通过 binding 绑定具体视图的 id 即可，形如 binding.id：

```
class MainActivity : AppCompatActivity() {
    private lateinit var binding : ActivityMainBinding
    override fun onCreate(savedInstanceState: Bundle?) {
        super.onCreate(savedInstanceState)
        binding =MainActivityBinding.inflate(layoutInflater)   //生成视图绑定对
        setContentView(binding.root) //设置内容视图为视图绑定对象 binding 的根元素
        binding.clickBtn.setOnClickListener {                  //对绑定的单击
                                                               //按钮动作处理
            Toast.makeText( MainActivity @ this, " Hello View Binding", Toast.
            LENGTH_LONG).show()
        }
    }
}
```

3. 在 Fragment 中使用视图绑定

假设定义 MainFragment 对应的布局文件为 main_fragment.xml，代码如下：

```
<?xml version="1.0" encoding="utf-8"?>
<TextView android: id="@+id/textView"
    xmlns: android="http://schemas.android.com/apk/res/android"
    xmlns: tools="http://schemas.android.com/tools"
    android: text="Hello"
    android: layout_width="match_parent"
    android: layout_height="match_parent"
    tools: context=".MainFragment" />
```

在 Android 允许在视图绑定的前提下，生成 main_fragment.xml 对应的绑定类 MainFragmentBinding，MainFragment 使用 MainFragmentBinding 的 inflate()函数获得视图绑定的对象，并直接通过它的 id 来访问布局中的 View 组件。

```
class MainFragment : Fragment() {
    companion object {
        fun newInstance() =MainFragment()
    }
    private lateinit var viewModel: MainViewModel
    private var binding : MainFragmentBinding? =null
    override fun onCreateView(inflater: LayoutInflater, container: ViewGroup?,
    data: Bundle?): View? {
        binding =MainFragmentBinding.inflate(inflater, container, false)
                                                      //生成视图绑定对象
        binding?.textView?.text="你好!"             //根据 id 访问视图的 TextView
        return binding?.root
    }
    override fun onActivityCreated(savedInstanceState: Bundle?) {
        super.onActivityCreated(savedInstanceState)
        viewModel =ViewModelProvider(this).get(MainViewModel: : class.java)
    }
}
```

与传统的 findViewById 相比，通过 ViewBinding 进行访问更加安全可靠，如果被访问视图的 id 是非法的，findViewById 无法检测是否存在问题。如果传入的 id 非法，会发生 NullPointerException 的异常。但是，通过视图绑定，可以非常容易地根据 id 获得 View 组件，不存在因为 View 组件非法而出现 NullPointerException 问题。此外，每个绑定类中的字段均具有与它们在 XML 文件中引用的视图相匹配的类型，不存在类型转换失败的情况。

10.5 DataBinding

在 Android JetPack 中还可以通过 DataBinding(数据绑定)访问和设置界面的组件，即将 ViewModel 组件中的数据直接映射到 XML 的配置文件中。这些处理数据更加直观。

如图 10-10 所示，UI Controller 直接获得数据绑定的对象，达到对界面布局数据库修改的目的。要实现数据绑定，必须要在模块的构建配置文件 build.gradle 中增加如下的内容。

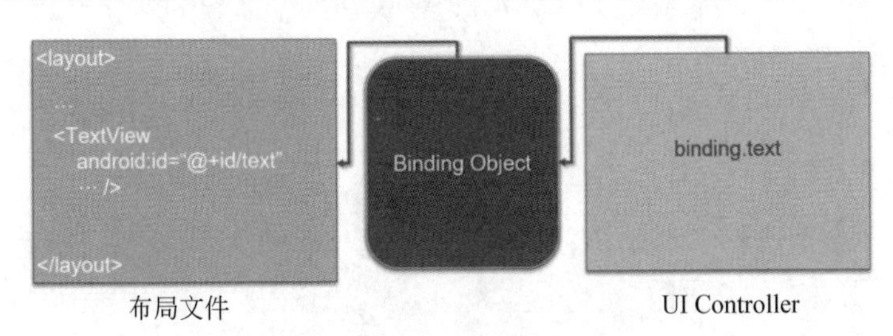

图 10-10 数据绑定示意

增加使用插件 kotlin-kapt，以便对 Kotlin 标注进行解析，代码如下：

```
apply plugin: 'kotlin-kapt'
```

或

```
plugins{
    id 'kotlin-kapt'
}
```

以及增加允许数据绑定的设置，代码如下：

```
android{
  dataBinding{
      enahled =true
  }
}
```

仍在例10-1成绩等级应用的基础上进行修改，进行数据绑定处理。要实现数据绑定，需要修改对应的布局文件，增加一个layout元素作为布局的根元素，原来的根布局的元素变更为下级元素。并定义响应的数据变量，代码如下：

```
<?xml version="1.0" encoding="utf-8"?>
<layout xmlns: android="http://schemas.android.com/apk/res/android"
    xmlns: app="http://schemas.android.com/apk/res-auto"
    xmlns: tools="http://schemas.android.com/tools"
    android: id="@+id/grade">
    <data>  <!--定义变量-->
        <variable name="gradeViewModel"
            type="chenyi.book.android.ch10_05.ui.grade.GradeViewModel" />
    </data>
    <androidx.constraintlayout.widget.ConstraintLayout
        android: layout_width="match_parent"
        android: layout_height="match_parent"
        tools: context=".ui.grade.GradeFragment">
        …                                                                //略
    </androidx.constraintlayout.widget.ConstraintLayout>
</layout>
```

在上述布局中，data元素指定了要绑定的ViewModel名称和对应的类通过variable元素来设置。上述代码中，设置了chenyi.book.android.ch10_05.ui.grade.GradeViewModel类的对象实例为gradeViewModel。定义GradeViewModel的代码如下：

```
//模块ch10_05 ViewModel组件的定义GradeViewModel.kt
import androidx.lifecycle.ViewModel
class GradeViewModel : ViewModel() {
    var scoreLiveData=MutableLiveData<String>()                    //输入数据
    var gradeLiveData=MutableLiveData<String>()                    //输出数据
    fun judge(){                                                   //等级判断
        val score =scoreLiveData.value?.toInt()?.div(10)
        gradeLiveData.value =when(score){
            10,9->"优秀"
            8->"良好"
```

```
            7->"中等"
             6->"及格"
             5,4,3,2,1,0->"不及格"
             else->"输入的成绩有误"
         }
     }
}
```

UI Controller 通过 DatabindingUtil 实现对应布局定义 DataBinding 对象。然后为数据绑定对象设置对应的 ViewModel 组件。通过这样的数据绑定方式实现了布局文件和界面控制器中直接进行交互,代码如下：

```
//模块 ch10_05 UI Controller 的定义 GradeFragment.kt
class GradeFragment : Fragment() {
    private lateinit var dataBinding: GradeFragmentBinding
    companion object {
        fun newInstance()=GradeFragment()
    }
    private lateinit var viewModel: GradeViewModel

    override fun onCreate(savedInstanceState: Bundle?) {
        super.onCreate(savedInstanceState)
        viewModel=ViewModelProvider(this).get(GradeViewModel::class.java)
    }
    override fun onCreateView(inflater: LayoutInflater, container: ViewGroup?,
    savedInstanceState: Bundle?): View {
        dataBinding=DataBindingUtil.inflate< GradeFragmentBinding> (inflater,
        R.layout.grade_fragment, container, false)
                                                        //创建 DataBinding 对象
        dataBinding.lifecycleOwner=viewLifecycleOwner
                                              //设置为 Fragment 的 viewLifecycleOwner
        dataBinding.gradeViewModel=viewModel            //设置 ViewModel 对象
        return dataBinding.root
    }
}
```

上述 UI Controller 代码通过 DataBindingUtil 实用类从布局文件 fragment_grade.xml 创建一个 GradeFragmentBinding 数据绑定对象。通过 dataBinding.lifecycleOwner=this,即调用 dataBinding.setLifecycleOwner(this),将界面控制器 GradeFragment 自身设置 dataBinding 对象的 LifeCycleOwner,观察被 dataBinding 绑定的 LiveData 的数据变化情况。

dataBinding.root 实际上调用 dataBinding.getRoot()函数,返回关联数据绑定对象的对应布局文件最外层的根视图。

一旦定义 UI Controller 和 ViewModel 组件,可以修改布局文件,与 GradeViewModel 中的数据在布局文件中绑定。要绑定数据有两种方式：单向数据绑定和双向绑定。

(1) 单向绑定只能将 ViewModel 组件包含的数据设置在布局文件中,形式如下：

```
@{对象.属性}
```

或

```
@{对象.函数(实参列表)}
```

(2) 双向数据绑定实现 ViewModel 与布局文件两个方向数据交互，即将 ViewModel 组件的数据设置在布局文件的 UI 类组件，也可以将界面的 UI 类组件的值设置给 ViewModel 组件的数据。形式如下：

```
@={对象.属性}
```

因此，将 fragment_grade.xml 布局文件修改为如下形式：

```
<!--模块 ch10_05 UI Fragment 的布局文件 fragment_grade.xml -->
<?xml version="1.0" encoding="utf-8"?>
<layout xmlns:android="http://schemas.android.com/apk/res/android"
    xmlns:app="http://schemas.android.com/apk/res-auto"
    xmlns:tools="http://schemas.android.com/tools"
    android:id="@+id/grade">
    <data><!--定义变量-->
        <variable name="gradeViewModel"
            type="chenyi.book.android.ch10_05.ui.grade.GradeViewModel" />
    </data>
    <androidx.constraintlayout.widget.ConstraintLayout
        android:layout_width="match_parent"
        android:layout_height="match_parent"
        tools:context=".ui.grade.GradeFragment">
        <TextView android:id="@+id/message"
            android:layout_width="wrap_content"
            android:layout_height="wrap_content"
            android:text="@string/title_app_name"
            app:layout_constraintBottom_toBottomOf="parent"
            app:layout_constraintEnd_toEndOf="parent"
            app:layout_constraintStart_toStartOf="parent"
            app:layout_constraintTop_toTopOf="parent"
            app:layout_constraintVertical_bias="0.088" />
        <TextView android:id="@+id/textView"
            android:layout_width="wrap_content"
            android:layout_height="wrap_content"
            android:text="@string/title_input_score"
            app:layout_constraintBottom_toBottomOf="parent"
            app:layout_constraintEnd_toEndOf="parent"
            app:layout_constraintHorizontal_bias="0.136"
            app:layout_constraintStart_toStartOf="parent"
            app:layout_constraintTop_toBottomOf="@+id/message"
            app:layout_constraintVertical_bias="0.061" />
      <!--输入的成绩与 GradeViewModel 组件的 scoreLiveData 双向绑定-->
        <EditText android:id="@+id/scoreEditTxt"
            android:layout_width="wrap_content"
            android:layout_height="wrap_content"
```

```
            android: ems="10" android: inputType="number"
            android: text="@={gradeViewModel.scoreLiveData}"
            app: layout_constraintBottom_toBottomOf="parent"
            app: layout_constraintEnd_toEndOf="parent"
            app: layout_constraintHorizontal_bias="0.268"
            app: layout_constraintStart_toEndOf="@+id/textView"
            app: layout_constraintTop_toBottomOf="@+id/message"
            app: layout_constraintVertical_bias="0.043" />
    <!--"等级"按钮与 GradeViewModel 的 judge()函数单向绑定,单击调用函数-->
        <Button android: id="@+id/getGradeBtn"
            android: layout_width="wrap_content"
            android: layout_height="wrap_content"
            android: text="@string/title_get_level"
            android: onClick="@{()->gradeViewModel.judge()}"
            app: layout_constraintBottom_toBottomOf="parent"
            app: layout_constraintEnd_toEndOf="parent"
            app: layout_constraintHorizontal_bias="0.498"
            app: layout_constraintStart_toStartOf="parent"
            app: layout_constraintVertical_bias="0.073"
            app: layout_constraintTop_toBottomOf="@+id/scoreEditTxt" />
    <!--显示成绩等级与 GradeViewModel 的 gradeLiveData 单向绑定-->
        <TextView android: id="@+id/gradeTxt"
            android: layout_width="wrap_content"
            android: layout_height="wrap_content"
            android: text="@{gradeViewModel.gradeLiveData}"
            app: layout_constraintBottom_toBottomOf="parent"
            app: layout_constraintEnd_toEndOf="parent"
            app: layout_constraintHorizontal_bias="0.497"
            app: layout_constraintStart_toStartOf="parent"
            app: layout_constraintTop_toBottomOf="@+id/getGradeBtn"
            app: layout_constraintVertical_bias="0.097" />
    </androidx.constraintlayout.widget.ConstraintLayout>
</layout>
```

上述布局文件的 EditText 组件设置 android: text="@={gradeViewModel.scoreLiveData}"属性是双向数据绑定,通过双向数据绑定接收从文本输入框中的分数字符串,并传递给 GradeViewModel 对象的 scoreLiveData;设置 Button(按钮)组件 android: onClick="@{()->gradeViewModel.judge()}"是一个单向的操作,内置了 Lambda 表达式用于调用 GradeViewModel 的 gradeViewModel()函数,实现成绩等级换算;最后一个文本标签 TextView,定义 android: text="@{gradeViewModel.gradeLiveData}"是一个单向的数据绑定,用于设置文本标签的文本内容,获取 GradeViewModel 中的 gradeLiveData 包含的成绩等级字符串。通过上述的操作实现数据绑定。这使得代码量进一步减少,代码结构清晰。

10.6 Navigation 组件

一个移动应用由多个内容界面构成,这些内容界面可以是 Activity 也可以是 Fragment,它们都视为一个导航的目的地。这些界面之间的切换让移动应用呈现出多种功

能。Android JetPack 定义了 Navigation 组件实现 Activity 和 Fragment 界面之间的切换，并通过“返回堆栈”管理界面进行管理。如果希望某个界面成为当前界面，需要让这个界面进入“返回堆栈”，成为栈顶元素使其成为当前的界面。当某个界面从“返回堆栈”中出栈后，处于栈顶的其他界面将成为新的当前界面，如图 10-11 所示。

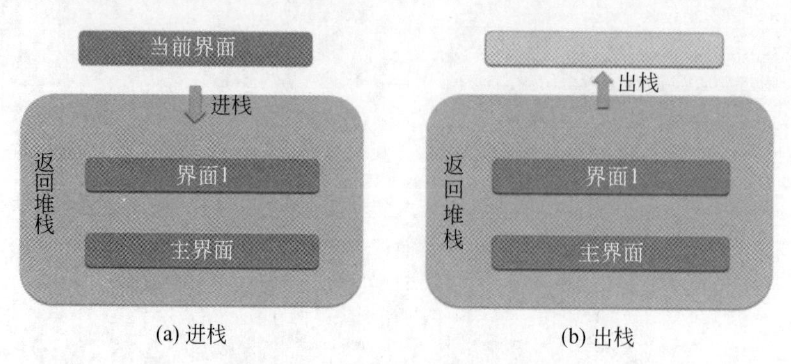

图 10-11　导航堆栈管理界面切换

Android JetPack 是通过定义 Navigation 组件来处理导航业务的。“返回堆栈”由 Navigation 组件中的 NavController（导航控制器）对象来管理。执行导航时，还会用到 Navigation Host（导航宿主）、Navigation Graph（导航图）、Navigation Action（导航动作）。通过它们就能用最少量的代码实现导航。

要应用 Navigation 组件，必须对模块的构建配置文件 build.gradle 增加依赖，代码如下：

```
implementation 'androidx.navigation: navigation-fragment: 2.4.0'
implementation 'androidx.navigation: navigation-ui: 2.4.0'
```

10.6.1　页面导航的实现

页面导航的实现除了能配置模块构建文件 build.gradle，还需要了解一些其他的相关概念。

1. 创建导航图

导航图（Navigation Graph）实际是一个 XML 文件，它包含内容界面。每个内容界面也称为目的地。导航图定义了这些目的地之间的导航路径，表明了从一个内容界面目的地导航到另外一个内容界面的目的地的操作。要在模块中定义导航图，需要执行如下操作：在模块的 res 目录下创建 navigation 目录，设置 Directory name（导航目录的名称），指定 Resource type（资源类型），如图 10-12 所示。

在 navigation 目录下创建导航图 XML 文件，名字可以任选。例如，命名为 navigation.xml 文件，然后在 Navigation Editor 界面打开 navigation.xml 文件，如图 10-13 所示。

假设有两个 Fragment，第一个 Fragment（即 MainFragment）对应的布局文件如下：

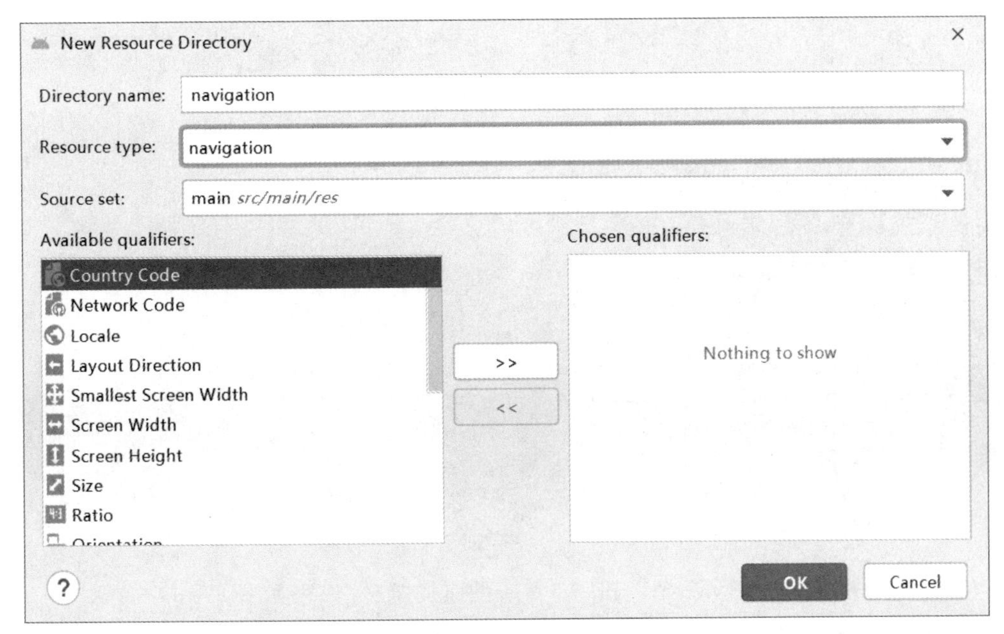

图 10-12　创建导航目录

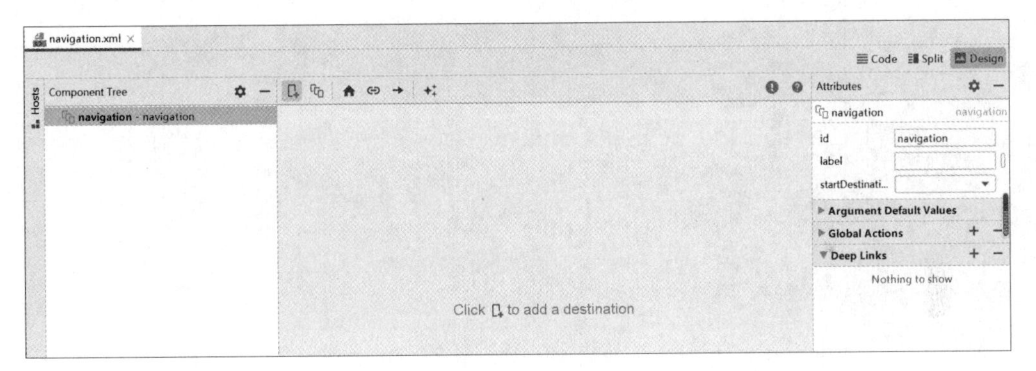

图 10-13　创建导航图

```
<!--模块 ch10_06 fragment_main.xml -->
<?xml version="1.0" encoding="utf-8"?>
<androidx.constraintlayout.widget.ConstraintLayout
    xmlns:android="http://schemas.android.com/apk/res/android"
    xmlns:app="http://schemas.android.com/apk/res-auto"
    xmlns:tools="http://schemas.android.com/tools"
    android:layout_width="match_parent"
    android:layout_height="match_parent"
    android:background="@android:color/holo_blue_bright"
    tools:context=".MainFragment">
    <TextView android:id="@+id/textView"
        android:layout_width="wrap_content"
        android:layout_height="wrap_content"
        android:text="@string/title_main_fragment"
        android:textSize="@dimen/size_text_label"
```

```
        app: layout_constraintBottom_toBottomOf="parent"
        app: layout_constraintEnd_toEndOf="parent"
        app: layout_constraintHorizontal_bias="0.495"
        app: layout_constraintStart_toStartOf="parent"
        app: layout_constraintTop_toTopOf="parent"
        app: layout_constraintVertical_bias="0.08" />
    <Button android: id="@+id/nextBtn"
        android: layout_width="wrap_content"
        android: layout_height="wrap_content"
        android: text="@string/title_next_btn"
        app: layout_constraintBottom_toBottomOf="parent"
        app: layout_constraintEnd_toEndOf="parent"
        app: layout_constraintStart_toStartOf="parent"
        app: layout_constraintTop_toBottomOf="@+id/textView"
        app: layout_constraintVertical_bias="0.321" />
</androidx.constraintlayout.widget.ConstraintLayout>
```

第二个 Fragment(即 NextFragment)对应的布局定义,代码如下:

```
<!--模块 ch10_06 fragment_next.xml -->
<?xml version="1.0" encoding="utf-8"?>
<TextView xmlns: android="http://schemas.android.com/apk/res/android"
    xmlns: tools="http://schemas.android.com/tools"
    android: gravity="center"
    android: layout_width="match_parent"
    android: layout_height="match_parent"
    android: background="@android: color/holo_green_light"
    android: text="@string/title_next_fragment"
    android: textSize="@dimen/size_text_label"
    tools: context=".NextFragment" />
```

使用 Navigation Editor(导航器编辑器)将创建的 Fragment 添加到 navigation.xml 文件中。然后在导航图中创建从一个目的地导航到另一个目的地的动作,如图 10-14 所示。创建完毕后,导航图对应的 navigation.xml 文件,代码如下:

```
<!--模块 ch10_06 导航图的配置 navigation.xml -->
<?xml version="1.0" encoding="utf-8"?>
<navigation xmlns: android="http://schemas.android.com/apk/res/android"
    xmlns: app="http://schemas.android.com/apk/res-auto"
    xmlns: tools="http://schemas.android.com/tools"
    android: id="@+id/navigation"
    app: startDestination="@id/mainFragment">
    <fragment android: id="@+id/mainFragment"
    android: name="chenyi.book.android.ch10_06.MainFragment"
    android: label="fragment_main"
    tools: layout="@layout/fragment_main" >
    <action android: id="@+id/action_mainFragment_to_nextFragment"
    app: destination="@id/nextFragment" />
```

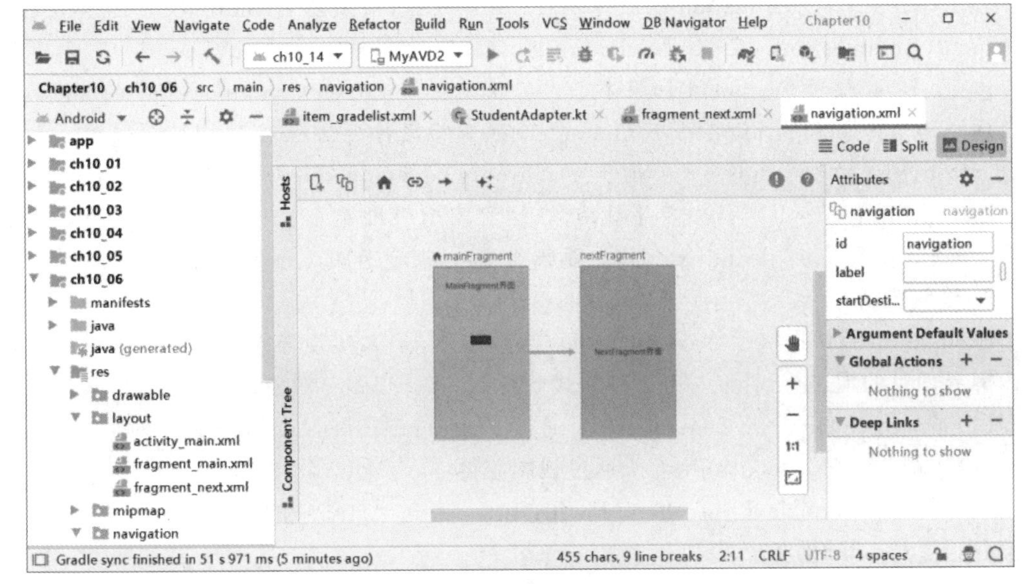

图 10-14　创建导航的动作

```
    </fragment>
    <fragment android: id="@+id/nextFragment"
        android: name="chenyi.book.android.ch10_06.NextFragment"
        android: label="fragment_next"
        tools: layout="@layout/fragment_next" />
</navigation>
```

在上述文件中，navigation 元素是导航图的根元素。navigation 元素下可以使用 destination 子元素指定目的地，action 子元素表示连接的操作。

2. 在 Activity 中指定 Navigation Host

要让定义好的导航图发挥作用，需要在 Activity 中指定 Navigation（导航宿主）。通过指定 Navigation 的 NavHostFragment，设置 Activity 布局用户界面屏幕目标的预留位置。在下列的 MainActivity 对应的布局文件中指定导航宿主，代码如下：

```
<!--模块 ch10_06 指定 Navigation Host 的 Activity 的布局文件 activity_main.xml -->
<?xml version="1.0" encoding="utf-8"?>
<androidx.fragment.app.FragmentContainerView
    android: id="@+id/nav_host_fragment_container"
    xmlns: android="http://schemas.android.com/apk/res/android"
    xmlns: app="http://schemas.android.com/apk/res-auto"
    xmlns: tools="http://schemas.android.com/tools"
    android: layout_width="match_parent"
    android: layout_height="match_parent"
    tools: context=".MainActivity"
    android: name="androidx.navigation.fragment.NavHostFragment"
    app: navGraph="@navigation/navigation"
    app: defaultNavHost="true"/>
```

注意： 在 Navigation 组件的 2.3.0 及以下版本中，可使用 fragment 元素定义

NavigationHost。从 Navigation 组件的 2.3.2 版本开始，必须使用 androidx.fragment.app.FragmentContainerView 定义 NavigationHost。FragmentContainerView 专门用于为 NavigationHost 处理 Fragment 切换事务。必须设置 FragmentContainerView 的 android:id 为@+id/nav_host_fragment_container，否则布局文件无法识别 NavigationHost；指定 NavigationHost 的 android:name 属性为 androidx.navigation.fragment.NavHostFragment 类；设置 app:navGraph 属性指定导航图，在这里表示引用资源 navigation/navigation.xml 文件，并通过设置 app:defaultNavHost 属性为 true，表示为默认的 NavigationHost。

3. 导航控制

Navigation 组件提供了 NavController(导航控制器)来实现导航控制。在通过触发不同内容界面目的地进行切换前，有 3 种方式获得 NavController 对象。

(1) Fragment.findNavController()：通过 Fragment 获得 NavController 对象。

(2) View.findNavController()：通过视图获得 NavController 对象。

(3) Activity.findNavController(viewId: Int)：通过 Activity 的指定 View 组件获得对应的 NavController 对象。

再调用并触发 NavController 对象的 NavController.navigation(动作资源编号)进行内容界面目的地的切换。可以在 Fragment 中定义导航的操作，代码如下：

```
//模块 ch10_06 MainFragment.kt
class MainFragment : Fragment() {
    override fun onCreate(savedInstanceState: Bundle?) {
        super.onCreate(savedInstanceState)
    }
    override fun onCreateView(inflater: LayoutInflater, container: ViewGroup?,
    savedInstanceState: Bundle?): View? {
        val view =inflater.inflate(R.layout.fragment_main, container, false)
        view.nextBtn.setOnClickListener {
            it: View->val controller =it.findNavController()
            controller.navigate(R.id.action_mainFragment_to_nextFragment)
        }
        return view
    }
}
```

在上述代码中，通过 View 组件对象获得 NavController(即 controller)。然后通过 controller 执行导航操作 R.id.action_mainFragment_to_nextFragment 与导航图 navigation/navigation.xml 中的 action(动作)定义保持一致。

10.6.2 在目的地之间安全传递数据

往往需要在不同的内容界面之间传递数据。通过导航，可以将数据附加在导航动作中，将数据从一个目的地传递到另外一个目的地。

1. 模块配置

在 Navigation 组件中可以使用 Safe Args 的 Gradle 插件进行安全参数进行传递数据。要实现安全参数的传递，需要在项目的顶层构建配置文件 build.gradle 中设置 id：

```
buildscript {…
    dependencies {…
        classpath "androidx.navigation: navigation-safe-args-gradle-plugin:
        2.4.1"
    }
}
```

然后再在应用项目的下级模块的 build.gradle 中增加插件，代码如下：

```
apply plugin: "androidx.navigation.safeargs"
```

或

```
pugins{
    id "androidx.navigation.safeargs"
}
```

2. 创建并配置导航图

Navigation Editor（导航编辑器）可配置导航图 navigation.xml 文件，实现导航设置。具体的步骤如下。

（1）选择接收参数的内容界面目的地。

（2）选定目的地后，在 Navigation Editor 中的 Attributes 面板中，单击 Add（+）按钮，增加参数 argument 的操作。在显示的 Add Argument Link 窗口中配置对应的参数。

（3）然后单击 Add 按钮，当参数定义成功，可以在 Attributes 面板的 Arguments 列表中进行查看。配置成功的导航图 navigation/navigation.xml 的代码如下：

```
<!--模块 ch10_07 导航图的定义 navigation.xml -->
<?xml version="1.0" encoding="utf-8"?>
<navigation xmlns: android="http://schemas.android.com/apk/res/android"
    xmlns: app="http://schemas.android.com/apk/res-auto"
    xmlns: tools="http://schemas.android.com/tools"
    android: id="@+id/navigation"
    app: startDestination="@id/firstFragment">
    <!--数据发送方 -->
    <fragment android: id="@+id/firstFragment"
        android: name="chenyi.book.android.ch10_07.FirstFragment"
        android: label="fragment_first"
        tools: layout="@layout/fragment_first" >
        <action
        android: id="@+id/action_firstFragment_to_secondFragment"
        app: destination="@id/secondFragment" />
    </fragment>
    <!--数据接收方 -->
    <fragment android: id="@+id/secondFragment"
        android: name="chenyi.book.android.ch10_07.SecondFragment"
        android: label="fragment_second"
        tools: layout="@layout/fragment_second" >
      <!--配置接收数据参数 -->
```

```
        <argument android: name="content"
        app: argType="string"
        android: defaultValue="Hello" />
        </fragment>
    </navigation>
```

在 fragment 元素中增加了 argument 子元素，表示接收方需要接收参数。android: name 用于指定参数的名称；属性 app: argType 用于指定参数的类型；属性 android: defaultValue 表示默认值。

属性 app: argType 指定可传递参数的类型，Navigation 组件中支持如表 10-1 所示的数据类型。

表 10-1　Navigation 组件支持的数据类型

数据类型	表　示	支持默认值	支持 null
整数	app: argType="integer"	是	否
长整数	app: argType="long"	是	否
浮点数	app: argType="float"	是	否
布尔值	app: argType="boolean"	true/false	否
字符串	app: argType="string"	是	是
自定义 Enum	app: argType="自定义类型"	是	否
自定义 Parclable	app: argType="自定义类型"	@null	是
自定义 Serializable	app: argType="自定义类型"	@null	是

配置完成后，必须对当前模块进行构建，系统会自动生成相应类。有几种情况需要注意。

上述 navigation.xml 导航图定义对应的 FirstFragment 是发送方，没有定义任何参数，但需要通过它将数据传递给其他 Fragment，Navigition 组件会根据它在导航图 android:id 值生成一个 Directions 类。命名规则与 android:id 设置保持一致。例如 FirstFragment 在导航图 navigation.xml 中设置的 android:id="@+id/firstFragment"，则生成对应的 Directions 类的名称为 FirstFragmentDirections，用于表示导航的方向。如果它需要传递参数，这个 FirstFragmentDirections 中会生成内部静态类 ActionFirstFragmentToSecondFragment，用于封装要传递给接收方 UI Fragment 数据的设置方法。

如果 navigation.xml 导航图定义对应的 SecondFragment 是数据接收方，定义并配置接收数据参数，Navigation 组件会根据它在导航图中 android: id 值生成一个实现 NavArgs 类，表示安全参数，封装接收数据的方法。命名规则与 android: id 设置保持一致。例如，SecondFragment 在导航图 navigation.xml 中设置的 android:id="@+id/secondFragment"，则生成对应的 NavArgs 类的名称为 SecondFragmentArgs。

3. 发送数据

在数据发送方需要考虑两种情况：接收方的接收参数是否设置了默认值。

(1) 设置默认值的形式，代码如下：

```
val direction =FirstFragmentDirections.actionFirstFragmentToSecondFragment()
                                                                       //没有参数
direction.content =" FirstFragment"                                    //设置发送的数据
it.findNavController().navigate(direction)                             //导航并发送数据
```

(2) 没有设置默认值的形式，代码如下：

```
val direction =FirstFragmentDirections.actionFirstFragmentToSecondFragment("
FirstFragment")                                                      //设置参数
it.findNavController().navigate(direction)                           //导航并发送数据
```

4. 接收数据

在数据接收方可以使用 getArguments()直接检索数据及使用 Bundle 方式获得数据。

(1) 使用 getArguments()函数检索数据，代码如下：

```
val content =requireArguments().getString("content")
```

(2) 使用 Bundle 对象接收数据。

```
val args =SecondFragmentArgs.fromBundle(requireArguments())
val content =args.content
```

实际上第二种方法会更好，因为采用了安全方式接收数据。首先，requireArguments()函数实际上就是调用 getArguments()函数，如果调用 getArguments()函数失败，则抛出 IllegalStateException 异常。通过 getArguments()函数获得数据包 Bundle 对象经过 SecondFragmentArgs 的封装生成 SecondFragmentArgs 对象 args。只有创建 args 对象成功的情况下，才能通过它来调用具体接收的数据。这种方法可以确保接收正确的数据。

例 10-2 定义简单学生成绩登记，并将所有登记成绩的学生列表给予显示。为了实现这个成绩登记的应用，定义两个内容界面成绩界面和已经登记学生记录的界面。

(1) 配置模块。在模块的 build.gradle 中增加相应的插件和依赖库，代码如下：

```
plugins {…
    id 'kotlin-android-extensions'                //增加 kotlin 的 Android 扩展插件
    id 'kotlin-kapt'                              //增加注解处理工具
    id 'androidx.navigation.safeargs'             //增加安全参数插件
}
android {…
    dataBinding{                                  //允许数据绑定
        euabled =true
    }
}
dependencies {…
    //增加 Lifecycle 组件依赖
```

```
    implementation 'androidx.lifecycle: lifecycle-livedata-ktx: 2.5.0_alpha02'
    implementation ' androidx. lifecycle: lifecycle - viewmodel - ktx: 2. 5. 0 _
    alpha02'
    //增加 Navigation 组件依赖
    implementation 'androidx.navigation: navigation-fragment-ktx: 2.4.0'
    implementation 'androidx.navigation: navigation-ui-ktx: 2.4.0'
}
```

（2）定义实体类。作为要传递的实体对象，必须是可序列化的。这要求实体类必须实现 java.util.Serializable 接口或者实现 android.os.Parcelable。在本例中，采用第二种方式，执行效率会更高，代码如下：

```
//模块 ch10_08 定义实体类 Student.kt,定义学生实体类
@Parcelize
data class Student(val no: String, val name: String, val score: Int,
val grade: String): Parcelable
```

（3）定义导航图。导航图定义从目的地之间切换导航处理，及在切换的过程中指定参数的类型名称等内容，代码如下：

```
<!--模块 ch10_08 定义导航图 navigation.xml -->
<?xml version="1.0" encoding="utf-8"?>
<navigation xmlns: android="http://schemas.android.com/apk/res/android"
    xmlns: app="http://schemas.android.com/apk/res-auto"
    xmlns: tools="http://schemas.android.com/tools"
    android: id="@+id/navigation"
    app: startDestination="@id/registerFragment">
    <fragment android: id="@+id/registerFragment"
        android: name="chenyi.book.android.ch10_08.ui.RegisterFragment"
        android: label="register_fragment"
        tools: layout="@layout/register_fragment" >
        <action android: id="@+id/action_registerFragment_to_studentsFragment"
        app: destination="@id/studentsFragment" />
    </fragment>
    <fragment android: id="@+id/studentsFragment"
        android: name="chenyi.book.android.ch10_08.ui.StudentsFragment"
        android: label="students_fragment"
        tools: layout="@layout/students_fragment" ><action
        android:id="@+id/action_studentsFragment_to_registerFragment"
        app: destination="@id/registerFragment" /><argument
        android: name="student"
        app: argType="chenyi.book.android.ch10_08.entity.Student" />
    </fragment>
</navigation>
```

在 Navigation Editor 中显示的导航图如图 10-15 所示。

（4）定义 Fragment 的业务处理及相关操作。本例中定义了两个 Fragment：

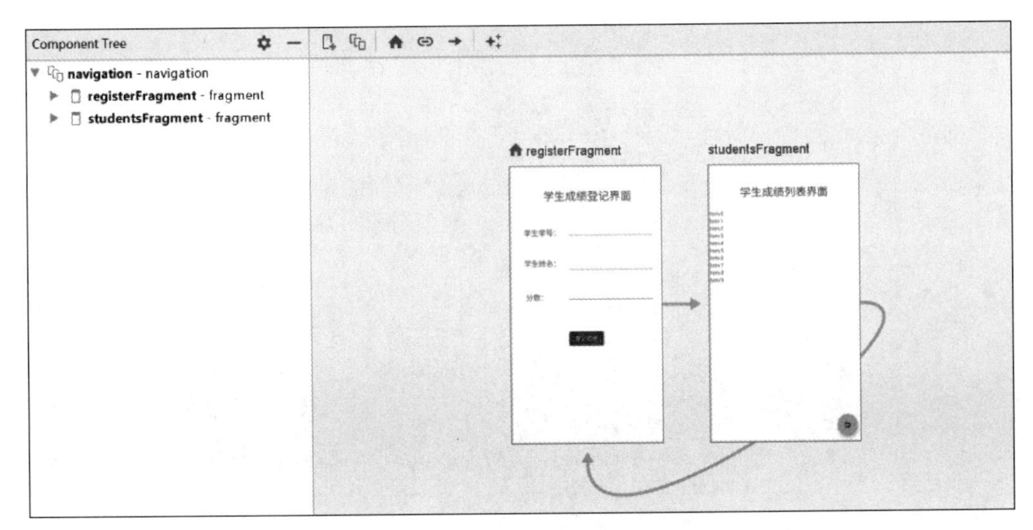

图 10-15　在 Navigation Editor 中显示导航图

RegisterFragment 和 StudentsFragment。它们分别表示成绩登记和成绩等级显示的内容，代码如下：

```
<!--模块 ch10_08 成绩登记的 Fragment 布局 fragment_register.xml -->
<?xml version="1.0" encoding="utf-8"?>
<layout xmlns: android="http://schemas.android.com/apk/res/android"
   xmlns: app="http://schemas.android.com/apk/res-auto"
   xmlns: tools="http://schemas.android.com/tools"
   tools: context=".ui.RegisterFragment">
   <data>
   <variable name="registerViewModel"
   type="chenyi.book.android.ch10_08.ui.RegisterViewModel" />
   </data>
   <androidx.constraintlayout.widget.ConstraintLayout
   android: id="@+id/register"
       android: layout_width="match_parent"
       android: layout_height="match_parent">
       <TextView android: id="@+id/message"
           android: layout_width="wrap_content"
           android: layout_height="wrap_content"
           android: text="@string/title_register_interface"
           android: textSize="@dimen/size_large_text"
           app: layout_constraintBottom_toBottomOf="parent"
           app: layout_constraintEnd_toEndOf="parent"
           app: layout_constraintHorizontal_bias="0.53"
           app: layout_constraintStart_toStartOf="parent"
           app: layout_constraintTop_toTopOf="parent"
           app: layout_constraintVertical_bias="0.082" />
       <TextView android: id="@+id/noLbl"
           android: layout_width="wrap_content"
           android: layout_height="wrap_content"
```

```
        android: text="@string/title_student_no"
        android: textSize="@dimen/size_middle_text"
        app: layout_constraintBottom_toBottomOf="parent"
        app: layout_constraintEnd_toEndOf="parent"
        app: layout_constraintHorizontal_bias="0.116"
        app: layout_constraintStart_toStartOf="parent"
        app: layout_constraintVertical_bias="0.105"
        app: layout_constraintTop_toBottomOf="@+id/message"/>
    <!--学号输入文本框 -->
    <EditText android: id="@+id/noTxt"
        android: layout_width="wrap_content"
        android: layout_height="wrap_content"
        android: ems="10"
        android: inputType="number"
        android: text="@={registerViewModel.noData}"
        android: textSize="@dimen/size_middle_text"
        app: layout_constraintBottom_toBottomOf="parent"
        app: layout_constraintEnd_toEndOf="parent"
        app: layout_constraintHorizontal_bias="0.482"
        app: layout_constraintStart_toEndOf="@+id/noLbl"
        app: layout_constraintTop_toBottomOf="@+id/message"
        app: layout_constraintVertical_bias="0.073"
        android: autofillHints="" />
    <TextView android: id="@+id/nameLbl"
        android: layout_width="wrap_content"
        android: layout_height="wrap_content"
        android: text="@string/title_student_name"
        android: textSize="@dimen/size_middle_text"
        app: layout_constraintBottom_toBottomOf="parent"
        app: layout_constraintEnd_toEndOf="parent"
        app: layout_constraintHorizontal_bias="0.116"
        app: layout_constraintStart_toStartOf="parent"
        app: layout_constraintVertical_bias="0.104"
        app: layout_constraintTop_toBottomOf="@+id/noLbl" />
    <!--姓名输入文本框 -->
    <EditText android: id="@+id/nameTxt"
        android: layout_width="wrap_content"
        android: layout_height="wrap_content"
        android: ems="10"
        android: inputType="text"
        android: textSize="@dimen/size_middle_text"
        android: text="@={registerViewModel.nameData}"
        app: layout_constraintBottom_toBottomOf="parent"
        app: layout_constraintEnd_toEndOf="parent"
        app: layout_constraintHorizontal_bias="0.473"
        app: layout_constraintStart_toEndOf="@+id/nameLbl"
        app: layout_constraintTop_toBottomOf="@+id/noTxt"
        app: layout_constraintVertical_bias="0.088"
        android: autofillHints="" />
    <TextView android: id="@+id/scoreLbl"
        android: layout_width="wrap_content"
        android: layout_height="wrap_content"
```

```
            android: text="@string/title_student_score"
            android: textSize="@dimen/size_middle_text"
            app: layout_constraintBottom_toBottomOf="parent"
            app: layout_constraintEnd_toEndOf="parent"
            app: layout_constraintHorizontal_bias="0.116"
            app: layout_constraintStart_toStartOf="parent"
            app: layout_constraintVertical_bias="0.142"
            app: layout_constraintTop_toBottomOf="@+id/nameLbl"/>
    <!--成绩输入文本框 -->
        <EditText android: id="@+id/scoreTxt"
            android: layout_width="wrap_content"
            android: layout_height="wrap_content"
            android: ems="10"
            android: inputType="number"
            android: textSize="@dimen/size_middle_text"
            android: text="@={registerViewModel.scoreData}"
            app: layout_constraintBottom_toBottomOf="parent"
            app: layout_constraintEnd_toEndOf="parent"
            app: layout_constraintHorizontal_bias="0.726"
            app: layout_constraintStart_toEndOf="@+id/scoreLbl"
            app: layout_constraintTop_toBottomOf="@+id/nameTxt"
            app: layout_constraintVertical_bias="0.074"
            android: autofillHints="" />
    <!--注册成绩按钮-->
        <Button android: id="@+id/registerBtn"
            android: layout_width="wrap_content"
            android: layout_height="wrap_content"
            android: text="@string/title_register"
            app: layout_constraintBottom_toBottomOf="parent"
            app: layout_constraintEnd_toEndOf="parent"
            app: layout_constraintStart_toStartOf="parent"
            app: layout_constraintTop_toBottomOf="@+id/scoreTxt"
            app: layout_constraintVertical_bias="0.222" />
    </androidx.constraintlayout.widget.ConstraintLayout>
</layout>
```

fragment_ register. xml 文件采用 DataBinding 将各个 EditText 要求输入的数据与 RegisterViewModel 的相关属性进行双向绑定。例如 noTxt（学号输入文本框）与 RegisterViewModel 的 noData 双向绑定，nameTxt（姓名文本输入框）与 RegisterViewModel 的 nameData 双向绑定，scoreTxt（成绩文本输入框）与 RegisterViewModel 的 scoreData 双向绑定。这些与 RegisterViewModel 绑定的属性数据的类型均为 MutableLiveData，表示可以变更数据的内容。定义 RegisterViewModel 类的代码如下：

```
//模块 ch10_08 RegisterViewModel.kt
class RegisterViewModel : ViewModel() {
    val noData=MutableLiveData<String>()                    //保存学号
    val nameData=MutableLiveData<String>()                  //保存姓名
    val scoreData=MutableLiveData<String>()                 //保存分数
    val studentData=MutableLiveData<Student>()              //保存学生记录
```

```
    fun judge(){
        val score =scoreData.value?.toInt()
        var grade =when(score?.div(10)){
            10,9->"优秀"
            8->"良好"
            7->"中等"
            6->"及格"
            5,4,3,2,1,0->"不及格"
            else ->"成绩有误"
        }
        studentData.value =Student(noData.value!!,nameData.value!!,score!!,
            grade)
    }
}
```

RegisterFragment 实现成绩登记,并利用 DataBinding 与 RegisterViewModel 进行数据交换,代码如下:

```
//模块 ch10_08 RegisterFragment.kt 定义成绩登记界面的 RegisterFragment
class RegisterFragment:Fragment() {
    companion object {
        fun newInstance()=RegisterFragment()
    }
    private lateinit var viewModel: RegisterViewModel
    private lateinit var dataBinding: RegisterFragmentBinding
    private lateinit var lifecycleObserver:LifecycleObserver
    override fun onCreate(savedInstanceState: Bundle?) {
        super.onCreate(savedInstanceState)
        viewModel=ViewModelProvider(this).get(RegisterViewModel::class.java)
    }
    override fun onCreateView(inflater: LayoutInflater, container: ViewGroup?,
       savedInstanceState: Bundle?): View {
            dataBinding= DataBindingUtil.inflate(inflater,R.layout.register_
            fragment,container,false)
        dataBinding.lifecycleOwner=this
        dataBinding.registerViewModel=viewModel
        dataBinding.registerBtn.setOnClickListener {
            viewModel.judge()                               //成绩等级判断
            var student=viewModel.studentData.value         //获得学生对象
            val directions =RegisterFragmentDirections
                .actionRegisterFragmentToStudentsFragment(student!!)
                                                            //创建带有数据的导航动作
            it.findNavController().navigate(directions)//执行导航
        }
        return dataBinding.root
    }
}
```

因为在导航图配置文件 navigation.xml 中配置的接收方没有设置默认值,因此 RegisterFragment 需要在执行的操作对象中附加要传递的数据,形式如下:

```
val directions =RegisterFragmentDirections.actionRegisterFragmentToStudentsFragment
    (student!!)
```

StudentFragment 实现显示学生记录的功能，对应布局文件的代码如下：

```
<!--模块 ch10_08 已经登记成绩学生列表的 Fragment 布局 fragment_students.xml -->
<?xml version="1.0" encoding="utf-8"?>
<layout xmlns: android="http://schemas.android.com/apk/res/android"
    xmlns: app="http://schemas.android.com/apk/res-auto"
    xmlns: tools="http://schemas.android.com/tools"
    tools: context=".ui.StudentsFragment" >
    <androidx.constraintlayout.widget.ConstraintLayout
        android: layout_width="match_parent"
        android: layout_height="match_parent">
        <TextView android: id="@+id/textView"
            android: layout_width="wrap_content"
            android: layout_height="wrap_content"
            android: text="@string/title_student_grades_interface"
            android: textSize="@dimen/size_large_text"
            app: layout_constraintBottom_toTopOf="@+id/studentsRecyclerView"
            app: layout_constraintEnd_toEndOf="parent"
            app: layout_constraintStart_toStartOf="parent"
            app: layout_constraintTop_toTopOf="parent"
            app: layout_constraintVertical_bias="0.659" />
    <!--定义学生成绩等级列表 -->
        <androidx.recyclerview.widget.RecyclerView
            android: id="@+id/studentsRecyclerView"
            android: layout_width="match_parent"
            android: layout_height="wrap_content"
            android: layout_marginBottom="420dp"
            app: layout_constraintBottom_toBottomOf="parent"
            app: layout_constraintEnd_toEndOf="parent"
            app: layout_constraintHorizontal_bias="0.0"
            app: layout_constraintStart_toStartOf="parent" />
    <!--定义返回的悬浮按钮 -->
        <com.google.android.material.floatingactionbutton.FloatingActionButton
            android: id="@+id/returnBtn"
            app: srcCompat="@
            android: drawable/ic_menu_revert"
            android: layout_width="wrap_content"
            android: layout_height="wrap_content"
            app: layout_constraintBottom_toBottomOf="parent"
            app: layout_constraintEnd_toEndOf="parent"
            app: layout_constraintHorizontal_bias="0.98"
            app: layout_constraintStart_toStartOf="parent"
            app: layout_constraintTop_toTopOf="parent"
            app: layout_constraintVertical_bias="0.976" />
    </androidx.constraintlayout.widget.ConstraintLayout>
</layout>
```

在 StudentFragment 中使用 RecyclerView 组件来表示列表，定义列表单项布局的代码如下：

```
<!--模块 ch10_08 已经登记成绩学生列表单项记录布局 item_student_grade.xml -->
<?xml version="1.0" encoding="utf-8"?>
<layout xmlns: android="http://schemas.android.com/apk/res/android">
    <LinearLayout android: layout_width="match_parent"
        android: layout_height="wrap_content">
        <!--定义学号文本标签 -->
        <TextView android: id="@+id/noLabel"
            android: layout_width="wrap_content"
            android: layout_height="wrap_content"
            android: text="学号"
            android: textSize="@dimen/size_middle_text"
            android: layout_marginHorizontal="@dimen/size_margin_horizontal"/>
        <!--定义姓名文本标签 -->
        <TextView android: id="@+id/nameLabel"
            android: layout_width="wrap_content"
            android: layout_height="wrap_content"
            android: text="姓名"
            android: textSize="@dimen/size_middle_text"
            android: layout_marginHorizontal="@dimen/size_margin_horizontal"/>
        <!--定义成绩文本标签 -->
        <TextView android: id="@+id/scoreLabel"
            android: layout_width="wrap_content"
            android: layout_height="wrap_content"
            android: text="成绩"
            android: textSize="@dimen/size_middle_text"
            android: layout_marginHorizontal="@dimen/size_margin_horizontal"/>
        <!--定义成绩等级文本标签 -->
        <TextView android: id="@+id/gradeLabel"
            android: layout_width="wrap_content"
            android: layout_height="wrap_content"
            android: text="等级" android: textSize="@dimen/size_middle_text"
            android: layout_marginHorizontal="@dimen/size_margin_horizontal"
            />
    </LinearLayout>
</layout>
```

定义 StudentsAdapter 类来实现学生记录与列表单项的视图适配，代码如下：

```
class StudentsAdapter(val students:MutableList< Student> )
    :RecyclerView.Adapter< StudentsAdapter.ViewHolder> () {
      inner class ViewHolder(private val binding:ItemStudentGradeBinding)
          :RecyclerView.ViewHolder(binding.root) {                //定义内部类
          fun bindData(student:Student) {                         //绑定数据
              binding.noLabel.text=student.no
              binding.nameLabel.text=student.name
              binding.gradeLabel.text=student.grade
              binding.scoreLabel.text="${student.score}"
          }
      }
    override fun onCreateViewHolder(parent: ViewGroup,
        viewType: Int): ViewHolder {
        val binding=DataBindingUtil.inflate< ItemStudentGradeBinding> (
```

```
        LayoutInflater.from(parent.context),
        R.layout.item_student_grade,parent,false)
      return ViewHolder(binding)
   }
   override fun getItemCount(): Int=students.size                    //获得显示行数
   override fun onBindViewHolder(holder: ViewHolder, position: Int){  //数据绑定视图
      val student=students[position]
      holder.bindData(student)
   }
}
```

在 StudentAdapter 利用数据绑定对象获得视图，并在内部类 StudentAdapter. ViewHolder 中设置单项学生记录与数据绑定对象对应的文本标签的取值，代码如下：

```
//模块 ch10_08 StudentsFragment.kt 定义已经登记成绩学生列表的界面 StudentsFragment
class StudentsFragment : Fragment() {
    companion object {
        fun newInstance() =StudentsFragment()
        val students =mutableListOf< Student> ()
    }
    private lateinit var dataBinding: StudentsFragmentBinding
    private lateinit var adapter: StudentsAdapter
    override fun onCreate(savedInstanceState: Bundle?) {
                                                  //创建 StudentsFragment
        super.onCreate(savedInstanceState)
        adapter=StudentsAdapter(students)
                               //适配器设置 RecyclerView 组件 studentsRecyclerView
        val args =StudentsFragmentArgs.fromBundle(requireArguments())
                                                  //接收传递的参数
        val student =args.student
        students.add(student)
        adapter.notifyDataSetChanged()
    }
    override fun onCreateView(inflater: LayoutInflater, container: ViewGroup?,
        savedInstanceState: Bundle?): View? {
            dataBinding =DataBindingUtil.inflate(inflater,R.layout.students_
                fragment,container,false)
                                                  //创建数据绑定对象
            dataBinding.lifecycleOwner =
                viewLifecycleOwner             //设置数据绑定对象的 LifecycleOwner
            dataBinding.studentsRecyclerView.adapter =adapter
                    dataBinding. studentsRecyclerView. layoutManager   =
              LinearLayoutManager(context)
            dataBinding.returnBtn.setOnClickListener {
                                          //绑定对应的按钮组件执行返回上一个 Fragment
                it.findNavController().navigate(R.id.action_studentsFragment_to_
                    registerFragment)
                                                  //返回到上一个登记成绩的页面
            }
            return dataBinding.root
    }
}
```

(5) 在 MainActivity 中定义 Navigation 的 NavigationHost，代码如下：

```
<!--模块 ch10_08 定义 NavigationHost 的 MainActivity 对应的布局 activity_main.xml
-->
<?xml version="1.0" encoding="utf-8"?>
<androidx.fragment.app.FragmentContainerView
    android: id="@+id/nav_host_fragment_container"
    xmlns: android="http://schemas.android.com/apk/res/android"
    xmlns: app="http://schemas.android.com/apk/res-auto"
    xmlns: tools="http://schemas.android.com/tools"
    tools: context=".MainActivity"
    android: name="androidx.navigation.fragment.NavHostFragment"
    android: layout_width="match_parent"
    android: layout_height="match_parent"
    app: defaultNavHost="true"
    app: navGraph="@navigation/navigation" />
```

上述的 activity_main.xml 布局文件中通过设置 android: defaultNavHost="true"设置 FragmentContainerView 为默认的 NavigationHost，对应的类是 NavHostFragment，并指定了导航图是引用 navigation 目录的 navigation.xml 文件，代码如下：

```
//模块 ch10_08 定义的 MainActivity.kt
class MainActivity : AppCompatActivity() {
    override fun onCreate(savedInstanceState: Bundle?) {
        super.onCreate(savedInstanceState)
        setContentView(R.layout.main_activity)
    }
}
```

运行结果如图 10-16 所示。

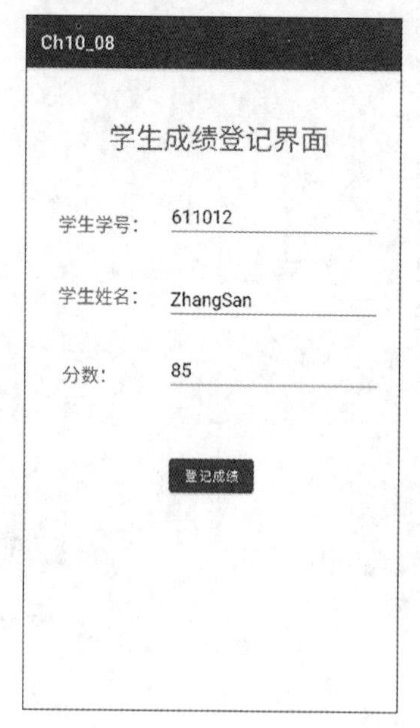

(a) 成绩等级

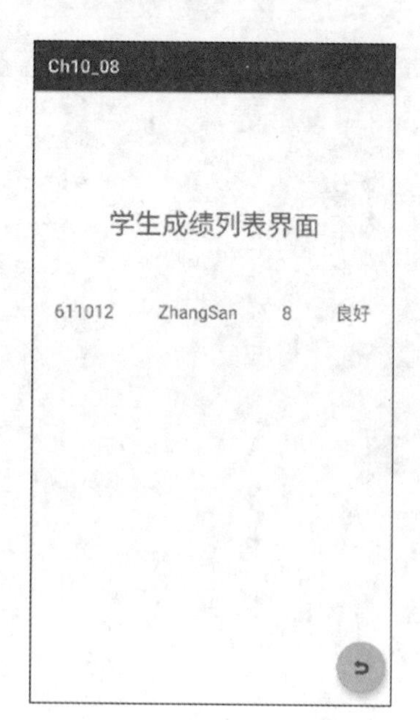

(b) 显示成绩等级

图 10-16　学生成绩登记运行结果

MainActivity 嵌入的 Fragment 都是通过布局指定的 NavigationHost 实现导航切换的。

在上述的应用中，将 Student 对象数据成功地从 RegisterFragment 传递到 StudentsFragment。

10.7 Room 组件

上一个移动应用是用列表存放登记学生记录的。当应用退出时，登记的所有信息都会丢失。因此，将结构化的数据持久地保存在移动终端，方便移动应用读写数据是一个更好的处理方式。特别是将网络中的结构化数据缓存到移动终端本地，使得在离线状态下，移动应用也能利用缓存实现对数据的浏览等相关操作。Android 已可对 SQLite 数据库进行持久化处理。2018 年，Android JetPack 推出的 Room 组件可以采用基于 ORM（Object Relational Mapping，对象关系映射）进行数据库的持久化处理，即在 SQLite 的基础上提供了一个抽象层，让对象和数据库之间映射元数据，将实体类对象自动持久化到关系数据库中，如图 10-17 所示。这种方式可使处理数据库操作更加方便。

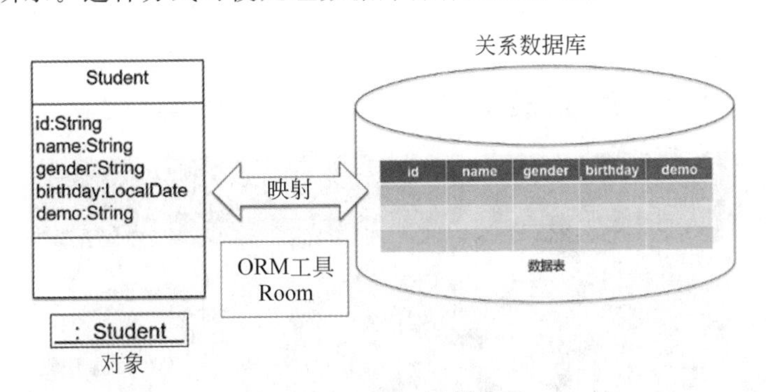

图 10-17 ORM 映射示意

10.7.1 Room 实现数据库的基本操作

要使用 Room 库，必须对应用模块进行配置。在对应应用模块的系统构建配置文件 build.gradle 中，需要做两处配置。

增加用于处理注解的 kapt 插件，代码如下：

```
plugins{ …
    id 'kotlin-kapt'
}
```

配置编译器，增加如下内容，确保实现，代码如下：

```
defaultConfig { …
        javaCompileOptions {
            annotationProcessorOptions {                        //注解处理器选项
```

```
                    arguments += ["room.schemaLocation": "$projectDir/schemas".toString
                                  (), "room.incremental": "true","room.expandProjection": "
                                  true"]
                }
            }
    }
```

上述配置的说明如下：

（1）room.schemalLocation：启用并配置模块数据库导出文件的路径。

（2）room.incremental：启用 Gradle 增量注释处理器。

（3）room.expandProjection：配置 Room，以重写查询。

完成上述配置后增加依赖，代码如下：

```
implementation "androidx.room: room-runtime: 2.4.1"        //增加 Room 的依赖
kapt "androidx.room: room-compiler: 2.4.1"                  //增加 Room 的可插入注解编译器
implementation "androidx.room: room-ktx: 2.4.1"            //可选项,使用 Kotlin 的扩展
```

Room 中有 3 个非常重要的组成部分构成：Room 数据库（RoomDatabase）、数据访问对象（Data Access Object）和实体类（Entity）。在图 10-18 中，展示了三者之间的关系。

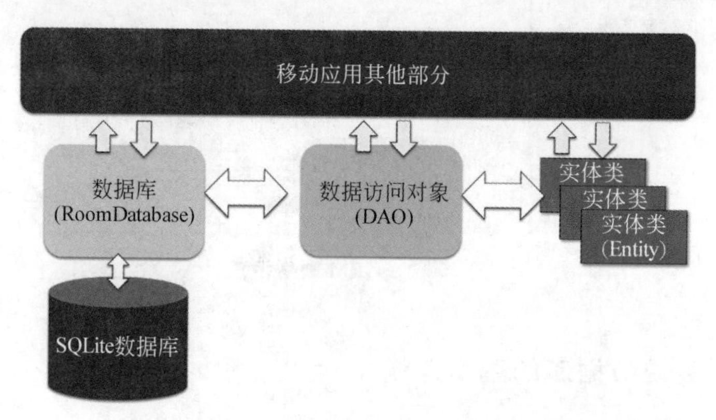

图 10-18　Room 组件 3 个成员的相互关系

（1）实体类（Entity）：映射并封装了数据库对应的数据表中对应的结构化数据。实体定义了数据库中的数据表。实体类中的数据域与表的列一一对应。

（2）数据访问对象（Data Access Object，DAO）：在 DAO 中定义了访问数据库的常见的操作（例如插入、删除、修改和检索等），以达到创建映射数据表的实体类对象，以及对该实体类对象实例的属性值进行设置和获取的目的。

（3）数据库（RoomDatabase）：表示对数据库基本信息的描述，包括数据库的版本、名称、包含的实体类和提供的 DAO 实例。Room 组件中所有的数据库必须扩展为 RoomDatabase 抽象类，从而实现对实际 SQLite 数据库的封装。

下面，通过在例 10-1 的基础上增加数据库的操作，实现对数据库的访问。

1. 定义实体类

修改例 10-1 的 Student 实体类，增加@Entity 注解，使之成为 Room 的实体类，并于具体的数据表的相应字段进行映射。

```
//模块 ch10_09 定义 student 实体类
@Entity(tableName ="students")
@Parcelize
data class Student(@PrimaryKey(autoGenerate =true)
@ColumnInfo(name="studentId",typeAffinity =ColumnInfo.INTEGER)
val id: Long,@ColumnInfo(name="studentNo",typeAffinity =ColumnInfo.TEXT)
val no: String?,@ColumnInfo(name="studentName",typeAffinity=ColumnInfo.TEXT)
val name: String,@ColumnInfo(name="studentScore",typeAffinity =ColumnInfo.
INTEGER)
val score: Int,@ColumnInfo(name="studentGrade",typeAffinity=ColumnInfo.TEXT)
val grade: String?): Parcelable{
    @Ignore
    constructor(no: String,name: String,score: Int,grade: String): this(0,no,
        name,score,grade)
}
```

修改后的 Student 实体类增加@Entity 注解后，通过设置 tableName＝"students"指定映射的数据表名为 students，使之成为 Room 的实体类。如果希望采用实体类名作为数据表名，去掉参数的设置，代码如下：

```
(tableName ="students")
```

@PrimaryKey 表示定义数据表的主键，用来识别记录的唯一性，当需要设置字段自动增加时，则在@PrimaryKey 后面增加“autoGenerate＝true”进行设置。

可以通过@ColumnInfo 注解增加实体类的 name 属性与数据表对应字段的映射，也可以通过 typeAffinity 属性指定对应 SQLite 数据库中数据表中各个字段的数据类型。当然，在 Room 映射的实体类对象和数据表中的记录，并不一定需要设置 typeAffinity 属性。如果未指定，则默认值为 UNDEFINED，Room 会根据字段的类型和可用的类型转换器 TypeConverters 对其进行解析。在@ColumnInfo 注解中，Student 类映射的 students 数据表的内容如图 10-19 所示。

studentId	studentNo	studentName	studentScore	studentGrade

图 10-19　数据表的示意图

此时，Student 类的 id 属性与数据表 students 的 studentId 字段对应，Student 类的 no 属性与 students 的 studentNo 字段对应，Student 类的 name 属性与 students 的 studentName 字段对应，Student 类的 score 属性与 students 的 studentScore 字段对应，Student 类的 grade 属性与 students 的 studentGrade 字段对应。

为了创建实体类的对象实例更加灵活，往往需要多个构造函数，用于不同情况下对象实例的创建。由于 Room 只能识别和使用一个构造函数，往往使用主构造方法创建对象。如果在实体类中定义了多个其他的构造函数，可以使用@Ignore 让 Room 忽略这些构造函数。

如果希望数据表中的字段与类的属性名称保持一致，则可以将@ColumnInfo 注解进行删除。因此一个最为简单的实体类定义可以写成如下形式：

```
@Entity
data class Student(@PrimaryKey(autoGenerate =true) val id: Long,
     val no: String, val name: String, val score: Int, val grade: String)
```

因为@Entity 没有指定数据表，而是将类名作为数据表的名称，这时生成的数据表名为 Student，并且这个数据表的字段名称分别为 id、no、name、score 和 grade。在本例中，仍采用较为完整的定义方式，模块 ch10_09 定义实体类 Student。另外，在 Student 类定义实现了 Parcelable 是定义为可序列化的处理，为应用的数据传递提供支持。

2. 定义数据访问对象

数据访问对象(DAO)用于封装了数据访问的业务处理，用于访问存储在 SQLite 数据库中的数据，可以根据应用的需求定义相关的增加、删除、修改和检索操作的方法。需要通过@Dao 注解将 DAO 定义为接口，在接口中，使用注解定义实现 SQL 操作的方法。这些注解可以由@Insert、@Update、@Delete 或@Query 构成，代码如下：

```
//模块 ch10_09 定义 DAO 类 StudentDAO.kt
@Dao
interface StudentDAO {
    @Insert
    fun insertStudent(student: Student): Long                //插入记录
    @Update
    fun updateStudent(student: Student)                      //修改记录
    @Delete
    fun deleteStudent(student: Student)                      //删除记录
    @Query("select * from students")
    fun queryAllStudents(): List<Student>                    //检索所有的记录
    @Query("select * from students where studentNo =: no")  //检索指定学号的学生记录
    fun queryStudentByNo(no: String): Student
}
```

在上述代码中，只有在@Dao 注解给接口 StuentDAO 的前提下，Room 才会将 StudentDAO 处理成 DAO。StudentDAO 根据业务要求，封装了对数据库的增加、删除、修改和检索等基本操作的方法。@Insert 注解标注了 insertStudent()函数，将参数 student 的对象插入数据库中，并返回在数据表存储主键 studentId 的值。@Update 注解标注了 updateStudent()函数，将一个 student 对象修改对应数据库中的对应记录。@Delete 注解标注了 deleteStudent()函数，可以实现将一个 student 对象的记录从数据库中删除。@Query 注解标注了 queryAllStudents()函数和 queryStudentByNo()函数，通过特定标注参数设定的操作分别执行检索所有记录和按照学号检索返回指定的学生的记录。

3. 定义数据库类

RoomDatabase 是一个抽象类。应用定义的数据库类必须扩展为 RoomDatabase 类，用于封装 Android 系统的 SQLite 数据库，是嵌入 Android 中 SQLite 数据库上一层的数据库封装。RoomDatabase 的实例用于创建和返回数据库对象实例，每一个移动应用只有一个 RoomDatabase 对象。

Room 使用@Database 注解标注数据库，并通过参数的设置，指定数据库的数据表对应的实体类。如果数据库中有多个数据表，需要将它们都加入 entities 属性值对应的数组中，并用"["和"]"括起来，然后用","进行分隔，用 version 属性指定数据库的当前版本，代码如下：

```
//模块 ch10_09 定义数据库类 StudentDatabase.kt 创建数据库 1.0 版，定义数据表与
Student 实体类对应
@Database(entities =[Student: : class], version =1)
abstract class StudentDatabase : RoomDatabase() {
    abstract fun studentDao(): StudentDAO   //数据访问对象
    companion object{
        private var instance: StudentDatabase? =null
        @Synchronized
        fun getInstance(context: Context): StudentDatabase {
                                             //单例模式创建一个 StudentDatabase 对象
            instance?.let{
                return it
            }
        return Room.databaseBuilder(context, StudentDatabase: : class.java, "
        studentDB.db").build()
        }
    }
}
```

StudentDatabase 是一个 RoomDatabase 类。studentDao()函数用于获取 StudentDAO DAO。因为数据库具有唯一性，因此采用了单例设计模式，将 StudentDatabase 类维护自身的唯一对象实例。并通过 getInstance()函数来获得这个唯一的对象实例。另外，通过 Room.databaseBuilder()构建器中构建了 StudentDatabase 的唯一实例，在构建的过程中指定的 Context 对象(即 context)表示必须是当前移动应用的上下文。它具有唯一性，并不对应不同 Activity 的上下文或 Service 的上下文。可通过类 StudentDatabase：：class.java 指定 Class 类型，并在最后一个参数中指定数据库 studentDB.db。

4. 为移动应用增加数据库的操作

因为使用 Room 执行数据库的操作是不能通过主线程来完成的。这是因为执行数据库的操作比较耗时，会导致影响主线程中的 UI 无法正常的显示和渲染。因此利用 Room 对数据库进行操作，可以使用 AsyncTask 或者协程或者 RxJava 来处理异步任务。RxJava 3 框架在第 9 章已经介绍，操作十分简单。在处理 Room 数据库时，仍需要采用 RxJava 3 来处理异步任务，需要在应用模块的构建配置文件 build.gradle 中增加 RxJava 3 库的依赖，代码如下：

```
//增加 RxJava 库的依赖
implementation "io.reactivex.rxjava3: rxjava: 3.0.7"
implementation 'io.reactivex.rxjava3: rxandroid: 3.0.0'
```

修改接收传递数据库的 StudentsFragment，增加对数据库的插入和检索操作，具体的代码如下：

```
//模块 ch10_08 StudentsFragment.kt 接收数据方的 StudentsFragment
class StudentsFragment : Fragment() {
    companion object {
        fun newInstance()=StudentsFragment()
    }
     private val adapter: StudentsAdapter = StudentsAdapter(mutableListOf<
     Student>())
    override fun onCreate(savedInstanceState: Bundle?) {
        super.onCreate(savedInstanceState)
        val args=StudentsFragmentArgs.fromBundle(requireArguments())
                                                            //接收传递的参数
        val student=args.student
        handleDB(student)
    }
    override fun onCreateView(inflater: LayoutInflater, container: ViewGroup?,
        savedInstanceState: Bundle? ): View? {
        val dataBinding: StudentsFragmentBinding=
            DataBindingUtil.inflate( inflater, R.layout.students_fragment,
            container,false)
        dataBinding.lifecycleOwner =viewLifecycleOwner
        dataBinding.returnBtn.setOnClickListener {it:View->
                                //绑定对应的按钮组件执行返回上一个 Fragment
            it.findNavController()
            .navigate(R.id.action_studentsFragment_to_registerFragment)
                                //返回到上一个登记成绩的页面
        }
        dataBinding.studentsRecyclerView.adapter =adapter
        dataBinding.studentsRecyclerView.layoutManager =
        LinearLayoutManager(requireContext())
        return dataBinding.root
    }
    private fun handleDB(student: Student){
        Flowable.create< List< Student> > ({ emitter ->
            val dao=StudentDatabase.getInstance(requireContext()).studentDao()
            var id=dao.insertStudent(student)            //插入记录
            Log.d("Ch10_08","插入记录: ${id}")
            val students=dao.queryAllStudents()          //检索记录
            emitter.onNext(students)
        }, BackpressureStrategy.DROP)                    //设置背压策略
            .subscribeOn(Schedulers.io())
                            //指定 LifecycleProvider 的线程处理 I/O 操作
            .observeOn(AndroidSchedulers.mainThread())
                            //指定 LifecycleObserver 的线程为主线程
            .subscribe({ it: List< Student> ->
                adapter.updateStudents(it)
            }) { e: Throwable? ->
                e?.printStackTrace()
            }
        }
}
```

在上述代码定义的 handleDB 中采用 RxJava 3 库的 Flowable 来处理 StudentDatabase 的数据访问操作，将从上一个 Fragment 接收的 Student 对象的数据插入数据库中，并检索 StudentDatabase 中所有的 Student 记录，返回一个包含所有 Student 数据的列表，一旦检索成功，利用 Flowable 将包含所有 Student 记录的列表进行发射，并在主线程中修改 adapter 绑定的数据，并给予显示。

对应的 StudentsAdapter 是对 StudentsFragment 的 RecyclerView 适配数据，它增加了 updateStudents()函数，用于修改要适配的数据，代码如下：

```
//模块 ch10_09 adapter 类 StudentsAdapter.kt
class StudentsAdapter(val students: MutableList<Student>)
    : RecyclerView.Adapter<StudentsAdapter.ViewHolder>() {
  inner class ViewHolder(val binding: ItemStudentGradeBinding): RecyclerView.
     ViewHolder(binding.root){
        fun bindData(student: Student){                          //绑定数据
            binding.noLabel.text =student.no
            binding.nameLabel.text =student.name
            binding.gradeLabel.text =student.grade
            binding.scoreLabel.text ="${student.score}"
        }
    }
    fun updateStudents(list: List<Student>){                     //修改学生列表
        students.clear()
        students.addAll(list)
        notifyDataSetChanged()
    }
     override fun onCreateViewHolder (parent: ViewGroup, viewType: Int):
     ViewHolder {                                                //创建视图
        val binding =DataBindingUtil.inflate<ItemStudentGradeBinding>(
            LayoutInflater.from(parent.context), R.layout.item_student_grade,
            parent,false)
        return ViewHolder(binding)
    }
    override fun getItemCount(): Int =students.size
    override fun onBindViewHolder(holder: ViewHolder, position: Int) {
                                                                  //数据绑定视图
        val student =students[position]
        holder.bindData(student)
    }
}
```

经过测试，运行的结果如图 10-20 所示。

10.7.2 Room 实现迁移数据库

伴随着移动应用需求的变化和版本的更新，数据库也需要不断地升级。在数据库升级时，会希望保留原有的数据。因此，Room 提供了数据库迁移的方式来解决数据库的升级。

Room 库提供了 Migration 类来实现数据库的增量迁移。每个 Migration 子类都可用 Migration.migrate()函数实现新旧版本数据库之间的迁移。当移动应用需要升级数据库

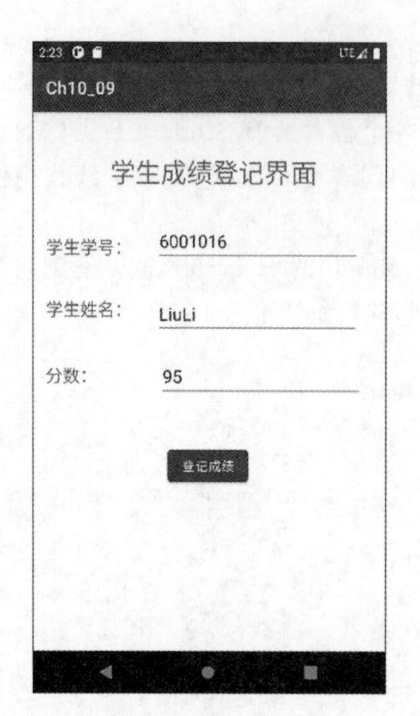

(a) 成绩登记界面

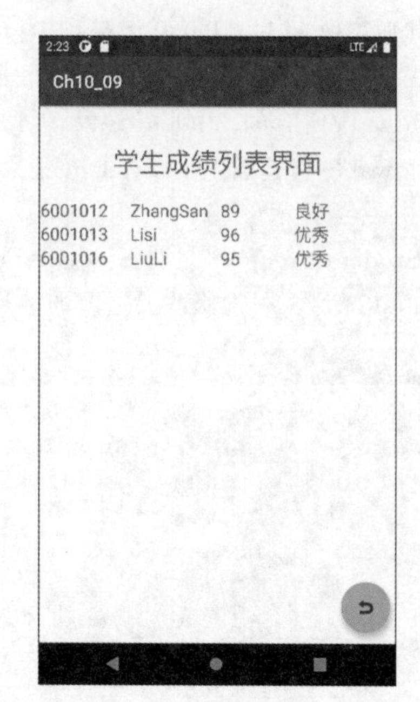

(b) 学习成绩列表界面

图 10-20　运行结果

时,Room 库会利用一个或多个 Migration 子类运行 migrate()函数,在运行时将数据库迁移到最新版本,代码如下:

```
val MIGRATION_1_2 =object : Migration(1, 2) {          //数据库从版本 1 迁移到版本 2
    override fun migrate(database: SupportSQLiteDatabase) {    //迁移方法定义
    database.execSQL("CREATE TABLE courses(courseId TEXT primary key not null," +
        "courseName TEXT not null," +
        "courseDemo TEXT)")                            //创建一个新的数据表 course
    }
}
val MIGRATION_2_3 =object : Migration(2, 3) {          //数据库从版本 2 迁移到版本 3
    override fun migrate(database: SupportSQLiteDatabase) {    //迁移方法定义
      database.execSQL("ALTER TABLE students ADD COLUMN studentAddress TEXT")
           //修改数据表 students,增加一个新的字段 address,数据类型为 TEXT 字符串
    }
}
Room.databaseBuilder(applicationContext, StudentDatabase: : class.java, "
    studentDB.db")
.addMigrations(MIGRATION_1_2, MIGRATION_2_3).build()          //执行数据库迁移
```

例 10-3　在 10.6.1 节操作的数据库的基础上迁移 StudentDB.db 数据库,修改 StudentDB.db 中的数据表 students,增加一个新的字段表示学生的地址信息,数据类型为字符串。增加新的数据表 courses 表示课程,字段包括

```
课程编号：字符串
课程名称：字符串
课程说明：字符串
```

其中，课程编号为主键。

在本例中，首先按照例 10-2 的数据库操作步骤，先建立数据库 StudentDB.db 以及创建该数据库下的数据表 students，成功后才可以执行下列操作，实现数据库的迁移。

(1) 为数据库 StudentDB.db 的数据表 students 新增加字段。为数据库 studentDB.db 的数据表 students 增加一个 studentAddress 字段，则需要如下代码：

```
//模块 ch10_10 面向 studentDB.db 第 2 版数据库实体类 Student 对应的文件 Student.kt 定义的学生实体类
@Entity(tableName ="students")
@Parcelize
data class Student(@PrimaryKey(autoGenerate =true) @ColumnInfo(name="
    studentId") val id: Long,
    @ColumnInfo(name="studentNo") val no: String?,
    @ColumnInfo(name="studentName") val name: String,
    @ColumnInfo(name="studentScore") val score: Int,
    @ColumnInfo(name ="studentGrade") val grade: String?,
    @ColumnInfo(name="studentAddress") val address: String): Parcelable{
        @Ignore
        constructor(no: String,name: String,score: Int,grade: String,address: String):
            this(0,no,name,score,grade,address)
    }
```

在 Student 实体类增加属性 address 映射数据表的 studentAddress 字段并修改相应的构造方法。由于 Room 只能识别和使用一个构造器，所以如果存在多个构造器，就可以使用@Ignore 让 Room 忽略那些与数据库处理无关的构造器。在 Student 类中使用 constructor 定义的副构造器使用@Ignore 注解表示让 Room 对其忽略，代码如下：

```
//模块 ch10_10 第一次修改数据库 StudentDatabase.kt 版本 2 的 StudentDatabase
@Database(entities =[Student: : class], version =2)
abstract class StudentDatabase : RoomDatabase() {
    abstract fun studentDao(): StudentDAO
    companion object{
        private var instance: StudentDatabase? =null
        val MIGRATION_1_2 =object : Migration(1, 2) { //数据库从版本 1 迁移到版本 2
                override fun migrate(database: SupportSQLiteDatabase) {//迁移方法定义
                    database.execSQL("ALTER TABLE students ADD COLUMN studentAddress
                        TEXT")
                //修改数据表 students,增加一个新的字段 address,数据类型为 TEXT 字符串
            }
        }
```

```
        @Synchronized
        fun getInstance(context: Context): StudentDatabase{
                                        //单例模式创建为一个 StudentDatabase 对象实例
            instance?.let{
                return it
            }
            return Room.databaseBuilder(context, StudentDatabase: : class.java,
                "studentDB.db")
                .addMigrations(MIGRATION_1_2).build().apply{
                    instance =this
                }
        }
    }
}
```

在 MainActivity 中测试上述的数据库,代码如下:

```
//模块 Ch10_10 MainActivity 的测试核心代码:
class MainActivity : AppCompatActivity() {
    override fun onCreate(savedInstanceState: Bundle?) {
        super.onCreate(savedInstanceState)
        setContentView(R.layout.activity_main)
        testVersion2()
    }
    fun testVersion2(){                                      //数据库版本 2 的测试函数
      Flowable.create<Student>({ emitter ->
          val dao =StudentDatabase.getInstance(StudentApp.context).studentDao()
                                                             //获得 DAO 对象
          dao.insertStudent(Student("6001013","李四",87,"良好","江西省南昌红谷
          大道 999 号"))                                      //插入记录
            val students =dao.queryAllStudents() //检索记录
            for(student in students)
              emitter.onNext(student)
        }, BackpressureStrategy.DROP)                        //设置背压策略
          .subscribeOn(Schedulers.io())
                                        //指定 LifecycleProvider 的线程处理 I/O 操作
          .observeOn(AndroidSchedulers.mainThread())
                                           //指定 LifecycleObserver 的线程为主线程
            .subscribe({ it: Student->
                Log.d("Ch10_10","${it}")
            }) { e: Throwable? ->
                e?.printStackTrace()
            }
    }
}
```

利用 Device File Explorer,将模拟器 data/data/chenyi.book.android.ch10_10/database 目录下的数据库文件 StudentDB.db 导出到指定目录,例如 C:/database 目录中。然后,将使用 DB Navigator 查看数据库 StudentDB.db,可以发现数据库中的数据表已经发生变更,

已经新增了字段，数据库的结果如图 10-21 所示。

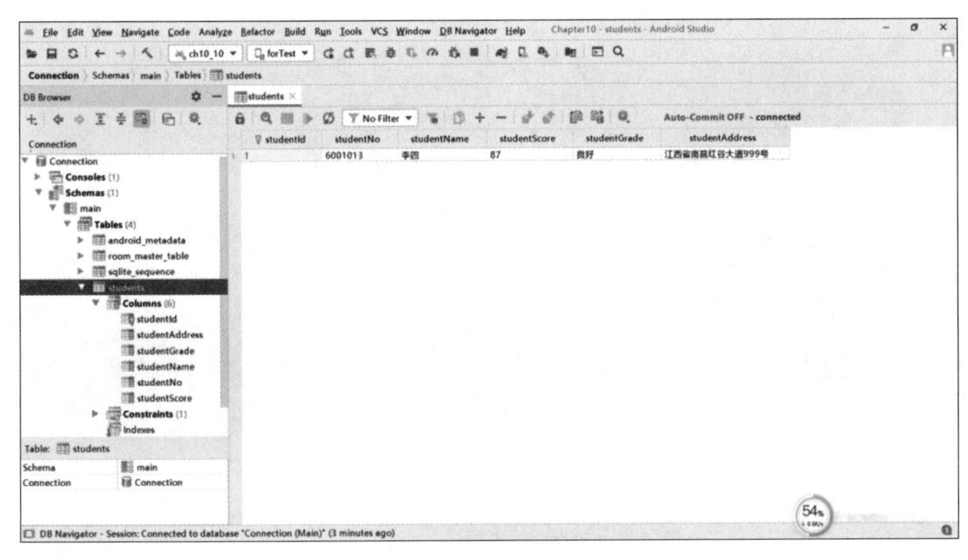

图 10-21　增加数据表 students

(2) 再次升级数据库 StudentDB.db 的新建数据表 courses。数据库中需要新建数据表 courses 来存储课程信息，可以通过下列的操作来实现，代码如下：

```
//模块 ch10_10 定义课程实体类 Course 对应的 Course.kt
@Entity(tableName="courses")
@Parcelize
data class Course(@PrimaryKey @ColumnInfo(name ="courseId") val id: String,
    @ColumnInfo(name ="courseName") val name: String,
    @ColumnInfo(name ="courseDemo") val demo: String?): Parcelable
```

在 Course 类中通过 @ Entity 将 Course 类映射成数据表 courses。由于使用 @ ColumnInfo 注解将类的 id 属性映射为数据表的 courseId 字段。同理，类的 name 属性映射对应数据表的 courseName 字段，类的 demo 属性映射对应数据表的 courseDemo 字段，如图 10-22 所示。

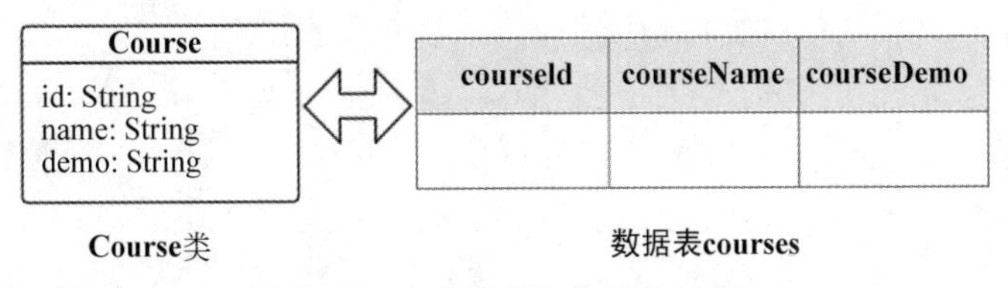

图 10-22　实体类与数据表映射

访问 Course 对象的代码如下：

```
//模块 ch10_10 定义访问 Course 对象的 CourseDAO.kt
@Dao
interface CourseDAO {
    @Insert
```

```
    fun insertCourse(course: Course)                          //插入记录
    @Update
    fun updateCourse(course: Course)                          //修改记录
    @Delete
    fun deleteCourse(course: Course)                          //删除记录
    @Query("delete from courses where courseId=: id")  //按照课程编号删除记录
    fun deleteByCourseId(id: String)
    @Query("select * from courses")
    fun queryAllCourses(): List<Course>                       //检索所有的课程记录
}
```

可以在原有的 StudentDatabase 基础上增加第二次数据库迁移的操作,代码如下:

```
//模块 ch10_10 studentDB.db 第 3 版数据库,第二次修改数据库 StudentDatabase.kt
@Database(entities =[Student: : class,Course: : class], version =3)
abstract class StudentDatabase : RoomDatabase() {
    abstract fun studentDao(): StudentDAO
    abstract fun courseDao(): CourseDAO
    companion object{
        private var instance: StudentDatabase? =null
        private val MIGRATION_1_2 =object : Migration(1, 2) {
            override fun migrate(database: SupportSQLiteDatabase) {
                                                        //迁移方法定义
         //修改数据表 students,增加一个新的字段 studentAddress,数据类型为 TEXT 字符串
      database.execSQL("ALTER TABLE students ADD COLUMN studentAddress TEXT")
            }
        }
        private val MIGRATION_2_3 =object : Migration(2, 3) {
                                                        //数据库从版本 2 迁移到版本 3
            override fun migrate(database: SupportSQLiteDatabase) {
                                                        //迁移方法定义
                database.execSQL("CREATE TABLE courses(courseId TEXT primary
                key not null," +" courseName TEXT not null," +" courseDemo
                TEXT)")                                 //创建一个新的数据表 course
            }
        }
      @Synchronized
      fun getInstance(context: Context): StudentDatabase{
                                        //单例模式创建为一个 StudentDatabase 对象实例
            instance?.let{return it}
            return Room.databaseBuilder(context, StudentDatabase: : class.java,
               "studentDB.db")
               .addMigrations(MIGRATION_1_2,MIGRATION_2_3).build().apply{
               instance =this
```

```
            }
        }
    }
}
```

需要在 MainActivity 中执行 StudentDatabase 实现数据库迁移，代码如下：

```
//模块 ch10_10 在主活动定义 MainActivity.kt 测试核心代码
class MainActivity : AppCompatActivity() {
    override fun onCreate(savedInstanceState: Bundle?) {
        super.onCreate(savedInstanceState)
        setContentView(R.layout.activity_main)
        testVersion3()                                  //测试升级到版本 3 的数据库
    }
    fun testVersion2(){                                 //数据库版本 2 的测试函数
        Flowable.create<Student>({ emitter ->
            val dao =StudentDatabase.getInstance(StudentApp.context).
                studentDao()                            //获得 DAO 对象
            dao.insertStudent(Student("6001013","李四",87,"良好",
                "江西省南昌红谷大道 999 号"))             //插入记录
            val students =dao.queryAllStudents()       //检索记录
            for(student in students)
                emitter.onNext(student)
        }, BackpressureStrategy.DROP)                   //设置背压策略
            .subscribeOn(Schedulers.io())
                              //指定 LifecycleProvider 的线程处理 I/O 操作
            .observeOn(AndroidSchedulers.mainThread())
                                   //指定 LifecycleObserver 的线程为主线程
            .subscribe({ it: Student->
            Log.d("Ch10_10","${it}")
            }) { e: Throwable? ->
                e?.printStackTrace()
            }
    }
    fun testVersion3(){                                 //数据库版本 3 的测试函数
        Flowable.create<Course>({ emitter ->
            val dao =StudentDatabase.getInstance(StudentApp.context).courseDao()
                                                        //获得 DAO 对象
                dao.insertCourse(Course("CN0690232","Android 移动应用开发","秋
                级学期开课"))                            //插入记录
                    val courses =dao.queryAllCourses()  //检索记录
                    for(course in courses)
                        emitter.onNext(course)
        }, BackpressureStrategy.DROP)                   //设置背压策略
            .subscribeOn(Schedulers.io())
                              //指定 LifecycleProvider 的线处理 I/O 操作
```

```
                .observeOn(AndroidSchedulers.mainThread())
                                              //指定 LifeCycleObserver 的线程为主线程
                .subscribe({
                    Log.d("Ch10_10","课程记录: ${it}")
                }) { e: Throwable? ->
                    e?.printStackTrace()
                }
        }
    }
```

经过测试，利用 Device File Explorer，将模拟器中的 data/data/chenyi.book.android.ch10_10/database 目录下升级后的数据库文件 StudentDB.db 导出到指定目录，例如 C：/database 目录中。然后，将使用 DB Navigator 查看生成的数据库 StudentDB.db，可以发现数据库中的数据表已经发生变更，已经创建了新的数据表 courses，数据库的结果如图 10-23 所示。

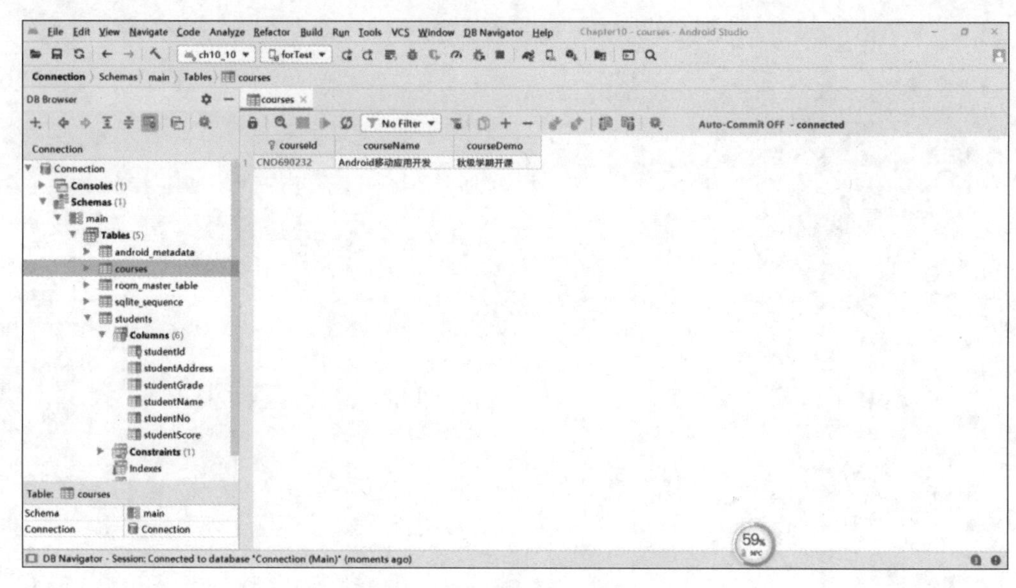

图 10-23　创建新的数据表 courses

10.8　WorkManager 组件

大部分移动应用存在后台执行任务的需求，例如从网络上传下载数据、对应用的用户数据进行备份等。这些需要后台执行的任务往往会消耗有限的设备资源，例如内存和电池的电量。这些后台任务可能会缩短设备的续航时间或者设备的卡顿等问题，进而会影响用户体验。

自从 Android M(Android 6.0)版本开始，谷歌公司致力于解决后台运行耗电多的问题，对电池的使用进行了优化。Android 6.0 引入了 Doze 模式和 App Standby 待命模式。通过这两种省电技术，降低功耗，延长了电池的使用时间。从 Android 8.0 开始，又对后台任务的执行限制地越来越严格，例如，对 Service 要求使用与 Activity 关联的 Service 要工作在前台。此外，谷歌公司还提出了很多不同的后台任务调度的解决方案来执行后台异步任务，例如 Firebase JobDispatcher 方式、Job Scheduler 方式、Alarm Manager 与 BroadcastReceiver 相结合的处理方式。但是，从这些任务调度的后台任务方案中选择合适的解决方式，往往让程序员无所适从。基于上述原因，谷歌公司在 Android JetPack 中加入了 WorkManager 组件来实现对任务的调用。当需要执行一个后台任务时，将后台任务提交给 WorkManager 组件。由 WorkManager 组件根据需要决定使用哪种具体的任务调度程序实现后台任务的执行。从而达到降低功耗的目的。

WorkManager 组件本质是一个安排异步任务的程序。虽然这些任务往往是不需要立即完成的，允许在一段时间，甚至设备重启后仍可以执行，但是它们最终必须要完成，只是完成的时间限制较为不严格。WorkManager 组件兼容范围广泛，最低兼容 Android 1.4，这使得程序开发人员可以更加关注任务的定义和执行，而不是移动设备的性能。WorkManager 组件可以创建并配置任务，在收到提交的任务后，WorkManager 组件会选择合适的任务调度程序在合适的时间执行任务，让异步任务的运行更加容易。在图 10-24 中，展示了 WorkManager 组件的工作原理。

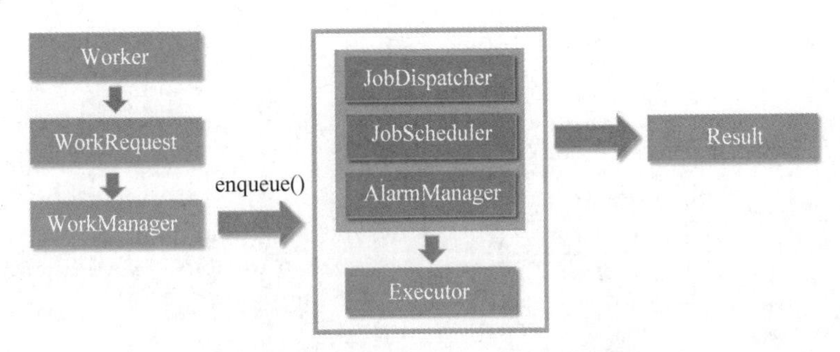

图 10-24　WorkManager 组件工作原理

(1) Worker：用于定义后台执行的任务，用于指定需要执行的具体任务。

(2) WorkRequest：任务请求，对 Worker 任务进行配置包装，一个 WorkRequest 配置一个 Worker 类。具体配置包括设置任务触发的约束条件、设置退避策略等。

(3) WorkManager：主要管理任务请求和任务队列，调用 enqueue()函数将包含任务的 WorkRequest 任务请求加入队列。通过 WorkManager 组件来调度任务，以分散系统资源的负载。WorkManager 组件调度任务，无论采用哪种调度方案，最终的任务都会交付 Executor 执行。

(4) Result：任务一旦执行后，会返回执行结果。执行的结果分为 3 种状态。

① Result.success()：任务执行成功。

② Result.fail()：任务执行失败。

③ Result.retry()：任务需要重新执行。

10.8.1　WorkManager 的基本使用方法

要使用 WorkManager 组件，需要在应用模块构建配置文件 build.gradle 中增加下列依赖：

```
implementation "androidx.work: work-runtime-ktx: 2.4.0"
```

在本节中通过实现一个访问本地图片资源,生成带水印的图片副本并将其保存在本地文件中的简单应用,来了解 WorkManager 组件的基本应用。

1. 定义 Work 任务

已知类 FileUtils 类是一个实用类,用于实现图片文件的读取操作,代码如下:

```
//模块 Ch10_11 文件操作的实用类定义 FileUtils.kt
object FileUtils {
    fun saveFile(context: Context,bitmap: Bitmap, fileName: String){
                                                        //将 bitmap 对象保存到文件中
        try{var outputStream =context.openFileOutput(fileName, Context.MODE_
            PRIVATE)
            if(bitmap.compress(Bitmap.CompressFormat.PNG,100,outputStream)){
                outputStream.flush()
                outputStream.close()
            }
        }catch(e: IOException){
            e.printStackTrace()
        }
    }
    fun readImageFile(context: Context,fileName: String): Bitmap? {
                                                        //读取文件生成 Bitmap 图片
        var bitmap: Bitmap? =null
        if(isFileExist(context,fileName)) {
            try {val inputStream =context.openFileInput(fileName)
                inputStream.use {
                    bitmap =BitmapFactory.decodeStream(inputStream)
                }
            } catch (e: IOException) {
                e.printStackTrace()
            }
        }
        return bitmap
    }
    private fun isFileExist(context: Context,fileName: String): Boolean{
                                                        //判断文件是否存在
        val files =context.fileList()                   //获得指定目录下的文件名
        files.forEach {
            if(it.contains(fileName))
                return true
        }
        return false
    }
}
```

下列 ImageUtils 实用类处理指定的图片 Bitmap 对象,创建添加水印图片副本。水印字符串从外界参数传入。

```
//模块 Ch10_11 图片操作的实用类定义 ImageUtils.kt
object ImageUtils {
    fun addWorkMark(bitmap: Bitmap, text: String): Bitmap {
                                                                  //给图片增加水印
        val newBmp = Bitmap.createBitmap(bitmap.width, bitmap.height, Bitmap.
        Config.ARGB_8888)
                                                                  //创建一样大小的图片
        val canvas =Canvas(newBmp)                                //创建画布
        canvas.drawBitmap(bitmap,0f,0f,null)                      //绘制图片
        canvas.save()
        canvas.rotate(45f)                                        //顺时针旋转 45°
        val paint =Paint(Paint.ANTI_ALIAS_FLAG)                   //定义笔刷
        /*配置笔刷属性*/
        paint.typeface =Typeface.DEFAULT_BOLD                     //设置字体
        paint.color =Color.WHITE                                  //设置文字颜色
        paint.textSize =bitmap.width.toFloat()/10                 //设置文字的大小
        paint.isDither =true                                      //设置防抖动
        paint.isFilterBitmap =true                                //设置抗锯齿
        /*得到 text 占用宽高*/
        val rectText =Rect()
        paint.getTextBounds(text, 0, text.length, rectText)
        /*角度值 45°是 1.414*/
        val beginX =(canvas.height /2 -rectText.width()/2) * 1.4
        val beginY =(canvas.width /2 -rectText.width()/2) * 1.4
        canvas.drawText(text, beginX.toFloat(), beginY.toFloat(), paint);
        canvas.restore()
        return newBmp
    }
}
```

假设定义一个实现给图片增加水印的的任务。这时需要定义一个扩展于 Worker 类的子类 WaterMarkWorker，在这个类的 doWork()函数实现为图片添加水印的功能，并将图片保存到当前应用模块中。定义 WaterMarkWorker 类的代码如下：

```
//模块 Ch10_11 添加水印任务的定义 WaterMarkWorker.kt
class WaterMarkWorker(val context: Context, params: WorkerParameters): Worker
    (context,params) {
    override fun doWork(): Result {
        val bitmap =BitmapFactory.decodeResource(context.resources, R.drawable.
            sunflower)                                    //获得原始图片
        val waterMarkBitmap =ImageUtils.addWorkMark(bitmap,"梵高: 向日葵")
                                                          //创建添加水印的新图片
        FileUtils.saveFile(context,waterMarkBitmap,"waterMark.png")
                                                          //将添加水印的图片保存到文件中
        val data =Data.Builder().putString("waterMarkFileName","waterMark.png")
            .build()                                      //传递文件名
            return Result.success(data)
    }
}
```

WaterMarkWorker 类的 doWork()函数用于定义后台任务。在这里定义了创建一个添加水印的图片并保存到当前应用模块中，保存在移动终端的路径为 data/data/ chenyi.book.android.ch10_11/files。

Worker 可以通过 Data 来传递数据，在上述代码中，利用

```
val data =Data.Builder().putString("waterMarkFileName","waterMark.png")
    .build()
```

通过 Data. Builder ( ) 函数构建一个 Data 对象，该对象包含一组键值对，即关键字 waterMarkFileName 对应的取值 watermark.png。要将数据 Data 数据传递给 WorkManger，需要通过 Result.success(data)函数，将 Data 对象(即 data)作为参数进行传递。值得注意的是，Data 对象只能用于传递一些基本数据类型的数据，并且数据大小不能超过 10KB。

如果定义 Worker 类不需要传递参数，则只需要返回的 Result. success ( ) 即可，即 Result.success()函数中的没有任何参数。

2. 利用 WorkRequest 配置任务

定义好任务后需要使用 WorkRequest 来配置任务 Worker。WorkRequest 类是一个抽象类，它有两种实现方式：OneTimeWorkRequest 和 PeriodicWorkRequest。

OneTimeWorkRequest 定义一次执行的任务，如果不需要配置后台任务，可以直接执行如下代码：

```
val request =OneTimeWorkRequest.from(MyWork: : class.java)
```

如果需要利用 WorkRequest 来配置后台任务，则需要采用下列形式来创建：

```
val request =OneTimeWorkRequestBuilder<WaterMarkWorker>().build()
```

一次性任务执行完毕后，就彻底结束了后台任务。

PeriodicWorkRequest 定义了周期性执行的任务，定义的形式如下：

```
val request=PeriodicWorkRequestBuilder<WaterMarkWorker>(15, TimeUnit.
    MINUTES).build()
```

PeriodicWorkRequest 定义的周期性任务会按照设定的时间周期运行。上述定义周期性任务请求对象，表示了以 15min 周期性地执行任务。需要注意的是，周期性任务的时间间隔不能超过 15min。

3. 配置后台任务

由于移动应用的需求存在不同，往往触发这些后台任务的执行需要满足一定条件，因此需要创建触发任务的条件约束。这些触发条件可以是联网、是否正在充电或者存储空间大小处在允许的范围等。下列展示约束构造器的 setRequires×××()函数和 setRequired×××()函数是所有约束需要调用的对应方法，在实际情况下并不是所有的设置都需要。

```
val constraints: Constraints =Constraints.Builder()
    .setRequiresBatteryNotLow(true)                      //电量充分
    .setRequiresStorageNotLow(true)                      //存储空间充分
```

```
        .setRequiresCharging(true)                          //需要充电
        .setRequiredNetworkType(NetworkType.CONNECTED)
                                                            //需要联网
        .setRequiresDeviceIdle(true)                        //需要设备闲置
        .build()
```

定义触发约束条件后，可以在任务请求调用 setContraints()函数配置约束，形如：

```
OneTimeWorkRequestBuilder<WaterMarkWorker>().setContraints(contraits).build()
```

有时，并不需要任务立即执行，可以通过配置 WorkRequest 对象的 setInitialDelay()函数设置后台任务执行的延迟时间，代码如下：

```
OneTimeWorkRequestBuilder<WaterMarkWorker>()
    .setInitialDelay(5,TimeUnit.SECONDS)            //延迟 5s 再执行后台任务
    .build()
```

在执行任务时可能会出现异常的情况，但又希望任务能重试。针对这种情况，可以为 Worker 后台任务的 doWork()函数返回 Result.retry()函数。这样一来，系统会提供默认的指数退避策略 BackoffPolicy.EXPONENTIAL 重试后台任务的执行。当然，也可以通过调用 WorkRequest 对象的 setBackoffCriteria()函数配置后台任务的退避策略，代码如下：

```
OneTimeWorkRequestBuilder<WaterMarkWorker>()
    .setBackoffCriteria(BackoffPolicy.LINEAR,    //设置线性增加重试时间的退避策略
OneTimeWorkRequest.MIN_BACKOFF_MILLIS,TimeUnit.MILLISECONDS)
    .build()
```

此外，通过设置 WorkRequest 对象的 tag 标签，可以对多个后台任务进行分组管理，批量化处理。可以调用 addTag()函数为后台任务增加标签。WorkManager 组件可以对具有相同标签的后台任务进行批量化执行相同的操作，代码如下：

```
OneTimeWorkRequestBuilder<WaterMarkWorker>().addTag("ImageHandlerTag")
    .build()                                              //增加标签
```

4. 执行和取消任务

配置好 WorkRequest 的后台任务后，调用 WorkManger. enqueue()函数，将 WorkRequest 类提交给 WorkManger 组件，交付系统来执行后台任务，代码如下：

```
WorkManager.getInstance(this).enqueue(request)
```

也可以通过以下方法取消任务，代码如下：

```
WorkManager.getInstance(this).cancelAllWork()             //取消所有任务
WorkManager.getInstance(this).cancelAllWorkByTag("ImageHandlerTag")
                                                          //取消执行 Tag 标记的任务
```

5. Worker 类与 WorkManager 组件之间数据的传递

在上述定义的 WaterMarkWorker 中定义返回 Result.success(data)成功返回并附有数据。WorkManager 组件可以通过 LiveData 获得从 Worker 成功返回的 Data 对象，代码如下：

```
WorkManager.getInstance(this).getWorkInfoByIdLiveData(request.id)
    .observe(MainActivity@this) {
    if(it!=null&&it.state==WorkInfo.State.SUCCEEDED){    //检查 WorkInfo 的状态
        val data =it.outputData                          //接收任务发送的数据
      …
    }
}
```

在 MainActivity 中创建并配置 WaterMarkWorker 为后台任务，实现添加水印的图片并显示功能，代码如下：

```
//Ch10_11 模块 MainActivity 的定义 MainActivity.kt
class MainActivity : AppCompatActivity() {
    override fun onCreate(savedInstanceState: Bundle?) {
        super.onCreate(savedInstanceState)
        setContentView(R.layout.activity_main)
        markBtn.setOnClickListener{
            handleWork()
        }
    }
    private fun handleWork(){
        val constraints: Constraints =Constraints.Builder()
                                                    //定义触发约束条件
            .setRequiresBatteryNotLow(true)
            .setRequiresStorageNotLow(true)
            .build()
        val request =OneTimeWorkRequestBuilder<WaterMarkWorker>()
            .setConstraints(constraints).build()
                                                    //定义 WorkRequest 类配置后台任务
        WorkManager.getInstance(this).enqueue(request)
        WorkManager.getInstance(this).getWorkInfoByIdLiveData(request.id).
        observe(MainActivity@this) {
            if(it!=null&&it.state==WorkInfo.State.SUCCEEDED){
                val fileName =it.outputData.getString("waterMarkFileName")
                                                    //接收传递的数据
                imageView.setImageBitmap( FileUtils. readImageFile (MainActivity @
               this,fileName!!))
            }
        }
    }
}
```

运行结果如图 10-25 所示。

10.8.2 任务链

移动应用往往需要同时执行多个后台任务。可以使用 WorkManager 组件创建任务

(a) 开始界面

(b) 显示水印图片界面

图 10-25　运行结果

链，并将任务链加入队列。可以利用 WorkManager 组件通过任务链指定这些后台任务的运行顺序。

要创建任务链的形式如下：

```
WorkManager.beginWith(workRequestA)
    .then(workRequestB)
    .enqueue()
```

或

```
WorkManager.beginWith(listOf(workRequestA,workRequestB))
    .enqueue()
```

例 10-4　从网络下载图片至缓存并将加上水印，最终将处理的图片显示在移动终端中。

本例从 Android Developer 下载 Android Studio 介绍的图片，将这张图片下载到本地，并添加日期水印在移动应用显示。图片的链接地址如下：（https://developer.android.google.cn/studio/images/studio-homepage-hero.jpg）。本例要使用 Internet 网络权限，利用 Glide 库加载在线图片，并采用 Retrofit2 框架进行网络访问，因此需要先进行相关配置。前面章节对这些构建配置非常详细，可以参考配套的构建文件，在此不再介绍。另外，下列代码中使用的文件处理实用类 FileUtils 和图片处理实用类 ImageUtils 的定义与 10.7.1 节定义的内容相同，在此也不再说明。

```
//模块 Ch10_12 定义要执行下载的服务接口 DownloadService.kt
interface DownloadService {
    @GET("studio-homepage-hero.jpg")
    fun getImage(): Call<ResponseBody>
}
```

定义下载任务，代码如下：

```
//模块 Ch10_12 定义 DownloadWorker 下载任务 DownloadWoker.kt
class DownloadWorker(val context: Context, params: WorkerParameters): Worker
    (context,params) {
    override fun doWork(): Result {
        val fileName="${LocalDate.now()}.png"     //利用时间戳生成图片文件名
        downloadImageFile(fileName)               //将文件下载并保存本地
        val data =Data.Builder().putString("DownLoadFileName",fileName).build()
                                                  //文件名发送出去
        return Result.success(data)               //返回带有参数的结果
}
private fun downloadImageFile(fileName: String){  //下载在线图片文件到本地
    val base_url="https://developer.android.google.cn/studio/images/"
    val retrofit=Retrofit.Builder().baseUrl(base_url).build()
    val service=retrofit.create(DownloadService::class.java)
    val responseBody=service.getImage().enqueue(object: Callback<
    ResponseBody>{
        override fun onResponse(call: Call<ResponseBody>,
          response: Response<ResponseBody>) {
            val responseBody =response.body()
            saveFile(responseBody!!,fileName)  //将下载的文件保存到本地
        }
        override fun onFailure(call: Call<ResponseBody>, t: Throwable) {
            t.printStackTrace()
        }
    })
}
private fun saveFile(responseBody: ResponseBody,fileName: String){    //保存图片
    var outputStream=context.openFileOutput(fileName, Context.MODE_PRIVATE)
    try{
        val fileReader=ByteArray(1024)               //每次读取 1024 组字节
        val inputStream=responseBody.byteStream()
        outputStream.use{
            while (true) {
              val read: Int=inputStream.read(fileReader)         //读取图片数据
             if (read==-1)
                break
              outputStream.write(fileReader, 0, read)
                                                  //将获得的数据 read 写入文件中
            }
            outputStream.flush()
            inputStream.close()
        }
    }catch (e: IOException){
        e.printStackTrace()
    }
  }
}
```

DownloadWorker 定义了下载任务，将图片下载保存到本地应用。然后将带有日期信息的图片的文件名字符串，伴随 Result 发送给下一个任务——WaterMarkWorker，代码如下：

```
//模块 Ch10_12 定义 WaterMarkWorker 添加水印任务 WaterMarkWorker.kt
class WaterMarkWorker(val context: Context, params: WorkerParameters):
Worker(context,params) {
    override fun doWork(): Result {
    //从上一个 DownloadWorker 任务中获得下载后保存的文件名
    val downLoadFileName=inputData.getString("DownLoadFileName")
    //从已经下载保存的文件中读取图片
    val bitmap=FileUtils.readImageFile(context,downLoadFileName!!)
    //创建加入水印的图片
    val waterMarkBitmap=ImageUtils.addWorkMark(bitmap!!, "${LocalDate.now()}
        下载")
    //将添加水印的图片保存到 PNG 文件中
    FileUtils.saveFile(context,waterMarkBitmap,"Android${LocalDate.now()}.
        png")
    //传递文件名
    val data =Data.Builder().putString("waterMarkFileName","
    427 Android 427 k${LocalDate.now()}.png").build()
        //返回带有数据结果
        return Result.success(data)
    }
}
```

WaterMarkWorker 执行根据下载的图片，创建一个带有文字水印的新图片，以 PNG 格式保存在本地。将新建带水印的图片的文件名包装成 Data 对象，伴随 Result 传递给 WorkManager，代码如下：

```
//模块 Ch10_12 在 MainActivity 中配置任务，并定义和执行任务链 MainActivity.kt
class MainActivity : AppCompatActivity() {
    override fun onCreate(savedInstanceState: Bundle?) {
        super.onCreate(savedInstanceState)
        setContentView(R.layout.activity_main)
        val imageUrl="https: //developer.android.google.cn/studio/images/
            studio-homepage-hero.jpg"
        Glide.with(this).load(imageUrl).into(imageView) //在 imageView 中显示
        Glide 加载的在线图片
        markBtn.setOnClickListener{
            handleWork()
        }
    }
private fun handleWork(){
        val constraints: Constraints =Constraints.Builder()
            .setRequiredNetworkType(NetworkType.CONNECTED)
            .build()                                    //定义约束条件必须连网
        val downloadRequest =OneTimeWorkRequestBuilder<DownloadWorker>()
            .setConstraints(constraints)
            .build()                                    //定义下载任务请求
```

```
        val waterMarkRequest =OneTimeWorkRequestBuilder<WaterMarkWorker>()
            .setConstraints(constraints)
            .setInitialDelay(100,TimeUnit.MICROSECONDS)
            .build()                                       //定义添加水印任务请求
        WorkManager.getInstance(this)                      //创建任务链并按照顺序执行
            .beginWith(downloadRequest)                    //执行下载
            .then(waterMarkRequest)                        //执行添加水印
            .enqueue()
        WorkManager.getInstance(this)
            .getWorkInfoByIdLiveData(waterMarkRequest.id).observe
            (MainActivity@this) {
                if(it!=null&&it.state==WorkInfo.State.SUCCEEDED){
                    val fileName =it.outputData.getString("waterMarkFileName")
                    imageView.setImageBitmap(FileUtils.
                    readImageFile(MainActivity@this,fileName!!))
                }
            }
        }
}
```

运行结果如图 10-26 所示。

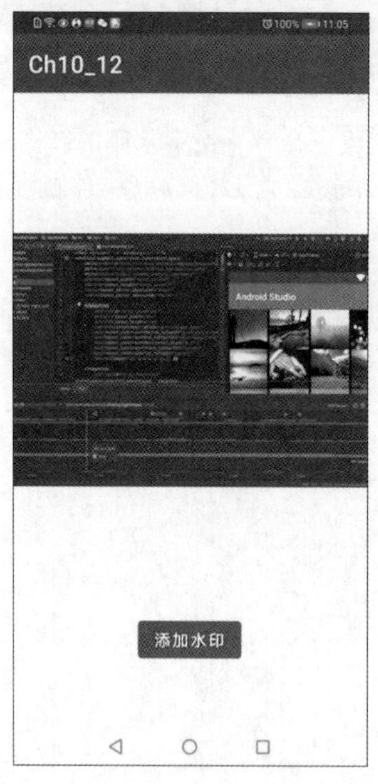

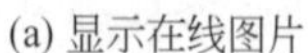

(a) 显示在线图片

(b) 显示添加水印图片

图 10-26　真机测试结果

因为本例需要连接网络，因此为任务设定了连网的触发约束条件。上述的任务链是先执行下载任务，然后再是延迟 0.1s(100ms)后执行添加水印的任务。确保两个任务按照顺序执行。在测试过程中，由于 Android 模拟器上运行时，ConnectivityManager.activeNetwork 不具有 NetworkCapabilities.NET_CAPABILITY_VALIDATED 功能，因此模拟器不能满足网络约束，导致运行结果不能成功展示，但是可通过真机测试成功。

上述例子展示了任务链的任务按照顺序依次执行，如果多个任务没有先后关系，可以将它们并行放入 WorkManager 的 beginWith()函数中。假设有如下代码，其中 workRequestA、workRequestB 和 workRequestC 分别配置任务 WorkerA、WorkerB 和 WorkerC 的任务请求，代码如下：

```
val workerRequestA=OneTimeWorkRequestBuilder<WorkerA>().build()
val workerRequestB =OneTimeWorkRequestBuilder<WorkerB>().build()
val workerRequestC =OneTimeWorkRequestBuilder<WorkerC>().build()
WorkManager.getInstance(this)
    .beginWith(workRequestA,workRequestB)
    .then(workRequestC)
    .enqueue()
```

执行任务的顺序如图 10-27 所示。

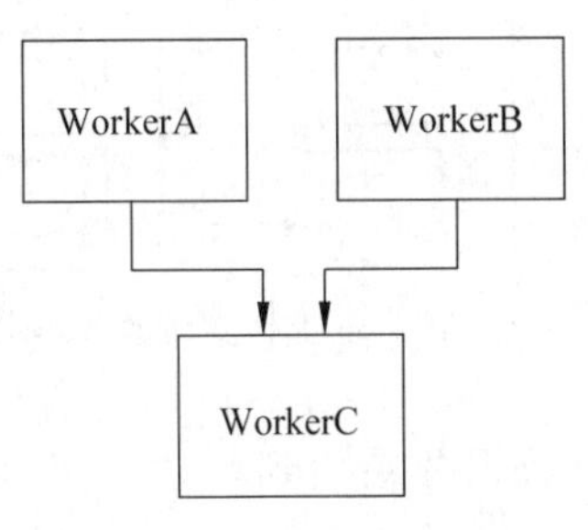

图 10-27　任务链执行流程

10.9　Paging 组件

移动应用往往需要对大量的数据进行交互。数据可以来源于移动应用的数据库、互联网或者其他的数据来源。特别对于基于 Internet 的移动应用，它们往往需要从网络中获取数据实现交互。如果一次将所有的网络所有的记录在列表组件全部展示，一方面会造成网络带宽负载过大，另一方面会造成系统资源的浪费。更何况，移动终端的屏幕受限，没有必要一次将所有的数据全部展示，降低应用的性能，导致用户体验差。Android JetPack 推出的 Paging 组件可以实现分页处理。它往往与 RecyclerView 视图组件结合，在 RecyclerView 组件异步加载部分数据，减少使用系统资源和降低网络带宽。

当前 Paging 组件的正式稳定版本是 2.1.2。要使用 Paging 组件，需要在移动应用模块的构建配置文件 build.gradle 增加下列依赖，形式如下：

```
implementation "androidx.paging: paging-runtime: 2.1.2"     //添加 Paging 组件
implementation "androidx.paging: paging-rxjava2: 2.1.2"     //支持 RxJava 库
```

10.9.1 分页处理

Paging(分页)组件主要支持 3 种数据来源,如图 10-28 所示。

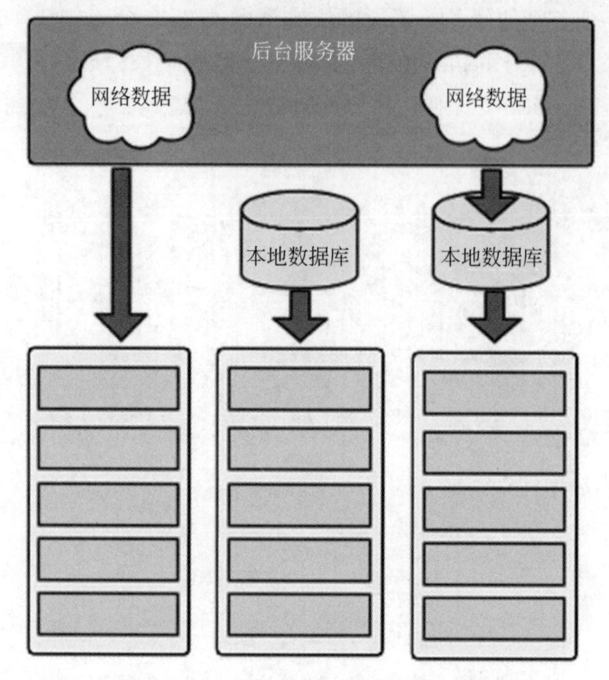

图 10-28 Paging 组件支持的数据来源

(1) 从后台服务器直接获取数据并应用到移动应用,再结合 Paging 和 RecyclerView(列表视图)组件进行列表展示。

(2) 从存储在本地设备上的数据库获得结构化数据,并结合 Paging 和 RecyclerView 组件进行列表展示。

(3) 使用设备上的数据库作为缓存的其他来源组合,例如从互联网的数据缓存到本地设备的数据库中,然后再从数据库中获取数据。并结合 Paging 组件和 RecyclerView 视图组件进行列表展示。

要实现 Paging 组件进行分页加载,图 10-29 展示了 Paging 组件进行分页加载时必需的部分。

(1) DataSource(数据源):DataSource 可以来自如图 10-28 所示的 3 种情况,可以是网络,也可以是本地的数据库。

(2) PagedList(分页列表):从 DataSource 数据源中获取并加载数据。

(3) PagedListAdapter:(分页列表适配器):将加载的分页数据与 RecyclerView 组件进行适配,使得加载的数据按照 RecyclerView 组件配置的单项进行数据与 View 组件绑定适配。需要注意的是,RecyclerView 组件指定的适配器必须是 PageListAdapter 的子类。

(4) RecyclerView 组件:在 Paging 组件进行分页加载的过程中,当 RecyclerView 组件滚动到底部时,RecyclerView 组件对应的 PageListAdapter 会调用 onBindViewHolder()和 getItem()函数通知 PageList 组件需要加载更多的数据。

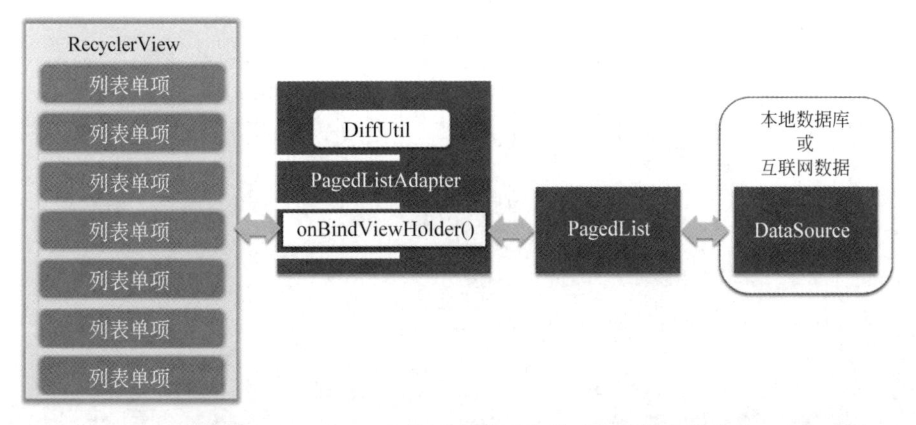

图 10-29 Paging 组件进行分页加载时必需的部分

PageList 组件内部包含了 PageList.Config 配置，根据配置预加载的数据、每次分页加载的数据量等 PageList.Config 配置内容，通知 DataSource 执行获取更多的数据，代码如下：

```
class MyViewModel(studentDAO: StudentDAO): ViewModel() {
    lateinit var pageList: LiveData<PagedList<Student>>     //输出学生列表数据
    …
    fun handle() {                                           //创建并配置分页参数
        val config =PagedList.Config.Builder()
            .setEnablePlaceholders(false)                    //不启动 Place holders
            .setPrefetchDistance(20)                         //初始化预加载的数量
            .setPageSize(5)                                  //设置分页加载的数量
            .build()
    val pageList: LivePagedListBuilder<Int, Student>=
      LivePagedListBuilder(studentDAO.findAll(), config).build() //获得 PageList 数据
    }
}
```

DataSource 获得更多数据后，会发送给 PageList。PageList 就拥有新的数据，并将这些数据传递给 PageListAdapter。通过 PageListAdapter 的 DiffUtil 进行 PageList 包含数据的比对，DiffUtil 发现变化后的数据，并执行更新数据的操作，代码如下：

```
class StudentAdapter():
    PagedListAdapter<Student, StudentAdapter.ViewHolder>(DIFF_CALLBACK) {
    inner class ViewHolder(itemView: View): RecyclerView.ViewHolder(itemView) {
    …
    }
    companion object{
        private val DIFF_CALLBACK =object : DiffUtil.ItemCallback<Student>() {
                                                              //判断对象相同
            override fun areItemsTheSame(oldItem: Student, newItem: Student):
            Boolean {
            return oldItem.no===newItem.no
        }
```

```
            override fun areContentsTheSame(oldItem: Student, newItem: Student):
                Boolean {
                    return oldItem ==newItem
                }
            }
        }
        …
}
```

最终，获取 PageList 的数据通过 PagedListAdapter 在 RecyclerView 组件展示出来，代码如下：

```
viewModel.pageList?.observe(viewLifecycleOwner,
Observer<PagedList<Student>>{list: PagedList<Student>->
    adapter.submitList(list)
})
```

例 10-5 列表的方式展示学生成绩数据库中的数据。

(1) 构建配置文件 build.gradle。当前应用模块 Ch10_13 需要 Android JetPack 的 Room 组件实现数据库处理，以及 Paging 组件完成数据分页加载功能。在整个应用过程中涉及生命周期对数据的观察和处理，以及数据的绑定。对应模块的构建配置文件 build.gradle 需要增加的代码如下：

```
//模块 Ch10_13 模块的构建配置文件 build.gradle
plugins {…
    id 'kotlin-android-extensions'
    id 'kotlin-kapt'                                        //用于解析和处理注解
    id 'androidx.navigation.safeargs'                       //导航安全参数传递
}
android {
    defaultConfig {…
        javaCompileOptions {
            annotationProcessorOptions {                    //注解处理器选项
                arguments +=[
                    "room.schemaLocation": "$projectDir/schemas".toString(),
                    "room.incremental": "true",
                    "room.expandProjection": "true"]
            }
        }…
    }
    buildFeatures{
        dataBinding =true
    }
dependencies {
    …
    //增加生命周期组件
    implementation 'androidx.lifecycle: lifecycle-livedata-ktx: 2.2.0'
    implementation 'androidx.lifecycle: lifecycle-viewmodel-ktx: 2.2.0'
```

```
    //增加导航组件
    implementation 'androidx.navigation: navigation-fragment-ktx: 2.3.2'
    implementation 'androidx.navigation: navigation-ui-ktx: 2.3.2'
    //增加 Room 的依赖
    implementation "androidx.room: room-runtime: 2.2.5"
    //增加 Room 的可插入注解编译器
    kapt "androidx.room: room-compiler: 2.2.5"
    // 可选项,使用 Kotlin 的扩展
    implementation "androidx.room: room-ktx: 2.2.5"
    //定义分页组件
    implementation "androidx.paging: paging-runtime: 2.1.2"
}
```

(2) 使用 Room 实现数据库的处理。定义实体类 Student，数据库中的数据表 students，其中字段 studentNo(学号)定义为数据表的主键代码、studentName(姓名)、studentScore(分数)和 studentGrade(成绩等级)，代码如下：

```
//模块 Ch10_13 实体类 Student 定义 Student.kt
@Entity(tableName ="students")
@Parcelize
data class Student(@PrimaryKey @ColumnInfo(name ="studentNo") var no: String,
    @ColumnInfo(name="studentName") var name: String,
    @ColumnInfo(name="studentScore") var score: Int,
    @ColumnInfo(name="studentGrade") var grade: String) : Parcelable
```

定义数据访问对象 StudentDAO，实现对数据库数据表 students 的增加、删除、修改、检索等基本数据访问处理，代码如下：

```
//模块 Ch10_13 数据访问 StudentDAO.kt
@Dao
interface StudentDAO {
    @Query("SELECT * FROM students ORDER BY studentNo")
    fun findAll(): DataSource.Factory<Int, Student>        //Int 此处表示页码
    @Query("SELECT * FROM students WHERE studentName=: name")
    fun findStudentsByName(name: String?): List<Student?>?
    @Insert
    fun insertStudent(student: Student?)
    @Query("DELETE FROM students WHERE studentNo=: no")
    fun deleteStudent(no: String)
    @Delete
    fun deleteStudent(student: Student?)
    @Update
    fun updateStudent(student: Student?)
}
```

下列定义数据库 StudentDatabase 利用 Room 组件对数据库 studentDB.db 的创建和访问，代码如下：

```
//模块 Ch10_13 数据库 StudentDatabase.kt
@Database(entities =[Student: : class], version =1)
abstract class StudentDatabase : RoomDatabase() {
    abstract fun studentDao(): StudentDAO
    companion object{
        private var instance: StudentDatabase? =null
        @Synchronized
        fun getInstance(context: Context): StudentDatabase {
                                        //单例模式创建为 StudentDatabase 对象实例
            instance?.let{
                return it
            }
            return Room.databaseBuilder(context, StudentDatabase: : class.java,
                "studentDB.db").build()
        }
    }
}
```

(3) 应用类的定义。本例的 RecyclerView 组件以分页方式加载数据。因此定义 Application 子类 StudentApp，用于初始化数据库中的数据，以及获得整个应用的上下文，代码如下：

```
//模块 Ch10_13 应用类 StudentApp.kt
class StudentApp: Application() {
    companion object{
        @SuppressLint("StaticFieldLeak")
        lateinit var context: Context
    }
    override fun onCreate() {
        super.onCreate()
        context =this
        thread{
            if(!isExistDB())                          //判断数据库是否存在
                initDB()                              //初始化数据库的数据
        }
    }
    private fun initDB(){                             //初始化数据库
        val studentDAO =StudentDatabase.getInstance(this).studentDao()
        val familyNames =arrayOf("赵","钱","孙","李","周","吴","王","魏")
        val givenNames =arrayOf("连","峰","去","天","不","盈","尺","枯","松","
        倒","挂","倚","绝","壁")
        val nameSets =mutableSetOf<String>()          //创建名字集合
        for(f in familyNames)
            for(g in givenNames){
                nameSets.add("${f}${g}")
            }
        var i =11
        val random =Random()
```

```
        nameSets.forEach{name: String->        //将随机数据生成的学生记录插入数据库
            studentDAO.insertStudent(Student ("60001${i}", name, 80 + random.
            nextInt(10),"良好"))
            i++
        }
    }
    private fun isExistDB(): Boolean {          //判断数据库 studentDB.db 是否存在
        val dataList =applicationContext.databaseList()
        return dataList.contains("studentDB.db")
    }
}
```

StudentApp 类中解决了几个问题。

① 创建并获得整个应用的上下文。

② 创建一个新线程，如果数据库不存在就创建数据库并调用 initDB 方法对数据库进行初始化操作。

③ 在 initDB 方法中，利用数组 familyNames 和 givenNames 生成一组姓名集合，确保姓名字符串不会出现雷同。然后结合 Random 对象，随机生成学号和成绩，从而生成一组组 Student 对象。并通过 studentDAO 将生成的 Student 对象插入数据库的数据表 students 中，实现数据库的初始化处理。

需要在应用配置 AndroidManifest.xml 中指定 application 的 android: name 属性为 StudentApp，使得 StudentApp 为当前的默认应用，移动应用加载就会生成 StudentApp 实例。

(4) 以分页方式获取数据并展示成绩列表的业务处理。学生成绩列表展示是通过 GradeFrgment 来实现的。在 GradeFragment 包括了一个 RecyclerView 组件，让从数据库检索的学生成绩记录以列表方式展示。GradeFragment 中绑定了 GradeViewModel 组件，代码如下：

```
<!--模块 Ch10_13 GradeFragment 对应的布局文件 grade_fragment.xml -->
<?xml version="1.0" encoding="utf-8"?>
<layout xmlns: android="http://schemas.android.com/apk/res/android"
    xmlns: app="http://schemas.android.com/apk/res-auto"
    xmlns: tools="http://schemas.android.com/tools"
    tools: context=".ui.main.GradeFragment">
    <data><!--数据绑定-->
        <variable name="myGradeViewModel"
            type="chenyi.book.android.ch10_13.ui.main.GradeViewModel" />
    </data>
    <androidx.constraintlayout.widget.ConstraintLayout
        android: background="@android: color/holo_green_light"
        android: layout_width="match_parent"
        android: layout_height="match_parent">
        <TextView android: id="@+id/gradeTitleTxt"
            android: text="学生成绩列表"
            android: layout_gravity="center_horizontal"
            android: layout_width="wrap_content"
            android: layout_height="wrap_content"
```

```
            android: textSize="36sp"
            android: layout_marginEnd="8dp"
            app: layout_constraintEnd_toEndOf="parent"
            android: layout_marginStart="8dp"
            app: layout_constraintStart_toStartOf="parent"
            android: layout_marginTop="8dp"
            app: layout_constraintTop_toTopOf="parent"/>
        <!--学生成绩等级列表 -->
        <androidx.recyclerview.widget.RecyclerView
            android: id="@+id/recyclerView"
            android: layout_width="match_parent"
            android: layout_height="700dp"
            android: layout_gravity="center"
            app: layout_constraintBottom_toBottomOf="parent"
            android: layout_marginTop="8dp"
            app: layout_constraintTop_toBottomOf="@+id/gradeTitleTxt"
            app: layout_constraintEnd_toEndOf="parent"
            app: layout_constraintStart_toStartOf="parent"
            app: layout_constraintVertical_bias="0.0"
            app: layout_constraintHorizontal_bias="0.0"/>
        <!--退出应用悬浮按钮 -->
        <com.google.android.material.floatingactionbutton.FloatingActionButton
            android: id="@+id/fab"
            android: layout_width="wrap_content"
            android: layout_height="wrap_content"
            android: onClick="@{()->myGradeViewModel.exitSys()}"
            android: background="@android: color/holo_orange_dark"
            app: layout_constraintEnd_toEndOf="parent"
            app: layout_constraintBottom_toBottomOf="parent"
            android: layout_marginStart="8dp"
            app: layout_constraintStart_toStartOf="@+id/recyclerView"
            android: layout_marginTop="8dp"
            app: layout_constraintTop_toTopOf="@+id/gradeTitleTxt"
            app: layout_constraintHorizontal_bias="0.98"
            app: layout_constraintVertical_bias="0.98"
            android: src="@android: drawable/ic_menu_revert"/>
    </androidx.constraintlayout.widget.ConstraintLayout>
</layout>
```

在 grade_fragment.xml 文件中定义 GradeFragment 的布局并在该布局文件中数据绑定 GradeViewModel 组件。布局中定义的 RecyclerView 用于显示学生成绩等级列表信息。此外，还定义了悬浮按钮 FloatingActionButton，单向绑定了 GradeViewModel 的 exitSys() 函数，用于退出应用的处理。

item_gradelist.xml 布局文件是 GradeFragment 的 RecyclerView 组件对应的列表单项的布局，代码如下：

```
<!--模块 Ch10_13 对应 RecyclerView 组件单项的布局文件 item_gradelist.xml -->
<?xml version="1.0" encoding="utf-8"?>
```

```
<layout xmlns: android="http://schemas.android.com/apk/res/android"
        xmlns: app="http://schemas.android.com/apk/res-auto">
        <androidx.cardview.widget.CardView
        app: cardCornerRadius="@dimen/cardview_compat_inset_shadow"
        app: cardElevation="@dimen/cardview_default_elevation"
        app: cardBackgroundColor="@android: color/holo_green_light"
        android: layout_width="match_parent"
        android: layout_height="wrap_content">
        <LinearLayout android: layout_width="match_parent"
           android: layout_height="wrap_content"
           android: orientation="horizontal">
           <TextView android: id="@+id/orderTxt"
              android: text="序号"
              android: layout_width="@dimen/size_order_text"
              android: layout_height="wrap_content"
              android: layout_marginRight="10dp"
              android: textSize="20sp"/>
           <TextView android: id="@+id/noTxt"
              android: layout_width="@dimen/size_id_text"
              android: layout_height="wrap_content"
              android: layout_marginRight="10dp"
              android: text="学号" ndroid: textSize="20sp"/>
           <TextView android: id="@+id/nameTxt"
              android: layout_width="@dimen/size_name_text"
              android: layout_height="wrap_content"
              android: layout_marginRight="10dp"
              android: text="姓名"
              android: textSize="20sp"/>
           <TextView android: id="@+id/scoreTxt"
           android: text="成绩"
              android: layout_width="@dimen/size_score_text"
              android: layout_height="wrap_content"
              android: layout_marginRight="10dp"
              android: textSize="20sp"/>
           <TextView android: id="@+id/gradeTxt" android: text="等级"
              android: layout_width="@dimen/size_grade_text"
              android: layout_height="wrap_content"
              android: textSize="20sp"/>
        </LinearLayout>
    </androidx.cardview.widget.CardView>
</layout>
```

GradeViewModel 定义及保存 GradeFragment 需要处理分页数据和操作，代码如下：

```
//模块 Ch10_13 ViewModel 组件 GradeViewModel 定义 GradeViewModel.kt
class GradeViewModel: ViewModel() {
    lateinit var data: LiveData<PagedList<Student>>  //输出
      val  studentDAO = StudentDatabase. getInstance ( StudentApp. context ).
studentDao()
                                                     //定义数据访问对象
    fun handle() {
    val config=PagedList.Config.Builder().setEnablePlaceholders(false)
                                                     //不启动 Place holders
        .setPrefetchDistance(20)                     //初始化预加载的数量
        .setPageSize(5)                              //设置分页加载的数量
        .build()
```

```
    val builder: LivePagedListBuilder<Int, Student>=LivePagedListBuilder
        (studentDAO.findAll(), config)
     data=builder.build()
     }
     fun exitSys(){                                          //退出应用
         exitProcess(0)
     }
}
```

为了实现 RecyclerView 组件单项布局与学生记录数据适配对应，定义如下的 StudentAdapter 适配器类，实现数据和视图的适配和绑定，代码如下：

```
//模块 Ch10_13 分页适配列表组件的适配器类 StudentAdapter.kt
class StudentAdapter(): PagedListAdapter<Student, StudentAdapter.ViewHolder>
(DIFF_CALLBACK) {
     inner class ViewHolder(val binding: ItemGradelistBinding): RecyclerView.
         ViewHolder(binding.root){
          fun bindData(position: Int,student: Student){
              binding.orderTxt.text =String.format("%-5s", position+1)
              binding.noTxt.text =String.format("%-8s", student.no)
              binding.nameTxt.text =String.format("%-10s", student.name)
              binding.gradeTxt.text =student.grade
              binding.scoreTxt.text =String.format("%-4s", student.score)
              if(student.grade =="不及格")
                  binding.gradeTxt.setTextColor(Color.RED)
              else
                  binding.gradeTxt.setTextColor(Color.BLACK)
              binding.gradeTxt.text =String.format("%-6s", student.grade)
          }
     }
     companion object{
          private val DIFF_CALLBACK =object : DiffUtil.ItemCallback<Student>() {
                                                          //判断对象是否相同
               override fun areItemsTheSame(oldItem: Student,newItem: Student):
               Boolean {
                   return oldItem.no ===newItem.no
               }
                override fun areContentsTheSame (oldItem: Student, newItem:
                Student): Boolean {
                   return oldItem ==newItem
               }
          }
     }
     override fun onCreateViewHolder(parent: ViewGroup, viewType: Int):
     ViewHolder {                                         //创建视图
          val binding =DataBindingUtil.inflate<ItemGradelistBinding>(
               LayoutInflater.from(parent.context),R.layout.item_gradelist,
               parent, false)
          return ViewHolder(binding)
```

```
    }
    override fun onBindViewHolder(holder: ViewHolder,position: Int) {
                                                                    //绑定数据到视图
        val student: Student =getItem(position) ?: return
        holder.bindData(position,student)
    }
}
```

定义显示学生成绩记录列表的 GradeFragment，它读取 GradeViewModel 保存的数据，通过 StudentAdapter 逐一与列表单项布局进行适配，代码如下：

```
//模块 Ch10_13 成绩列表展示的 GradeFragment.kt
class GradeFragment : Fragment() {
    companion object {
        fun newInstance() =GradeFragment()
    }
    private lateinit var viewModel: GradeViewModel
    private lateinit var dataBinding: GradeFragmentBinding
    private lateinit var adapter: StudentAdapter
     override fun onCreateView (inflater: LayoutInflater, container: ViewGroup?,
     data: Bundle?): View? {
        //定义数据绑定对象
        dataBinding=DataBindingUtil.inflate(inflater,R.layout.grade_fragment,
        container, false)
        dataBinding.lifecycleOwner =this         //配置 DAO 的 LifecycleOwner
        adapter=StudentAdapter()
        dataBinding.recyclerView.adapter =adapter
        dataBinding.recyclerView.layoutManager=LinearLayoutManager(this.
        activity)
        return dataBinding.root
    }
    override fun onActivityCreated(savedInstanceState: Bundle?) {
        super.onActivityCreated(savedInstanceState)
        viewModel =ViewModelProvider(this).get(GradeViewModel: : class.java)
                                                 //获得 ViewModel 组件
        dataBinding.myGradeViewModel =viewModel//设置数据绑定对象的 View 组件
        viewModel.handle()                       //加载数据
        viewModel.data?.observe(                 //观察 View 组件的数据变化
                viewLifecycleOwner, Observer<PagedList<Student>>{list:
                PagedList<Student>->
                    adapter.submitList(list)     //提交列表数据
                }
        )
    }
}
```

运行结果如图 10-30 所示。

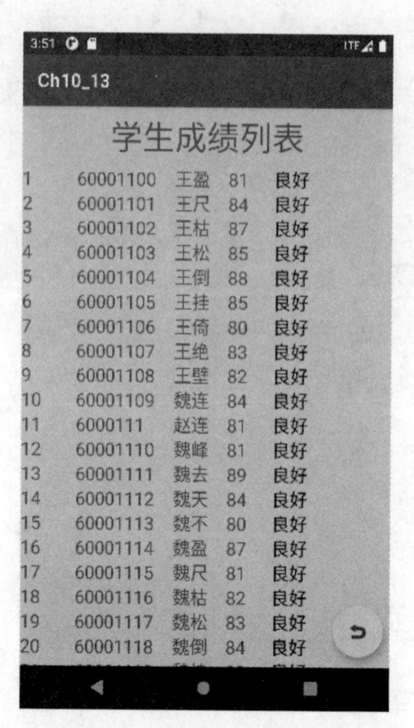

图 10-30 成绩列表运行结果

10.9.2 Paging 3 组件

尽管当前 Paging 组件的正式稳定版本是 2.1.2,但是,伴随着 Android 11,谷歌公司还推出了基于 Paging 3.0 库的 Paging 3 组件,目前发布了 Alpha 系列版本。Paging 3 采用 Kotlin 协程 Coroutines 实现。这与 Paging 组件早期版本有所不同。Paging 3 的 Alpha 版本不但可以实现从大数据集自动加载分页数据,支持 Kotlin Coroutines、Flows、LiveData 或 RxJava,有利于异步数据处理,而且便于展示从数据集中映射 map 或过滤 filter 特定的数据。Paging 3 库内置错误处理,如果错误发生可以刷新数据或重试请求。另外,Paging 3 组件兼容了 Paging 2 的当前版本。因此,本节对 Paging 3 实现分页数据加载进行介绍。

Paging 3 直接集成到推荐的 Android 应用架构中,如图 10-31 所示。Android 应用架构包括 3 个层次: Repository 层,即仓库层,用于数据的持久化处理;ViewModel 层,即视图模型层,为视图组件保存数据;UI 界面层,用于界面的展示和处理。

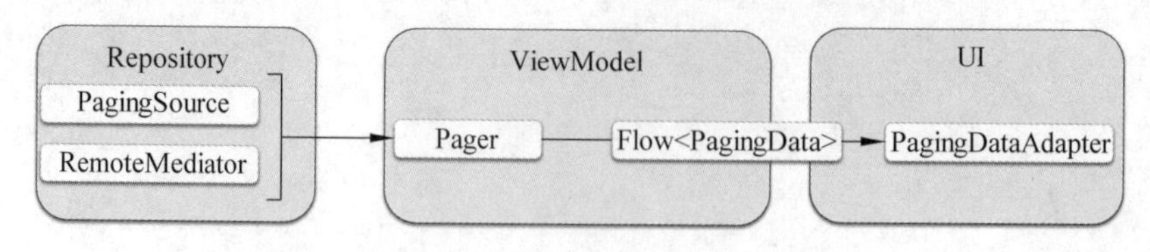

图 10-31 Android 应用架构中的 Paging 组件

1. Repository 中的 Paging 组件

(1) 在 Repository 仓库层中,包括了两个非常重要的组件: PagingSource 和 RemoteMediator。

(2) PagingSource: 定义数据源以及提供了检索数据的处理方式。PagingSource 从本地数据库或互联网中获得数据。

如果数据源通过 Room 访问，则应用模块使用 Android JetPack 的 Room 库的依赖应修改为 2.3.0-alpha03 版本以上。使用 Paging 3 的构建配置需要增加的内容，形式如下：

```
implementation "androidx.paging: paging-runtime: 3.0.0-alpha11"
                                                //增加 Paging 3 组件依赖
implementation "androidx.paging: paging-rxjava3: 3.0.0-alpha11"
                                                //增加 Paging3 支持 RxJava3 的依赖
```

(3) RemoteMediator：高级分页操作，用于处理从多层数据源中分页处理。例如具有本地数据库缓存的网络数据源，对这些不同层次的数据进行分页处理。

2. ViewModel 层的 Paging 组件的处理

ViewModel 可为 View 组件提供数据。在本层中包括了 Pager、PageingData、PagingConfig 和 Flow。这些组件之间的关系如下：Pager 提供一套公共的 API，Pager 根据 PagingSource 提供的数据源和 PagingConfig 配置的分页参数，构建 PagingData 的实例，并将 PagingData 会提供给反应流 Flow，形成 Flow<PagingData>实例。在图 10-31 中，Flow<PagingData>介于 ViewModel 和 UI 之间，这是因为 Flow<PagingData>可以实现数据流的共享。下列代码生成的 Flow<PagingData>将结果缓存到 viewModelScope，代码如下：

```
val flow : Flow<PagingData<Student>>=Pager(  //配置分页
    PagingConfig(pageSize =20)){              //加载数据的个数 20
    studentDAO.getAll()
                      //从数据访问对象中检索数据返回 PagingSource<Int, Student>
}.flow.cachedIn(viewModelScope)              //将检索的结果缓存到 viewModelScope
```

PagingData 是分页数据的容器，将 ViewModel 层与 UI 层连接在一起。在 PagingData 中包含了要分页数据快照。它用于实现对 PagingSource 数据源的数据检索，并保存检索的结果。

3. UI 层的 Paging 组件

在 UI 层中最重要的就是 PagingDataAdapter。PagingDataAdapter 可以将 PagingData 的分页数据与 UI 中的 RecyclerView 进行数据与 View 组件的适配，并对主备加载的数据与已加载的数据比对，使得新的数据加载到 RecyclerView 中，使得分页的数据能在 RecyclerView 中以列表的方式呈现出来，代码如下：

```
viewLifecycleOwner.lifecycleScope.launch{
                              //从 Flow<PagingSource<Student>>中获取最新的数据
    viewModel.flow.collectLatest {pagingData: PagingData<Student>->
        adapter.submitData(pagingData)
                              //将数据传递给 adapter 对象更新适配的数据
    }
}
```

例 10-6 结合 Paging 3 组件实现列表的方式展示学生成绩数据库中的数据。

(1) Paging 3 组件的构建配置。要使用 Paging 3 组件，需要在移动模块的构建配置文件 build.gradle 中增加 Paging 3 组件的相关依赖，代码如下：

```
implementation "androidx.paging: paging-runtime: 3.0.0-alpha11"
                                                        //增加 Paging 3 组件依赖
implementation "androidx.paging: paging-rxjava3: 3.0.0-alpha11"
                                                   //增加 Paging 3 支持 RxJava 3 的依赖
```

(2) 数据仓库的处理。在数据仓库即 Repository 层，在这层定义了 Student 实体类、数据访问对象类 StudentDAO、数据库类 StudentDatabase 以及对所有数据库操作提供的 StudentRepository 类。Student 实体类与上一节的 Student 实体类的定义一致，这里不再介绍。

StudentDAO 属于数据访问类，用于实现检索、插入、删除和修改记录的操作。findAll 方法定义了检索的处理，返回一个 PagingSource<Int,Student>，表示分页数据的数据源。此处的 PagingSource 泛型指定的 Int 表示关键字即项目的位置，Student 表示取值。PagingSource 包含了一组这样的 Student 数据，代码如下：

```
//模块 Ch10_14 定义 StudentDAO 类 StudentDAO.kt
@Dao
interface StudentDAO {
    @Query("SELECT * FROM students ORDER BY studentNo")
    fun findAll(): PagingSource<Int, Student>
    @Insert
    fun insertStudent(student: Student?)
    @Delete
    fun deleteStudent(student: Student?)
    @Update
    fun updateStudent(student: Student?)
}
```

StudentDatabase 利用 RoomDatabase 实现对数据库的封装，包含了 StudentDAO 对象用于实现对数据库的访问，代码如下：

```
//模块 Ch10_14 定义 StudentDatabase 类 StudentDatabase.kt
@Database(entities =[Student: : class], version =1)
abstract class StudentDatabase : RoomDatabase() {
    abstract fun studentDao(): StudentDAO
    companion object{
        private var instance: StudentDatabase? =null
        @Synchronized
        fun getInstance(context: Context): StudentDatabase {
            instance?.let{
                return it
            }
            return Room.databaseBuilder(context, StudentDatabase: : class.java,
            "studentDB.db").build()
        }
    }
}
```

数据仓库定义了对数据库的常见操作，可以从数据库获取数据，代码如下：

```
//模块 Ch10_14 定义 StudentRepository 数据库仓库 StudentRepository.kt
class StudentRepository {
  companion object{
    private var instance: StudentRepository? =null
      @Synchronized
      fun getInstance(context: Context): StudentRepository{
          instance?.let{
              return it
          }
          return StudentRepository()
      }
    val studentDAO =StudentDatabase.getInstance(StudentApp.context).studentDao()
                                                         //获得数据访问对象
    }
  fun initDB(){                                          //初始化数据库
      val familyNames=arrayOf("赵","钱","孙","李","周","吴","王","魏")
      val givenNames =arrayOf("连","峰","去","天","不","盈","尺","枯","松","……
        倒","挂","倚","绝","壁")
      val nameSets =mutableSetOf<String>()
      for(f in familyNames)
          for(g in givenNames) nameSets.add("${f}${g}")
        var i =11
        val random =Random()
        nameSets.forEach{name: String->
            studentDAO.insertStudent(Student("60001${i}",name, 80+random.
            nextInt(10),"良好"))
            i++
        }
    }
    fun isExistDB(): Boolean {
        val dataList =StudentApp.context.databaseList()
        return dataList.contains("studentDB.db")
    }
    fun generateDatas(){
        if(!isExistDB())
            initDB()
  }
  fun getAll()=studentDAO.findAll()
}
```

本例中将所有数据库操作定义在 StudentRespository。通过 StudentRespository 来实现对各种数据的操作和处理。这是因为，StudentReporsitory 定义初始化数据操作以及获得数据访问对象 studentDAO，并通过 studentDAO 来执行各类数据库的操作。

(3) 应用类的定义，代码如下：

```
//模块 Ch10_14 应用类 StudentApp.kt
class StudentApp : Application(){
```

```
    companion object{
        lateinit var context: Context
    }
    override fun onCreate() {
        super.onCreate()
        context =this
        thread{
            StudentRepository.getInstance(context).generateDatas()
        }
    }
}
```

StudentApp这个应用类需要在AndroidManifest.xml进行配置成为当前的应用程序，使得加载应用就会加载StudentApp。具体的配置参考例10-5。

（4）以分页方式获取数据并展示成绩列表的业务处理，代码如下：

```
<!--模块Ch10_14定义成绩列表展现页面布局grade_fragment.xml -->
<?xml version="1.0" encoding="utf-8"?>
<layout xmlns:android="http://schemas.android.com/apk/res/android"
    xmlns:app="http://schemas.android.com/apk/res-auto"
    xmlns:tools="http://schemas.android.com/tools"
    tools:context=".ui.GradeFragment">
    <data>
      <variable name="myGradeViewModel" type="chenyi.book.android.ch10_14.ui.
          GradeViewModel" />
    </data>
    <androidx.constraintlayout.widget.ConstraintLayout
        android:background="@android:color/holo_green_light"
        android:layout_width="match_parent"
        android:layout_height="match_parent">
        <TextView android:id="@+id/gradeTitleTxt"
            android:text="学生成绩列表"
            android:layout_gravity="center_horizontal"
            android:textSize="36sp"
            android:layout_width="wrap_content"
            android:layout_height="wrap_content"
            android:layout_marginEnd="8dp"
            app:layout_constraintEnd_toEndOf="parent"
            android:layout_marginStart="8dp"
            app:layout_constraintStart_toStartOf="parent"
            android:layout_marginTop="8dp"
            app:layout_constraintTop_toTopOf="parent"/>
        <androidx.recyclerview.widget.RecyclerView
            android:id="@+id/recyclerView"
            android:layout_width="match_parent"
            android:layout_height="700dp"
            android:layout_gravity="center"
            android:layout_marginTop="8dp"
            app:layout_constraintBottom_toBottomOf="parent"
```

```
            app: layout_constraintTop_toBottomOf="@+id/gradeTitleTxt"
            app: layout_constraintEnd_toEndOf="parent"
            app: layout_constraintStart_toStartOf="parent"
            app: layout_constraintVertical_bias="0.0"
            app: layout_constraintHorizontal_bias="0.0"/>
        <com.google.android.material.floatingactionbutton.FloatingActionButton
            android: id="@+id/fab"
            android:layout_width="wrap_content"
            android: layout_height="wrap_content"
            android:onClick="@{()->myGradeViewModel.exitSys()}"
            android: background="@android: color/holo_orange_dark"
            app:layout_constraintEnd_toEndOf="parent"
            app:layout_constraintBottom_toBottomOf="parent"
            android: layout_marginStart="8dp"
            android: layout_marginTop="8dp"
            app:layout_constraintStart_toStartOf="@+id/recyclerView"
            app: layout_constraintTop_toTopOf="@+id/gradeTitleTxt"
            app: layout_constraintHorizontal_bias="0.98"
            app: layout_constraintVertical_bias="0.98"
            android: src="@android: drawable/ic_menu_revert"/>
    </androidx.constraintlayout.widget.ConstraintLayout>
</layout>
```

grade_fragment.xml 采用了数据绑定。在布局中绑定了 GradeViewModel，用于提供 UI Fragment 需要数据的处理，代码如下：

```
//模块 Ch10_14 定义 GradeViewModel 组件 GradeViewModel.kt
class GradeViewModel : ViewModel() {
lateinit var flow: Flow<PagingData<Student>>                    //输出分页的数据
    fun handle() {                                                //定义数据的获取
        flow =Pager(Pagin gConfig(pageSize =20)){
            StudentRepository.getInstance(StudentApp.context).getAll()
        }.flow.cachedIn(viewModelScope)
    }
    fun exitSys(){                                                //退出应用
        exitProcess(0)
    }
}
```

grade_fragement.xml 中定义一个 RecyclerView，对于 RecyclerView 组件的每一个单项定义为 item_gradlelist.xml 代码与例 10-5 item_gradelist.xml 的定义保持一致。为了实现数据记录与单项视图进行匹配，需要定义适配器类完成单项数据绑定到 View 组件的操作，StudentAdapter 类的代码如下：

```
//模块 Ch10_14 定义 StudentAdatper 类 StudentAdapter.kt
class StudentAdapter(val context: Context):
    PagingDataAdapter<Student, StudentAdapter.ViewHolder>(DIFF_CALLBACK) {
    inner class ViewHolder(val binding: ItemGradelistBinding):
    RecyclerView.ViewHolder(binding.root) {
```

```
        fun bindTo(position: Int,student: Student){
            binding.orderTxt.text ="$position"
            binding.noTxt.text =student.no
            binding.nameTxt.text =student.name
            binding.scoreTxt.text ="${student.score}"
            binding.gradeTxt.text =student.grade
        }
    }
    companion object{
        private val DIFF_CALLBACK =object : DiffUtil.ItemCallback<Student>() {
                                                        //判断对象是否相同
            override fun areItemsTheSame(oldItem: Student,newItem: Student):
                Boolean =oldItem.no ===newItem.no
            override fun areContentsTheSame(oldItem: Student,newItem: Student):
                Boolean=oldItem ==newItem
        }
    }
    override fun onCreateViewHolder(parent: ViewGroup, viewType: Int):
    ViewHolder {
        val binding: ItemGradelistBinding =
          DataBindingUtil. inflate (LayoutInflater. from (parent. context), R.
          layout.item_gradelist, parent, false)
        return ViewHolder(binding)
    }
    override fun onBindViewHolder(holder: ViewHolder,position: Int) {
        val student: Student =getItem(position) ?: return
        holder.bindTo(position, student)
    }
}
```

下列的 GradeFragment 采用了 Paging 3 组件实现加载列表的学生记录，代码如下：

```
//模块 Ch10_14 定义 GradeFragment 成绩列表展现的 GradeFragment.kt
class GradeFragment : Fragment() {
    companion object {
        fun newInstance() =GradeFragment()
    }
    private lateinit var viewModel: GradeViewModel
    private lateinit var dataBinding: GradeFragmentBinding
    override fun onCreateView(inflater: LayoutInflater, container: ViewGroup?,
        data: Bundle? ): View {
        dataBinding =DataBindingUtil.inflate(inflater,
        R.layout.grade_fragment, container, false)
        dataBinding.lifecycleOwner =this
        return dataBinding.root
    }
```

```
    override fun onActivityCreated(savedInstanceState: Bundle?) {
        super.onActivityCreated(savedInstanceState)
        viewModel=ViewModelProvider(this).get(GradeViewModel::class.java)
                                                    //获得视图模型组件
        dataBinding.myGradeViewModel =viewModel   //设置 DAO 的 ViewModel 组件
        viewModel.handle()                          //分页处理
        val adapter =StudentAdapter(requireContext())
        dataBinding.recyclerView.layoutManager= LinearLayoutManager(requireContext
        ())
        dataBinding.recyclerView.adapter =adapter
        viewLifecycleOwner.lifecycleScope.launch{
            viewModel.flow.collectLatest {pagingData: PagingData<Student>->
                adapter.submitData(pagingData)      //更新提交分页数据
            }
        }
    }
}
```

运行结果如图 10-32 所示。

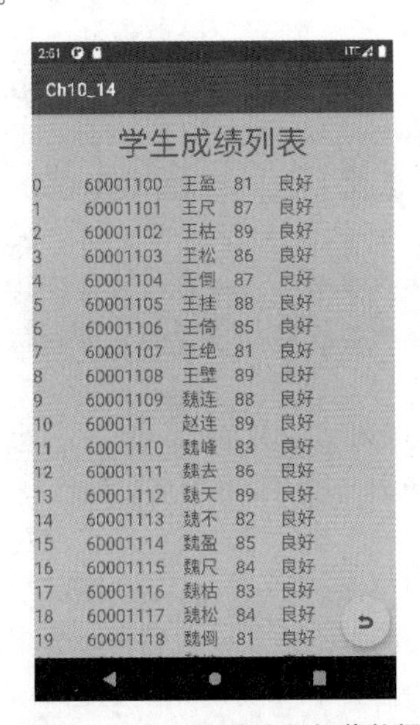

图 10-32　执行 Paging 3 实现分页加载数据运行结果

Android JetPack 的 Paging 3 只是一个实验性的库，并没有发布正式版本。更多更好地对分页处理的方式还有待正式的推出。在本节中，对 Paging 3 只是做了初步的介绍。目前，Paging 2 仍是正式版本。

习　题　10

一、填空题

1. Android JetPack 由多个库构成，按照功能可以划分为________、________和________。

2. Android JetPack 的架构类组件包括________、________、________、________、________、________和________等组件。

3. Android 的下载管理 DownloadManager 属于 Android JetPack 的________组件。

4. Android JetPack 架构类组件中的________组件用于保存视图需要的数据。

5. Android 的 Lifecycle 对象具有________、________、________、________、和________状态。

6. Lifecycle 对象会触发事件加入 LifecycleObserver 列表中，________可以表示任何一个事件状态。

7. ________是一个保存数据的容器，存放在 ViewModel 组件内，用于包装其中的数据。

8. 在模块构建文件 build.gradle 中，将 buildFeaures 中的________设置为 true，表示通过视图绑定来实现与视图的交互。如果在布局根元素中设置________为 true，表示布局不会生成对应的绑定类。

9. 在模块构建文件 build.gradle 中，将 buildFeaures 中的________设置为 true，表示通过 DataBinding 来实现与 View 的设置和交互。此外，还可以用________元素定义 DataBinding 的数据对象。DataBinding 的方式有________和________。

10. Navigation 组件提供了________实现导航控制。导航还可以在不同界面安全传递参数。如果导航图中定义了 FirstFragment 和 SecondFragment，要求从 FirstFragment 发送数据给 SecondFragment，则在导航图中对 SecondFragment 的配置中需要增加________元素表示数据的接收方，还需要设置________属性表示参数的数据类型。

二、上机实践题

1. 结合 Android JetPack 架构类组件实现货币兑换的移动应用。

2. 结合 Android JetPack 架构类组件实现智能聊天的移动应用。在线智能聊天可以采用"青云客"网站。

3. 结合 Android JetPack 架构类组件实现在线电影预告片观看的移动应用。在线电影数据相关(电影名、电影预告片网址等数据)可以通过网络爬虫来获取。

4. 结合 Android JetPack 架构类组件实现天气预报的移动应用。天气预报数据可以来自天气预报 API 接口，如 https://yiketianqi.com/。

5. 结合 Android JetPack 架构类组件实现在线新闻的移动应用。

6. 结合 Android JetPack 架构类组件实现在线音乐播放器的移动应用，功能类似 QQ 音乐或网易云音乐等移动应用。

参考文献

[1] 郭霖. 第一行代码 Android[M]. 3 版. 北京：人民邮电出版社，2020.

[2] 李刚. 疯狂 Android 讲义[M]. 4 版. 北京：电子工业出版社，2018.

[3] JEMEROV D,ISAKOVA S. Kotlin 实战[M]. 覃宇,等译. 北京：电子工业出版社,2017.

[4] 叶坤.Android JetPack 应用指南[M]. 北京：电子工业出版社,2020.

[5] SMYTH N. Android Studio 3.3 Development Essentials[M]. Middle Town：Payload Media Inc,2019.

[6] 夏辉,杨伟吉,张瑾. Android 移动应用开发技术与实践[M]. 北京：机械工业出版社,2021.

[7] DARWIN I F. Android 应用开发实战[M]. 胡训强,夏红梅,张文婧,译. 北京：机械工业出版社,2018.

[8] 林学森. 深入理解 Android 内核设计思想[M]. 2 版. 北京：人民邮电出版社,2017.

图书资源支持

感谢您一直以来对清华版图书的支持和爱护。为了配合本书的使用，本书提供配套的资源，有需求的读者请扫描下方的“书圈”微信公众号二维码，在图书专区下载，也可以拨打电话或发送电子邮件咨询。

如果您在使用本书的过程中遇到了什么问题，或者有相关图书出版计划，也请您发邮件告诉我们，以便我们更好地为您服务。

我们的联系方式：

地　　址：北京市海淀区双清路学研大厦 A 座 714

邮　　编：100084

电　　话：010-83470236　010-83470237

客服邮箱：2301891038@qq.com

QQ：2301891038（请写明您的单位和姓名）

资源下载：关注公众号“书圈”下载配套资源。

资源下载、样书申请

书圈

图书案例

清华计算机学堂

观看课程直播